教育部高等学校化工类专业教学指导委员会推荐教材
荣获中国石油和化学工业优秀教材一等奖

化工原理（上册）

（第二版）

钟 理　郑大锋　伍 钦　主编

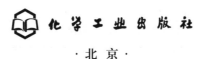

化学工业出版社

·北京·

内 容 提 要

《化工原理》（上、下册，第二版）是根据教育部制定的普通高等学校本科专业类教学质量国家标准中化工类专业知识体系和核心课程体系建议而编写。本书以单元操作为主线，以工程应用为背景，借鉴美国的 *Unit Operations of Chemical Engineering* 教材，以及国内同类教材编写，强调理论联系实际，注重培养学生的知识综合运用能力和工程观。

《化工原理》（上、下册，第二版）重点介绍化工及相近工业中常用的单元操作基本原理、"三传"过程、计算方法及典型单元设备，并简单介绍了近年来发展起来的新型分离技术基本原理及工业应用。教材分为上、下两册，上册包括：绪论、流体流动、流体输送机械、非均相物系分离、传热与换热设备、蒸发和附录；下册包括：蒸馏、吸收、塔式气液传质设备、液-液萃取、干燥。

本书可作为高等学校化工、石油、材料、生物、制药、轻工、食品、环境等专业本科生教材，也可供化工及相关专业工程技术人员参考。

图书在版编目（CIP）数据

化工原理：上册/钟理，郑大锋，伍钦主编. —2 版.
—北京：化学工业出版社，2020.6（2024.2 重印）
教育部高等学校化工类专业教学指导委员会推荐教材
ISBN 978-7-122-36285-8

Ⅰ.①化… Ⅱ.①钟…②郑…③伍… Ⅲ.①化工原理-
高等学校-教材 Ⅳ.①TQ02

中国版本图书馆 CIP 数据核字（2020）第 033210 号

责任编辑：徐雅妮 丁建华 孙凤英　　　　　　装帧设计：关　飞
责任校对：李雨晴

出版发行：化学工业出版社（北京市东城区青年湖南街 13 号　邮政编码 100011）
印　　刷：北京云浩印刷有限责任公司
装　　订：三河市振勇印装有限公司
787mm×1092mm　1/16　印张 19½　字数 493 千字　2024 年 2 月北京第 2 版第 3 次印刷

购书咨询：010-64518888　　　　　　　　售后服务：010-64518899
网　　址：http://www.cip.com.cn
凡购买本书，如有缺损质量问题，本社销售中心负责调换。

定　　价：49.00 元

序

化工是工程学科的一个分支，是研究如何运用化学、物理、数学和经济学原理，对化学品、材料、生物质、能源等资源进行有效利用、生产、转化和运输的学科。化学工业是美好生活的缔造者，是支撑国民经济发展的基础性产业，在全球经济中扮演着重要角色，处在制造业的前端，提供基础的制造业材料，是所有技术进步的"物质基础"，几乎所有的行业都依赖于化工行业提供的产品支持。化学工业由于规模体量大、产业链条长、资本技术密集、带动作用广、与人民生活息息相关等特征，受到世界各国的高度重视。化学工业的发达程度已经成为衡量国家工业化和现代化的重要标志。

我国于 2010 年成为世界第一化工大国，主要基础大宗产品产量长期位居世界首位或前列。近些年，科技发生了深刻的变化，经济、社会、产业正在经历巨大的调整和变革，我国化工行业发展正面临高端化、智能化、绿色化等多方面的挑战，提升科技创新能力，推动高质量发展迫在眉睫。

党的二十大报告提出要坚持教育优先发展、科技自立自强、人才引领驱动，加快建设教育强国、科技强国、人才强国，坚持为党育人、为国育才。建设教育强国，龙头是高等教育。高等教育是社会可持续发展的强大动力。培养经济社会发展需要的拔尖创新人才是高等教育的使命和战略任务。建设教育强国，要加强教材建设和管理，牢牢把握正确政治方向和价值导向，用心打造培根铸魂、启智增慧的精品教材。教材建设是国家事权，是事关未来的战略工程、基础工程，是教育教学的关键要素、立德树人的基本载体，直接关系到党的教育方针的有效落实和教育目标的全面实现。为推动我国化学工业高质量发展，通过技术创新提升国际竞争力，化工高等教育必须进一步深化专业改革、全面提高课程和教材质量、提升人才自主培养能力。

教育部高等学校化工类专业教学指导委员会（简称"化工教指委"）主要职责是以人才培养为本，开展高等学校本科化工类专业教学的研究、咨询、指导、评估、服务等工作。高等学校本科化工类专业包括化学工程与工艺、资源循环科学与工程、能源化学工程、化学工程与工业生物工程、精细化工等，培养化工、能源、信息、材料、环保、生物、轻工、制药、食品、冶金和军工等领域从事科学研究、技术开发、工程设计和生产管理等方面的专业人才，对国民经济的发展具有重要的支撑作用。

2008 年起"化工教指委"与化学工业出版社共同组织编写出版面向应用型人才培养、突出工程特色的"教育部高等学校化学工程与工艺专业教学指导分委员会推荐教材"，包括国家级精品课程、省级精品课程的配套教材，出版后被全国高校广泛选用，并获得中国石油和化学工业优秀教材一等奖。

2018 年以来，新一届"化工教指委"组织学校与作者根据新时代学科发展与教学改革，持续对教材品种与内容进行完善、更新，全面准确阐述学科的基本理论、基础知识、基本方法和学术体系，全面反映化工学科领域最新发展与重大成果，有机融入课程思政元素，对接国家战略需求，厚植家国情怀，培养责任意识和工匠精神，并充分运用信息技术创新教材呈现形式，使教材更富有启发性、拓展性，激发学生学习兴趣与创新潜能。

希望"教育部高等学校化工类专业教学指导委员会推荐教材"能够为培养理论基础扎实、工程意识完备、综合素质高、创新能力强的化工类人才，发挥培根铸魂、启智增慧的作用。

教育部高等学校化工类专业教学指导委员会
2023 年 6 月

前言

化工原理作为化学工程学科最重要的核心课程之一，已有近一个世纪的历史。化工原理是以 1923 年问世的 *Unit Operations of Chemical Engineering*（化工单元操作） 理论为基础发展起来的，具有很强的理论与工程实践性。随着 20 世纪 70 年代化学工程学与其他学科的交叉渗透，出现了许多新的学科和边缘学科，涉及单元操作的化工原理课程与其他学科如生物工程、食品工程、材料科学与工程、制药工程、环境工程、能源工程、精细化工及应用化学等领域相互重叠，成为大化工类最重要的学科基础课程之一。为了适应 21 世纪高层次化工技术人才的培养，我们根据普通高等学校本科专业教学质量国家标准中化工类专业知识体系和核心课程体系建议，并兼顾不同学科的发展需要，对本书进行修订。在编写过程中力求达到系统完整，注重理论与工程实际相联系。

本书第一版自 2008 年出版以来获得了较好的反响。在这十多年间，新的化工操作和单元设备不断被开发出来。为了适应新工科教学改革形势，我们在总结十多年教材使用经验的基础上，对教材进行了全面的修订，对教材中原有的疏漏之处进行了订正；结合国内外教学现状，对教材顺序进行了适当调整，增加了新的单元操作设备，删去了新型分离技术一章，并对思考题和习题进行了必要的调整和补充，以适应新时期教改要求。

全书分上、下两册出版，由华南理工大学组织编写。上册第一版由钟理、伍钦、马四朋任主编，其中钟理编写了流体流动、传热与换热设备和附录，伍钦编写了绪论与蒸发，马四朋编写了流体输送机械，赖万东和钟理编写了非均相物系分离。下册第一版由钟理、伍钦、曾朝霞任主编，其中钟理编写了蒸馏，伍钦编写了干燥及新分离技术，曾朝霞编写了吸收、塔式气液传质设备及液-液萃取，华南理工大学研究生张腾云、谢伟立、朱斌参加了资料收集和文字编辑工作。

本书第二版也分上、下两册，上册主要由钟理和郑大锋修订，下册主要由钟理和易聪华修订，全书由钟理统稿。

本书修订过程中得到了华南理工大学教务处、化学与化工学院及化学工业出版社的大力支持，谨在此一并表示衷心感谢。

鉴于编者水平所限，书中不妥之处，希望读者不吝指正。

编者
2020 年 3 月

第一版前言

化工原理作为化学工程学科最重要的核心课程之一，已有近一个世纪的历史。化工原理是以 1923 年问世的 *Unit Operations of Chemical Engineering*（化工单元操作）理论为基础发展起来的，具有很强的理论与工程实践性。随着 20 世纪 70 年代化学工程学与其他学科的交叉渗透，出现了许多新的学科和边缘学科，涉及单元操作的化工原理课程越来越与其他学科如生物工程、食品工程、材料科学与工程、制药工程、环境工程、能源工程、精细化工及应用化学等领域相互交叉，成为大化工类最重要的学科基础课程之一。为了适应 21 世纪高层次化工技术人才的培养，本书根据化工类专业人才培养方案及教学内容体系要求和不同学科发展需要，在编写过程中力求使系统完整，注重理论与工程实际相联系。

本书的编写以化学工程应用为背景，以化工单元操作为主线，将动量、热量与质量传递的原理融合到化工原理及单元操作过程，参考与借鉴不同版本的化工原理教材和第七版的 *Unit Operations of Chemical Engineering* 著作，突出工程观点和分析方法的同时，本书还增加了反映化工过程发展的新单元操作和新分离技术内容，并对传统的单元操作与新的强化技术耦合进行了介绍。

为了便于学生的学习，各章末附有习题与思考题，并给出答案以便自学。除了少数习题需用计算机求解外，几乎所有的习题都可以用计算器求解。

本书可作为化学工程、石油化工、生物工程、食品工程、环境工程、制药工程、材料、纺织、冶金、化工装备及控制工程、应用化学、精细化工、轻工造纸等学科化工原理课程的本科生教材，也可供从事化学工程及相关领域的教学、科研、设计和生产单位的工程技术人员参考。

全书分上下两册出版，由华南理工大学编写。

上册由钟理、伍钦、马四朋任主编，其中钟理编写第 1 章流体流动、第 4 章传热与换热设备；伍钦编写绪论与第 5 章蒸发；马四朋编写第 2 章流体输送机械；赖万东和钟理编写第 3 章非均相物系分离。

下册由钟理、伍钦、曾朝霞任主编，其中钟理编写了第 1 章蒸馏；伍钦编写第 5 章干燥及第 6 章新分离技术；曾朝霞编写了第 2 章吸收、第 3 章塔式气液传质设备及第 4 章液-液萃取。全书由钟理统稿。

本书在编写过程中得到了华南理工大学教务处以及化学工业出版社的大力支持，编者的同事们给予了热情的关心和支持，华南理工大学研究生张腾云、谢伟立、朱斌参加了资料收集和文字整理工作，谨在此一并表示衷心感谢。

鉴于编者水平所限，书中可能出现错漏，希望读者不吝指正，使本教材在使用过程中不断得到改进和完善。

编者

2008 年元月于广州

目录

第2章 流体输送机械 / 82

第 3 章　非均相物系分离　/ 125

第 4 章　传热与换热设备　/ 158

第5章　蒸发　/ 246

0

绪　论

0.1　概述

  化工原理是描述物质通过单元设备的变化现象和变化过程的物理机理，是以物理化学、物理学、数学为基础，研究相关工业领域中具有共同特点的单元操作，以及有关的流体力学、热量传递和质量传递原理，以指导各种工业过程、单元设备设计及改进，使得相关的加工过程更趋于先进，经济上更趋于合理。

  化工原理的内容就是化学工程及相关学科中涉及的具有共同特点，并能使用相同的数学物理方法描述的单元操作。它的基本内容包括流体的流动及流体输送机械，热量传递及换热器，分离过程原理及分离设备。一般来说，与材料加工相关的所有工程师都必须学习动量传递和热量传递原理，化学工程师必须再学习质量传递过程。

  根据单元操作所遵循的基本规律，可将单元操作分为几类。

  ① 遵循动量传递基本规律的单元操作，包括流体输送、沉降、过滤、固体流态化等。

  ② 遵循热量传递原理基本规律的单元操作，包括加热、冷却、冷凝、蒸发等。

  ③ 遵循质量传递过程基本规律的单元操作，包括蒸馏、吸收、萃取、膜分离等。因这些操作的最终目的是将混合物分离，故又称为分离操作。

  ④ 同时遵循传热规律、传质规律的单元操作，包括空气的增湿与减湿、干燥、结晶等。

  本书内容分为上、下两册。上册介绍流体力学与传热，基本内容分列为以下几章：绪论，第1章流体流动；第2章流体输送机械；第3章非均相物系分离；第4章传热与换热设备；第5章蒸发。下册介绍传质与分离过程，基本内容包括：第1章蒸馏；第2章吸收；第3章塔式气液传质设备；第4章液-液萃取；第5章干燥。在绪论中简述化工原理的基本内容，单位制和不同单位之间的换算等；流体流动一章的主要内容是流体静力学、流体动力学及它们的应用；流体输送机械一章内容包括液体和气体输送机械，重点内容是离心泵的工作原理及操作；非均相物系分离一章主要描述两相混合物的相对运动，气固、液固系的分离原理以及相关的分离设备——重力沉降、离心沉降设备以及过滤；传热与换热设备一章主要叙述传热原理和换热器的计算问题。下册介绍传质与分离过程部分，主要叙述分离过程的基本原理，分离过程计算所依赖的相平衡关系、操作关系以及分离设备的计算。

  由于各专业的培养目标和培养规格不同，因而对书中各知识点的要求不一样。各专业可以根据本专业的培养目标和要求选取本书相关的知识点进行讲授。

  长期以来，工程计算中存在多种单位制并用的局面，而同一物理量在不同单位制度中又具有不同的单位与数值，致使计算与交流极不方便。为了促进科学的发展，1960 年第 11 届国际计量大会通过了国际单位制，代号为 SI（Système International d'Unités）。本书主要使用国际单位制，但是由于历史的原因，个别图表仍然使用其他单位制，因此，使用过程需要换算。

0.2 单位制和单位的换算

在工程计算中，使用的数据常用不同的单位制表示，因而在计算之前必须把它换算成统一的单位制。在科学和工程应用中有几种常用的单位制：最重要的是国际单位制 SI。对应于三个基本物理量长度、质量和时间，SI 制的基本单位是：长度单位米（m）、质量单位千克（kg）和时间单位秒（s）。欧美国家常用英制单位是：长度单位英尺（ft）、质量单位磅（lb）和时间单位秒（s）。物理单位则是：长度单位用厘米（cm）、质量单位用克（g）、时间单位用秒（s），称为 CGS 系统。因此采用不同的单位制，物理量的数值并不相同。

SI 制与法定单位制有高度的统一性，从而使科学技术、工业生产、经济贸易甚至日常生活逐渐只使用 SI 一种单位制度。但是由于单位制的统一需要一个过程，现在使用的许多物理、化学数据和经验公式是用传统的不同的单位制制定或建立，要有效地使用这些图表和经验公式，科学家和工程师不仅能够使用国际单位制进行计算，而且还要懂得老单位制与 SI 制的换算关系。

本书有意识地编入一些非法定单位，有助读者联系新旧单位之间的换算。

0.2.1 单位制

0.2.1.1 国际单位制 SI

国际单位制的基本物理量及其基本单位如下：长度单位米（m）、质量单位千克（kg）、时间单位秒（s）、温度单位开尔文（K）、电流单位安培（A）、光强单位坎德拉（cd）以及物质的量单位摩尔（mol）。其他物理量的标准单位均由这些基本量所导出。本书附录一列出了一些常用物理量的国际单位制单位。

力的基本单位是牛顿（N）：1 牛顿(N)$=1kg \cdot m \cdot s^{-2}$。

功、能和热的单位是牛顿·米（N·m），或焦耳（J）：1 焦耳(J)$=1$ 牛顿·米(N·m)$=1kg \cdot m^2 \cdot s^{-2}$。

功率的单位是焦耳·秒$^{-1}$(J·s^{-1})或者瓦特（W）：1 焦耳·秒$^{-1}$(J·s^{-1})$=1$ 瓦特（W）。

压力的单位是牛顿·米$^{-2}$或帕斯卡（Pa）：1 牛顿·米$^{-2}$（N·m^{-2}）$=1$ 帕斯卡（Pa）。

在 SI 制中，大气压（atm）并不是标准单位，但是在过渡时期仍然使用。

在 SI 制中，标准的重力加速度 $1g=9.81m \cdot s^{-2}$。

在 SI 制中，温度的单位为开尔文温标（K）。然而，在实际计算中摄氏温标仍然经常使用。摄氏温标（℃）和开尔文温标（K）之间的关系为：$t℃=T(K)-273.2$。

注意在计算温度差时，摄氏温标（℃）和开尔文温标（K）在数值上是相等的，即 $\Delta t = \Delta T$。

在使用标准单位制时，时间的单位通常用秒（s），但是时间单位也可以使用非十进制单位分（min）、小时（h）、天（d）（《量和单位》GB 3100～3102）。

0.2.1.2 CGS 单位制（高斯制）与 SI 单位制的关系

$$1g=1 \times 10^{-3} kg$$

$$1cm = 1 \times 10^{-2}\,m$$
$$1dyn = 1g \cdot cm \cdot s^{-2} = 1 \times 10^{-5}\,N$$
$$1erg = 1dyn \cdot cm = 1 \times 10^{-7}\,J$$

在 CGS 单位制中的重力加速度为：$1g = 981.0\,cm \cdot s^{-2}$。

0.2.1.3 英制单位 fps 单位制与 SI 单位制的关系

$$1lb\ 质量（lb_m）= 0.45359\,kg$$
$$1ft = 0.30480\,m$$
$$1lb\ 力（lb_f）= 4.4482\,N$$
$$1ft \cdot lb_f = 1.35582\,N \cdot m = 1.35582\,J$$
$$1psi = 6.89476 \times 10^3\,N \cdot m^{-2}$$

psi 是 pounds per square inch 的简写。

在 fps 单位制中的重力加速度为：$1g = 32.174\,ft \cdot s^{-2}$。

牛顿定律的比例因子为：$1g_c = 32.174\,ft \cdot lb_m \cdot lb_f^{-1} \cdot s^{-2}$。

在国际单位制 SI 和物理单位制 CGS 中，因子 g_c 为 1.0，并且可忽略。

0.2.2 单位换算

从传统的单位制过渡到国际单位制需要时间。在过渡时间内有许多数据、图表和经验公式仍然在使用，因此需要将它们换算后才能用于计算。

0.2.2.1 物理量单位的换算

同一物理量，由于使用单位制不同其数值也不相同，科学和工程计算中要涉及许多物理量，因此要学会这些物理量在不同单位制之间的换算。

【例 0-1】 以英制单位制表示的常温下苯的热导率为 $0.0919\,Btu \cdot ft^{-1} \cdot h^{-1} \cdot ℉^{-1}$ （Btu 是英制单位制中的热量单位代号），将该热导率的单位换算成 $W \cdot m^{-1} \cdot ℃^{-1}$。

解 从附录可查到这种含有多个基本量的物理量，在不同单位制之间的换算过程，只要从单位换算表中查到基本量之间的关系并直接将这些关系代入运算，即可得到所需单位制下的物理量的数值。

由附录的单位换算表查得两种单位制下该物理量中基本量的关系：

长度　$1ft = 0.30480\,m$

热量　$1Btu = 1.05418 \times 10^3\,J$

温度　$1℃ = 1.8℉$

时间　$1h = 3600\,s$

所以苯的热导率为：

$$\lambda = 0.0919\,Btu \cdot ft^{-1} \cdot h^{-1} \cdot ℉^{-1}$$

$$= 0.0919 \times 1.05418 \times 10^3\,J \times (0.30480\,m)^{-1} \times (3600\,s)^{-1} \times \left(\frac{1℃}{1.8}\right)^{-1}$$

$$= 0.1589\,\frac{J}{m \cdot s \cdot ℃} = 0.1589\,\frac{W}{m \cdot ℃}$$

0.2.2.2 经验公式的换算

在计算过程中遇到的公式有三类：一是物理量之间关系的物理方程，它是根据物理规律建立的方程，如牛顿定律中的力、质量和加速度之间的关系，$F=ma$。式中物理量的单位可以任意选择一种单位制，当然，在同一公式中不能同时使用两种不同单位制。因此，物理方程又称为单位一致性方程。第二类是根据物理或化学概念导出的物理方程，如化学动力学方程，由于系统的复杂性，一些常数无法用理论的方法得出，需要用实验的方法测定。实验测定的数据需要在一定的单位制下分析归纳，因而在另一单位制下使用这种半理论半经验的公式时，如果使用物理量的单位与公式中规定的不相符，则应先将已知数据换算成该式中指定的单位后才能进行计算。如果需要经常使用这个经验公式，则必须将该公式变换成所期望的单位制后再使用。第三类完全由试验数据分析归纳的经验公式，式中各符号只代表物理量数字部分，而它们的单位必须采用指定的单位，其单位制的变换过程与第二类公式相同。

【**例 0-2**】 管壁面与周围空气的对流传热系数经验公式为：$h=0.026G^{0.6}D^{-0.4}$。式中 h 为管壁与空气之间的对流传热系数，$Btu \cdot ft^{-2} \cdot h^{-1} \cdot {}^\circ F^{-1}$；$G$ 为空气的质量速率，$lb \cdot ft^{-2} \cdot h^{-1}$（lb 英制单位中质量单位磅的代号）；$D$ 为管外径，ft。要将上式中对流传热系数的英制单位 $Btu \cdot ft^{-2} \cdot {}^\circ F^{-1}$ 变换成 SI 制单位 $W \cdot m^{-2} \cdot {}^\circ C^{-1}$，$G$ 的单位改为 $kg \cdot m^{-2} \cdot s^{-1}$，$D$ 的单位改成 m。

解 查到相关物理量之间的关系：

$$1ft=0.30480m$$

$$1\frac{lb}{ft^2 \cdot h}=\frac{0.45359kg}{0.30480^2 m^2 \times 3600s}=0.001356\frac{kg}{m^2 \cdot s}$$

$$1\frac{Btu}{ft^2 \cdot h \cdot {}^\circ F}=\frac{1.05418 \times 10^3 J}{0.30480^2 m^2 \times 3600s \times \frac{1{}^\circ C}{1.8}}=5.6735\frac{W}{m^2 \cdot {}^\circ C}$$

因为 h 与 h' 是单位的差异，只要求取它们之间的单位换算系数即可：

$$h\left(\frac{Btu}{h \cdot ft^2 \cdot {}^\circ F}\right)=h'\left(\frac{J}{s \cdot m^2 \cdot {}^\circ C}\right)=h'\left(\frac{9.486 \times 10^{-4} Btu}{\frac{1}{3600}h \times 3.2808^2 ft^2 \times 1.8{}^\circ F}\right)=0.176h'\left(\frac{Btu}{h \cdot ft^2 \cdot {}^\circ F}\right)$$

由上可见 $h=0.176h'$。

由于 h 已换成 SI 单位表示，因此等式的右边各物理量也应换算成 SI 制，即：

$$0.176h'=0.026G^{0.6}D^{-0.4}$$

$$=0.026G^{0.6}\left(\frac{kg}{m^2 \cdot s}\right)^{0.6}D^{-0.4} \ (m)^{-0.4}$$

$$=0.026G^{0.6}D^{-0.4}\left(\frac{2.2046lb}{3.2808^2 ft^2 \times \frac{1}{3600}h}\right)^{0.6} (3.2808ft)^{-0.4}$$

所以 $\qquad h=0.176h'=0.849G^{0.6}D^{-0.4}$ 或 $h'=4.824G^{0.6}D^{-0.4}$

变换后，可以将现单位制下各变量的值直接代入换算之后的经验表达式，计算得到的因变量的值就是现单位制下的值。

0.3 单元操作的几个基本定律及关系

单元操作始终遵循的原则就是物理、化学中所学的三大守恒定律。因此要首先了解三种衡算定律，即质量衡算定律、能量衡算定律和动量衡算定律。掌握三大守恒定律，是学好单元操作的基础。这里先简单介绍质量衡算和能量衡算，动量衡算在以后的章节中再作详细介绍。

0.3.1 质量衡算

质量衡算的依据是质量守恒定律，即物质既不会产生也不会消灭，参与任何化工生产过程的物料质量是守恒的。尽管质量守恒定律在物质接近光速和进行核变时不成立，但在大多数化工生产领域，质量守恒定律是成立的。因此，进行质量衡算时，可以认为，进入与离开某一化工过程的物料质量之差，等于该过程中累积的物料质量，即：

$$\sum F - \sum D = A \tag{0-1}$$

式中，$\sum F$ 为输入量的总和；$\sum D$ 为输出量的总和；A 为累积量。

对于连续操作的过程，若各物理量不随时间改变，即为定态过程时，过程中不应有物料的积累。则物料衡算关系为：

$$\sum F = \sum D \tag{0-2}$$

在运用质量守恒定律时，关键是确定衡算的范围和正确分析衡算范围内的物料。

【例 0-3】 在生产 KNO_3 的过程中，20% 的 KNO_3 水溶液以 $1000kg \cdot h^{-1}$ 的流量送入蒸发器，在 422K 下蒸发出部分水而得到 50% 的 KNO_3 浓溶液，然后送入冷却结晶器，在 311K 下结晶，得到含水 4% 的 KNO_3 结晶和含 KNO_3 37.5% 的饱和溶液。前者作为产品取出，后者循环回到蒸发器。过程为定态操作。试计算 KNO_3 结晶产品量、水蒸发量和循环的饱和溶液量。

解 首先根据题意画出过程的物料流程（见图 0-1）。

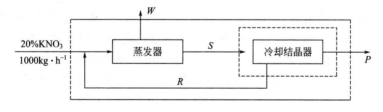

图 0-1 蒸发物料流程

（1）求 KNO_3 结晶产品量 P 取包括蒸发器和冷却结晶器的整个过程为系统(虚线框1)，取 1h 为衡算基准，以 KNO_3 为衡算对象，因为定态操作，输入系统的 KNO_3 量等于输出系统的 KNO_3 量，即：

$$1000 \times 20\% = (1 - 4\%)P$$

所以

$$P = \frac{1000 \times 20\%}{1 - 4\%} = 208.3 kg \cdot h^{-1}$$

（2）求水蒸发量 W　仍取系统 1，衡算基准为 1h，以总物料为衡算对象，则：

$$1000 = W + P$$

所以　　　　　　　　　　　　　　　$W = 791.7 \text{kg} \cdot \text{h}^{-1}$

（3）求循环的饱和溶液量 R　设进入冷却结晶器的质量分数为 50% 的 KNO_3 浓溶液量为 $S(\text{kg} \cdot \text{h}^{-1})$。取冷却结晶器为系统（虚线框 2），衡算基准为 1h，以总物料为衡算对象作总物料衡算，得：

$$S = 208.3 + R$$

以 KNO_3 为衡算对象，作 KNO_3 的衡算，得：

$$S \times 50\% = 208.3 \times (1 - 4\%) + R \times 37.5\%$$

联立求解得　　　　　　　　　　　$R = 766.6 \text{kg} \cdot \text{h}^{-1}$

0.3.2　能量衡算

能量一般包括机械能、热能、磁能、化学能、电能、原子能等。化工生产过程中一般只涉及机械能和热能。

能量衡算的依据是能量守恒定律，能量衡算的步骤与质量衡算的基本相同。能量衡算可写成如下等式：

$$\sum Q_I - \sum Q_O = Q_A \qquad\qquad (0\text{-}3)$$

式中，$\sum Q_I$ 为随物料进入系统的总能量；$\sum Q_O$ 为随物料离开系统的总能量；Q_A 为系统累积的能量。

对于定态过程，系统内无能量累积，即 $Q_A = 0$，所以能量衡算关系为：

$$\sum Q_I = \sum Q_O \qquad\qquad (0\text{-}4)$$

运用能量守恒定律时，关键也是确定衡算的范围和正确分析衡算范围内的各种能量。

质量衡算、能量衡算和动量衡算将贯穿于本书的各个知识点之中，其精髓需要在学习和实践中不断运用加以体会。

0.3.3　过程的平衡与速率

过程的平衡是指过程进行的方向和所能达到的极限。例如传热过程，当两物体温度不同时，即温度不平衡，就会有净热量从高温物体向低温物体传递，直到两物体的温度相等为止，此时过程达到平衡，两物体间也就没有净的热量传递。又如吸收过程，含 H_2S 的空气与水接触，若空气中 H_2S 含量较高，H_2S 浓度在气相和液相之间未达到平衡，H_2S 就会从空气传递到气液界面并溶解进入到水溶液中。当液相中 H_2S 含量增加到一定值时，H_2S 在气液两相间达到平衡，两相间就不会再存在 H_2S 净物质量的传递。

过程的速率是指过程进行的快慢，也称为过程的传递速率。当过程不是处于平衡态时，则此过程必将以一定的速率进行。传递过程的速率与传递过程所处状态偏离平衡态的距离及其他很多因素有关。传递过程所处的状态与平衡状态之间的距离通常称为过程的推动力。例如两物体间的传热过程，其过程的推动力就是两物体的温差。通常过程的传递速率表示成如下关系式：

$$传递速率 \propto \frac{推动力}{阻力}$$

即传递速率与过程的推动力成正比，与阻力成反比。

过程的平衡与实际化工生产密切相关。利用平衡关系，可以判断一个过程自发进行的方向，也可以确定一个过程进行的极限，从而确定化工生产中产物的产率或原料的转化率。

0.4 课程特点、内容及任务

化工原理是化工及相近专业的专业基础课程，以化工生产中的单元操作为研究对象，分析解决化工单元操作中的动量传递、热量传递和质量传递的原理、工艺计算、能量计算、过程强化，以及单元操作设备的设计和选型。它是化工类本科生在完成微积分、线性代数、大学物理、无机化学、分析化学、有机化学、物理化学、计算机技术等先导课程学习后，开始进入工程领域专业课学习的敲门砖，是联系基础课与专业课的桥梁，对培养学生工程意识、工程计算能力、解决实际工程问题的能力、动手能力、团队合作能力、交流沟通能力、创新能力等多方面综合能力具有重要意义。

化工原理的课程内容和教学任务就是要掌握各种单元操作的基本传递理论，掌握单元操作的设备构造特点、设备的选型和设计，掌握操作过程的计算，并进行调节以适应不同的生产要求。例如，膜分离、超临界萃取和分子精馏就是化学工程的科技人员在膜分离、溶液萃取及精馏的原理基础上新开发的单元操作过程。通过该课程的学习，可以培养学生理论联系实际的实践精神和善于经验总结的思想，培养创新精神和工程实践能力，提高解决复杂工程问题的能力和综合工程素质，为培养卓越工程人才奠定坚实基础。因此在当前国际化工程教育背景下，如何在化工原理课程学习中培养学生创新实践能力、提高综合素质，需要广大师生不断地积极探索和努力。

第 1 章

流 体 流 动

在化工生产过程中，处理的物料主要是流体，流体的定义是不可能永久抵抗形变的物质，包括液体与气体。流体具有流动性，无固定形状，随容器的形状而变，并在外力作用下其内部可以发生相对运动。

化工生产过程通常需要将流体从一个装置输送到另一个装置，使之进行后序的加工处理，流体的流动和输送是最普遍的化工单元操作之一。这需要选用适宜的流动速度，以确定输送管路的直径。在流体输送过程中，往往需要输送设备。这些都要应用流体流动规律的数学表达式进行计算。

流体输送设备及流体流量测量仪表的选择与流体流动有关。为了了解和控制生产过程，需要对管路或设备内的压强、流量等一系列参数进行测定，这些测量仪表的操作原理多以流体的静止或流动规律为依据。

其他化工单元操作如传热或传质过程，都与流体的流动有关。设备的操作效率与流体流动状况有密切关系。研究流体流动对寻找设备的强化途径有重要意义。

流体的特性及流体流动基本原理与规律是单元操作的重要基础。本章主要讨论流体的特性及流体在管路的流动过程基本原理。

1.1 流体的基本特性

1.1.1 流体的连续性

广义上讲，流体是指一切在应力作用下能够流动的、没有固定形状的物体，因此能流动是流体最基本的特性。气体和液体是最常见的两种流体形态，等离子体也是一种特殊的流体形态，此外膏体如牙膏、熔融的橡胶和塑料、悬浮液如水煤浆等都是流体的特殊形态，即便是生面团、凝胶等都可归为流体的范畴。

对固体而言，在没有其他介质存在的情况下，固体内部任意位置都可产生宏观的孔洞。与固体不同，在没有其他介质存在的情况下，流体内部不能形成宏观的孔洞，因此流体可以看成是连续性的整体，这就是流体的连续性。为了更好地理解流体的连续性，常引入流体质点的概念，将流体看成是由无数质点组成的一种连续性介质。流体质点是研究流体特性时所虚拟的能保持流体宏观特性的最小流体微元，流体内部的宏观特性都可通过某处质点的性质来描述。流体质点的尺寸远大于分子平均自由程（分子平均自由程指的是两个分子碰撞之前走过的平均距离），但又远小于设备的尺寸，因此可以认为流体是由无数彼此相连的流体质点组成的，是一种连续性介质。

值得注意的是，在分子密度稀薄的高真空中，流体的连续性将不成立，因为这时，气体分子的平均自由程可与设备的尺寸相比拟。但在大多数情况下，流体都可被看成连续性流体。

1.1.2　流体的压缩性

从微观上讲，物质的存在状态与物质的分子间距有关。从固态到液态再到气态，物质的分子间距不断增大。一般情况下，在临界温度之下，随着压力的不断增大，物质会经历三个状态的变化，首先从气态转变为液态，再转变为固态，物质的分子间距也经历从大到小的变化，因而物质的体积会随着压力的增大而减小（特殊情况除外，如水到冰的体积变化）。对固体而言，压力引起的体积变化在宏观研究领域完全可以忽略，但是对于流体，由于分子间距与固体相比较大，因而相对容易压缩。这种流体的体积随着压力增大而减小的现象称为流体的可压缩性。

流体的可压缩性通常用体积压缩系数 β 表示。它表示在一定温度下，压力每增加一个单位时，流体体积的相对缩小量，即：

$$\beta = -\frac{1}{v} \times \frac{\mathrm{d}v}{\mathrm{d}p} \tag{1-1}$$

式中，v 为单位质量流体的体积即流体的比体积（比容），$\mathrm{m}^3 \cdot \mathrm{kg}^{-1}$；负号表示压力增加时体积缩小。

由于 $\rho v \equiv 1$，故有：

$$\rho \mathrm{d}v + v \mathrm{d}\rho = 0 \tag{1-2}$$

据此，式(1-1)又可写成：

$$\beta = \frac{1}{\rho} \times \frac{\mathrm{d}\rho}{\mathrm{d}p} \tag{1-3}$$

β 值越大，表明流体越容易被压缩。通常液体的压缩系数都很小，甚至某些液体的压缩系数近似于 0，其压缩性可以忽略。$\beta \neq 0$ 的流体称为可压缩流体，压缩性可忽略（$\beta = 0$）的流体称为不可压缩流体。

由式(1-3)可知，对于不可压缩流体，$\mathrm{d}\rho/\mathrm{d}p = 0$，即流体的密度不随压力而改变。一般来说，气体的密度随压力和温度变化较大，因此气体一般情况下视为可压缩流体；而大多数液体的密度随压力变化较小，可视为不可压缩流体。但是，实际上一切流体都是可压缩的。

1.1.3　流体的无定形性

流体的抗剪和抗张能力很小，因此流体无固定形状，很容易使自身的形状适应容器的形状，并在一定的条件下维持下来，可认为流体的形状随容器而变。

1.2　流体的静力平衡及其应用

流体静力学主要是研究流体在外力作用下达到平衡状态的规律，是流体力学的一个分支。化工原理关于流体静力学一般只研究重力场或离心场中流体的静力平衡规律。关于流体随所储存容器一起运动的情况，本节暂不作讨论。

静止流体中没有剪应力，只有来源于压力的法向力。法向力的产生是很重要的，如大型水电站和防护堤坝的建立，都必须认真考虑水压力的作用。了解法向力，人们才能发明测量压力的仪器以及传递压力的系统，例如液压传动装置等。因此在工程实际中，流体的平衡规律应用很广，如流体在设备或管道内压强的变化与测量、储罐内液位的测量等均以这一规律为依据。

描述静态平衡下流体性质的物理量很多，常用的有密度、压强、温度、体积等。因此在研究流体的静力平衡规律之前，必须了解描述流体性质的有关物理量。

1.2.1 流体的密度

单位体积流体所具有的质量称为流体的密度，常用符号 ρ 表示，单位是 $kg \cdot m^{-3}$。密度是物质的属性之一，流体的密度一般是压力和温度的函数。

流体的密度可用下式表示：

$$\rho = \frac{\Delta m}{\Delta V} \tag{1-4}$$

式中，当 $\Delta V \to 0$ 时，$\Delta m / \Delta V$ 的极限值即为流体上某点的密度。其中，m 为流体的质量，kg；V 为流体的体积，m^3。

流体的密度一般可在物理化学手册或有关资料中查得。不同的单位制，密度的单位和数值都不同，应掌握密度在不同单位制之间的换算。

气体是可压缩流体，其密度随压强和温度而变化，因此气体的密度必须标明其状态。

对于理想气体，密度可按理想气体状态方程进行计算：

$$\rho = \frac{m}{V} = \frac{pM}{RT} \tag{1-5}$$

或者

$$\rho = \frac{MT_0 p}{22.4 T p_0} \tag{1-6}$$

式中，M 为气体的摩尔质量，$kg \cdot kmol^{-1}$；R 为普适气体常数，$8.314 kJ \cdot kmol^{-1} \cdot K^{-1}$；$T$ 为热力学温度，K；p 为气体压强，Pa；下标 0 表示标准状态。

对于理想气体混合物，其密度计算只需将式(1-5) 中的摩尔质量 M 用混合物的平均分子量 $\overline{M}$ 代替即可。$\overline{M}$ 的计算公式如下：

$$\overline{M} = \sum_{i=1}^{n} y_i M_i \tag{1-7}$$

式中，y_i 为气体混合物中 i 组分的摩尔分数；M_i 为气体混合物中 i 组分的摩尔质量。

气体的密度随压强和温度变化较大，因此气体的密度必须表明其状态。一般当气体的压强不太高、温度不太低时，可按理想气体处理。

液体的密度一般受温度的影响较大，受压力的影响较小，一定温度下某液体的密度可查阅有关手册或本书附录。在化工生产中所遇到的液体，往往是含有几个组分的混合物。对于液体混合物，若混合前后液体的体积变化不大，则密度可用下式计算：

$$\frac{1}{\rho_m} = \sum_{i=1}^{n} \frac{w_i}{\rho_i} \tag{1-8}$$

式中，ρ_m 为混合液体的密度；ρ_i 为混合液体中各组分的密度；w_i 为混合液体中各组分的质量分数。

1.2.2 流体的静压强

如前所述，静止流体内没有剪应力，只有法向力即压力的存在。垂直作用于流体单位面积上的压力称为流体的静压强，简称压强。在静止流体内部某点任取一微元面积 dA，令垂直作用于该微元面积上的法向力为 $\mathrm{d}P$，则该点的静压强可表示为：

$$p = \frac{\mathrm{d}P}{\mathrm{d}A} \tag{1-9}$$

式中，P 为法向力，N；A 为受力面积，m^2。

在固体中由于相邻微元之间可能存在剪应力，且某点处的剪应力在不同方向上是可以不一样的。然而，在静止流体内部不存在剪应力，相邻表面之间只有垂直于这些表面的压力。因此，静止流体内部某点的压强各向等值，所以压强是个标量。

在 SI 单位制中，压强的单位是 Pa，称为帕；工程制单位是 $\mathrm{kgf \cdot m^{-2}}$。工程上为了使用和换算方便，常将 $1\mathrm{kgf \cdot m^{-2}}$ 近似作为 $1\mathrm{atm}$（大气压），称为 $1\mathrm{at}$（工程大气压）。压强单位之间的换算关系如下：

$$1\mathrm{atm} = 101300\mathrm{Pa} = 101.3\mathrm{kPa} = 10330\mathrm{kgf \cdot m^{-2}} = 10.33\mathrm{mH_2O} = 760\mathrm{mmHg}$$
$$1\mathrm{at} = 98066.5\mathrm{Pa} = 98.0665\mathrm{kPa} = 10000\mathrm{kgf \cdot m^{-2}} = 10\mathrm{mH_2O}$$

在工程应用中，压强常用表压和绝压表示。以绝对零压作起点计算的压强，称为绝对压强，用 $p_绝$ 表示；以大气压为起点计算的压强，称为表压强，用 $p_表$ 表示，即用压强表测量的读数。在真空条件下，$p_表$ 小于零。因此表压强与绝对压强、大气压强的关系为：

$$p_表 = p_绝 - p_a \tag{1-10}$$

式中，p_a 为大气压强。

当被测流体的绝对压强小于外界大气压强时，往往使用真空表测量压强，真空表上的读数称为真空度，表示被测流体的绝对压强低于大气压强的数值。真空度与绝对压强、大气压强的关系为：

$$p_{真空度} = p_a - p_绝 \tag{1-11}$$

需要注意的是，真空度和表压互为相反数。

【**例 1-1**】　容器 A 中气体的表压力为 60kPa，容器 B 中的气体的真空度为 $1.2 \times 10^4\mathrm{Pa}$。试分别求出 A、B 二容器中气体的绝对压力为多少（Pa）。该处环境大气压等于标准大气压。

解　取标准大气压为 100kPa，所以得到：

$p_A = 60 + 100 = 160\mathrm{kPa}$；

$p_B = 100 - 12 = 88\mathrm{kPa}$。

1.2.3　流体的静力平衡规律

重力场中流体的静力平衡。

根据牛顿第二定律，处于平衡状态下的物体所受的合力为零。因此，对于静止状态的流体，其内部任意质点所受的合力为零，即沿任意方向该质点所受的合力为零。为了研究静止流体内部的压力变化规律，即流体的静力平衡规律，在密度为 ρ 的静止流体中，取一微元立方体，其边长分别为 $\mathrm{d}x$、$\mathrm{d}y$、$\mathrm{d}z$，它们分别与 x、y、z 轴平行，如图 1-1 所示。

对于 z 轴，作用于该微元立方体上的力如下。

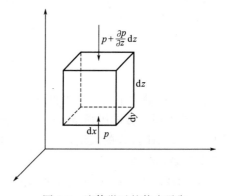

图 1-1　流体微元的静力平衡

① 作用于下底面上的压力为 $p\,dx\,dy$。

② 作用于上底面上的压力为 $-[p+(\partial p/\partial z)dz]dx\,dy$。

③ 作用于整个微元立方体的重力为 $-\rho g\,dx\,dy\,dz$。

在 z 轴方向微元立方体所受的合力为：

$$\sum F_z = p\,dx\,dy - \left(p+\frac{\partial p}{\partial z}dz\right)dx\,dy - \rho g\,dx\,dy\,dz = 0$$

将上式简化得：

$$\frac{\partial p}{\partial z}+\rho g=0$$

对于 x、y 轴，作用于该立方体的力仅有压力，写出其相应的力平衡式并简化得：

$$x\ \text{轴}, -\frac{\partial p}{\partial x}=0; \quad y\ \text{轴}, -\frac{\partial p}{\partial y}=0$$

将 x、y、z 轴各自的力平衡微分式叠加整理后得：

$$\frac{\partial p}{\partial x}dx+\frac{\partial p}{\partial y}dy+\frac{\partial p}{\partial z}dz=-\rho g\,dz$$

上式等号的左侧即为压强的全微分 dp，于是：

$$dp+\rho g\,dz=0 \tag{1-12}$$

对于不可压缩流体，$\rho=$ 常数，积分上式得：

$$\frac{p}{\rho}+gz=\text{常数} \tag{1-12a}$$

式（1-12）和式（1-12a）就是重力场中流体的静力平衡方程的微分和积分表达式，即静止流体内部压强随垂直位置高度变化的规律表达式。应注意的是微分表达式可应用于可压缩流体，积分表达式只适用于不可压缩流体。

液体可视为不可压缩流体，因此对于静止液体内的任意两点，其垂直高度分别为 z_1 和 z_2，则根据式（1-12a）有：

$$\frac{p_1}{\rho}+gz_1=\frac{p_2}{\rho}+gz_2 \tag{1-13}$$

或

$$p_2-p_1=\rho g(z_1-z_2) \tag{1-13a}$$

当 $z_1=z_2$ 时，$p_1=p_2$，即同一平面上各点压强相等，这个平面称为等压面。

式（1-13a）说明，静止液体内任意两平面的压强差是由两平面的高度差引起的，当流体密度一定时，两平面高度差愈大，则压强差愈大。

若取 z_1 为液面，设液面上方的压强为 p_0，z_2 为液体内距液面高度差为 h 的某点，该处压强为 p，则式（1-13a）可改写为：

$$p=p_0+\rho g h \tag{1-14}$$

或

$$\frac{p-p_0}{\rho g}=h \tag{1-14a}$$

由流体的静力平衡方程可得到如下结论。

① 当液面上方的压强 p_0 一定时，静止液体内部任意一点的压强 p 的大小与液体本身的密度 ρ 和该点距液面的长度 h 有关。因此，静止的、连续的同一液体内，处于同一水平面上各点的压强都相等。

② 当液面上方的压强 p_0 有改变时，液体内部各点的压强 p 也发生同样大小的改变。

③ 式（1-14a）说明，压强差的大小可以用一定高度的液体柱来表示，压强单位

mmH_2O 和 $mmHg$ 就是据此用来表示压强的大小。当用液柱高度表示压强时，必须注明液体类型。

在流体静力平衡方程的推导中，液体的密度被视为常数，但对气体来说，气体的密度除随温度的变化较大外，随压强的变化也较大。但在一般化工容器中，气体密度随高度的变化可以忽略。当气体密度随高度变化可以忽略时，因此一般情况下，流体的静力平衡方程也适用于气体。

需注意的是，流体的静力平衡方程只适用于静止的、连通的同一种流体。

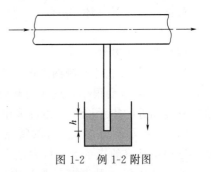

【**例 1-2**】　为了排除煤气管中的少量积水，用如图 1-2 所示水封设备，水由煤气管道上的垂直支管排出，已知煤气压力为 10kPa（表压）。问水封管插入液面下的深度 h 最小应为多少？

解　$\rho g h = p_{煤气} - p_{大气} = 10 \times 10^3 \, \text{Pa}$

由此解得 $h = \dfrac{10 \times 10^3}{10^3 \times 9.8} = 1.02 \text{m}$

图 1-2　例 1-2 附图

1.2.4　流体的静力平衡规律在工程上的应用

1.2.4.1　水银气压计的原理

测量压强的仪表很多，这里仅介绍以流体静力学基本方程式为依据的测压仪器。

水银气压计的测压原理如图 1-3 所示，由重力场中流体的静力平衡方程可知，测压管内 0 处的压强 p_0 与液面 a 处的大气压强 p_a 是相等的。根据静力平衡规律，有：

$$p_a = \rho_{Hg} g h + p_v$$

若管内液面上的水银蒸气压 p_v 可以忽略不计，则得到：

$$p_a = \rho_{Hg} g h$$

在测压管的不同高度处标注压强数值，就可直接读取大气压强。

1.2.4.2　压差计

以流体的静力平衡方程为依据的测压差仪表称为液柱压差计，典型的有如下几种。

(1) U 形管压差计

如图 1-4 所示，在 U 形玻璃管内装有密度为 ρ_A 的某种液体 A 作为指示液。指示液 A 与被测流体不互溶，且不发生化学作用，其密度 ρ_A 大于被测流体的密度 ρ。

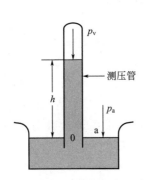

图 1-3　水银气压计的测压原理

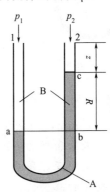

图 1-4　U 形管压差计

U形管两端分别与两个测压点相连，如果作用于U形管两端的压强不相等，则U形管两侧管内的指示液液面就会有高度差R。

显然在U形管中指示液内的a、b两点处于同一等压面上，即$p_a=p_b$，根据流体静力平衡方程，有：

$$p_a=p_1+\rho g(z+R)，\quad p_b=p_2+\rho g z+\rho_A g R$$

因此
$$p_1+\rho g(z+R)=p_2+\rho g z+\rho_A g R$$

$$p_1-p_2=(\rho_A-\rho)g R \tag{1-15}$$

若被测流体是气体，$\rho\ll\rho_A$，则上式简化为：

$$p_1-p_2=\rho_A g R \tag{1-15a}$$

（2）微差压差计

当U形管压差计所测两点的压差很小，而指示液与被测流体的密度差又比较大时，压差计的读数R就会很小，从而引起较大的测量误差。为了把读数R放大，除了选用与被测流体密度相近的指示液外，还可采用图1-5所示的微差压差计。

图1-5所示的微差压差计的特点是：U形管的上部增设两个扩大室，装入A、C两种密度接近但不互溶的指示液，扩大室上端口与被测流体B相接。由于扩大室的截面积远大于U形管的截面积，因此使U形管内指示液A的液面高度差很大，而两扩大室内指示液C的液面高度差则变化很小，可以认为维持等高。于是压强差可用下式计算：

$$p_1-p_2=(\rho_A-\rho_C)g R \tag{1-16}$$

式中，$\rho_A-\rho_C$为A、C两种指示液的密度差，而式(1-15)中$\rho_A-\rho$为指示液与被测流体的密度差，在测压时需加以注意。

（3）斜压差计

斜压差计是在被测压差不是很小，也不是太大时使用的一种压差计。它是将U形管压差计倾斜放置以放大读数。斜压差计如图1-6所示。压差的计算方法仍可应用式(1-15)，只是这时的$R=R'\sin\alpha$。

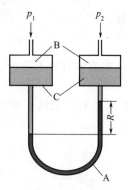

图1-5　微差压差计

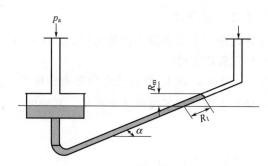

图1-6　斜压差计

【例 1-3】 如图1-7所示，水从倾斜直管中流过，在断面A和断面B接一空气压差计，其读数$R=10\text{mm}$，两测压点垂直距离$a=0.3\text{m}$，试求：（1）A、B两点的压差等于多少？（2）若采用密度为$830\text{kg}\cdot\text{m}^{-3}$的煤油作指示液，压差计读数为多少？（3）管路水平放置而流量不变，压差计读数及两点的压差有何变化？

解 首先推导计算公式。因空气是静止的，故$p_1=p_2$，即

$$p_A-\rho g h_1=p_B-\rho g(h_2-R)-\rho_1 g R$$

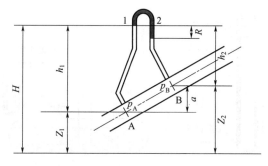

图 1-7 例 1-3 附图

$$p_A - \rho g h_1 = p_B - \rho g h_2 + g R (\rho - \rho_1)$$

在等式两端加上 $\rho g H$

$$p_A + \rho g (H - h_1) = p_B + \rho g (H - h_2) + g R (\rho - \rho_1)$$
$$(p_A + \rho g Z_1) - (p_B + \rho g Z_2) = g R (\rho - \rho_1)$$
$$\varphi_A - \varphi_B = g R (\rho - \rho_1)$$

(1) 若忽略空气柱的重量

$$\varphi_A - \varphi_B = g R (\rho - \rho_1) = 9.81 \times 0.01 \times 1000 = 98.1 \text{N} \cdot \text{m}^{-2}$$

$$p_A - p_B = (\varphi_A - \varphi_B) - \rho g (Z_1 - Z_2) = 98.1 + 1000 \times 9.81 \times 0.3 = 3.04 \times 10^3 \text{N} \cdot \text{m}^{-2}$$

(2) 若采用煤油作为指示液

$$R = \frac{\varphi_A - \varphi_B}{g (\rho - \rho_1)} = \frac{98.1}{9.81 \times (1000 - 830)} = 5.88 \times 10^{-2} \text{m} = 58.8 \text{mm}$$

(3) 管路流量不变，$\varphi_A - \varphi_B$ 不变，压差计读数 R 亦不多变，管路水平放置，$Z_1 - Z_2 = 0$，故

$$p_A - p_B = \varphi_A - \varphi_B = 98.1 \text{N} \cdot \text{m}^{-2}$$

1.2.4.3 液位的测量

化工生产厂以及原材料和产品集散场中都有很多大型的储液设备，这些设备有塔式的也有罐式的，有的高度达数十米。若不了解储液设备内的液位的高度，就会给生产和供储带来很多困难，有时还会导致安全隐患。液位的测量通常使用液位计，也可将液位转化为压力信号，由传感器测得。液位计的原理均遵循静止液体内部压强变化的规律。

图 1-8 是一种最简单的通过压差法现场测量液位的装置。

在储液容器底部和液面上方器壁上分别有两个开孔与装有指示液的 U 形管压差计相连，与器壁上端开孔相连一端的 U 形管上方有一个扩大室，起平衡作用，其中所装液体与容器中液体相同。该液体在扩大室内的液面高度维持在容器液面允许达到的最大高度处。这样，根据压差计指示液的读数 R 就可计算出容器内的液位高度。显然，当 $R = 0$ 时，容器内的液位就达到允许的最大高度。但这种结构容易破损，且不便于远处观测。

有时为了在远离现场处了解容器内的液位高度，人们根据流体的静力平衡原理开发了一种远程测量液位计，如图 1-9 所示。

在图 1-9 中，将压缩氮气通过调节阀吹入鼓泡观察室中，通过调节阀使气泡缓慢逸出，以便气体通过管道的流动阻力可以忽略。这样，储槽内吹气管的出口压力接近于 U 形管压差计 b 处的压力 p_b。通过换算就可得到储槽内的大致液位高度 h。

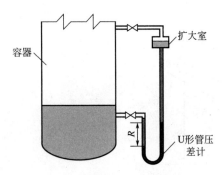

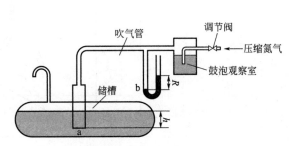

图 1-8　现场测量液位的装置　　　　　　图 1-9　远程测量液位计

1.2.4.4　液封高度的计算

在化工生产中常遇到设备的液封问题。所谓液封就是使用某种惰性液体来隔绝密封系统内的流体与外界接触。例如，为了控制带压设备内气体的压力不超过某种限度，采用安全性液封，当气体压力超过限定值后，就会冲破密封液体而逸出。又如，为了维持真空系统的真空度，防止外界气体向系统的渗漏，又要使系统内液体可以排出，也采用液封技术。根据流体的静力平衡可以很容易计算出液封管插入的密封液体深度。

【例 1-4】　如图 1-10 所示，某厂为了控制乙炔发生炉 1 内的压强不超过 $10.7 \times 10^3 \mathrm{Pa}$（表压），需在炉外安装安全液封（又称水封）装置，其作用当炉内压强超过规定值时，气体就从液封管 2 排出。试求此炉的安全液封管应插入槽内水面下的深度 h。

解　过液封管口作等压面 $O\text{-}O'$，则炉内压强

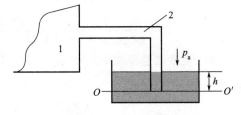

图 1-10　例 1-4 附图
1—乙炔发生炉；2—液封管

$$p_1 = p_a + 10.7 \times 10^3 \mathrm{Pa} = p_a + \rho g h$$

解得　$h = 1.09 \mathrm{m}$

【例 1-5】　真空蒸发操作中产生的水蒸气，往往送入如图 1-11 所示的混合冷凝器中与冷水直接接触而冷凝。为了维持操作的真空度，冷凝器上方与真空泵相通，不时将器内的不凝性气体（空气）抽走。同时为了防止外界空气由气管 1 漏入，致使设备内真空度降低，因此，气管必须插入液封槽 2 中，水即在管内上升一定的高度 h。若真空表的读数为 $80 \times 10^3 \mathrm{Pa}$，试求气管中水上升的高度 h。

解　设气管内水面上方的绝对压强为 p，作用于液封槽内水面的压强为 p_a。

根据流体静力学基本方程有　$p_a = p + \rho g h$

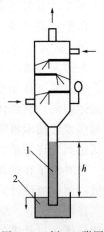

图 1-11　例 1-5 附图
1—气管；2—液封槽

于是　　　　　　　　　　　$h = \dfrac{p_a - p}{\rho g}$

式中，$p_a - p =$ 真空度 $= 80 \times 10^3 \mathrm{Pa}$。

所以
$$h = \frac{80 \times 10^3}{1000 \times 9.81} = 8.15\text{m}$$

1.3　流体动力学基础

对于流动着的流体内部压强变化规律；液体从低位流到高位或从低压流到高压，需要输送设备对液体提供一定能量；从高位槽向设备输送一定量的料液时，高位槽安装的位置等，都是在流体输送过程中遇到的问题。要解决这些问题，必须掌握流体动力学的基础知识。流体动力学主要是研究流体流动速度、加速度、压力等流动参数与流体流动时所受作用力之间关系的一门力学，涉及能量传递、动量传递及质量传递等。而了解流体流动的有关概念与流动类型、流动状态等乃是进一步探讨流体流动规律的基础。

1.3.1　流体流动的基本概念

1.3.1.1　流量与流速

单位时间内流过任意截面的流体量称为流体流过该截面的流量。流量的表示方法有两种，即体积流量和质量流量。

体积流量用流体的体积计算，国际单位为 $\text{m}^3 \cdot \text{s}^{-1}$，用 q_V 表示，计算公式如下：

$$q_V = \frac{V}{t} \tag{1-17}$$

式中，V 为流体在时间 t 内流过某一截面的体积，m^3。

质量流量则用流体的质量计算，国际单位为 $\text{kg} \cdot \text{s}^{-1}$，用 q_m 表示，计算公式如下：

$$q_m = \frac{m}{t} \tag{1-18}$$

式中，m 为流体在时间 t 内流过某一截面的质量，kg。

显然，若流体的密度为 ρ，则有：

$$q_m = \rho q_V \tag{1-19}$$

单位时间内流体在流动方向上流过的距离称为流速，用 u 表示，单位为 $\text{m} \cdot \text{s}^{-1}$。实际上，流体在管道内流动时，沿管径方向上各点的流速各不相同，在管壁处为零，愈接近管中心，流速愈大。为了应用方便，工程上所指的流速一般是流体流经管道截面的平均流速，仍用 u 表示。其计算公式如下：

$$u = \frac{q_V}{A} \tag{1-20}$$

式中，A 为管道的截面积，m^2。

由式(1-19)和式(1-20)可得：

$$q_m = \rho u A \tag{1-21}$$

由于气体的体积流量通常随温度和压力的变化而变化，因此对于气体，工程应用上常用质量流速 G 来表示，即单位时间内流体流过管道单位截面积的质量，也称为质量通量，单位为 $\text{kg} \cdot \text{s}^{-1} \cdot \text{m}^{-2}$，表达式如下：

$$G = \frac{q_m}{A} = \rho u \qquad (1\text{-}22)$$

对于圆形管道，若管道内径为 d，则由式（1-20）可得：

$$u = \frac{q_V}{\frac{\pi}{4}d^2} \qquad (1\text{-}23)$$

于是有

$$d = \sqrt{\frac{4q_V}{\pi u}} \qquad (1\text{-}24)$$

对于一定的生产要求，即指定的流量，选择适宜的流速后就可以确定输送管路的直径。在工程上，管径的选择很重要，因为管径的大小与流体输送的阻力损失有很大关系，进而会影响所消耗的动力，增加管路设计与操作的成本，这部分将在后面的章节讨论。所以当流体以大流量在长距离的管路中输送时，需根据具体情况在操作费和设计费之间通过经济权衡来确定适宜的流速。根据大量的实践经验，工程上通常液体的流速取 $0.5 \sim 3.0 \text{m} \cdot \text{s}^{-1}$，气体的流速取 $5 \sim 30 \text{m} \cdot \text{s}^{-1}$，表 1-1 列出了某些流体在管路输送中的常用流速范围。

表 1-1 某些流体在管路输送中的常用流速范围

流体的类别和情况	流速范围 /m·s⁻¹	流体的类别和情况	流速范围 /m·s⁻¹
自来水（3×10^5 Pa 左右）	$1 \sim 1.5$	一般气体（常压）	$10 \sim 20$
水及低黏度液体（$1 \times 10^5 \sim 1 \times 10^6$ Pa）	$1.5 \sim 3.0$	鼓风机吸入管	$10 \sim 15$
高黏度液体	$0.5 \sim 1.0$	鼓风机排出管	$15 \sim 20$
工业供水（8×10^5 Pa 以下）	$1.5 \sim 3.0$	离心泵吸入管（水一类液体）	$1.5 \sim 2.0$
锅炉供水（8×10^5 Pa 以下）	>3.0	离心泵排出管（水一类液体）	$2.5 \sim 3.0$
饱和蒸汽	$20 \sim 40$	往复泵吸入管（水一类液体）	$0.75 \sim 1.0$
过热蒸汽	$30 \sim 50$	往复泵排出管（水一类液体）	$1.0 \sim 2.0$
蛇管、螺旋管内的冷却水	<1.0	液体自流速度（冷凝水等）	0.5
低压空气	$12 \sim 15$	真空操作下气体流速	<10
高压空气	$15 \sim 25$		

【例 1-6】 某一套管换热器，其内管为 $\phi 33.5\text{mm} \times 3.25\text{mm}$，外管为 $\phi 60\text{mm} \times 3.5\text{mm}$。内管流过密度为 $1150 \text{kg} \cdot \text{m}^{-3}$，流量为 $5000 \text{kg} \cdot \text{h}^{-1}$ 的冷冻盐水。管隙间流的压力（绝压）为 0.5MPa，平均温度为 0℃，流量为 $160 \text{kg} \cdot \text{h}^{-1}$ 的气体。标准状态下气体密度为 $1.2 \text{kg} \cdot \text{m}^{-3}$，试求气体和液体的流速分别为多少（$\text{m} \cdot \text{s}^{-1}$）？

解 $d_内 = 33.5 - 3.25 \times 2 = 27\text{mm}$，$d_外 = 60 - 3.5 \times 2 = 53\text{mm}$

对盐水：
$$u_L = \frac{q_{VL}}{A_L} = \frac{m_L / \rho_L}{\frac{\pi d_内^2}{4}} = \frac{4 \times 5000/3600}{1150 \times \pi \times 0.027^2} = 2.11 \text{m} \cdot \text{s}^{-1}$$

对气体：

$$\frac{\rho_1}{\rho_0}=\frac{p_1}{p_0}$$

由此可知

$$\rho_1=\frac{\rho_0 p_1}{p_0}=\frac{1.2\times 0.5\times 10^6}{1.01325\times 10^5}=5.92\mathrm{kg\cdot m^{-3}}$$

气体流通截面积 $\quad A_g=A_{外}-A_{内}=\frac{\pi}{4}(d_{外}^2-D_{内}^2)=\frac{\pi}{4}\times(0.053^2-0.0335^2)=1.32\times 10^{-3}\mathrm{m}^2$

所以气体流速为

$$u_g=\frac{V_g}{A_g}=\frac{m_g/\rho_g}{A_g}=\frac{160/3600}{1.32\times 10^{-3}\times 5.92}=5.69\mathrm{m\cdot s^{-1}}$$

1.3.1.2　稳定（态）流动与非稳定（态）流动

流动系统中，所有点上的状态参数都仅随位置而变，不随时间改变的流动称为稳定流动，反之称为非稳定流动。稳定流动中各点的流速、压力及物理性质如密度、黏度等虽不随时间改变，但可随位置改变。

如图 1-12 所示的流动系统，是稳定流动和非稳定流动的典型。

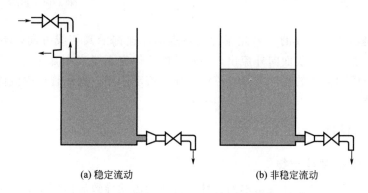

(a) 稳定流动　　　　　　　　　　(b) 非稳定流动

图 1-12　稳定流动与非稳定流动示例

在图 1-12(a) 中，水箱的进水量大于排水量，多余的水则由上方溢流管流出。这样在整个流动过程中，水箱的水液面一直维持恒定。试验表明，对于排水管的不同截面，流速和压力并不相同，但每个截面上的流速和压力并不随时间而改变，这种情况下的流动属于稳定流动。若关闭进水管，如图 1-12(b) 所示，则水箱中的水位将由于排水管的排水而不断下降，在此流动过程中，排水管各截面上的流速和压力不仅随位置而变，而且随时间而变，这种情况下的流动属于非稳定流动。

1.3.1.3　流线与流管

流线表示流场中某一瞬间一系列连续质点的速度矢量，如图 1-13 所示的 u_1、u_2、u_3、u_4。流线是流场中一系列点的曲线，流线上各点的速度方向均与该点流线的切线方向一致。

根据流线特点，可以写出流线方程式如下：

$$\frac{\mathrm{d}x}{u_x}=\frac{\mathrm{d}y}{u_y}=\frac{\mathrm{d}z}{u_z} \tag{1-25}$$

需指出的是，流线不同于迹线。迹线是指某一段时间内某一流体质点在空间所经过的路线轨迹。只有在稳定流动中，当各位置上流体的速度不随时间变化时，流线与迹线才重合。

由于流体在任一点处不可能同时有两个方向不同的流速，因此流线在任一点都不能相交。

在流场内沿任一封闭曲线的各点作流线，则通过曲线上各点的流线族就围成一管状的表面，称为流管，如图 1-14 所示。

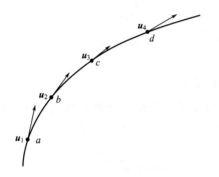

图 1-13　流线

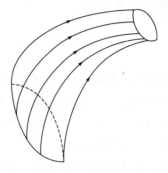

图 1-14　流管

因为流管是由流线构成的，因此流管上各点的流速都沿其切线方向，不会穿过流管表面。所以流体不能由流管表面向外流出，流管外的流体也不能流入流管内。流管就像管道的内管壁一样，流管内流体的流动就像管道内流体的流动一样，因此管道内流体的流动完全适用于流管内流体的流动。

1.3.2　流体的黏性

1.3.2.1　牛顿黏性定律

前已述及，能流动是流体最基本的特性。流体的流动导致流体形态的变化，并最终达到静止的稳定状态，流体的形态也随之确定。然而，在流动过程中，流体内部各流动层面之间存在相对运动，从流动边界层到流体的表面层之间，各流动层面上的流体质点的运动速度是不同的。各流动层面上的流体质点的运动速度不同，是由于流体内部存在一种抵抗各层面发生相对运动而维持流体原来状态的力（内摩擦力），这种流体内部存在的抵抗各流动层面发生相对运动的特性称为流体的黏性。流体的黏性实际上是流体内摩擦的体现，而摩擦与相对运动有关。因此流体的黏性直接与流体的流动相关，对于静止的流体则不考虑黏性的影响。

力是改变物体运动状态的原因。对流体而言，影响流体流动状态的因素同样取决于作用于流体上的力。作用于流体上的力，按作用方式可分为质量力和表面力两种。

质量力作用于流体的每个质点上，与流体的质量成正比，如重力、惯性力、离心力等。质量力是一种场力，有一定的分布性。表面力是作用于流体接触面上的力，并与接触面积成正比，它是来自与周围流体直接接触的分布力。表面力又可分为接触面上的法向力和切向力，前者称为接触面上的压力，后者称为接触面上的剪切力。单位面积上受到的压力称为压强（用 p 表示）；单位面积上受到的剪切力称为剪应力（用 τ 表示）。对于静止的流体，没有切向力，只有法向力。

流体运动时产生的剪应力正是流体存在黏性的结果，所以剪应力又称为内摩擦应力。剪应力同压强的单位相同，均为 $Pa(N \cdot m^{-2})$。

与流体黏性直接相关的是剪应力。为了更好地理解剪应力（图 1-15），设两块平行平板之间充满某种液体，使下板静止不动，对上板施加一平行于平板的切向力 F 使之以恒速 u 运动。

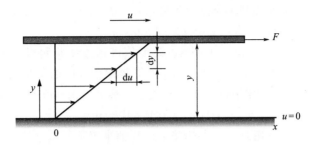

图 1-15　平行平板间液体的剪应力与速度梯度的关系

当平板面积 A 很大，平板间距 y 较小，且速度 u 不是很大时，试验表明，在层流状态下，切向力 F 与平板面积 A 以及速度梯度 du/dy 存在如下关系：

$$F = \mu A \frac{du}{dy} \tag{1-26}$$

令 $\tau = \dfrac{F}{A}$，则

$$\tau = \mu \frac{du}{dy} \tag{1-27}$$

式中，τ 为剪应力，$Pa(N \cdot m^{-2})$；比例系数 μ 为液体的黏度，$Pa \cdot s(kg \cdot m^{-1} \cdot s^{-1})$；$du/dy$ 为法向速度梯度，也称剪切速率，s^{-1}。

式(1-27) 所示的剪应力与剪切速率的关系称为牛顿黏性定律。应指出的是牛顿黏性定律只适用于牛顿型流体且流动为层流状态。

1.3.2.2　流体的黏度

流体的黏度 μ 与流体的性质有关，流体的黏性越大，其值越大。

将式(1-27) 改写成：

$$\mu = \frac{\tau}{\dfrac{du}{dy}} \tag{1-28}$$

由式(1-28) 可知，黏度的物理意义就是促使流体流动产生单位速度梯度的剪应力，速度梯度最大处剪应力也最大，速度梯度为零处剪应力也为零。因此黏度总是与速度梯度相联系，只有在运动时才显现出来。分析静止流体的规律时就不用考虑黏度这个因素。

从分子角度考虑，流体的黏性是由于动量传递的结果。因为当存在速度梯度时，由于分子运动就会产生动量的传递。当流体的各层面之间发生相对运动时，由于分子的无规则运动，在相对运动层面之间就实现了动量交换。根据牛顿第二定律，相对运动层面之间的剪切力应等于单位时间内通过单位面积传递的动量，所以剪应力与速度梯度成正比，也就是说，在一定条件下，剪应力与速度梯度的比值是一常数，这一常数就是式(1-28)所示的流体的黏度。因此黏度是流体的物理性质之一。

分子运动学研究表明，气体的黏度随温度升高而增大，随压强的变化较小，只有在极高或极低的压强下，才需考虑压强对气体黏度的影响。温度对气体黏度的影响可通过下列近似公式计算：

$$\frac{\mu}{\mu_0} = \left(\frac{T}{273}\right)^n \tag{1-29}$$

式中，μ 为热力学温度 T(K) 时的气体黏度；μ_0 为温度 273K 时气体的黏度；n 为特定气体的常数。对空气 $n \approx 0.65$，对二氧化碳、正丁烷和水蒸气，n 分别约等于 0.9、0.8 和 1.0。

液体的黏度随压强的变化基本不变，但随温度升高而减小。例如，水的黏度在 0℃ 时为 1.79×10^{-3}Pa·s，在 100℃ 时为 0.28×10^{-3}Pa·s。

在 SI 单位制中，黏度的单位是 Pa·s。黏度值可通过试验测得，某些常用流体的黏度可从本书的附录或有关手册中查得。在 CGS 单位制中，黏度的单位为 g·cm^{-1}·s^{-1}，称为泊(P)；泊的单位较大，常用泊的 1/100 来表示，称为厘泊（cP）。三者之间的关系为：

$$1\text{Pa·s} = 10\text{P} = 1000\text{cP}$$

此外，流体的黏性还可用黏度 μ 与密度 ρ 的比值来表示。这个比值称为运动黏度，以 ν 表示，即：

$$\nu = \frac{\mu}{\rho} \tag{1-30}$$

运动黏度的 SI 单位为 m^2·s^{-1}；在 CGS（米制）单位制中为 cm^2·s^{-1}，称为斯托 (St)。

混合流体的黏度不能按简单的加和法计算，在没有试验数据时，可按经验公式进行估算。常压混合气体的黏度可按如下公式估算：

$$\mu_m = \frac{\sum\limits_{i=1}^{n} y_i \mu_i M_i^{1/2}}{\sum\limits_{i=1}^{n} y_i M_i^{1/2}} \tag{1-31}$$

式中，μ_m 为常压混合气体的黏度；y_i 为混合气体中 i 组分的摩尔分数；μ_i 为混合气体同温度下 i 组分的黏度，M_i 为 i 组分的摩尔质量。

对分子不缔合的混合液体的黏度，可用如下公式估算：

$$\lg \mu_m = \sum\limits_{i=1}^{n} x_i \lg \mu_i \tag{1-32}$$

式中，μ_m 为混合液体的黏度；x_i 为混合液体中 i 组分的摩尔分数；μ_i 为混合液体同温度下 i 组分的黏度。

【例 1-7】 图 1-16 所示为间距为 1m 的两个平面之间充满某种润滑油，可看成牛顿型流体。要把一块面积为 0.4m^2 的薄板（忽略板的厚度）以 20m·min^{-1} 的速度在油中拖动，问需要多大的力？已知该润滑油的黏度为 0.0063Pa·s。

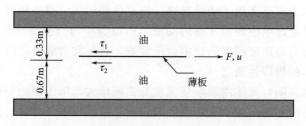

图 1-16 例 1-7 附图

解 由式(1-27) 得 $\tau_1 = 0.0063 \times (20 \div 60) \div 0.33 = 0.00636\text{Pa}$

$$\tau_2 = 0.0063 \times (20 \div 60) \div 0.67 = 0.00313 \mathrm{Pa}$$
$$F_1 = \tau_1 A = 0.00636 \times 0.4 = 0.00254 \mathrm{N}$$
$$F_2 = \tau_2 A = 0.00313 \times 0.4 = 0.00125 \mathrm{N}$$
$$F = F_1 + F_2 = 0.00379 \mathrm{N}$$

1.3.2.3　黏性流体

实际流体都具有黏性，具有黏性的流体统称为黏性流体或实际流体。在实际应用过程中，剪应力与剪切速率的关系服从牛顿黏性定律的流体称为牛顿型流体（Newtonian fluid），反之则称为非牛顿型流体（non-Newtonian fluid）。

非牛顿型流体的流变行为与流体的类型有关。在非牛顿型流体中，既具有黏性又具有弹性的流体称为黏弹性流体（viscoelastic fluid），这类流体有生面团、凝固汽油等，这类流体通常能在消除剪应力后部分恢复由于剪应力引起的形变；只显示黏性而无弹性的流体称为非黏弹性流体。常见的非牛顿型流体大多属于非黏弹性流体。在非牛顿型流体中，在一定的剪切速率下，表观黏度会随剪应力作用时间变化的流体称为与时间有关的黏性流体，反之称为与时间无关的黏性流体。

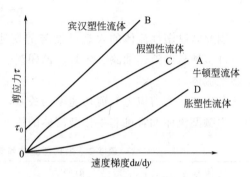

图 1-17　牛顿型与非牛顿型流体的剪应力与剪切速率的关系

与时间无关的非牛顿型流体，其剪应力与剪切速率的关系如图 1-17 所示。这类流体主要有如下三类。

（1）假塑性（pseudoplastic 或 shear-thinning）流体

这类流体的剪应力与剪切速率的关系如图 1-17 中的曲线 C 所示，可用如下关系式表示：

$$\tau = k \left(\frac{\mathrm{d}u}{\mathrm{d}y} \right)^n \tag{1-33}$$

式中，k 为稠度系数；n 为流性指数。显然，对假塑性流体而言，$n < 1$。为了与牛顿黏性定律比拟，将式(1-33)改写为：

$$\tau = \mu_a \frac{\mathrm{d}u}{\mathrm{d}y} \tag{1-34}$$

式中，μ_a 为表观黏度，其值为 $\mu_a = k(\mathrm{d}u/\mathrm{d}y)^{n-1}$。由于 $n < 1$，因此假塑性流体的表观黏度会随着剪切速率的增大而减小，表现为流体变稀。显然表观黏度与剪切速率 $\mathrm{d}u/\mathrm{d}y$ 有关，这与牛顿黏性定律中的黏度 μ 有本质的区别。大多数高分子聚合物、乳胶和胶体溶液都属于假塑性流体。

（2）胀塑性（dilatant plastic 或 shear-thickening）流体

胀塑性流体的剪应力与剪切速率的关系如图 1-17 中的曲线 D 所示，其流性指数 $n > 1$，仍可用关系式(1-34)表示。由于 $n > 1$，因而胀塑性流体的表观黏度会随着剪切速率的增大而增大，表现为流体变稠。糖浆和淀粉溶液等都属于这类流体。通常，胀塑性流体没有假塑性流体常见。

（3）宾汉塑性（Bingham plastic）流体

这种流体的剪应力与剪切速率的关系如图 1-17 中的直线 B 所示，其流性指数 $n = 1$，该

直线的截距 τ_0 称为屈服应力。只有在剪应力超过屈服应力后，这种流体才开始流动，开始流动后其性能像牛顿型流体一样。

宾汉塑性流体的流变特性可表示为：

$$\tau = \tau_0 + \mu_a \frac{\mathrm{d}u}{\mathrm{d}y} \tag{1-35}$$

式中，μ_a 为表观黏度，其值为 $\mu_a = k(\mathrm{d}u/\mathrm{d}y)^{n-1}$，只是流性指数 $n=1$，因此式(1-35)可简化为：

$$\tau = \tau_0 + k\frac{\mathrm{d}u}{\mathrm{d}y} \tag{1-36}$$

因此宾汉塑性流体的表观黏度与剪切速率无关，流体的稠度不因剪切速率的变化而变化。许多种悬浮液、油漆、牙膏、油印墨、泥浆及某些调味料如番茄酱、蛋黄酱等都属于宾汉塑性流体。

黏性流体的剪应力与剪切速率的关系，在流体流动的计算中具有重要的地位。表 1-2 列出了牛顿型流体和常见非牛顿型流体的流变特性。

表 1-2　牛顿型流体和常见非牛顿型流体的流变特性

流体类型	剪应力	流性指数 n	黏度特性
牛顿型流体	$\tau = \mu\dfrac{\mathrm{d}u}{\mathrm{d}y}$	$n=1$	真实黏度 μ
宾汉塑性流体	$\tau = \tau_0 + k\dfrac{\mathrm{d}u}{\mathrm{d}y} = \tau_0 + \mu_a\dfrac{\mathrm{d}u}{\mathrm{d}y}$	$n=1$	表观黏度 $\mu_a = k\left(\dfrac{\mathrm{d}u}{\mathrm{d}y}\right)^{n-1}$
假塑性流体	$\tau = k\left(\dfrac{\mathrm{d}u}{\mathrm{d}y}\right)^n = \mu_a\dfrac{\mathrm{d}u}{\mathrm{d}y}$	$n<1$	表观黏度 $\mu_a = k\left(\dfrac{\mathrm{d}u}{\mathrm{d}y}\right)^{n-1}$
胀塑性流体	$\tau = k\left(\dfrac{\mathrm{d}u}{\mathrm{d}y}\right)^n = \mu_a\dfrac{\mathrm{d}u}{\mathrm{d}y}$	$n>1$	表观黏度 $\mu_a = k\left(\dfrac{\mathrm{d}u}{\mathrm{d}y}\right)^{n-1}$

与时间有关的非牛顿型流体，分为触变型（thixotropic）流体和流凝性（rheopectic）流体。触变型流体的表观黏度随剪应力作用时间的延长而降低；流凝性流体的表观黏度随剪应力作用时间的延长而增加。

1.3.2.4　理想流体

尽管实际流体都具有一定的黏性，但在进行某些理论研究时，常假设流体没有黏性，即流体的黏度为零。这里定义 $\mu=0$ 的流体为理想流体，实际上理想流体并不存在，它只是为便于处理某些流动问题所作的假设而已。

引入理想流体的概念在研究实际流体流动时起着很重要的作用。这是由于黏性的存在给流体流动的数学描述和处理带来很大困难。对于黏度较小的流体如水和空气等，在某些情况下，往往首先将其视为理想流体，待找出规律后，根据需要再考虑黏性的影响，并对理想流体的分析结果加以修正。但是，在有些场合，当黏性对流动起主导作用时，则实际流体不能按理想流体处理。

研究理想流体运动特性和规律的学科称为理论流体力学，可参考有关资料。

1.3.3　流动型态（层流、湍流）与雷诺数

1.3.3.1　层流（laminar flow）与湍流（turbulent flow）的区别

层流也称滞流，是指在低流速下流体的流动。层流时只作向前的直线运动，不会出现侧向的混合，相邻流体层之间表现为层状的相对滑动，既没有交叉流动，也没有回旋流动的涡流。层流的压降与流速一次方成正比。层流的流体微团是在确定的、可以观察到的迹线或流线上运动。因此，层流是以黏性流体为特征的，是一种黏性起重要作用的流动。

湍流也称紊流，是指在高流速下流体的流动。湍流时除了发生直线运动之外，在垂直方向上还存在流体质点的脉动和混合。流体没有确定的迹线，存在交叉流动和涡流。剧烈湍流时流体的压降约与速度的平方成正比。

奥斯本·雷诺（Osborne Reynolds）在 1883 年的经典试验中证明了层流与湍流流动型态的区别。该试验将一根大的水平玻璃管浸没在一透明的水箱中，如图 1-18 所示。通过玻璃管出口端的调节阀可以控制管中的水流速度。同时，有一外置的小槽充有与水密度相近的染色液体，从玻璃管进口端注入，玻璃管内有来自水箱的水在流动。雷诺发现，在低流速下，染色液体在全管长度内流动呈一直线，表明管内液体沿平行直线方向流动，层与层之间的流体没有发生混合，属于层流。随着流速的增大，当达到临界流速（critical velocity）的时候，染色液体的流线开始上下波动，并渐渐消失，而且染色液均匀地扩散到整个管截面，表明液体在作直线流动的同时，质点之间还发生了碰撞和混合，显示出湍流的特征。

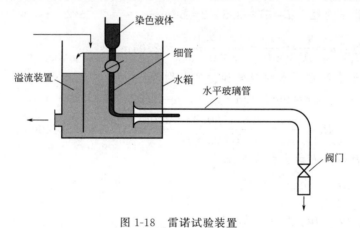

图 1-18　雷诺试验装置

1.3.3.2　雷诺数与流动型态的转变

雷诺在发现流动型态的同时，还研究了流动型态转变的条件。雷诺发现，层流转变为湍流的临界流速取决于四个因素，即管内径 d、流体黏度 μ、流体密度 ρ 和流体在管内的平均流速 u。进一步研究表明，流动型态的转变取决于如下的无量纲数群：

$$Re=\frac{du\rho}{\mu} \tag{1-37}$$

式（1-37）定义的无量纲数群称为雷诺数（Re，旧称雷诺准数）。

凡是几个有内在联系的物理量按无量纲条件组合起来的数群，称为无量纲数群或准数。这种组合并非是任意拼凑的，一般都是在大量实验的基础上，对影响某一现象或过程的各种因素有一定认识之后，再用物理分析或数学推演的方法确定出来。它既反映各物理量的内在关系，又能说明某一现象或过程的一些本质。

试验研究表明，层流到湍流的转变实际上发生在一较宽的雷诺数范围内。根据雷诺数，可以将流动型态如下划分：

① $Re < 2000$，为层流区，流动总是表现为层流；

② $2000 < Re < 4000$，为过渡区，流动既可能是层流，也可能是湍流，与外界扰动情况有关；

③ $Re > 4000$，为湍流区，流动一般呈现为湍流。

其中，当 $Re = 2000$ 时称为临界雷诺数。

需指出的是，流动虽分为层流区、过渡区和湍流区，但流动型态只有层流和湍流两种型态。

雷诺数实际上反映了流体流动中的惯性力与黏性产生的摩擦力的对比关系。一方面，ρu 代表单位时间通过单位截面积的流体质量，ρu^2 则表示单位时间通过单位截面积的流体动量，它与单位截面积上的惯性力成正比；另一方面，u/d 反映了流体内部的速度梯度，故 $\mu u/d$ 应与流体内的黏性摩擦力成正比。所以，$Re = du\rho/\mu = \rho u^2/(\mu u/d)$ 就相当于流体流动中的惯性力与黏性摩擦力的比。

【例 1-8】 设水在管道中流动，流量为 $4L \cdot s^{-1}$，水温 20℃，管径为 $\phi 57mm \times 3.5mm$，试计算 Re 并判断流动类型。若条件与上相同，但管中流过的是某种油类，油的运动黏度为 $4.4cm^2 \cdot s^{-1}$（运动黏度 $\nu = \dfrac{\mu}{\rho}$），试判断油的流动类型。

解 （1）管子内径：$d = 57 - 3.5 \times 2 = 50mm$

水的流速为：$u = \dfrac{q_v}{A} = \dfrac{4q_v}{\pi d^2} = \dfrac{4 \times 4 \times 10^{-3}}{\pi \times 0.05^2} = 2.04 m \cdot s^{-1}$

查物性手册得 20℃下水的密度和黏度分别为：

$$\rho = 998.2 km \cdot m^{-3}, \quad \mu = 1.004 \times 10^{-3} Pa \cdot s$$

$$Re = \frac{\rho du}{\mu} = \frac{998.2 \times 0.05 \times 2.04}{1.004 \times 10^{-3}} = 1.01 \times 10^5 > 4000$$

所以水在管内的流动类型为湍流。

（2）由：$\nu = \dfrac{\mu}{\rho}$

得：$Re = \dfrac{\rho du}{\mu} = \dfrac{du}{\nu} = \dfrac{0.05 \times 2.04}{4.4 \times 10^{-4}} = 231 < 2000$

所以油类物质在管内的流动类型为层流。

1.3.3.3 湍流的特征与脉动速度

流体在管内作层流流动时，其质点沿管轴作有规则的平行运动，各质点互不碰撞，互不混合。

流体在管内作湍流流动时，其质点作不规则的杂乱运动，并互相碰撞，产生大量的旋涡。由于质点碰撞而产生的附加阻力较由黏性所产生的阻力大得多，所以碰撞将使流体前进阻力急剧加大。

除了在管内流动由于流速过大可以导致湍流外，流体流经固体边界或不同流速的流体层的接触都可导致湍流，前者称为壁面湍流（wall turbulence），后者称为自由湍流（free turbulence）。湍流产生通常必须具备两个条件：①旋涡的形成；②形成的旋涡脱离原来的流层或流束进入邻近的流层或流束。只有这样，才能说流体的流动已由层流转变为湍流。

湍流由一系列不同尺寸的旋涡组成，大的旋涡不断地产生，又不断地破碎成小的旋涡，并最后消失。旋涡的最大尺寸可以与湍流的区域尺度相近。最小旋涡的直径为 $10\sim100\mu m$，小于该尺寸的旋涡则会被黏性剪应力迅速"捣毁"。流体在旋涡内的流动型态是层流。即便是最小的旋涡，也含有约 10^{12} 个分子，所以湍流并不是一种微观分子现象。

湍流中的旋涡都具有一定的机械能。流体湍流实际上就是一个能量传递的过程。在该过程中，由流体整体流动产生的大旋涡将旋转流动的能量向着一系列连续的小旋涡传递。在大旋涡破碎成小旋涡的过程中，机械能不会因为转化成热能而明显地消耗掉，而是几乎等量地传递给最小的旋涡。只有当最小的旋涡被黏性力捣毁后，机械能才最终转化成热能。由黏性力导致的能量转换称为黏性耗散（viscous dissipation）。

湍流流场中的质点在沿流动方向运动的同时，还作随机的脉动，其典型的瞬时速度变化如图 1-19 所示。

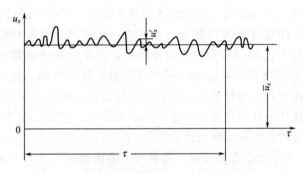

图 1-19　湍流速度脉动曲线

湍流流场中某质点的瞬时局部速度，可以通过激光多普勒风速计跟踪质点的快速波动来测得。从图 1-19 可以看出，流体质点的速度始终围绕某个平均值上下波动。平均速度 $\overline{u_x}$ 是某一时间间隔 t_0 内流体质点的瞬时速度的平均值，称为时均速度，可表示为：

$$\overline{u_x}=\frac{1}{t_0}\int_0^{t_0}u_x\,dt \tag{1-38}$$

若时间间隔 t_0 足够长，则时均速度 $\overline{u_x}$ 与时间无关，在稳定的湍流流场中，任意点的时均速度都是不随时间变化的。湍流流场中的其他物理参数也与时均速度一样，采用时均值来表示。

除用时均速度表示外，湍流的瞬时局部速度可以表示如下：

$$u_x=\overline{u_x}+u'_x,\quad u_y=\overline{u_y}+u'_y,\quad u_z=\overline{u_z}+u'_z \tag{1-39}$$

式中，$\overline{u_x}$、$\overline{u_y}$、$\overline{u_z}$ 表示瞬时速度矢量在 x、y、z 轴三个方向上时均速度分量；u'_x、u'_y、u'_z 为 x、y、z 轴三个方向上的脉动速度。显然：

$$\frac{1}{t_0}\int_0^{t_0}u'_x\,dt=0,\quad \frac{1}{t_0}\int_0^{t_0}u'_y\,dt=0,\quad \frac{1}{t_0}\int_0^{t_0}u'_z\,dt=0 \tag{1-40}$$

1.3.3.4　湍流剪应力

湍流流动的剪应力，主要取决于脉动速度的大小。湍流流动的剪应力由两部分组成，即分子运动引起的黏性剪应力 τ 和质点脉动引起的涡流剪应力 τ_e。采用牛顿黏性定律的形式，可以将湍流剪应力 τ_t 写成如下形式：

$$\tau_t=\tau+\tau_e=(\mu+\varepsilon)\frac{du}{dy} \tag{1-41}$$

式中，ε 为涡流黏度，它不仅与流体的物性有关，还随流动状况而变化，反映了湍流流动中流体的脉动特性。涡流黏度不是流体的物理性质，仅具有反映湍流状态的象征意义。

当流体流动型态为湍流时，其涡流剪应力通常比黏性剪应力大许多倍，即涡流黏度 ε 的数值范围可以从零到 μ 的几千倍。为了更准确地表达湍流剪应力，普朗特（Prandtl）引入了混合长 l 的概念，这是一个与流动方向相垂直的距离，它类似于分子平均自由程，并推导出湍流剪应力的表达式如下：

$$\tau_{t} = \rho l^{2}\left(\frac{\mathrm{d}u}{\mathrm{d}y}\right)^{2} \tag{1-42}$$

1.3.4 流动区域的划分——边界层

1.3.4.1 理想流动与边界层流动

1904 年，路德维希·普朗特（Ludwig Prandtl）提出，当流体流经固体边界时，在固体壁面附近的流动区域内，流体的流动受到固体边界的影响，区域内的流速随离开边界的距离增大而增大，直到与流体整体的流速相等为止。这一受固体边界影响的流动区域称为边界层。边界层内的流动称为边界层流动。在边界层外，流体的流动就像流体作为整体运动一样，流体内部各层面之间没有相对运动，因而也没有黏性的影响，就如理想流体一般，因此，边界层外流体的流动称为理想流动，边界层外的流动区域称为理想流体层。将流动区域划分为边界层和理想流体层在现代流体理论中是很重要的。它意味着可以用理想流体的数学理论，去推导物体表面附近实际流体的流线形状。

当流体以匀速 u_0 从平壁上方流过时，边界层内的流动如图 1-20 所示。当流体到达平壁前沿之后，受到壁面的影响，紧贴壁面的流体层的速度降为零，由于受到黏性和流体主体流动的影响，在流动的垂直方向就产生了速度梯度，随着离开壁面的垂直距离 δ 的增大，流体的速度 u 从零逐渐增大到与流体主体的流速 u_0 一致。一般来说，将 $u = 0.99u_0$ 的点所连成的曲线称为边界层与理想流体层（可忽略黏性的流层）的分界线，如图 1-20 中的虚线所示。将 $u = 0.99u_0$ 的垂直距离 δ 称为壁面某点的边界层厚度。应当指出，壁面某点边界层的厚度与从该点到壁面前沿的距离相比是很小的，也就是说，边界层与整个流动区域相比只是一很小的薄层。在边界层区内，由于垂直于流动方向上存在显著的速度梯度，摩擦应力很大，不可忽视。而在理想流体层内，速度梯度近似为 0，摩擦应力可忽略不计。

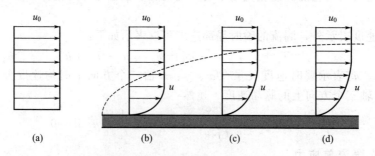

图 1-20　平壁上边界层的形成

从图 1-20 还可看出，随着流体沿平壁向前流动，由于剪应力对流体的持续作用，边界层的厚度随自壁面前沿的距离的增大而逐渐增厚。这就是在流体流动中边界层的发展过程。

应用边界层的概念研究实际流体的流动，能将复杂问题简化，从而可以用理论的方法来解决比较复杂的流动问题。边界层概念的提出对传热和传质过程的研究亦具有重要意义。

1.3.4.2　边界层内的层流与湍流

(1) 平壁上的边界层

图 1-20 所示为平壁上边界层的形成过程，然而，在平壁的前缘部分边界层较薄，流体的速度较小，整个边界层内流体的流动处于层流状态，为层流边界层。随着流体向前流动，边界层逐渐增厚，当距平壁前沿距离增大到一定值 x_c 后，边界层内的流动由层流转变为湍流，此后的边界层称为湍流边界层。湍流发生处（$x = x_c$），边界层突然增厚，如图 1-21 所示。在湍流边界层内，靠近壁面的极薄的一层流体，仍维持层流，称为层流内层，离壁面稍远的湍流区称为湍流中心。层流内层与湍流中心之间还存在过渡层，该过渡层流体层既非层流，也非完全的湍流。

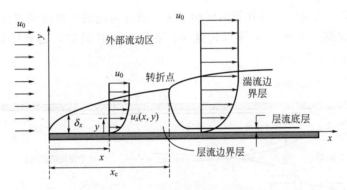

图 1-21　平壁上的层流与湍流边界层

如果设平壁上某点距平壁前沿的距离为 x，则平壁上的局部雷诺数可用下式表示：

$$Re_x = \frac{\rho u_0 x}{\mu} \tag{1-43}$$

局部雷诺数可作为光滑平壁上流型的判据，当 $Re_x < 2 \times 10^5$ 时，边界层为层流；$Re_x > 3 \times 10^6$ 时，边界层为湍流；Re_x 在两者之间时，为过渡流，其流型可能是层流也可能是湍流。一般来说，取 $Re_x = 5 \times 10^5$ 为层流转变为湍流的转折点。

无论是层流还是湍流，壁面处的剪应力 τ_w 都可由下式表示：

$$\tau_w = \rho u_0^2 \alpha \frac{\mathrm{d}\delta}{\mathrm{d}x} \tag{1-44}$$

式中，u_0 为理想流体层内流体主体的流速；δ 为壁面上距离壁面前沿 x 处边界层的厚度；ρ 为流体的密度；α 为有关速度分布的一个函数。式（1-44）的推导可参阅有关书籍。

对于光滑平壁上流体的流动，在层流边界层有：

$$\tau_w = \mu \left(\frac{\mathrm{d}u}{\mathrm{d}y} \right)_{y=0} = \frac{\mu u_0 \beta}{\delta} \tag{1-45}$$

式中，β 是一个与速度分布有关的函数。比较式（1-43）和式（1-44）通过积分得：

$$\frac{\delta}{x} = \sqrt{\frac{2\beta}{\alpha}} \frac{1}{\sqrt{Re_x}} \tag{1-46}$$

通过速度分布曲线的处理，可以得到 α 和 β 的具体值。对于湍流边界层，采用类似的处理方法也可获得边界层厚度与 x 的关系。一般来说，可以用下面公式计算边界层的厚度和壁面处的剪应力：

层流边界层
$$\frac{\delta}{x}=\frac{4.64}{Re_x^{0.5}} \tag{1-47}$$

$$\tau_w=0.332\frac{\mu u_0}{x}\sqrt{Re_x} \tag{1-48}$$

湍流边界层
$$\frac{\delta}{x}=\frac{0.376}{Re_x^{0.2}} \tag{1-49}$$

$$\tau_w=0.0587\frac{\dfrac{\rho u_0^2}{2}}{Re_x^{0.2}} \tag{1-50}$$

（2）圆管内的边界层

在化工生产中，常遇到流体在管内流动情况。前面讨论的平壁流动边界层将有助于对管内流动边界层的理解。当流体主体以匀速 u_0 流入圆形管道时，边界层的形成和发展如图 1-22 所示。

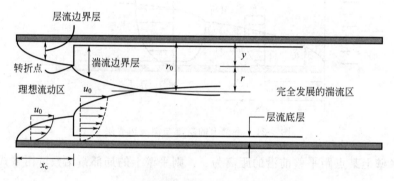

图 1-22　圆管内的层流和湍流边界层

在管道进口端，沿管壁边界层的形成与发展情况类似于平壁上的层流和湍流边界层。图 1-22 是雷诺数大于临界雷诺数的情况下，边界层的形成和发展情况，在这种情况下，管壁两侧的边界层相交的区域在湍流区，同样在接近管壁的很薄的区域内，为层流底层。最终圆管内的流动为完全发展的湍流区。

若管道内的雷诺数小于临界雷诺数，则管道两侧的边界层相交在层流区，最终圆管内的流动为完全发展的层流区，在完全发展区只有层流，没有湍流。

对于管道内只有层流的情况，边界层相交处的厚度为 r_0，这时距管道进口端的距离 x_0 可由如下关系式计算：

$$\frac{x_0}{d}=0.0575Re \tag{1-51}$$

式中，$Re=du\rho/\mu$ 为管道内的雷诺数；u 为管截面的平均流速。

对于圆管内的湍流区，当管截面的平均流速 u 为管中心最大流速 u_{max} 的 0.81 倍时，接近管壁的层流底层的厚度 δ_b 可按下式计算：

$$\frac{\delta_b}{d}=\frac{61.5}{Re^{7/8}} \tag{1-52}$$

由式（1-52）可知，Re 值愈大，层流底层厚度愈薄。如在内径 d 为 100mm 的导管中，$Re=1\times10^4$ 时，$\delta_b=1.95$mm；当 $Re=1\times10^5$ 时，$\delta_b=0.26$mm。但需要注意，层流底层的厚度虽然很薄，由于此层内的流动为层流，它对于传热及传质过程都有一定影响，不应予以忽视。应指出的是，流体在圆形直管内稳态流动时，无论是层流还是湍流，在完全发展区，管内各截面上的流速分布和流型都保持不变，因此在测定管内截面上的速度分布时，测量点应位于圆管中流体速度分布保持不变的平直部分，即此处到入口处或转弯处的距离应大于 x_0。

【例 1-9】 黏度为 20mPa·s、密度为 900kg·m^{-3} 的油以 0.5m·s^{-1} 的速度沿平板表面流过。试求：（1）距平板前端 200mm 处的边界层厚度。（2）当边界层厚度为 30mm 时，边界层的流型。

解 （1）距平板前端 200mm 处的边界层厚度　计算 Re，以判断边界层内流体的流型。

即

$$Re = \frac{u_s x \rho}{\mu} = \frac{0.5 \times 0.2 \times 900}{20 \times 10^{-3}} = 4.5 \times 10^3 < 2 \times 10^5$$

故为层流边界层。

根据平板上的层流边界层厚度方程式，即　$\dfrac{\delta}{x} = \dfrac{4.64}{Re_x^{0.5}}$

故　$\delta = \dfrac{4.64x}{Re_x^{0.5}} = \dfrac{4.64 \times 0.2}{4500^{0.5}} = 0.0138\text{m} = 13.8\text{mm}$

（2）当 $\delta = 30\text{mm}$ 时，边界层流体的流型　假设仍为层流边界层，根据上述层流边界层厚度方程式，得

$$x = \left[\frac{\delta \left(\dfrac{u_s \rho}{\mu} \right)^{0.5}}{4.64} \right]^2 = \left[\frac{0.03 \times \left(\dfrac{0.5 \times 900}{20 \times 10^{-3}} \right)^{0.5}}{4.64} \right]^2 = 0.941$$

检验 Re_x　　　$Re_x = \dfrac{0.5 \times 0.941 \times 900}{20 \times 10^{-3}} = 2.12 \times 10^4 < 2 \times 10^5$

故为层流边界层。

1.3.4.3　边界层的分离

流体流过平板或在直径相同的管道中流动时，流动边界层是紧贴在壁面上的。然而当流体流过球体、圆柱体等其他形状的物体表面时，无论是层流还是湍流，都有可能出现边界层分离的情况。也就是说，在一定条件下，流动边界层会脱离固体表面，并在脱离处产生旋涡，加剧流体质点间的碰撞，造成流动能量的损失。

图 1-23 显示了流体流经圆柱体表面时边界层分离的情况。当流体以均匀流速流过一无限长的圆柱体（以圆柱体上半部为例）时，在壁面上形成边界层，其厚度随着流过的距离而增加。流体的流速和压强沿圆柱体周边而变化，在 A 点流速为零。A 点称为驻点或停滞点，该点处流体的压强最大。流体自驻点绕圆柱体表

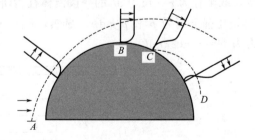

图 1-23　流体流经圆柱体表面时边界层分离

面向两侧流动，在 A 点至 B 点之间，由于流通截面的减小，边界层的流动处于加速减压的情况下，流体的静压能一部分转化为动能，另一部分用于克服黏性引起的内摩擦阻力。在点

B 处流速最大，压强最低。经过 B 点后，流体处于减速增压的情况下，这时流体的动能逐渐转变为静压能，还有部分动能因克服内摩擦而转变为热能。到达 C 点时，流体的动能消耗殆尽，因此 C 点的流速为零，压强达到最大，形成新的停滞点，随后而来的流体则在高压下被迫离开壁面而向前流动，造成与壁面的脱离，因此 C 点称为分离点。这种边界层脱离壁面的现象称为边界层的分离。

边界层内沿$\overline{ABC}$流线方向，会出现与上述原因一致的从 C 点开始的一系列停滞点，其连线如图 1-23 中的虚线 CD 所示，CD 线上的流体质点的流速均为零。CD 线所在的流体流动层面称为分离面。分离面与壁面之间的空白区，会导致流体的回流填充，从而在该区域形成回流的旋涡，产生强烈的湍流，流体的质点进行着强烈的碰撞和混合，因此该区域称为湍流尾流区。由于尾流区的压力总是低于停滞点前面的压力，从而产生了静压差，这种静压差会推动圆柱体沿流体流动方向前进。

湍流尾流区强烈的旋涡会导致流动能量的损耗，由于是固体表面形状造成边界层分离所引起的，所以这部分能量损耗称为形体阻力。所以黏性流体绕过固体表面的阻力应是流体内摩擦引起的摩擦阻力和边界层分离引起的形体阻力之和。两者之和又称为局部阻力。流体流经管件、阀门、管子进出口等局部的地方，由于流动方向和流道截面的突然改变，都会发生上述情况。

1.3.5 管内流动的速度分布

工程应用中，流体的输送大多在管道中进行，因此研究管内流动的速度分布具有重要意义。由于工程上管道流体的长距离输送，大多在稳定流动下进行，进出口流动区域相对于完全发展段流动区域要短很多，因此下面的分析以稳定流动的牛顿型流体为例，研究完全发展段的流动速度分布。该区域内流速的分布和流动型态始终维持不变。

1.3.5.1 管内层流的数学分析

(1) 层流时的速度分布

在 1.3.2.2 节中已指出，层流状态下牛顿型流体的剪应力为 $\tau = \mu(\mathrm{d}u/\mathrm{d}y)$，此处 u 是距边界 y 处的速度。对内径为 r_i 的圆管来说，$y = r_i - r$，u 是距管中心轴线半径为 r 处的流速。可以求得 $\tau = -\mu(\mathrm{d}u/\mathrm{d}r)$。负号表示，$u$ 是随着 r 的增大而减小，在管壁处 $u = 0$，在管中心 $u = u_{\max}$ 达到最大。

为了求得速度分布，下面分析管内流体的受力情况。如图 1-24 所示，以管轴心为中心线，取半径为 r、长为 $\mathrm{d}l$ 的一段流体柱为研究对象，流体柱两端所受的静压力分别为 F_1 和 F_2，压强分别为 p 和 $p + \mathrm{d}p$。显然，$F_1 = \pi r^2 p$，$F_2 = -\pi r^2(p + \mathrm{d}p)$。流体柱所受的剪切力为 $F = -\tau(2\pi r \mathrm{d}l)$。

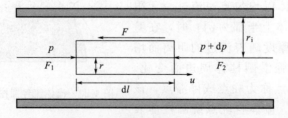

图 1-24　管内流体柱的受力平衡

在稳定流动下，流体柱所受合力为零，因此有：

$$F_1 + F_2 + F = \pi r^2 p - \pi r^2 (p + \mathrm{d}p) - \tau (2\pi r \mathrm{d}l) = 0$$

由此得

$$\tau = -\frac{1}{2} r \frac{\mathrm{d}p}{\mathrm{d}l} \tag{1-53}$$

结合牛顿黏性定律可得：

$$\mathrm{d}u = \frac{1}{2\mu} \times \frac{\mathrm{d}p}{\mathrm{d}l} r \mathrm{d}r \tag{1-54}$$

对于稳定流动而言，流体流动沿单位长度的压降是恒定的，因此当温度一定时，式 (1-54) 中的 $[1/(2\mu)]$ $(\mathrm{d}p/\mathrm{d}l)$ 部分为常数，积分式(1-54)，根据边界条件 $r = r_i$ 时，$u = 0$，可得：

$$u = -\frac{1}{4\mu} \times \frac{\mathrm{d}p}{\mathrm{d}l} (r_i^2 - r^2) \tag{1-55}$$

由式(1-55)求得管中心的最大速度为：

$$u_{\max} = -\frac{1}{4\mu} \times \frac{\mathrm{d}p}{\mathrm{d}l} r_i^2 \tag{1-56}$$

式(1-55)可以变形为：

$$u = u_{\max} \left(1 - \frac{r^2}{r_i^2} \right) \tag{1-57}$$

式(1-55)表明，流体在管内作层流流动时，速度呈抛物线分布。$-\mathrm{d}p/\mathrm{d}l$ 为压降梯度，对稳定流动，它也可以用单位管长的压降表示，为 $\Delta p / l$。

(2) 体积流量

根据式(1-57)管截面的速度分布，可求得通过整个管截面的体积流量。取一厚度为 $\mathrm{d}r$ 的环状微元面积，则通过该微元环形截面积：

$$\mathrm{d}q_V = u \mathrm{d}A = u \times 2\pi r \mathrm{d}r \tag{1-58}$$

将式(1-56)及式(1-57)代入式(1-58)，积分可得：

$$q_V = \frac{\pi r_i^4}{8\mu} \left(-\frac{\mathrm{d}p}{\mathrm{d}l} \right) \tag{1-59}$$

(3) 平均流速

管截面的平均流速为：

$$u_m = \frac{q_V}{A} = \frac{\frac{\pi r_i^4}{8\mu} \left(\frac{-\mathrm{d}p}{\mathrm{d}l} \right)}{\pi r_i^2} = \frac{r_i^2 \left(\frac{-\mathrm{d}p}{\mathrm{d}l} \right)}{8\mu} \tag{1-60}$$

式(1-60)与式(1-56)比较，可得平均流速与最大流速的关系为：

$$u_m = \frac{1}{2} u_{\max} \tag{1-61}$$

1.3.5.2　管内湍流的速度分布

由于湍流比层流要复杂得多，目前仍不能直接从理论上推导出速度分布，文献及教材上获得的速度分布都是半理论、半经验公式，下面的分析是基于普朗特混合长的理论。由 1.3.3.4 节中的式(1-42)可知，湍流的剪应力为 $\tau_t = \rho l^2 (\mathrm{d}u/\mathrm{d}y)^2$。对于管道中的湍流，在壁面附近，普朗特假设 l 与到壁面的距离成正比，即 $l = Ky$。试验证实了这一假设，并得出 $K = 0.40$。由于在紧贴壁面处 $\tau_t \approx \tau_w$（τ_w 是壁面 $y = 0$ 处的剪应力），因此有：

$$\tau_t \approx \tau_w = \rho l^2 \left(\frac{du}{dy}\right)^2 = \rho K^2 y^2 \left(\frac{du}{dy}\right)^2 \tag{1-62}$$

式(1-62)可改写为：
$$du = \frac{1}{K}\sqrt{\frac{\tau_w}{\rho}}\frac{dy}{y} = \frac{u^*}{K} \times \frac{dy}{y} \tag{1-63}$$

式中，$u^* = \sqrt{\tau_w/\rho}$ 为摩擦速度，只因其具有速度的量纲。根据边界条件 $y = r_i$ 时，$u = u_{max}$，用 $K = 0.40$ 代入积分得：

$$u = u_{max} - 2.5u^* \ln\frac{r_i}{r_i - r} \tag{1-64}$$

式(1-64)称为速度缺陷定律，因为该式在两个区域内有缺陷，在管轴处 du/dy 必须为0，但式(1-64)为一对数方程，$r = r_i$ 时，斜率并不为0；在靠近管壁处式(1-64)并不适用，因为管壁处已属于层流底层，这时可采用牛顿黏性定律。尽管存在缺陷，但式(1-64)却与测定结果非常接近。

由式(1-64)可求得管内湍流的平均速度 u_m，因为 $\pi r_i^2 u_m = 2\pi \int_0^{r_i} u r\, dr$，所以有：

$$u_m = u_{max} - 2.5u^* \left[\ln r_0 - \frac{2}{r_i^2}\int_0^{r_i} r\ln(r_i - r)dr\right] \tag{1-65}$$

对式(1-65)进行积分，有：

$$\int_0^{r_i} r\ln(r_i - r)\, dr = \int_0^{r_i}(r_i - r)\ln(r_i - r)d(r_i - r) - \int_0^{r_i} r_i \ln(r_i - r)d(r_i - r)$$

$$= -\int_0^{r_i} r\ln r\, dr + r_i\int_0^{r_i}\ln r\, dr$$

$$= (r_i^2\ln r_i - r_i^2 - r_i\lim_{r\to 0} r\ln r) - \left(\frac{1}{2}r_i^2\ln r_i - \frac{1}{4}r_i^2 - \frac{1}{2}\lim_{r\to 0} r\ln r\right)$$

$$= \frac{1}{2}r_i^2\ln r_i - \frac{3}{4}r_i^2 + \left(\frac{1}{2} - r_i\right)\lim_{r\to 0} r\ln r$$

因为 $\lim\limits_{r\to 0} r\ln r = \lim\limits_{r\to 0}\dfrac{\ln r}{\dfrac{1}{r}} = \lim\limits_{r\to 0}\dfrac{\dfrac{1}{r}}{-\dfrac{1}{r^2}} = -\lim\limits_{r\to 0} r = 0$（无穷大极限定理），所以有：

$$\int_0^{r_i} r\ln(r_i - r)\, dr = \frac{1}{2}r_i^2\ln r_i - \frac{3}{4}r_i^2$$

代入式(1-65)得：
$$u_m = u_{max} - \frac{3}{2} \times 2.5u^* \tag{1-66}$$

式(1-66)就是管内湍流流动的平均速度与管中心最大速度之间的关系。

其他比较典型的湍流速度分布经验公式还有布拉修斯 1/7 次方定律如下：

$$u = u_{max}\left(1 - \frac{r_i - r}{r_i}\right)^{1/7} \tag{1-67}$$

式(1-67)适用范围：$1.1 \times 10^5 < Re < 3.2 \times 10^6$。根据式(1-67)的速度分布，可以推得管截面的平均速度与管中心的最大速度的关系为：

$$u = \frac{49}{60}u_{max} = 0.817u_{max} \tag{1-68}$$

【例 1-10】 若湍流时的速度分布可用式(1-64)表示，试求圆管湍流中出现平均速度的径向距离与管的半径比 r/r_i。

解 根据式(1-64)和式(1-66),可得

$$u = u_{max} - 2.5u^* \ln \frac{r_i}{r_i - r} = u_m = u_{max} - \frac{3}{2} \times 2.5u^*$$

所以 $\ln \dfrac{r_i}{r_i - r} = \dfrac{3}{2}$

由上式得 $\dfrac{r}{r_i} = 1 - e^{-3/2}$

1.4 流体流动的守恒原理

质量守恒定律、能量守恒定律及动量守恒定律是自然界物体运动过程所遵循的三大基本守恒原理。同样,流体在流动过程中也遵循这三大基本原理。针对流体的流动,在特定条件下,这三大基本原理可分别简化为质量守恒的连续性方程、机械能守恒的伯努利(Bernoulli)方程和动量守恒的奈维-斯托克斯(Navier-Stokes)方程。下面对这三大方程分别展开讨论。

1.4.1 质量守恒的连续性方程

连续性方程可采用不同方法进行推导,本节通过物料衡算进行。

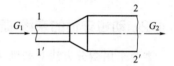

图 1-25 直径不同的管段

在定态流动系统中,对直径不同的管段进行物料衡算,如图 1-25 所示。以管壁、截面 1-1′ 与截面 2-2′ 为衡算范围。把流体视为连续介质,即流体充满管道,连续不断地从截面 1-1′ 流入、从截面 2-2′ 流出,此范围内无物料泄漏及补充。

对于定态流动系统,单位时间进入截面 1-1′ 的流体质量与流出截面 2-2′ 的流体质量相等,即物料衡算式为:$G_1 = G_2$。

因 $G = uA\rho$,故上式可写成

$$\rho_1 A_1 u_1 = \rho_2 A_2 u_2 \tag{1-69}$$

若上式推广至管路任何一个截面,即

$$\rho_1 A_1 u_1 = \rho_2 A_2 u_2 = \cdots = \rho A u = 常数 \tag{1-70}$$

式(1-70)称为管内定态流动的连续性方程式,表示在定态流动系统中,流体流经各截面的质量流量不变,而流速 u 随管道截面 A 和流体密度 ρ 而变。

若流体为不可压缩流体,即 ρ 为常数,则式(1-70)可简化为

$$A_1 u_1 = A_2 u_2 = \cdots = A u = 常数 \tag{1-71}$$

式(1-71)说明不可压缩的流体的流速与管道截面积成反比。

式(1-71)也称为管内定态流动的连续性方程。它反映了在定态流动系统中,流量一定时,管路各截面上流速的变化规律。此规律与管路的安排以及管路上是否装有管件、阀门、输送设备等无关。

对于圆形管道,式(1-71)可变形为

$$\frac{\pi}{4} d_1^2 u_1 = \frac{\pi}{4} d_2^2 u_2 \tag{1-72}$$

即
$$\frac{u_1}{u_2} = \left(\frac{d_2}{d_1}\right)^2 \tag{1-73}$$

式中，d_1 及 d_2 分别为管道上截面 1-1′ 和截面 2-2′ 处的管内径。这说明不可压缩流体在管道中的流速与管道内径的平方成反比。

【**例 1-11**】 密度为 $1800\text{kg} \cdot \text{m}^{-3}$ 的某液体经一内径为 60mm 的管道输送到某处，若其流速为 $0.8\text{m} \cdot \text{s}^{-1}$，求该液体的体积流量（$\text{m}^3 \cdot \text{h}^{-1}$）、质量流量（$\text{kg} \cdot \text{s}^{-1}$）和质量流速（$\text{kg} \cdot \text{m}^{-2} \cdot \text{s}^{-1}$）。

解 根据流速及截面积，计算该液体的体积流量为：
$$q_V = Au = \frac{\pi d^2 u}{4} = \frac{\pi \times 0.06^2 \times 0.8}{4}$$
$$= 2.26 \times 10^{-3}\text{m}^3 \cdot \text{s}^{-1} = 8.14\text{m}^3 \cdot \text{h}^{-1}$$

换算成质量流量为：
$$q_m = q_V \rho = 2.26 \times 10^{-3} \times 1800 = 4.07\text{kg} \cdot \text{s}^{-1}$$

质量速度为：
$$G = q_m/A = 4.07/(0.785 \times 0.06^2) = 1440\text{kg} \cdot \text{m}^{-2} \cdot \text{s}^{-1}$$

连续性方程虽然简单，但对分析流体流动问题是很有用的。

1.4.2 动量守恒的奈维-斯托克斯（Navier-Stokes）方程

本节采用微分方法对奈维-斯托克斯方程进行推导。对于任意选定的控制体而言，动量定律可叙述如下：控制体内的动量对时间的变化率等于作用于控制体内流体上的合力。

动量与力均为矢量，但在某一方向上的分量则可用标量来表示，下面以直角坐标系 x 方向为例，来讨论流体流动的动量守恒定律。

设单位体积流体的质量为 ρ，在 x 方向的动量随时间的变化速率为 $D\rho u_x/Dt$，这是一个随体导数（substantial derivative），亦称为拉格朗日导数（Lagrangian derivative），其物理意义为流场中流体质点上的物理量（如速度、温度、密度、浓度等）随时间和空间的变化率。因而，在体积为 $\mathrm{d}x\mathrm{d}y\mathrm{d}z$ 的微元控制体内，动量累积为：$D\rho u_x/Dt\,\mathrm{d}x\mathrm{d}y\mathrm{d}z$。

作用于控制体内流体上的合力有表面力和质量力。在 1.3.2.1 节中，表面力分为剪应力和压力。在重力场中，质量力则是指重力。

沿 x 方向微元控制体所受的剪应力（见图 1-26）的合力为：

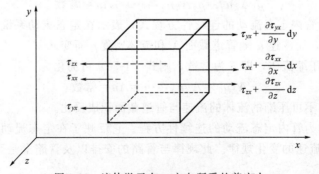

图 1-26　流体微元在 x 方向所受的剪应力

$$-\left(\frac{\partial \tau_{xx}}{\partial x}\mathrm{d}x\mathrm{d}y\mathrm{d}z + \frac{\partial \tau_{yx}}{\partial y}\mathrm{d}y\mathrm{d}x\mathrm{d}z + \frac{\partial \tau_{zx}}{\partial z}\mathrm{d}z\mathrm{d}y\mathrm{d}x\right)$$

式中，负号表示流体微元所受剪应力与流体流动方向相反。

沿 x 方向微元控制体所受的压力的合力为：

$$-\frac{\partial p}{\partial x}\mathrm{d}x\,\mathrm{d}y\,\mathrm{d}z$$

沿 x 方向微元控制体所受的质量力即重力的合力为：

$$\rho g_x\,\mathrm{d}x\,\mathrm{d}y\,\mathrm{d}z$$

其中，在 x 方向和 z 方向 $g_x = g_z = 0$，只有在 y 方向有重力，即 $g_y = g$。

由以上各表达式，得到 x 方向上动量守恒的微分表达式为：

$$\frac{D\rho u_x}{Dt} = -\left(\frac{\partial \tau_{xx}}{\partial x}+\frac{\partial \tau_{yx}}{\partial y}+\frac{\partial \tau_{zx}}{\partial z}\right)-\frac{\partial p}{\partial x}+\rho g_x \tag{1-74}$$

式(1-74)中，任一点处的剪应力不仅取决于该处的速度梯度，还取决于流体的流变特性。对于牛顿型流体，剪应力满足如下关系：

$$\tau_{xx} = -2\mu\frac{\partial u_x}{\partial x}+\left(\frac{2}{3}\mu-\kappa\right)\left(\frac{\partial u_x}{\partial x}+\frac{\partial u_y}{\partial y}+\frac{\partial u_z}{\partial z}\right) \tag{1-75}$$

$$\tau_{yx} = \tau_{xy} = -\mu\left(\frac{\partial u_x}{\partial y}+\frac{\partial u_y}{\partial x}\right) \tag{1-76}$$

式中，κ 为流体的体积黏度（bulk viscosity）。

对于密度、黏度变化的牛顿型流体，由式(1-74)~式(1-76)可得到 x 方向上动量守恒的微分表达式为：

$$\frac{D\rho u_x}{Dt} = \frac{\partial}{\partial y}\left[\mu\left(\frac{\partial u_x}{\partial y}+\frac{\partial u_y}{\partial x}\right)\right]+\frac{\partial}{\partial z}\left[\mu\left(\frac{\partial u_x}{\partial z}+\frac{\partial u_z}{\partial x}\right)\right]+$$

$$\frac{\partial}{\partial x}\left[2\mu\frac{\partial u_x}{\partial x}-\left(\frac{2}{3}\mu-\kappa\right)\left(\frac{\partial u_x}{\partial x}+\frac{\partial u_y}{\partial y}+\frac{\partial u_z}{\partial z}\right)\right]-\frac{\partial p}{\partial x}+\rho g_x \tag{1-77}$$

对于密度、黏度恒定的牛顿型流体，式(1-77)中的体积黏度 κ 为 $-\mu/3$，经简化就得到 x 方向上动量守恒的奈维-斯托克斯方程：

$$\rho\left(\frac{\partial u_x}{\partial t}+u_x\frac{\partial u_x}{\partial x}+u_y\frac{\partial u_x}{\partial y}+u_z\frac{\partial u_x}{\partial z}\right)=\mu\left(\frac{\partial^2 u_x}{\partial x^2}+\frac{\partial^2 u_x}{\partial y^2}+\frac{\partial^2 u_x}{\partial z^2}\right)-\frac{\partial p}{\partial x}+\rho g_x \tag{1-78}$$

同理，在 y 方向和 z 方向上的奈维-斯托克斯方程分别为：

$$\rho\left(\frac{\partial u_y}{\partial t}+u_x\frac{\partial u_y}{\partial x}+u_y\frac{\partial u_y}{\partial y}+u_z\frac{\partial u_y}{\partial z}\right)=\mu\left(\frac{\partial^2 u_y}{\partial x^2}+\frac{\partial^2 u_y}{\partial y^2}+\frac{\partial^2 u_y}{\partial z^2}\right)-\frac{\partial p}{\partial y}+\rho g_y \tag{1-79}$$

$$\rho\left(\frac{\partial u_z}{\partial t}+u_x\frac{\partial u_z}{\partial x}+u_y\frac{\partial u_z}{\partial y}+u_z\frac{\partial u_z}{\partial z}\right)=\mu\left(\frac{\partial^2 u_z}{\partial x^2}+\frac{\partial^2 u_z}{\partial y^2}+\frac{\partial^2 u_z}{\partial z^2}\right)-\frac{\partial p}{\partial z}+\rho g_z \tag{1-80}$$

上述的奈维-斯托克斯方程是直角坐标系中的动量守恒表达式，对于柱坐标系和球坐标系，可参阅有关传递原理方面的相关书籍。

奈维-斯托克斯方程是解决工程流体力学与传质传热问题的基础，具有重要的实用意义。例如，流体静力学基本方程、管内流体流速分布以及机械能守恒的伯努利方程均可由奈维-斯托克斯方程导出。

1.4.3　机械能守恒的伯努利（Bernoulli）方程

本节采用能量守恒方法推导伯努利方程。

流体所具有的位能、动能和静压能统称为流体的机械能。单位质量流体所具有的动能取

决于流体的速度 u，大小为 $u^2/2$；单位质量流体所具有的位能，在重力场中与流体所处的位置即高度 z 有关，大小为 gz；单位质量流体所具有的静压能取决于流体的静压力 p，大小为 p/ρ，其中，ρ 为流体的密度。流体的内能一般只与温度有关，压力的影响较小。在流体输送过程中，由于热和内能都不能转变为机械能而用于流体输送，因此考虑流体输送过程中能量的转变和消耗时，可以将热和内能消去，仅考虑机械能的衡算。对于实际流体的流动，机械能并不守恒，由于内摩擦的作用，部分机械能会转化为热能而消耗掉。为了研究流体流动过程中机械能的变化，下面先考虑没有黏度，即不考虑内摩擦的理想流体的流动过程中，机械能的相互关系。

1.4.3.1 理想流体的能量衡算

在图 1-27 所示的稳定流动系统中，流体从截面 1-1′ 流入，从截面 2-2′ 流出。管路装有对流体做功的泵 2 及向流体输入或取出热量的换热器 1。

衡算范围可取为：1-1′ 与 2-2′ 截面之间，系统内壁面。衡算基准：1kg 流体。基准水平面：o-o' 平面。

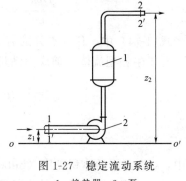

图 1-27 稳定流动系统
1—换热器；2—泵

设　u_1，u_2——流体分别在截面 1-1′ 与 2-2′ 处的流速，$m \cdot s^{-1}$；

　　p_1，p_2——流体分别在截面 1-1′ 与 2-2′ 处的压强，Pa；

　　z_1，z_2——截面 1-1′ 与 2-2′ 的中心至基准水平面的垂直距离，m；

　　A_1，A_2——截面 1-1′ 与 2-2′ 的面积，m^2；

　　v_1，v_2——流体分别在截面 1-1′ 与 2-2′ 处的比容，$m^3 \cdot kg^{-1}$。

1kg 流体进、出系统时输入和输出的能量有下面各项。

(1) 内能

物质内部能量的总和称为内能。1kg 流体输入与输出的内能分别以 U_1 和 U_2 表示，$J \cdot kg^{-1}$。

(2) 位能

流体因受重力的作用，在不同的高度处具有不同的位能，相当于质量为 m 的流体自基准水平面升到某高度 z 所做的功。1kg 流体输入与输出的位能分别为 gz_1 与 gz_2，$J \cdot kg^{-1}$。位能是个相对值，随所选的基准水平面位置而定，在基准水平面以上的位能为正值，以下的为负值。

(3) 动能

流体以一定的速度运动时，便具有一定的动能。1kg 流体输入与输出的动能分别为 $\frac{1}{2}u_1^2$ 和 $\frac{1}{2}u_2^2$，$J \cdot kg^{-1}$。

(4) 静压能 (压强能)

静止流体内部任一处都有一定的静压强。流动着的流体内部任何位置也都有一定的静压强。如果在内部有液体流动的管壁上开孔，并与一根垂直的玻璃管相接，液体便会在玻璃管内上升，上升的液柱高度便是运动着流体在该截面处的静压强的表现。对于图 1-27 的流动系统，流体通过截面 1-1′ 时，由于该截面处流体具有一定的压力，这就需要对流体做相应的功，以克服这个压力，才能把流体推进系统里。通过截面 1-1′ 的流体必定要带着所需的功相当的能量进入系统,流体所具有的这种能量称为静压能。

设质量为 m、体积为 V_1 的流体通过截面 1-1′,带入系统的静压能为 p_1V_1。对于 1kg 流体,则带入系统的静压能 p_1v_1。同理,1kg 流体离开系统时输出的静压能为 p_2v_2, $J \cdot kg^{-1}$。

流体从截面 1-1′ 流入,只从截面 2-2′ 流出,因此上述输入与输出系统的四项能量,实际上就是流体在截面 1-1′ 及 2-2′ 上所具有的各种能量,其中位能、动能及静压能又称为机械能,三者之和为总机械能。

此外,在图中的管路上还安装有换热器和泵,则进、出该系统的能量还有:

① 热 设换热器向 1kg 流体供应的从 1kg 流体取出的热量为 Q,$J \cdot kg^{-1}$。

② 外功 1kg 流体通过泵(或其他输送设备)所获得的能量,称为外功或净功,以 W_e 表示,$J \cdot kg^{-1}$。

根据能量守恒定律,连续定态流动系统的能量衡算依据为输入的总能量等于输出的总能量,即

$$U_1 + gz_1 + \frac{u_1^2}{2} + p_1v_1 + Q + W_e = U_2 + gz_2 + \frac{u_2^2}{2} + p_2v_2 \tag{1-81}$$

$$\Delta U + g\Delta z + \frac{\Delta u^2}{2} + \Delta(pv) = Q + W_e \tag{1-82}$$

上两式称为定态流动系统的总能量衡算式,也是流动系统中热力学第一定律的表达式。方程式可根据具体情况简化。

1.4.3.2 流动系统的机械能衡算式与伯努利(Bernoulli)方程

在流体输送过程中,主要考虑各种形式机械能的转换。可以对式(1-81)或式(1-82)化简,把 ΔU 和 Q 消去,得到适用于计算流体输送系统的机械能变化关系式。

根据热力学第一定律

$$\Delta U = Q - W = Q - \left(\int_{v_1}^{v_2} p\,\mathrm{d}v - \sum h_{f,1\text{-}2} \right) \tag{1-83}$$

式中,$\int_{v_1}^{v_2} p\,\mathrm{d}v$ 为 1kg 流体从截面 1-1′ 流到截面 2-2′ 的过程中,因被加热而引起体积膨胀所做的功,J/kg;$\sum h_{f,1\text{-}2}$ 为 1kg 流体从截面 1-1′ 流到截面 2-2′ 的过程中,为克服流动阻力而消耗的一部分机械能,$J \cdot kg^{-1}$。这部分机械能转变为热,而不能直接用于流体的输送,从实用上说,这部分机械能是损失掉了,常称为能量损失。

又由于

$$\int_{v_1}^{v_2} p\,\mathrm{d}v = \int_{p_1v_1}^{p_2v_2} \mathrm{d}(pv) - \int_{p_1}^{p_2} v\,\mathrm{d}p = \Delta(pv) - \int_{p_1}^{p_2} v\,\mathrm{d}p \tag{1-84}$$

将式(1-83)、式(1-84)代入式(1-82),得

$$Q + W_e = Q - \left[\Delta(pv) - \int_{p_1}^{p_2} v\,\mathrm{d}p - \sum h_{f,1\text{-}2} \right] + g\Delta z + \frac{1}{2}\Delta u^2 + \Delta(pv)$$

整理后,得

$$\int_{p_1}^{p_2} v\,\mathrm{d}p + g\Delta z + \frac{1}{2}\Delta u^2 = W_e - \sum h_{f,1\text{-}2} \tag{1-85}$$

式(1-85)称为 1kg 流体定态流动时的机械能衡算式,对可压缩流体与不可压缩流体均可适用。对于可压缩流体,式中 $\int_{p_1}^{p_2} v\,\mathrm{d}p$ 一项应根据过程的不同(等温、绝热或多变),按

照热力学方法处理。对于一般输送过程中的流体，多数情况下可按不可压缩流体来考虑。

不可压缩流体的比容 v 或者密度 ρ 为常数，故

$$\int_{p_1}^{p_2} v \, \mathrm{d}p = \frac{\Delta p}{\rho}$$

于是式(1-85)可以改写为

$$\frac{\Delta p}{\rho} + g \Delta z + \frac{1}{2} \Delta u^2 = W_e - \sum h_{f,1-2} \tag{1-85a}$$

$$\frac{p_1}{\rho} + g z_1 + \frac{1}{2} u_1^2 + W_e = \frac{p_2}{\rho} + g z_2 + \frac{1}{2} u_2^2 + \sum h_{f,1-2} \tag{1-85b}$$

以上两式均为不可压缩流体在定态流动时的机械能衡算式。

若流体流动时不产生流动阻力，则流体的能量损失 $\sum h_{f,1-2} = 0$，这种流体称为理想流体。理想流体对于解决实际问题有重要意义。对于理想流体，又没有外功加入，即 $W_e = 0$ 时，式(1-85b)便可简化为

$$g z_1 + \frac{1}{2} u_1^2 + \frac{p_1}{\rho} = g z_2 + \frac{1}{2} u_2^2 + \frac{p_2}{\rho} \tag{1-86}$$

式(1-86)称为伯努利方程，为理想流体的机械能衡算方程。

1.4.3.3 机械能衡算方程的讨论

① 如果系统中流体处于静止状态，$u = 0$，流体不流动，则阻力损失为零，即 $h_f = 0$，流体也不需要外界提供能量，$W_e = 0$，则伯努利方程变为：

$$\frac{p_1}{\rho} + g z_1 = \frac{p_2}{\rho} + g z_2$$

上式即为流体静力学基本方程。由此可见，伯努利方程不仅表示流体运动规律，还表示流体静止状态，而流体静止状态只不过是流体运动状态的一种特殊形式。

② 式(1-86)表示理想流体在管道内作定态流动，又没有外功加入时，在任一截面上单位质量流体所具有的位能、动能和静压能之和为一常数，称为总机械能，通常以 E 表示，其单位为 $J \cdot kg^{-1}$。每一种形式的机械能不一定相等，但可以互相转换。如某种理想流体在水平管道中定态流动，若在某处管道截面积缩小时，流速增加，静压能相应下降，即部分静压能转变为动能。因此式(1-86)也表示了理想流体流动过程中各种形式的机械能相互转换的数量关系。

③ 在伯努利方程式(1-86)中，zg、p/ρ、$u^2/2$ 分别表示单位质量流体在某一截面上具有的位能、静压能和动能，它们表示流体的状态参数；h_f 表示单位质量的流体流过两个截面时阻力引起的能量损失。W_e 表示输送机械如泵或风机等设备对单位质量的流体所做的有效功，是决定流体输送设备的重要参数。单位时间输送机械所做的总有效功（或称为有效功率）为：

$$N_e = q_m W_e \tag{1-87}$$

式中，N_e 为有效功率，W；q_m 为流体的质量流量，$kg \cdot s^{-1}$。

实际过程流体输送机械本身还有转换效率，则流体输送机械实际消耗的功率应为：

$$N = \frac{N_e}{\eta} \tag{1-88}$$

式中，N 为流体输送机械的轴功率，W；η 为流体输送机械的效率。

④ 流体衡算基准不同，机械能衡算式有不同应用形式。

例如以单位重量流体为衡算基准，将式(1-85b)各项除以 g，得

$$\frac{p_1}{\rho g}+z_1+\frac{1}{2}\frac{u_1^2}{g}+\frac{W_e}{g}=\frac{p_2}{\rho g}+z_2+\frac{1}{2}\frac{u_2^2}{g}+\frac{\sum h_{f,1-2}}{g}$$

令

$$H=\frac{W_e}{g},\quad H_f=\frac{\sum h_{f,1-2}}{g}$$

则

$$\frac{p_1}{\rho g}+z_1+\frac{1}{2}\frac{u_1^2}{g}+H=\frac{p_2}{\rho g}+z_2+\frac{1}{2}\frac{u_2^2}{g}+H_f$$

上式各项的单位为米（m），表示单位重量的流体所具有的能量。米（m）虽是一个长度单位，但在这里却反映了一定物理意义，它表示单位重量流体所具有的机械能，可以把它自身从基本水平面升举的高度。常把 z、$\frac{u^2}{2g}$、$\frac{p}{\rho g}$ 与 H_f 分别称为位压头、动压头、静压头与压头损失，而 H 则称为输送设备对流体所提供的有效压头。

⑤ 伯努利方程适用于不可压缩流体，而对于可压缩流体，当所取系统中两截面之间的绝对压强变化小于 20%，即 $(p_1-p_2)/p_1<20\%$ 时，仍可用该方程计算，但式中的密度 ρ 应以两截面的平均密度 ρ_m 代替。

1.4.3.4 伯努利方程的应用

应用实例一 确定管道中流体的流量

【例 1-12】 高位槽内的水面高于地面 8m，水从 $\phi108\text{mm}\times4\text{mm}$ 的管道中流出，管路出口高于地面 2m。水流经系统的能量损失可按 $\sum h_f=6.5u^2$ 计算，其中 u 为水在管道的流速。试计算水的流量，以 $\text{m}^3\cdot\text{h}^{-1}$ 计。

解 运用伯努利方程式解题的关键是找准截面和基准面，对于本题来说，合适的截面是高位槽 1-1′ 和出管口 2-2′，如图 1-28 所示，选取地面为基准面。

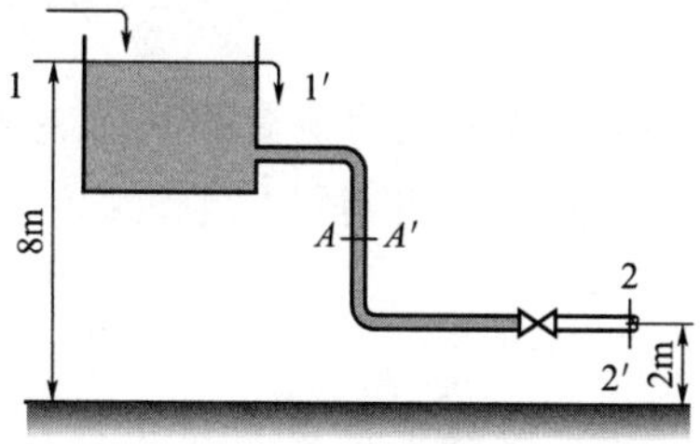

在如图 1-28 所示的 1-1′、2-2′ 处列伯努利方程：

图 1-28 例 1-12 附图

$$\frac{p_1}{\rho}+gz_1+\frac{1}{2}u_1^2=\frac{p_2}{\rho}+gz_2+\frac{1}{2}u_2^2+\sum h_{f,1-2}$$

题中，$z_1=8\text{m}$，$z_2=2\text{m}$，$u_1=0$，$p_1=p_2=1\text{atm}$，则

$$g(z_1-z_2)=\frac{1}{2}u_2^2+6.5u_2^2$$

整理得

$$9.81\times(8-2)=7u_2^2,\quad u_2=2.9\text{m}\cdot\text{s}^{-1}$$

换算成体积流量

$$V_s=u_2A=2.9\times\pi/4\times0.1^2\times3600=82\text{m}^3/\text{h}$$

应用实例二 确定管路中流体的压强

【例 1-13】 水在如图 1-29 所示的虹吸管内作稳态流动，管路直径没有变化，水流经管路的能量损失可以忽略不计，试计算管内截面 2-2′、3-3′、4-4′ 和 5-5′ 处的压强。大气压为 760mmHg。图中所标注的尺寸均以 mm 计。

解 为计算管内各截面的压强，应首先计算管内水的流速。先在储槽水面 1-1′ 及管子出口内侧截面 6-6′ 间列伯努利方程式。并以截面 6-6′ 为基准水平面。管路的能量损失

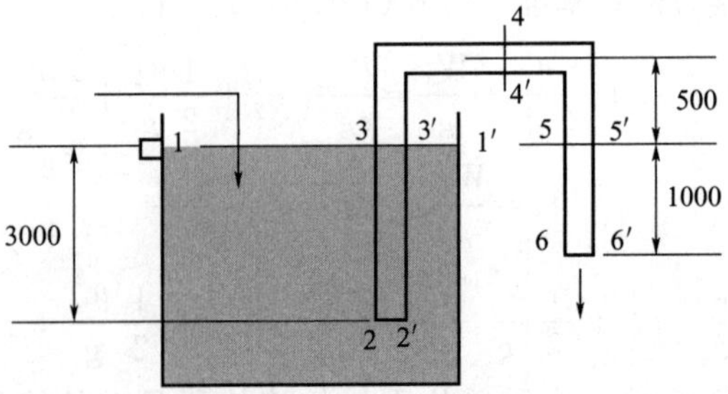

图 1-29 例 1-13 附图

忽略不计，即 $\sum h_{\mathrm{f}} = 0$。故伯努利方程式为

$$gz_1 + \frac{u_1^2}{2} + \frac{p_1}{\rho} = gz_6 + \frac{u_6^2}{2} + \frac{p_6}{\rho}$$

式中，$z_1 = 1\mathrm{m}$；$z_6 = 0$；$p_1 = 0$（表压）；$p_6 = 0$（表压）；$u_1 \approx 0$。

将上列数值代入上式，并简化得 $9.81 \times 1 = \dfrac{u_6^2}{2}$，解得 $u_6 = 4.43\mathrm{m \cdot s^{-1}}$。

由于管路直径无变化，则管路各截面积相等。根据连续性方程式知 $q_V = uA = $ 常数，故管内各截面的流速不变。即

$$u_2 = u_3 = u_4 = u_5 = u_6 = 4.43\mathrm{m \cdot s^{-1}}$$

则

$$\frac{u_2^2}{2} = \frac{u_3^2}{2} = \frac{u_4^3}{2} = \frac{u_5^2}{2} = \frac{u_6^2}{2} = 9.81\mathrm{J \cdot kg^{-1}}$$

因流动系统的能量损失可忽略不计，故水可视为理想流体，则系统内各截面上流体的总机械能 E 相等。

即

$$E = gz + \frac{u^2}{2} + \frac{p}{\rho} = 常数$$

总机械能可以用系统内任何截面去计算，但根据本题条件，以储槽水面 1-1′ 处的总机械能计算较为简便。现取截面 2-2′ 为基准水平面，则上式中 $z = 3\mathrm{m}$，$p = 101330\mathrm{Pa}$，$u \approx 0$。

总机械能

$$E = 9.81 \times 3 + \frac{101330}{1000} = 130.8\mathrm{J \cdot kg^{-1}}$$

计算各截面的压强时亦应以截面 2-2′ 为基准水平面，则 $z_2 = 0$，$z_3 = 3\mathrm{m}$，$z_4 = 3.5\mathrm{m}$，$z_5 = 3\mathrm{m}$。

（1）截面 2-2′ 的压强 $\quad p_2 = \left(E - \dfrac{u_2^2}{2} - gz_2\right)\rho = (130.8 - 9.81) \times 1000 = 120990\mathrm{Pa}$

（2）截面 3-3′ 的压强 $\quad p_3 = \left(E - \dfrac{u_3^2}{2} - gz_3\right)\rho = (130.8 - 9.81 - 9.81 \times 3) \times 1000 = 91560\mathrm{Pa}$

（3）截面 4-4′ 的压强 $\quad p_4 = \left(E - \dfrac{u_4^2}{2} - gz_4\right)\rho = (130.8 - 9.81 - 9.81 \times 3.5) \times 1000 = 86655\mathrm{Pa}$

（4）截面 5-5′ 的压强　$p_5 = \left(E - \dfrac{u_5^2}{2} - gz_5\right)\rho = (130.8 - 9.81 - 9.81 \times 3) \times 1000 =$ 91560Pa

从以上计算结果可以看出：$p_2 > p_3 > p_4$，而 $p_4 < p_5 < p_6$，这是由于流体在管内流动时，位能与静压能反复转换的结果。

应用实例三　确定输送设备的有效功率

【例 1-14】　如图 1-30 所示，用泵将河水打入洗涤塔中，喷淋下来后流入下水道。已知管道内径均为 0.1m，流量为 84.82 m³·h⁻¹。水在塔前管路中流动的总阻力损失为 10J·kg⁻¹。喷头处的压强较塔内压强高 0.02MPa，水从塔中流到下水道的阻力损失可忽略不计。泵的效率为 65%。求泵所需的功率。

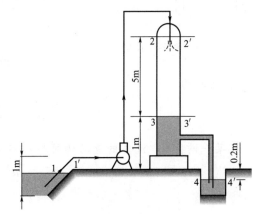

图 1-30　例 1-14 附图

解　本题涉及的流体流动过程并非全部过程均是连续的，水从喷头出口到洗涤塔底一段不满足流体连续、充满管道的条件，因此，要分段处理。

先计算水由塔内流出至下水道。取塔内水面为截面 3-3′，下水道水面为截面 4-4′，列伯努利方程。塔内液面、下水道液面截面很大。
故　$u_3 = u_4 = 0$

又令塔内压强为 p_g（表压），取地面为基准面，则　$g + \dfrac{p_g}{\rho} = -0.2g$

取水的密度为 1000kg·m⁻³，则

$$p_g = -11768\text{Pa （表压）}$$

再计算塔前管路，取河水表面为截面 1-1′，喷头内侧为截面 2-2′。

则　$u_1 = 0$，$u_2 = \dfrac{84.82}{3600 \times \dfrac{\pi}{4} \times 0.1^2} = 3\text{m·s}^{-1}$

$p_1 = 0$（表压），$p_2 = 0.02 \times 10^6 + (-11768) = 8232\text{Pa （表压）}$

对截面 1-1′ 和截面 2-2′ 列伯努利方程　$-g + W_e = \dfrac{p_2}{\rho} + \dfrac{u_2^2}{2} + 6g + \sum h_f$

式中，$\sum h_f = 10\text{J·kg}^{-1}$。

故流体所获得的功 W_e　$W_e = 91\text{J·kg}^{-1}$

流体所获得的功率 N_e　$N_e = q_m W_e = \rho q_V W_e = 91 \times \dfrac{84.82}{3600} \times 1000 = 2144\text{W}$

故泵的功率　$N = \dfrac{N_e}{\eta} = 3.3\text{kW}$

应用实例四　其他

【例 1-15】　有一高位槽，水从底部的接管流出，如图 1-31 所示。高位槽直径 $D = 1\text{m}$，

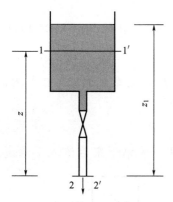

图 1-31　例 1-15 附图

槽内水深 2m，底部接管长 4m，管径 $d=20\text{mm}$，液体流过该系统的能量损失可以按 $\sum h_f = 2.25u^2$ 计算，问槽内液面下降 1m 所需要的时间。

解　本题中，高位槽的液面在流体流动过程中不断下降，故接管出口处的流速 u 随时间不断变化，属于不稳定流动问题。对于不稳定流动，在某一瞬间，可通过物料衡算和瞬间的伯努利方程求解。

在截面 1-1′和截面 2-2′ 之间的物料衡算式

$$-\frac{\pi}{4}d^2 u = \frac{\pi}{4}D^2 \frac{\mathrm{d}z}{\mathrm{d}t}$$

式中，z 为槽内水面距出口端的垂直高度，m；t 为时间，s。上式可写为

$$\mathrm{d}t = -\left(\frac{D}{d}\right)^2 \frac{\mathrm{d}z}{u}$$

在某一瞬间 t，流体的流动仍可按稳定流动来处理。从而可列出伯努利方程

$$gz = \frac{u^2}{2} + 2.25u^2$$

$$u = \sqrt{\frac{gz}{2.75}}$$

将 u 与 z 的关系代入物料衡算微分式，积分得

$$t = \int_0^t \mathrm{d}t = -\left(\frac{D}{d}\right)^2 \sqrt{\frac{2.75}{g}} \int_0^5 \frac{1}{\sqrt{z}}\mathrm{d}z = 565\text{s}$$

应用伯努利方程解题要点：

① 作图与确定衡算范围　根据题意画出流动系统的示意图，并指明流体的流动方向。确定上、下游截面，以明确流动系统的衡算范围。在衡算范围内应为不可压缩流体连续的稳定流动。

② 截面的选取　两截面均应与流动方向垂直，并且在两截面之间的流体必须是连续的。所求的未知量应在截面上或在两截面之间，且截面上的 z、u、p 等有关物理量，除所需求取的未知量外，都应该是已知的或能通过其他关系可计算出来。

③ 基准水平面的选取　选取基准水平面的目的是为了确定流体位能的大小，实际上在伯努利方程中，所反映的是位能差（$\Delta z = z_2 - z_1$）的数值。所以，基准水平面可以任意选取，但必须与地面平行。z 值是指截面中心点与基准水平面的垂直距离。为了计算方便，通常取基准水平面通过衡算范围的两个截面中的任意一个截面。如该截面与地面平行，则基准水平面与该截面重合，$z=0$；如衡算系统为水平管道，则基准水平面通过管道中心线，$\Delta z = 0$。

④ 单位必须一致　在用伯努利方程之前，应把有关物理量换算成一致的单位，然后进行计算。两截面的压强的表示方法应该一致。从伯努利方程的推导过程得知，式中两截面的压强应为绝对压强，但式中所反映的是压差，因此也可同时用表压强来表示两截面的压强。

1.5　流体流动的阻力损失

在上节讨论实际流体流动的伯努利方程时，对能量损失 $\sum h_f$ 一项，都是直接给出数值或者忽略不计。实际上，流体在流动过程中要消耗能量以克服流动阻力，因此流动阻力的计算颇为重要。

由于流体具有黏性会使流体流动时产生阻力损失。阻力损失产生的根源是由于黏性流体的内摩擦造成的。在流体流经不规则物体时，有可能发生边界层分离，边界层分离也会导致能量的损耗，这部分能量损失就是前面所讲的形体阻力。因此流体流动的阻力损失不仅取决于流体的物性和流动状况，还取决于流体流道的几何形状。所以，流体流动的阻力损失可分为直管阻力和局部阻力两部分。直管阻力是指流体流经直管时的阻力，可用 h_f 表示；局部阻力则是指流经管路中的各种管件，或管截面突然扩大或缩小时等局部地方的阻力，可用 h_f' 表示。因此，在实际流体流动的伯努利方程中，总的能量损失 $\sum h_f$ 可表示为：

$$\sum h_f = h_f + h_f' \tag{1-89}$$

在实际流体流动的伯努利方程(1-85a) 或方程(1-85b) 中，$\sum h_f$ 是指单位质量流体在两截面之间所损失的总的机械能，其单位是 $J \cdot kg^{-1}$。此外，阻力损失可用单位重量流体流动所损失的机械能来表示，即 $\dfrac{\sum h_f}{g}$，单位为 $J \cdot N^{-1} = m$。阻力损失也可用单位体积流体流动所损失的机械能来表示，即用符号 $\rho \sum h_f$ 来表示。$\rho \sum h_f$ 的单位为 $J \cdot m^{-3}$，而 $1J \cdot m^{-3} = 1Pa$，所以 $\rho \sum h_f$ 具有压力的单位，因此，可用 $\Delta p_f = \rho \sum h_f$ 来表示单位体积流体流动所损失的机械能，称为压强降。

压强降 Δp_f 也可用 mmH_2O、$mmHg$ 等流体柱的高度来表示。值得注意的是，压强降 Δp_f 不同于两截面之间的压强差 Δp，两者是两个截然不同的概念，压强降是因流动阻力而引起的，而压强差则是两截面之间的压降差。

由实际流体流动的伯努利方程(1-85b) 不难发现，压强差与压强降的关系如下：

$$\Delta p = p_2 - p_1 = \rho W_e - \rho g \Delta z - \rho \Delta \frac{u^2}{2} - \Delta p_f \tag{1-90}$$

式中，Δp_f 为由阻力损失导致的压强降，总为正值。而压强差则是由多种因素决定的。只有在没有外功、等直径的水平管内，流体流动的压强差的绝对值才与压强降相同。

1.5.1　直管阻力损失

1.5.1.1　计算直管阻力损失的范宁公式

流体在管内以一定速度流动时，受到两个方向相反的作用力。一个是推动流动的推动力，方向与流动方向一致；另一个是由内摩擦而引起的摩擦阻力，起阻止流体运动的作用，方向与流体流动方向相反。只有在推动力与阻力达到平衡条件下，流动速度才能维持不变，达到稳态流动。

当流体以匀速 u 在等直径直管内作稳态流动时，如图 1-32 所示。在截面 1-1′ 和截面 2-2′ 之间由伯努利方程不难得出：

$$\Delta p = p_2 - p_1 = -\Delta p_f = -\rho h_f$$

在匀速稳态流动下，截面 1-1′ 和截面 2-2′ 之间的流体柱处于受力平衡状态，该流体柱在

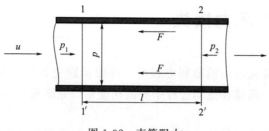

图 1-32　直管阻力

水平方向受到的净压力和表面摩擦阻力大小相等、方向相反，因而有：

$$\Delta p \times \frac{\pi}{4} d^2 = -\tau \pi d l$$

式中，d 为直管的直径；l 为截面 1-1$'$ 和截面 2-2$'$ 之间的流体柱的长度；τ 为流体柱外表面所受的剪应力。于是有：

$$h_f = 4 \frac{l}{\rho d} \tau$$

上式为流体在圆形直管内流动时能量损失与摩擦应力关系式，但不能直接用来计算 h_f，因为内摩擦应力所遵循的规律因流动类型而异，直接用 τ 计算 h_f 有困难，且在连续性方程及伯努利方程中均无此项，故上式直接应用于管路计算很不方便。

实验表明，阻力损失与流速有关，h_f 往往为 $\frac{u^2}{2}$ 的函数，因此上式可写成

$$h_f = \frac{8\tau}{\rho u^2} \times \frac{l}{d} \times \frac{u^2}{2}$$

令 $\lambda = 8\tau/\rho u^2$，则

$$h_f = \lambda \frac{l}{d} \times \frac{u^2}{2} \tag{1-91}$$

或

$$\Delta p_f = \lambda \frac{l}{d} \times \frac{\rho u^2}{2} \tag{1-92}$$

式(1-91) 或式(1-92) 称为范宁公式，是计算圆形直管阻力损失的通用公式。范宁公式对于层流和湍流均适用，式中，λ 是无量纲的系数，称为摩擦系数。它是雷诺数的函数或者是雷诺数与管壁粗糙度的函数。由于雷诺数与流动型态有关，因此直管阻力损失也与流动型态有关。应用上两式计算 h_f 时，关键是确定 λ 值。

由于内摩擦应力所遵循的规律因流动型态而异，因此 λ 值也随流型而变，所以下面分别讨论层流和湍流时的摩擦系数 λ。

1.5.1.2　层流流动时的直管阻力损失

当流体在圆形直管内作层流流动时，由前述的式(1-60) 可知：

$$u_m = \frac{1}{8\mu}\left(-\frac{dp}{dl}\right)r_i^2$$

用 u 表示管截面上的平均流速 u_m，在稳态流动下，流速 u 为常数，对于图 1-32 所示截面 1-1$'$ 和截面 2-2$'$ 之间的流体柱，进行积分得：

$$\Delta p = p_2 - p_1 = -\frac{32\mu l u}{d^2}$$

显然，在此情况下，$\Delta p = -\Delta p_f$，所以：

$$\Delta p_{\mathrm f}=\frac{32\mu l u}{d^2} \tag{1-93}$$

式(1-93)称为哈根-泊肃叶（Hagen-Poiseuille）公式，是圆管内层流流动时直管阻力损失的计算公式。由该式可以看出，层流时，直管阻力损失与速度的一次方成正比，与范宁公式比较可知层流时的摩擦系数 λ 满足如下关系：

$$\lambda=\frac{64}{Re} \tag{1-94}$$

1.5.1.3 管壁粗糙度（roughness）对摩擦系数的影响

由范宁公式可知，流体在管内流动的阻力损失不仅与管道直径和管长有关，还与摩擦系数 λ 有关。摩擦系数 λ 不仅与流动型态有关，而且与管壁粗糙度相关。

管壁粗糙度是指管内壁面凸出的平均高度，用 ε 表示，是指管壁的绝对粗糙度。而绝对粗糙度与管内径的比值 ε/d 称为相对粗糙度。

流体的输送管道，按其材料性质和加工情况，通常可分为光滑管与粗糙管两类。玻璃管、黄铜管、塑料管等归为光滑管；把钢管和铸铁管等列为粗糙管。实际上，即使是由同一种材料制成的管道，由于使用时间的长短、腐蚀与结垢程度的不同，管壁的粗糙度也会有很大的不同。光滑管与粗糙管的分类是相对而言的，这在下面的讨论中会有进一步说明。

管壁粗糙度对摩擦系数的影响不仅与绝对粗糙度有关，还与相对粗糙度有关。表 1-3 给出某些工业管道的绝对粗糙度。在选取管壁的绝对粗糙度 ε 值时，必须考虑到流体对管壁的腐蚀性，流体中的固体杂质是否会黏附在壁面上以及使用情况等因素。

表 1-3　某些工业管道的绝对粗糙度

金属管道	绝对粗糙度 ε/mm	非金属管道	绝对粗糙度 ε/mm
无缝黄铜管、铜管及铝管	0.01～0.05	干净玻璃管	0.0015～0.01
新的无缝钢管或镀锌铁管	0.1～0.2	橡皮软管	0.01～0.03
新的铸铁管	0.25	木管道	0.25～1.25
具有轻度腐蚀的无缝钢管	0.2～0.3	陶土排水管	0.45～6.0
具有显著腐蚀的无缝钢管	0.5 以上	很好整平的水泥管	0.33
旧的铸铁管	0.85 以上	石棉水泥管	0.03～0.8

在讨论层流流动的直管阻力损失时，并未考虑管壁粗糙度的影响，这是因为流体作层流流动时，管壁上凹凸不平的地方都被有规则的流体层所覆盖，而流动速度又比较缓慢，流体质点对管壁凸出部分不会有碰撞作用。所以层流时，摩擦系数与管壁粗糙度无关。

当流体作湍流流动时，靠近管壁处总是存在一层层流底层，如果层流底层的厚度 $\delta_{\mathrm b}$ 大于壁面的绝对粗糙度，即 $\delta_{\mathrm b}>\varepsilon$，如图 1-33（a）所示，此时层流底层将管壁粗糙度完全掩盖，这时粗糙度对摩擦没有影响，此时的管道也可称为水力学光滑管（hydraulically smooth pipe），表明摩擦系数与粗糙度无关，仅与雷诺数 Re 有关。随着 Re 的增大，层流底层的厚度逐渐变薄，当 $\delta_{\mathrm b}<\varepsilon$ 时，如图 1-33（b）所示，壁面凸出部分便伸入湍流区内，与流体质点发生碰撞，使湍动加剧，此时管壁粗糙度对摩擦系数的影响就成为重要因素，从而使湍流下的直管阻力损失大大增加，这时的管道可称为水力学粗糙管。可见，同一根管道，在小的雷诺数下可能是水力学光滑管，而在大的雷诺数下就可能是水力学粗糙管了。且 Re 越大，层

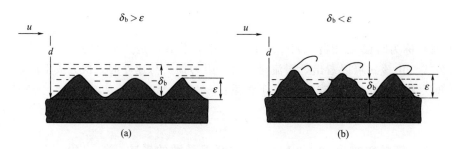

图 1-33　流体流过管壁面的情况

流内层愈薄，影响愈显著。

1.5.1.4　湍流流动时的直管阻力损失

(1) 直管阻力损失的影响因素——量纲分析法

湍流时的直管阻力损失不仅与管道的直径 d、长度 l、粗糙度 ε 有关，还与流体流动的 Re 有关，因此影响湍流直管阻力损失的因素总共有 6 个，分别是 d、l、ε、u、ρ、μ。工程中有时会遇到所研究的现象过于复杂，虽然已知其影响因素，但不能建立数学表达式，或者虽然建立了数学表达式，但无法用数学方式求解。此时往往需要通过实验建立经验关系式。

对于影响因素较多的物理量，为了找出该物理量和各影响因素之间的关系，工程上常采用如下的试验方法来建立经验关系式。该方法的基本步骤如下。

① 首先通过系统分析和初步试验结果，找出所求物理量的各种影响因素，即各个变量。若过程牵涉的变量很多，实验工作量必然很大。同时要把实验结果关联成一个便于应用的简单公式，往往也是很困难。

② 利用量纲分析法，将各种影响因素组合成几个无量纲数群，以便减少试验中变量的数目。这样实验次数就可以大大减少，关联数据的工作也会有所简化。

③ 通过试验建立各无量纲数群之间的关联式，一般常采用幂函数形式表示，因为这样可以将待定函数转换为线性关系，并通过大量试验结果，容易求取关联式中的待定系数。

上述方法的基础是量纲分析法，量纲分析法的依据就是量纲一致性原则和白金汉（Buckingham）提出的 π 定理。量纲一致性原则表明：凡是根据基本物理规律导出的物理方程，其中各项的量纲必然相同。π 定理指出：任何量纲一致的物理方程都可以表示为一组无量纲数群的幂函数，组成的无量纲数群的数目等于影响该过程的物理量的数目减去用以表示这些物理量的基本量纲的数目。

因此，对于湍流流动的直管阻力损失，可以表示成：

$$\Delta p_f = \varphi(d, l, u, \rho, \mu, \varepsilon)$$

该式用幂函数可表示为：

$$\Delta p_f = K d^a l^b u^c \rho^e \mu^f \varepsilon^g \tag{1-95}$$

式中，K 为常数；a、b、c、e、f、g 均为待定系数。

式(1-95)中各变量可用三个基本量纲质量（M）、长度（L）、时间（t）来表示：

$$[p] = ML^{-1}t^{-2}$$
$$[d] = L$$
$$[u] = Lt^{-1}$$
$$[\rho] = ML^{-3}$$

$$[\mu]=ML^{-1}t^{-1}$$
$$[\varepsilon]=L$$

将各变量的量纲代入式(1-95)得：

$$ML^{-1}t^{-2}=K[M]^{e+f}[L]^{a+b+c-3e-f+g}[t]^{-c-f}$$

按照量纲一致性的原则，有：

$$\begin{cases} e+f=1 \\ a+b+c-3e-f+g=-1 \\ -c-f=-2 \end{cases}$$

因此有：

$$\begin{cases} a=-b-f-g \\ c=2-f \\ e=1-f \end{cases}$$

将此关系式代入式(1-95)得：

$$\left(\frac{\Delta p_f}{\rho u^2}\right)=K\left(\frac{l}{d}\right)^b\left(\frac{du\rho}{\mu}\right)^{-f}\left(\frac{\varepsilon}{d}\right)^g \tag{1-96}$$

式(1-96)仅包括括号中的 4 个无量纲数群，与式(1-101)相比，不难看出，量纲分析可以使变量数减少，从而大大缩减了所需的试验量。

式(1-96)中的 $\Delta p_f/\rho u^2$ 称为欧拉（Euler）数，记作 Eu，其中包括所需计算的直管阻力损失 Δp_f。$du\rho/\mu$ 就是所谓的雷诺数 Re，ε/d 为管子的相对粗糙度，l/d 为管长与管径之比。

对于均匀直管，试验证明，直管阻力损失与管长 l 成正比，因此对照范宁公式，不难发现，摩擦系数 λ 仅是雷诺数 Re 与管子相对粗糙度 ε/d 的函数，故可将摩擦系数表示为：

$$\lambda=\varphi\left(Re,\frac{\varepsilon}{d}\right) \tag{1-97}$$

需要明确的是，量纲分析法只是从物理量纲着手，即把以物理量表达的一般函数式演变为以无量纲数群表达的函数式。它并不能说明一个物理现象中的各影响因素之间的关系。在组合数群之前，必须通过一定实验，对所要解决的问题进行详尽考察，定出与所研究对象的有关物理量。如果遗漏了必要的物理量，或把不相干的物理量列进去，都会导致错误的结论。

量纲分析能够确定湍流直管阻力与各无量纲数群之间的大致关联式，但各待定系数仍需进一步通过试验确定，并最终与范宁公式比较，才能得出湍流流动时摩擦系数的不同表达式。这些式子通常称为经验关联式或半理论公式。

湍流时，在不同 Re 值范围内，对不同的管材，λ 的表达式亦不相同，下面列举几种。

(2) 湍流流动时的摩擦系数

① 光滑管内的湍流摩擦系数　对于湍流流动的水力学光滑管，尽管摩擦系数 λ 只与雷诺数 Re 有关，但却与层流流动时的关系不同。主要有如下两种表达式。

布拉修斯（Blasius）光滑管公式：

$$\lambda=\frac{0.3164}{Re^{0.25}} \tag{1-98}$$

式(1-98)的使用范围为 $3000\leqslant Re\leqslant10^5$。

顾毓珍光滑管公式：

$$\lambda = 0.0056 + \frac{0.500}{Re^{0.32}} \tag{1-99}$$

式(1-99) 的使用范围为 $3000 \leqslant Re \leqslant 3 \times 10^6$。

② 粗糙管内的湍流摩擦系数　对于粗糙管内的湍流流动，工程上常采用考莱布鲁克 (Colebrook) 提出的适用于所有湍流管道的如下隐函数公式：

$$\frac{1}{\sqrt{\lambda}} = -2\lg\left(\frac{1}{3.7} \times \frac{\varepsilon}{d} + \frac{2.51}{Re\sqrt{\lambda}}\right) \tag{1-100}$$

式(1-100) 适用于全部湍流区，其误差仅在 $10\% \sim 15\%$ 以内，在很长时间内都是工程设计的主要公式。该式的主要缺点就是由于隐函数的特性，在计算上很不方便。

对于式(1-100)，当 Re 很大时，即流动进入后面所说的阻力平方区，这时该式就简化为：

$$\frac{1}{\sqrt{\lambda}} = 2\lg\left(\frac{3.7}{\frac{\varepsilon}{d}}\right) \tag{1-101}$$

式(1-101) 适用于 $(d/\varepsilon)/Re\sqrt{\lambda} > 0.005$ 的情况，即所谓的完全粗糙管，也称为卡门（Karman）公式。

Haaland 于 1983 年提出的摩擦系数的显函数公式如下：

$$\frac{1}{\sqrt{\lambda}} = -1.8\lg\left[\left(\frac{1}{3.7} \times \frac{\varepsilon}{d}\right)^{1.11} + \frac{6.9}{Re}\right] \tag{1-102}$$

式(1-102) 与式(1-100) 具有相同的渐近表现，也适用于全部湍流区，而且在 $4000 \leqslant Re \leqslant 10^8$ 范围内，同式(1-100) 的差别小于 $\pm 1.5\%$。式(1-100) 与式(1-102) 既兼顾了光滑管内的湍流，又兼顾了粗糙管内的湍流。

(3) Moody 摩擦系数图

在 Haaland 公式提出之前，许多摩擦系数公式应用起来很不方便。为了应用方便，1944 年 Moody 将试验数据整理后，以 ε/d 为参数，在双对数坐标中绘出了 Re 与 λ 的关系，如图 1-34 所示，称为 Moody 摩擦系数图。

在图 1-34 的摩擦系数图中，共有 4 个不同的区域。

① 层流区　$Re \leqslant 2000$，摩擦系数 λ 与管壁粗糙度无关，与 Re 成直线关系，表示如下：

$$\lambda = \frac{64}{Re}$$

② 过渡区　$2000 < Re < 4000$，该区域雷诺数不确定，既可能是层流，也可能是湍流。为安全考虑，一般将湍流时的曲线延伸，以查取 λ 值。

③ 湍流区　$Re \geqslant 4000$，该区域摩擦系数 λ 是雷诺数和管壁粗糙度的函数，当 ε/d 一定时，λ 随 Re 的增大而减小，Re 增大到一定值时，λ 值下降缓慢；当 Re 值一定时，λ 随 ε/d 的增大而增大。

④ 完全湍流区　为图中虚线以上的区域。该区域的 λ 与 Re 无关，只取决于相对粗糙度 ε/d 的大小。当 ε/d 一定时，λ 为一常数，阻力损失与速度的平方成正比，所以该区域又称为阻力平方区。对于相对粗糙度 $\frac{\varepsilon}{d}$ 愈大的管道，达到阻力平方区的 Re 值愈低。过渡区与完全湍流区之间并没有一条明显的分界线，图中的虚线，是根据方程 $Re = 3500\varepsilon/d$ 绘制的。过渡区最下边的曲线，则是由式(1-98) 所描述的光滑管曲线。

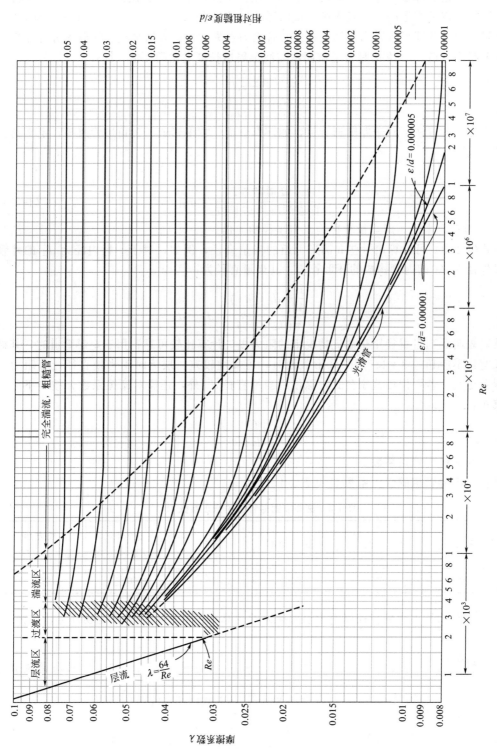

图 1-34　摩擦系数与雷诺数及相对粗糙度的关系

1.5.1.5 非圆形管道内的直管阻力损失

前面所讨论的都是流体在圆管内的流动。在化工生产中，还会遇到非圆形管道或设备，如有些气体管道是方形的。一般来讲，截面形状对速度分布及流动阻力的大小都会有影响。实验表明，对于非圆形管道内流体流动的直管阻力损失，常引入当量直径的概念进行计算。

对于圆形管道，直径 d 是管道截面积与润湿周边长度之比的 4 倍，即：

$$d = 4 \times \frac{\frac{1}{4}\pi d^2}{\pi d}$$

采用类比的方法，对于非圆形管道，如环形管道、方形管道、三角形管道等，定义其当量直径 d_e 为：

$$d_e = \frac{4 \times 管道截面积}{管道润湿周边长度} = 4r_H \tag{1-103}$$

式中，r_H 为水力半径，即当量直径为水力半径的 4 倍。

由式(1-103)可以算出一些非圆形管道的当量直径，例如，对于一根内径为 d_2 的外管和一根外径为 d_1 的内管构成的环形管道，其当量直径为：

$$d_e = 4 \times \frac{\frac{1}{4}\pi(d_2^2 - d_1^2)}{\pi(d_2 + d_1)} = d_2 - d_1$$

试验表明，当量直径用于湍流情况下的阻力损失计算比较可靠；用于矩形管道时，其截面的长宽比不应超过 3:1；用于环形截面时，可靠性较差。层流时用当量直径计算阻力损失的误差更大，若要使用范宁公式，除使用当量直径 d_e 外，还需对摩擦系数 λ 按如下公式进行修正：

$$\lambda = \frac{C}{Re} \tag{1-104}$$

式中，C 为无量纲修正系数。

某些非圆形管道的修正系数 C 见表 1-4。

表 1-4　某些非圆形管道的修正系数 C

管道截面	正方形	等边三角形	环形	长方形 长/宽＝2:1	长方形 长/宽＝4:1
修正系数 C	57	53	96	62	73

需要注意的是，当量直径仅用于阻力损失的计算，一般不能用于其他物理量，如流速、截面积等的计算。

【例 1-16】求常压下 35℃ 的空气以 $12\text{m} \cdot \text{s}^{-1}$ 的流速流经长 120m 的水平通风管的能量损失，管道截面为长方形，高 300mm，宽 200mm。（设 $\frac{\varepsilon}{d} = 0.0005$）

解　管道的当量直径为：$d_e = \frac{4ab}{2(a+b)} = \frac{4 \times 0.3 \times 0.2}{2 \times (0.3 + 0.2)} = 0.24\text{m}$

$$Re = \frac{\rho d_e u}{\mu} = \frac{1.1465 \times 0.24 \times 12}{18.35 \times 10^{-6}} = 1.8 \times 10^5$$

由 $\varepsilon/d=0.0005$，查摩擦系数关系图得 $\lambda=0.018$

故阻力损失为

$$h_f=\lambda\,\frac{l}{d_e}\frac{u^2}{2g}=0.018\times\frac{120}{0.24}\times\frac{12^2}{2\times9.8}=66.1\text{m 气柱}$$

【例 1-17】 水以 $0.57\text{m}^3\cdot\text{min}^{-1}$ 的流量通过一长 305m 的水平工业钢管，用来克服摩擦阻力的位头是 6.1m，试计算所需的管径。已知水的密度为 $1000\text{kg}\cdot\text{m}^{-3}$，黏度为 $1.55\times10^{-3}\text{Pa}\cdot\text{s}$，工业钢管的绝对粗糙度为 $4.6\times10^{-5}\text{m}$。

解　已知 $\rho=1000\text{kg}\cdot\text{m}^{-3}$，$\mu=1.55\times10^{-3}\text{Pa}\cdot\text{s}$。

则

$$u=\frac{0.57}{60\times\pi d^2/4}=\frac{0.0121}{d^2}\text{m}\cdot\text{s}^{-1}$$

由于流速需用 Re 和 λ 求解，故采用试差法。

第一次假设：$d=0.089\text{m}$，则　$Re=\dfrac{du\rho}{\mu}=\dfrac{0.089\times0.0121\times1000}{(0.089)^2\times1.55\times10^{-3}}=87713$

对于工业钢管，$\varepsilon=4.6\times10^{-5}\text{m}$，则　$\dfrac{\varepsilon}{d}=\dfrac{4.6\times10^{-5}}{0.089}=0.00052$

查图 1-34 得 $\lambda=0.02$，代入 $h_f=\lambda\dfrac{l}{d}\times\dfrac{u^2}{2}$，即　$6.1\times9.81=0.02\times\dfrac{305}{d}\times\dfrac{0.0121^2}{2d^4}$

解得 $d=0.0943\text{m}$，与假设值不一致。

第二次假设：$d=0.0943\text{m}$，则　$Re=\dfrac{du\rho}{\mu}=\dfrac{0.0943\times0.0121\times1000}{(0.0943)^2\times1.55\times10^{-3}}=82783$

$$\frac{\varepsilon}{d}=\frac{4.6\times10^{-5}}{0.0943}=0.00049$$

查图 1-34 得 $\lambda=0.02$，代入 $h_f=\lambda\dfrac{l}{d}\times\dfrac{u^2}{2}$，即　$6.1\times9.81=0.02\times\dfrac{305}{d}\times\dfrac{0.0121^2}{2d^4}$

解得 $d=0.0943\text{m}$，与假设值一致，故管径应为 0.0943m。

【例 1-18】 一套管式换热器，内管与外管均为光滑管，分别为 $\phi30\text{mm}\times2.5\text{mm}$ 与 $\phi56\text{mm}\times3\text{mm}$。平均温度为 40℃ 的水以 $10\text{m}^3\cdot\text{h}^{-1}$ 的流量流过套管的环隙。试估算水通过环隙时每米管长的压强降。

解　根据题意知，外管的内径 d_2 和内管的外径 d_1 分别为 0.05m 和 0.03m。

水通过环隙的流速　　　　　　　$u=\dfrac{q_V}{A}$

式中，水的流通截面积　$A=\dfrac{\pi}{4}(d_2^2-d_1^2)=\dfrac{\pi}{4}\times(0.05^2-0.03^2)=0.00126\text{m}^2$

所以　　　　　　$u=\dfrac{q_V}{A}=\dfrac{10}{3600\times0.00126}=2.2\text{m}\cdot\text{s}^{-1}$

环隙的当量直径　$d_e=d_2-d_1=0.05-0.03=0.02\text{m}$。由教材附录查得 40℃ 的水，$\rho=992\text{kg}\cdot\text{m}^{-3}$，$\mu=65.6\times10^{-5}\text{Pa}\cdot\text{s}$。

所以　　　　　　$Re=\dfrac{d_eu\rho}{\mu}=\dfrac{0.02\times2.2\times992}{65.6\times10^{-5}}=66537$

故流动为湍流，在图 1-34 的光滑管曲线上查得 $\lambda = 0.0196$。根据范宁公式得

$$\frac{\Delta p_f}{l} = \lambda \frac{1}{d_e} \times \frac{\rho u^2}{2} = \frac{0.0196}{0.02} \times \frac{992 \times 2.2^2}{2} = 2353 \text{Pa} \cdot \text{m}^{-1}$$

1.5.2 局部阻力损失

流体在管路的进出口、弯头、阀门或扩大和缩小等局部位置流过时，其流速大小和方向都发生变化，流体受到干扰或冲击，使涡流现象加剧而消耗能量。在湍流情况下，为克服局部阻力所引起的能量损失一般采用阻力系数或当量长度的方法来计算。

克服局部阻力的能量损失，也可以表示为动能 $\frac{u^2}{2}$ 的函数，即：

$$h_f' = \xi \times \frac{u^2}{2} \tag{1-105}$$

式中，ξ 为管件的局部阻力系数，无量纲，一般由试验测定。

用当量长度 l_e 表示的局部阻力损失为：

$$h_f' = \lambda \times \frac{l_e}{d} \times \frac{u^2}{2} \tag{1-106}$$

式中，l_e 为管件的当量长度，m，表示流体流经某一管件的局部阻力，相当于流过一段与其具有相同直径、长度相当于 l_e 的直管阻力。实际上是为了计算方便，把局部阻力折算成一定长度的直管阻力。

1.5.2.1 常见管件的局部阻力系数

(1) 突然收缩或突然扩大的局部阻力系数

图 1-35 为突然收缩或突然扩大的流动情况。

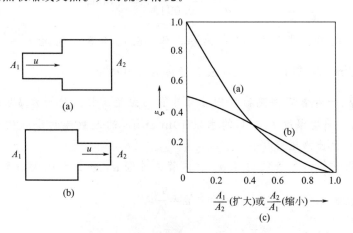

图 1-35　突然收缩或突然扩大的流动情况

突然收缩的局部阻力损失可按式(1-105) 计算，局部阻力系数 ξ 见表 1-5，所采用的流速以小管内的流速为准。表中 A_1 和 A_2 分别为收缩前后管道的截面积。

表 1-5　突然收缩的局部阻力系数 ξ

A_2/A_1	0.0	0.1	0.2	0.3	0.4	0.5	0.6	0.7	0.8	0.9
ξ	0.5	0.45	0.42	0.39	0.36	0.33	0.28	0.22	0.15	0.06

突然扩大的局部阻力系数可采用如下公式计算：

$$\xi = \left(1 - \frac{A_1}{A_2}\right)^2 \tag{1-107}$$

式中，A_1 和 A_2 分别为扩大前后管道的截面积，在计算阻力损失时，仍以小管的流速为准。

（2）进出口的局部阻力系数

流体由容器进入管内可看作是由很大的截面进入很小的截面，即 $A_2/A_1 = 0$，因而进口处的局部阻力系数，可由表 1-5 查得为 0.5。若进口形状圆滑或呈其他形状，则局部阻力系数可查阅有关书籍得到。

流体从管道进入大的容器或直接排放到管外空间，可看作是由很小的截面突然扩大到很大的截面，即 $A_1/A_2 = 0$，这时出口局部阻力系数由式（1-107）计算为 1。

（3）管件或阀门的局部阻力系数

管路上的配件如弯头、三通、活接头等总称为管件。管件或阀门的局部阻力系数通常由试验测定，常用的管件、阀门的局部阻力系数见表 1-6。

表 1-6　常用的管件、阀门的局部阻力系数

名称	阻力系数 ξ	名称	阻力系数 ξ	名称	阻力系数 ξ
弯头，45°	0.35	闸阀		角阀，半开	2.0
弯头，90°	0.75	全开	0.17	止逆阀	
三通	1.0	半开	4.5	球式	70.0
回弯头，180°	1.5	截止阀		摇摆式	2.0
管接头	0.04	全开	6.0	水表，盘式	7.0
活接头	0.04	半开	9.5		

1.5.2.2　管件或阀门的当量长度

管件和阀门的当量长度都是由试验确定的。在湍流情况下，某些管件和阀门的当量长度和管子内径的关系如图 1-36 所示。

管件、阀门等构造细节与加工精度往往差别很大，从手册中查得的 l_e 或 ξ 值只是约略值，即局部阻力的计算也只是一种估算。

1.5.3　总阻力损失的计算

管路系统中的总能量损失又常称为总阻力损失，是管路上全部直管阻力和局部阻力之和。总阻力损失的计算既可以用当量长度法表示，又可以用局部阻力系数法表示。

根据式（1-89）、式（1-91）、式（1-106），总的阻力损失的当量长度法可表示为：

$$\sum h_f = h_f + h_f' = \lambda \frac{l + \sum l_e}{d} \times \frac{u^2}{2} \tag{1-108}$$

式中，$\sum h_f$ 为管路系统中的总阻力损失，$\mathrm{J \cdot kg^{-1}}$；l 为管路系统中各段直管的总长度，m；$\sum l_e$ 为管路系统中全部管件和阀门等当量长度之和，m；u 为流体在管路中的流速，$\mathrm{m \cdot s^{-1}}$。

总阻力损失的计算用局部阻力系数法表示为：

$$\sum h_f = h_f + h_f' = \left(\lambda \frac{l}{d} + \sum \xi\right)\frac{u^2}{2} \tag{1-109}$$

式中，$\sum \xi$ 为管路系统中全部管件和阀门等局部阻力系数之和，无量纲。

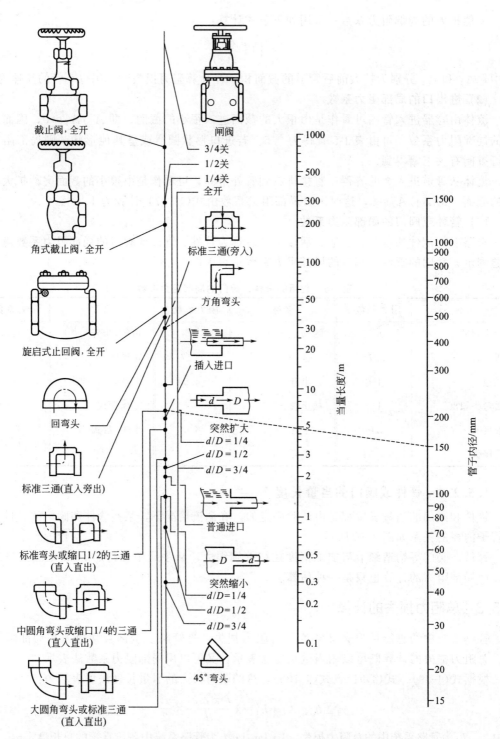

图 1-36　常见管件和阀门的当量长度和管子内径的关系图

应用式（1-108）和式（1-109）应注意，式中的流速 u 是指管段或管路系统的流速，如果管径相同，u 可按任一截面来计算；当管路中各段的流速不同时，则总阻力损失应按各段分别计算，再加和。

一般泵的进、出口以及泵体内的能量损失均考虑在泵的效率内。

【例 1-19】　用泵把 20℃的苯从地下贮罐送到高位槽，流量为 300L·min⁻¹。高位槽液面比贮罐液面高 10m。泵吸入管用 $\phi89mm\times4mm$ 的无缝钢管，直管长为 15m，管上装有一个底阀、一个标准弯头；泵排出管用 $\phi57mm\times3.5mm$ 的无缝钢管，直管长度为 50m，管路上装有一个全开的闸阀、一个全开的截止阀和三个标准弯头。贮罐和高位槽上方均为大气压。设贮罐液面维持恒定。试求泵的功率，设泵的

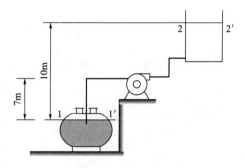

图 1-37　例 1-19 附图

效率为 70%。已知 20℃苯的密度为 880kg·m⁻³，黏度为 $6.5\times10^{-4}Pa\cdot s$。

解　依题意，选取贮槽液面作为截面 1-1′，高位槽液面为截面 2-2′，并以截面 1-1′作为基准面，如图 1-37 所示，在两截面间列伯努利方程，则有

$$z_1 g+\frac{p_1}{\rho}+\frac{u_1^2}{2}+W=z_2 g+\frac{p_2}{\rho}+\frac{u_2^2}{2}+\sum h_f$$

式中，$z_1=0$，$z_2=10m$，$p_1=p_2$，$u_1\approx0$，$u_2\approx0$

$$W=9.81\times10+\sum h_f$$

其中

$$\sum h_f=\sum h_{f直}+\sum h_{f局}$$

对于进口段：

$$h_{f(进口段)}=h_直+h_局$$

其中 $h_{f直}=\lambda\dfrac{l}{d}\times\dfrac{u^2}{2}$，$h_{f局}=\lambda\dfrac{l_e}{d}\times\dfrac{u^2}{2}$ 或 $h_{f局}=\xi\dfrac{u^2}{2}$

由于 $d=89-2\times4=81mm$，$l=15m$

$$u=\frac{300}{1000\times60\times\dfrac{\pi}{4}\times0.081^2}=0.97m\cdot s^{-1}$$

由此计算出，$Re=\dfrac{du\rho}{\mu}=\dfrac{0.081\times0.97\times880}{6.5\times10^{-4}}=1.06\times10^5$

对于无缝钢管，取 $\varepsilon=0.3mm$，$\dfrac{\varepsilon}{d}=\dfrac{0.3}{81}=0.0037$

查图，得 $\lambda=0.029$。

分析进口段的局部阻力，可得：

底阀：$l_e=6.3m$

弯头：$l_e=2.7m$

进口阻力系数：$\xi=0.5$

所以，$h_{f进口}=\left(\lambda\dfrac{l+l_e}{d}+\xi\right)\dfrac{u^2}{2}=\left[0.029\times\dfrac{15+(6.3+2.7)}{0.081}+0.5\right]\times\dfrac{0.97^2}{2}=4.28J\cdot kg^{-1}$

对于出口段

由于 $d=57-2\times3.5=50mm$，$l=50m$

$$u=\frac{300}{1000\times60\times\dfrac{\pi}{4}\times0.05^2}=2.55m\cdot s^{-1}$$

$$Re = \frac{du\rho}{\mu} = \frac{0.05 \times 2.55 \times 880}{6.5 \times 10^{-4}} = 1.73 \times 10^5$$

对于无缝钢管，取 $\varepsilon = 0.3\text{mm}$，$\dfrac{\varepsilon}{d} = \dfrac{0.3}{50} = 0.006$

查图，得 $\lambda = 0.0313$

分析出口段的局部阻力，可得：

全开闸阀：$l_e = 0.33\text{m}$

全开截止阀：$l_e = 17\text{m}$

标准弯头（3）：$l_e = 1.6 \times 3 = 4.8\text{m}$

出口阻力系数：$\xi = 1.0$

可得

$$h_{f\text{进口}} = \left(\lambda \frac{l + l_e}{d} + \xi\right)\frac{u^2}{2} = \left[0.0313 \times \frac{50 + 22.13}{0.05} + 1\right] \times \frac{2.55^2}{2} = 150\text{J} \cdot \text{kg}^{-1}$$

总阻力：

$$\sum h_f = \sum h_{f\text{进口}} + \sum h_{f\text{出口}} = 4.28 + 150 = 154.3\text{J} \cdot \text{kg}^{-1}$$

由此可计算泵提供的有用功为：

$$W = 98.1 + 154.3 = 252.4\text{J} \cdot \text{kg}^{-1}$$

而苯的质量流量为：

$$q_m = q_V \rho = \frac{300}{1000 \times 60} \times 880 = 4.4\text{kg} \cdot \text{s}^{-1}$$

因此该泵的功率为：

$$N = WG/\eta = 1.11/0.7 = 1.59\text{kW}$$

1.6 流体流动的管路计算

管路计算是工程上流体输送管路设计与校核经常面对的一个问题。除了常见的水、气、风输送管道的设计需要进行管路计算外，其他如石油、天然气、水煤浆、常见化工溶剂等流体的输送都涉及管路计算问题。

管路计算实际上是连续性方程式、伯努利方程式和摩擦阻力损失计算式的具体应用，分为设计型计算和操作型计算两类。设计型计算的目的是针对给定的流体输送任务，选择合理且经济的输送管路与设备。在这类设计型计算中，由于流体的流量一定，因此选择较大的流速，就意味着采用较小的管径，因而管道的固定投资减少，但流体流动的阻力损失增大，需要的动力费用就会增大；反之，选择较小的流速，就意味着采用大的管道，固定投资增多，但流体流动的阻力损失减少，需要的动力费用减少。因此设计型计算的最终目的，就是从经济的角度出发，选择合适的流速。

操作型计算的目的则是针对已有的管路系统和输送设备，核算给定条件下流体的输送能力及操作参数。例如，在总阻力损失给定的条件下，如何确定流速或流量，或者在给定的流速或流量条件下，如何确定管路系统的阻力损失，以便选择合适的输送设备。

管路计算涉及的计算参数主要有 6 个，分别是流体的特性参数密度 ρ 和黏度 μ，管道的特征尺寸长度 l 和管径 d，流体的流量 q_V（或流速 u），管路总阻力损失 $\sum h_f$。因此，管路计算可分为如下 3 种情况。

① 已知 ρ、μ、l、d、q_V，求管路的阻力损失 $\sum h_f$，以便进一步确定输送设备所加入的外功、设备内的压强或设备间的相对位置等。

② 已知 ρ、μ、l、d、$\sum h_f$，求管路的流体流量 q_V 或流速 u。

③ 已知 ρ、μ、l、q_V、$\sum h_f$，求管道的直径 d。

对于第一种情况，可以直接进行计算；对于后面两种情况，由于流速 u 或管径 d 未知，因此不能直接判断流体的流动型态，因而无法确定流动的摩擦系数 λ，在这种情况下，就不能直接计算，需要采用试差法或借助计算机程序的方法求解。采用试差法，λ 的初始值一般选用完全湍流区的值进行试差。

1.6.1　简单串联管路的计算

在工程应用中，由于实际条件的限制，可能需要采用不同材质、不同管径的管道进行连接来输送流体。由不同材质、不同管径的管道连接成的管路称为串联管路。串联管路的基本特点如下。

① 各段管道内流体的流动满足连续性方程，即：

$$q_{V1}=q_{V2}=q_{V3}=q_{V4}=\cdots \text{ 或 } u_1A_1=u_2A_2=u_3A_3=u_4A_4=\cdots \tag{1-110}$$

② 管路的总阻力损失等于各段管道阻力损失之和，即：

$$\sum h_f=h_{f1}+h_{f2}+h_{f3}+h_{f4}+\cdots \tag{1-111}$$

下面以简单管路为例介绍试差法的应用。

【例 1-20】 如图 1-38 所示，15℃的水从容器 A 经一串联管路流到容器 B，管道 1、2、3 的尺寸分别是长 300m、直径 300mm，长 150m、直径 200mm，长 250m、直径 250mm，材料为新铸铁。如果 $\Delta z=10$m，试求从 A 到 B 的流量。忽略管道进出口的阻力损失。

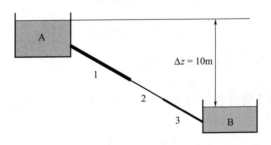

图 1-38　例 1-20 附图

解　查得铸铁管道的绝对粗糙度 $\varepsilon=0.25$mm$=0.00025$m，由本书附录查得 15℃水的运动黏度 $\nu=1.139\times10^{-6}$ m^2 · s^{-1}，密度 $\rho=1000$kg · m^{-3}。有关计算参数如下表所示。

管道	1	2	3	管道	1	2	3
$l/$m	300	150	250	$\varepsilon/d/$m	0.000833	0.00125	0.00100
$d/$m	0.3	0.2	0.25	λ	0.019	0.021	0.020

假设管内流动为完全湍流，则查图 1-34 得各管道相应的摩擦系数 λ，也列于上表中。有了摩擦系数后，根据式(1-111)即伯努利方程有

$$\Delta z = 10 = \sum h_f = h_{f1} + h_{f2} + h_{f3} = 0.019 \times \left(\frac{300}{0.3}\right)\frac{u_1^2}{2g} + 0.021 \times \left(\frac{150}{0.2}\right)\frac{u_2^2}{2g} + 0.020 \times \left(\frac{250}{0.25}\right)\frac{u_3^2}{2g}$$

根据连续性方程即式(1-73)有 $\quad \dfrac{u_2^2}{2g} = \dfrac{u_1^2}{2g}\left(\dfrac{d_1}{d_2}\right)^4 = 5.06\,\dfrac{u_1^2}{2g}$

同理 $\qquad\qquad\qquad\qquad\qquad \dfrac{u_3^2}{2g} = 2.07\,\dfrac{u_1^2}{2g}$

因此 $\qquad\quad 10 = \dfrac{u_1^2}{2g}(0.019 \times 1000 + 0.021 \times 750 \times 5.06 + 0.020 \times 1000 \times 2.07)$

解得 $\qquad\qquad\qquad\qquad\qquad u_1 = 1.183\,\mathrm{m \cdot s^{-1}}$

各管道相应的雷诺数 Re 分别为 0.31×10^6、0.47×10^6、0.37×10^6，表明各管内流动接近于完全湍流，与假设基本一致，故计算结果基本正确。

得到从 A 到 B 的流量 $\quad q_V = u_1 A_1 = \dfrac{\pi}{4} \times 0.3^2 \times 1.183 = 0.0836\,\mathrm{m^3 \cdot s^{-1}}$

1.6.2 并联管路的计算

当流体流过两根或多根平行管道时，并最终汇于一处，则构成并联管路，如图 1-40 所示。

在图 1-39 中，当流体沿总管道流到 A 点时，分成 1、2、3 三条管道流动，并最终汇于管道的 B 点。对于这样的并联管路，流动满足如下条件。

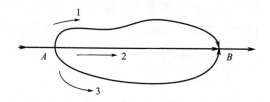

图 1-39 并联管路

① 总管流量等于各分支管流量之和，即：

$$q_V = q_{V1} + q_{V2} + q_{V3} \tag{1-112}$$

② 并联管路中各分支管的起点与终点相同，故各分支管路两端的单位质量流体的阻力损失相同，即：

$$h_{f1} = h_{f2} = h_{f3} \tag{1-113}$$

所以对于并联管路阻力损失的计算，只要求任一支路的阻力损失即可，而不是将各支路阻力加和在一起作为并联管路的阻力。这点与电路中并联电路类似。对于并联管路，如果阻力损失已知，则可直接求出各分支管道的流量，然后得到总流量；如果给定的是总流量，求总的阻力损失和各分支管道的流量，一般需采用试差法来求解。

将式(1-113)用下式表示：

$$h_{f1} = \lambda_1\left[\frac{(l + \sum l_e)_1}{d_1}\right]\frac{u_1^2}{2} = h_{f2} = \lambda_2\left[\frac{(l + \sum l_e)_2}{d_2}\right]\frac{u_2^2}{2} = h_{f3} = \lambda_3\left[\frac{(l + \sum l_e)_3}{d_3}\right]\frac{u_3^2}{2}$$

根据管内流速 $u = 4q_V/(\pi d)$，可得到各支路管道流量的关系如下：

$$q_{V1} : q_{V2} : q_{V3} = \sqrt{\frac{d_1^5}{\lambda_1(l + \sum l_e)_1}} : \sqrt{\frac{d_2^5}{\lambda_2(l + \sum l_e)_2}} : \sqrt{\frac{d_3^5}{\lambda_3(l + \sum l_e)_3}} \tag{1-114}$$

因此，知道了并联管路各支路管道的特征尺寸和相应的摩擦系数值，就不难得到各分支管道流量的关系。

【例 1-21】 三个管道 A、B、C 互相连接，如图 1-40 所示。水最终从 C 管排向外部空间。管道的特征尺寸如下表所示，试求每根管道中水的流量。忽略进口阻力损失。

管道	A	B	C	管道	A	B	C
d/mm	500	333	667	λ	0.02	0.032	0.024
l/m	2000	1600	4000				

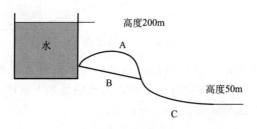

图 1-40　例 1-21 附图

解　由题意，C 管出口的局部阻力系数 $\xi_C = 1$。

根据伯努利方程有
$$g(z_1 - z_2) = h_{fA} + h_{fC} + h'_{fC}$$

$$(200 - 50)g = 0.02 \times \frac{2000}{0.5} \times \frac{u_A^2}{2} + 0.024 \times \frac{4000}{0.667} \times \frac{u_C^2}{2} + \frac{u_C^2}{2}$$

$$150g = 40u_A^2 + 72.5u_C^2$$

根据式(1-113)有 $h_{fA} = h_{fB}$，得　$0.02 \times \frac{2000}{0.5} \times \frac{u_A^2}{2} = 0.032 \times \frac{1600}{0.333} \times \frac{u_B^2}{2}$

即　$40u_A^2 = 76.8u_B^2$，$u_B = 0.721u_A$

根据式(1-112)有 $q_{VA} + q_{VB} = q_{VC}$，有　$d_A^2 u_A + d_B^2 u_B = d_C^2 u_C$

即
$$9u_A + 4u_B = 16u_C$$

联立求解得　$u_A = 1.346u_C$

将 u_A 代入，有
$$150g = 144.97u_C^2$$

解得
$$u_C = 3.19 \text{m} \cdot \text{s}^{-1}, \quad q_{VC} = u_C \times \frac{\pi}{4}d_C^2 = 1.114 \text{m}^3 \cdot \text{s}^{-1}$$

$$u_A = 1.346u_C = 4.29 \text{m} \cdot \text{s}^{-1}, \quad q_{VA} = u_A \times \frac{\pi}{4}d_A^2 = 0.842 \text{m}^3 \cdot \text{s}^{-1}$$

$$u_B = 0.721u_A = 3.09 \text{m} \cdot \text{s}^{-1}, \quad q_{VB} = u_B \times \frac{\pi}{4}d_B^2 = 0.270 \text{m}^3 \cdot \text{s}^{-1}$$

通过验算
$$q_{VA} + q_{VB} = 0.842 + 0.270 = 1.112 \text{m}^3 \cdot \text{s}^{-1}$$

可见 $q_{VA} + q_{VB} = q_{VC}$ 的关系得到满足。

在本例题中需注意的是，每根管道的摩擦系数是已知的。实际上，摩擦系数 λ 取决于雷诺数 Re，通常情况下，管道的绝对粗糙度 ε 是已知的，这时需通过试差法求解，直到 λ 和 Re 收敛为止。

1.6.3 分支管路的计算

在实际应用中，不仅存在汇流，还存在分流。分支管路的特点是有一个共同的节点将各分支管道连接在一起。关于分支管路，下面以图 1-41 为例加以说明。在图 1-41 中，有三根管道连接着三个储箱，节点 G 将三个储箱连接在一起，节点 G 也称为分流点。

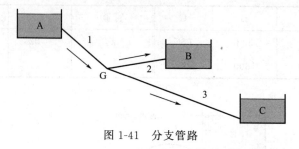

图 1-41　分支管路

对于图 1-41 的分支管路，节点 G 处的压强必然高于储箱 B 液面处的压强，否则，水流就会从储箱 B 流向节点。对于这样的分支管路，必然满足如下条件。

① 总管流量等于各分支管流量之和，即：

$$q_{V1} = q_{V2} + q_{V3} \tag{1-115}$$

② 在不考虑节点处机械能损失的情况下，各分支管在节点处的机械能相等，即：

$$E_G = gz_A + \frac{u_A^2}{2} + \frac{p_A}{\rho} + \sum h_{f1} = gz_B + \frac{u_B^2}{2} + \frac{p_B}{\rho} + \sum h_{f2} = gz_C + \frac{u_C^2}{2} + \frac{p_C}{\rho} + \sum h_{f3} \tag{1-116}$$

式中，p_A、p_B、p_C 分别是储箱液面处的压强；z_A、z_B、z_C 分别是储箱液面处的高度；u_A、u_B、u_C 分别是储箱液面下降或上升的速度，相对于管道而言，其值可视为 0；$\sum h_{f1}$、$\sum h_{f2}$、$\sum h_{f3}$ 分别是各分支管 1、2、3 中的总阻力损失。

分支管路的计算内容主要有：

① 已知总流量和各支管的尺寸，要求计算各支路的流量；

② 已知各支管的流量、管长及管件、阀门的设置，要求选择合适的管径；

③ 在已知的输送条件下，计算输送设备应提供的功率。

【**例 1-22**】　12℃的水在如图 1-42 所示的管路系统中流动，已知左侧支管的尺寸为 $\phi70mm \times 2mm$，支管长度及管件、阀门的当量长度之和为 42m；右侧支管的尺寸为 $\phi76mm \times 2mm$，支管长度及管件、阀门的当量长度之和为 84m。连接两支管的三通及管路出口的局部阻力可以忽略不计。a、b 两槽的水面维持恒定，且两水面间的垂直距离为 2.6m。若总流量为 55m³·h⁻¹，试求流往两槽的水量。

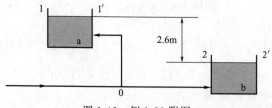

图 1-42　例 1-22 附图

解　根据式（1-116）有　　$E_0 = gz_1 + \frac{u_1^2}{2} + \frac{p_1}{\rho} + \sum h_{f0-1} = gz_2 + \frac{u_2^2}{2} + \frac{p_2}{\rho} + \sum h_{f0-2}$

由于 a、b 两槽均为敞口，故 $p_1 = p_2$；两槽截面比管截面大得多，故 $u_1 \approx 0$，$u_2 \approx 0$；若以截面 2-2′ 为基准水平面，则 $z_2 = 0$，$z_1 = 2.6\text{m}$。故上述等式简化为

$$9.81 \times 2.6 + \sum h_{f0\text{-}1} = \sum h_{f0\text{-}2}$$

由于

$$\sum h_{f0\text{-}1} = \lambda_a \frac{l_a + \sum l_{ea}}{d_a} \times \frac{u_a^2}{2} = \lambda_a \frac{42}{0.066} \times \frac{u_a^2}{2} = 318.2\lambda_a u_a^2$$

$$\sum h_{f0\text{-}2} = \lambda_b \frac{l_b + \sum l_{eb}}{d_b} \times \frac{u_b^2}{2} = \lambda_b \frac{84}{0.072} \times \frac{u_b^2}{2} = 583.3\lambda_b u_b^2$$

图中 a、b 分别表示通向 a、b 两槽的支管，于是

$$9.81 \times 2.6 + 318.2\lambda_a u_a^2 = 583.3\lambda_b u_b^2$$

所以

$$u_a = \sqrt{\frac{583.3\lambda_b u_b^2 - 25.5}{318.2\lambda_a}} \tag{a}$$

由式(1-115)得

$$q_V = q_{Va} + q_{Vb} = 55\text{m}^3 \cdot \text{h}^{-1}$$

即

$$\frac{\pi}{4} 0.066^2 u_a + \frac{\pi}{4} 0.072^2 u_b = \frac{55}{3600}$$

因此

$$u_b = 3.75 - 0.84 u_a \tag{b}$$

只有式(a)和式(b)还不足以确定 λ_a、u_a、λ_b、u_b 四个未知数，必须有 λ_a-u_a、λ_b-u_b 的关系，才能求出四个未知数，故需采用试差法求解。

取管壁的绝对粗糙度 $\varepsilon = 0.2\text{mm}$，水的密度为 $1000\text{kg} \cdot \text{m}^{-3}$，查附录得 12℃ 的水黏度为 $1.236\text{mPa} \cdot \text{s}$。试差法的步骤如下表所示。

次数	假设的 u_a /m·s^{-1}	Re_a	ε/d	查图 1-34 得 λ_a	由式(b)计算的 u_b/m·s^{-1}	Re_b	ε/d	查图 1-34 得 λ_a	由式(a)计算的 u_a	结论
1	2.5	133500	0.003	0.0271	1.65	96120	0.0028	0.0274	1.45	假设值偏高
2	2	106800	0.003	0.0275	2.07	120600	0.0028	0.027	2.19	假设值偏低
3	2.1	112100	0.003	0.0273	1.99	115900	0.0028	0.0271	2.07	假设值可接受

由试差结果得　$u_a = 2.1\text{m} \cdot \text{s}^{-1}$，$u_b = 1.99\text{m} \cdot \text{s}^{-1}$

故

$$q_{Va} = \frac{\pi}{4} \times 0.066^2 \times 2.1 \times 3600 = 25.9\text{m}^3 \cdot \text{h}^{-1}$$

$$q_{Vb} = 55 - 25.9 = 29.1\text{m}^3 \cdot \text{h}^{-1}$$

1.6.4　管网的计算

在市政给排水系统中，常有众多的管道连接，除了常见的串联管路外，既有并联管路，也有分支管路，从而构成复杂的管路网络，不论管网如何复杂，流动都必须满足基本的连续性方程和能量守恒方程。主要有如下特点。

① 对于稳态过程，进入任何节点的水流必须等于该节点流出的水流。

② 任何闭合回路的阻力损失的代数和为 0。在闭合回路中，若按顺时针流动的阻力损失为正，则按逆时针流动的阻力损失为负，反之亦然。

③ 每根管道中的流动仍然符合单根管道流动的摩擦阻力损失规律。

大多数管网由于太复杂无法通过手工计算得到精确解。目前，对管网计算多采用计算机程序求解，在计算机编程计算出现之前，比较流行的管网计算则是 H. Cross 提出的逐次近

似计算法，可参考有关书籍。

下面以例题简单介绍管网计算的基本过程。

【例 1-23】 在如图 1-43 所示的三角形供水管网中，总管流量为 $1.2 m^3 \cdot s^{-1}$，各支管长度和管内径分别为 $l_1 = 600 m$，$d_1 = 0.65 m$，$l_2 = 600 m$，$d_2 = 0.60 m$，$l_3 = 800 m$，$d_3 = 0.50 m$。通过调节，使 CD 支管的流量为 BE 支管流量的 1.5 倍，试求管网中各管的流量（水的密度取 $1000 kg \cdot m^{-3}$，黏度取 $1.0 \times 10^{-3} Pa \cdot s$。管壁绝对粗糙度为 0.25 mm，不计局部阻力损失）。

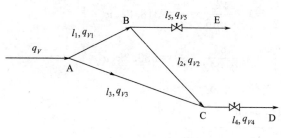

图 1-43 例 1-23 附图

解 假设三角形管网内的流动为完全湍流，因此根据各支管的相对粗糙度 ε/d，可直接查图 1-34 得到相应的摩擦系数 λ。

$$\frac{\varepsilon}{d_1} = \frac{0.25}{650} = 0.00038, \quad \lambda_1 = 0.0158$$

$$\frac{\varepsilon}{d_2} = \frac{0.25}{600} = 0.00042, \quad \lambda_2 = 0.0160$$

$$\frac{\varepsilon}{d_3} = \frac{0.25}{500} = 0.00050, \quad \lambda_3 = 0.0167$$

各支管的阻力损失

$$h_{f1} = \lambda_1 \frac{l_1}{d_1} \times \frac{u_1^2}{2} = \lambda_1 \frac{8 l_1 q_{V1}^2}{\pi^2 d_1^5} = 66.29 q_{V1}^2$$

$$h_{f2} = \lambda_2 \frac{l_2}{d_2} \times \frac{u_2^2}{2} = \lambda_2 \frac{8 l_2 q_{V2}^2}{\pi^2 d_2^5} = 100.17 q_{V2}^2$$

$$h_{f3} = \lambda_3 \frac{l_3}{d_3} \times \frac{u_3^2}{2} = \lambda_3 \frac{8 l_3 q_{V3}^2}{\pi^2 d_3^5} = 346.89 q_{V3}^2$$

根据管网任何闭合回路的阻力损失的代数和为 0 有，$h_{f3} - (h_{f1} + h_{f2}) = 0$　　　　(a)

即　　　　　　　　　　$346.89 q_{V3}^2 = 66.29 q_{V1}^2 + 100.17 q_{V2}^2$

根据进入任何节点的水流必须等于该节点流出的水流，有

$$q_V = q_{V1} + q_{V3} = q_{V4} + q_{V5} = 1.5 q_{V5} + q_{V5} = 1.2$$

$$q_{V5} = 0.48, \quad q_{V4} = 0.72$$

$$q_{V1} = q_{V2} + q_{V5} = 0.48 + q_{V2} \qquad\qquad\qquad (b)$$

$$q_{V3} = q_{V4} - q_{V2} = 0.72 - q_{V2} \qquad\qquad\qquad (c)$$

将上述式（b）、式（c）代入式（a）得　　$q_{V1} = 0.806 m^3 \cdot s^{-1}$，$q_{V2} = 0.326 m^3 \cdot s^{-1}$，$q_{V3} = 0.394 m^3 \cdot s^{-1}$

在此流量下校核摩擦系数 λ，得各支管的雷诺数 Re。

$$Re_1 = \frac{d_1 u_1 \rho}{\mu} = \frac{4 \rho q_{V1}}{\pi d_1 \mu} = 1.58 \times 10^6$$

$$Re_2 = \frac{d_2 u_2 \rho}{\mu} = \frac{4 \rho q_{V2}}{\pi d_2 \mu} = 6.92 \times 10^5$$

$$Re_3 = \frac{d_3 u_3 \rho}{\mu} = \frac{4\rho q_{V3}}{\pi d_3 \mu} = 1.00 \times 10^6$$

由此可见各支管的流动处于或十分接近完全湍流，原假设成立，计算结果正确。

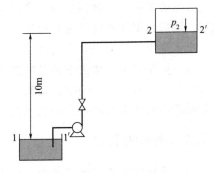

图 1-44　例 1-24 附图

【**例 1-24**】　用泵向压力容器输水，已知：管内径 $d=0.1\mathrm{m}$，粗糙度 $\varepsilon=10^{-4}\mathrm{m}$，管路总长（包括局部阻力的当量长度）$l=220\mathrm{m}$；水的物性 $\rho=1000\mathrm{kg \cdot m^{-3}}$，$\mu=10^{-3}\mathrm{N \cdot s \cdot m^{-2}}$；容器内压力 $p_2=124\mathrm{kPa}$（表），外加能量 $W_e=364.5\mathrm{J/kg}$。试求：(1) 总阻力损失 $\sum H_f$ 等于多少（$\mathrm{J \cdot kg^{-1}}$）？(2) 管内流速 u 等于多少（$\mathrm{m \cdot s^{-1}}$）？

解　(1) 取计算截面为 1-1′、2-2′，基准面为 1-1′，在 1-2 间列伯努利方程可得：

$$gz_1 + \frac{p_1}{\rho} + \frac{u_1^2}{2} + W_e = gz_2 + \frac{p_2}{\rho} + \frac{u_2^2}{2} + \sum H_f$$

由 $z_1=0$，$z_2=10\mathrm{m}$，$p_1=0$（表），$u_1=u_2=0$，$p_2=124\mathrm{kPa}$（表），$W_e=364.5\mathrm{J \cdot kg^{-1}}$

得　　$\sum H_f = W_e - gz_2 - \dfrac{p_2}{\rho} = 364.5 - 9.81 \times 10 - \dfrac{124 \times 10^3}{1000} = 142.4\mathrm{J \cdot kg^{-1}}$

即总阻力损失为 $142.4\mathrm{J \cdot kg^{-1}}$。

(2) 管路相对粗糙度为：$\dfrac{\varepsilon}{d} = \dfrac{10^{-4}}{0.1} = 10^{-3}$

由范宁公式

$$\sum H_f = \lambda \frac{l}{d} \frac{u^2}{2}$$

得　　　　　　　　　　　$u = \sqrt{\dfrac{2d \sum h_f}{\lambda l}}$

假设 $\lambda = 0.026$

则：　　　　　　　$u = \sqrt{\dfrac{2 \times 0.1 \times 142.4}{0.026 \times 220}} = 2.23\mathrm{m \cdot s^{-1}}$

核算　　　　$Re = \dfrac{du\rho}{\mu} = \dfrac{0.1 \times 2.19 \times 10^3}{10^{-3}} = 2.23 \times 10^5$

查摩擦系数关系图，得 $\lambda = 0.026$。

所以假设成立，故管内流速为 $2.23\mathrm{m \cdot s^{-1}}$。

上面所述的管路计算，都是针对不可压缩流体的稳定流动而言。对于可压缩流体流动的管路计算，主要是指气体而言，需要利用热力学基础知识中的压力、体积或密度与温度的关系，然后应用流体流动的连续性方程、动量方程和能量方程来解决问题，可参考相关书籍作进一步的了解。

1.7　流体动力学在工程上的应用

工程上应用流体动力学除了解决流体输送的管路计算外，主要还用于解决流体输送的计量问题。在化工生产过程中，流量测量是十分重要的。为了控制生产过程能稳定进行，就必须经常了解操作条件，如压强、流量等，并加以调节。在进行科学实验时，也往往需要准确测定流体的流量。流量测量方法及仪器有多种。例如，在管道中用测速管测量不同半径处的流速，然后根据其速度分布获得管道截面上的平均流速，进而求得流量。

直接测出流量的仪器分为两类：一类是通过测量流体的重量，或测量实际流出流体的数量；另一类是利用流体力学的某些性质来测量流量。家用水表就是属于第一种类型的测量仪器。在水表内有一个下垂的摆动轮片，每次摆动都有一定的水量通过。本节主要介绍以流体力学原理即流体在流动过程中机械能转换原理为基础而设计的第二种类型的测量仪器。

1.7.1 流速的测量

测量流场中流体的速度分布，对于研究流体流动具有重要意义。工业上常见的以流体力学为基础的测速仪是 1732 年法国物理学家亨利·皮托发明的皮托管（Pitot tube）测速计。除此之外，还有流速仪、热线和热膜风速计、多普勒激光测速仪、微粒影像速度仪等众多测速仪器和方法。这里重点介绍皮托管测速计。

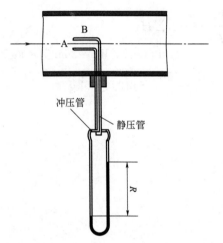

图 1-45 皮托管测速计

皮托管测速计是根据流体流动时各种机械能相互转换关系而设计的，其原理如图 1-45 所示。

图 1-45 所示的皮托管测速计，是由两根弯成直角的同心套管组成的。套管的前端经常做成半球形以减少涡流。套管的内管前端敞开，如图中的开口 A 所示，开口正对着流体流动方向；外管的前端是封闭的，而在离端点一定距离的壁面上开有若干测压小孔，如图中的开孔 B 所示。测量流速时，测速管置于管道中，同心套管的轴向与流动方向平行，外管与内管的末端分别与液柱压差计的两臂相连接。

对于某水平管路，当流体以流速 u 接近测速管前端，由于测速管内充满液体，因而在测速管前端的开口 A 处形成驻点，流体流动的动能在 A 处全部转化为静压能。这样内管在开口 A 处传递的静压能相当于开口前端流体动压能和静压能之和，称为冲压能，即：

$$h_A = \frac{p_A}{\rho} = \frac{u^2}{2} + \frac{p}{\rho}$$

式中，h_A 是用液柱高度表示的开口 A 处传递的冲压能；u 是开口前面正面而来的流速，即测量点处的流速；p 是开口前面在流速 u 下的流体所具有的静压强；ρ 为所测流体的密度。

测速管外管壁面小孔 B 的法向方向与流动方向垂直，因此外管通过小孔 B 所传递的仅仅是流体流动的静压能 p/ρ，即：

$$h_B = \frac{p_B}{\rho} = \frac{p}{\rho}$$

因此，内管传递的冲压能和外管传递的静压能之差为：

$$\Delta h = h_A - h_B = \frac{p_A - p_B}{\rho} = \frac{u^2}{2}$$

$$u=\sqrt{\frac{2(p_A-p_B)}{\rho}}$$

由于测速计内外管的末端与液柱压差计连接，若压差计内指示液的密度为 ρ_o，所指示的压差高度为 R，则：

$$p_A-p_B=(\rho_o-\rho)gR$$

因此　　　　　　　　　　　$$u=\sqrt{\frac{2(\rho_o-\rho)gR}{\rho}} \tag{1-117a}$$

式(1-117a)就是皮托管测量流速的理论换算公式，但是由于测速计制作的精度问题，实际测量值与理论值存在微小偏差，实际应用时常通过试验所得的校正系数 C 来校正。因此，式(1-117a)在应用时可写成如下形式：

$$u=C\sqrt{\frac{2(\rho_o-\rho)gR}{\rho}} \tag{1-117b}$$

一般情况下，校正系数 C 在 $0.98\sim1.00$ 之间，可见测速计的精度还是很高的，因此实际应用时大多可直接应用。

皮托测速管只能测出流体在管道截面上某一点处的局部流速。若要得到截面上的平均流速，则需利用管内速度分布的相关知识，通过测速管中心的最大流速来获取。测速管的优点是对流体的阻力较小，更适用于测量大直径管路中的气体流速。测速管不能直接测出平均流速，常需配用微差压差计。测速管在应用中还需注意的是防止测速孔的堵塞。

测速管安装时应使测速管处于均匀的流场中，最好与管轴线平行；用测速管测量流速时，测量点应在稳定段之后。为减少测速管插入流场中对流动的干扰，测速管直径应小于管径的 2%。

1.7.2　流量的测量

1.7.2.1　孔板流量计

在管道里插入一片与管轴垂直并带有通常为圆孔的金属板，孔的中心位于管道的中心线，这样构成的装置，称为孔板流量计，孔板往往称为节流元件。孔板流量计（orifice meter）是通过改变流体在管道内的流通截面积而使流体的动能和静压能发生转换进行流量测量的装置。孔板流量计如图 1-46 所示。

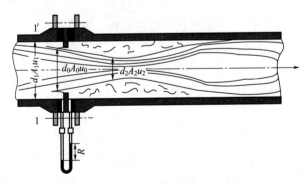

图 1-46　孔板流量计

如图 1-46 所示的孔板流量计的核心部件是一插入管道中的圆孔金属板，孔口经过精密加工，从前到后扩大，侧边与管轴中心线成 $45°$ 角，孔的中心位于管道的中心线上。当流体

以流速 u_1 沿管道流经孔板时，由于孔口截面积的突然缩小，如图中的孔口截面所示，使得流体的流速增大，静压强降低，即流体的静压能转变为动能。在惯性作用下，通过孔口后实际的流道截面积并不会突然扩大到整个管截面，而是继续收缩，直到图中流道面积最窄处 A_2 所示，然后才逐渐扩大到整个管截面。截面 A_2，即流道截面积最小处，称为缩脉。在缩脉处，流速最高，相应的压强最低。因此，当流体流过孔板时，在孔板前后就产生一定的压差。流量越大，产生的压强差越大，通过这一压差的测量就可计算流体的流量。

对于不可压缩流体，在孔板前的管道截面 1-1′ 和孔板后的缩脉 2-2′ 之间，若不考虑孔板的阻力损失，根据伯努利方程有：

$$\frac{p_1}{\rho}+\frac{u_1^2}{2}=\frac{p_2}{\rho}+\frac{u_2^2}{2}$$

由于缩脉的位置及其截面积难以确定，因此，常以孔口截面 0-0′ 处的流速 u_0 代替缩脉处的流速 u_2，因此上述伯努利方程可改写成：

$$\frac{p_1}{\rho}+\frac{u_1^2}{2}=\frac{p_0}{\rho}+\frac{u_0^2}{2}$$

若管道和孔口的截面积分别为 A_1 和 A_0，根据流体连续性方程有：

$$u_1 A_1 = u_0 A_0$$

于是

$$u_0=\frac{1}{\sqrt{1-\left(\dfrac{A_0}{A_1}\right)^2}}\sqrt{\frac{2(p_1-p_0)}{\rho}} \tag{1-118}$$

若考虑流体流过孔板的阻力损失，则需对式(1-118)进行校正；另外，由于孔板厚度很小，如标准孔板的厚度 $\leqslant 0.05 d_1$，而测压孔的直径 $\leqslant 0.08 d_1$，因而孔板前后的测压口不能正好安装在孔板上，前后测压口所测得的压差 Δp 不可能正好就是 p_1-p_0，所以要对压差进行校正。所以，用所测得的压差 Δp 代替 p_1-p_0，对式(1-118)进行总的校正后，引入一总的校正系数 C，就可表达成如下形式：

$$u_0=\frac{C}{\sqrt{1-\left(\dfrac{A_0}{A_1}\right)^2}}\sqrt{\frac{2\Delta p}{\rho}} \tag{1-119}$$

若孔板前后压差测量的液柱压差计的读数为 R，压差计指示液的密度为 ρ_o，则可得出：

$$\Delta p=(\rho_o-\rho)gR$$

若以 $C_o=C/\sqrt{1-(A_0/A_1)^2}$ 表示孔板的流量系数，则式(1-119)可表示为：

$$u_0=C_o\sqrt{\frac{2(\rho_o-\rho)gR}{\rho}} \tag{1-120}$$

因此，管道中流体的体积流量及质量流量为：

$$q_V=u_0 A_0=C_o A_0\sqrt{\frac{2(\rho_o-\rho)gR}{\rho}} \tag{1-121}$$

$$q_m=u_0\rho A_0=C_o A_0\sqrt{2Rg\rho(\rho_o-\rho)} \tag{1-122}$$

由前面的推导过程可知，孔板的流量系数 C_o 不仅与孔板的阻力损失有关，还与测压口的安装有关，同时还是孔口与管道截面积之比的函数。阻力损失与流体流动的雷诺数 Re 有关，图1-47绘制出了试验测定的标准孔板流量计孔板系数 C_o 与雷诺数 Re 及孔口与管道截面积之比 A_0/A_1 之间的关系。

图 1-47 中的雷诺数 $Re = d_1 u_1 \rho / \mu$ 是以管道流动的雷诺数为准。由图可见，对于 A_0/A_1 相同的的标准孔板流量计，C_0 只是 Re 的函数，并随 Re 的增加而减小。当 Re 达到一定值 Re_c 后，孔板流量系数 C_0 就不再随 Re 而改变，C_0 只随 A_0/A_1 而改变。通常在设计及选用孔板流量计时，应尽可能使用该流量在此范围内。此时的 C_0 一般在 0.6～0.7 之间。在用孔板流量计进行流量测量时，由于孔板流量系数 C_0 与流速有关，这二者都不知道，因此需用试差法进行测量。先假设 $Re > Re_c$，由 A_0/A_1 从图 1-47 查出孔板流量系数 C_0，然后根据式(1-121)或式(1-122)计算流量，再求管路中的流速和相应的 Re，若所得 $Re > Re_c$，则表明原假设正确，否则需重新假设 C_0，重复上述计算，直到计算值与假设值相符为止。

孔板流量计已在仪表厂成批生产，其系列规格可查阅相关手册。当管径较小或有其他特殊要求时，孔板流量计也可自行设计加工。若按照标准图纸加工出来的孔

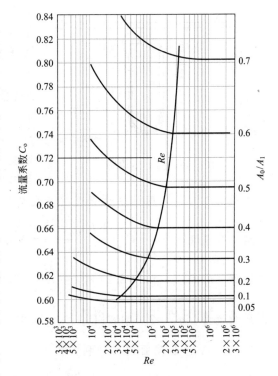

图 1-47　孔板的流量系数 C_0 与 Re、A_0/A_1 的关系图

板流量计，在保持清洁并不受腐蚀情况下，直接利用式(1-121)计算的流量误差不会超过 2%。如果误差较大，则需要用标准流量计加以校核，作出这个流量计专用的流量与压差计读数的关系曲线，也叫校正曲线，供实验或生产操作时使用。

孔板流量计安装位置的上、下游都要有一段内径不变的直管，以保证流体通过孔板之前的速度分布稳定。若孔板上游不远处装有弯头、阀门等，流量计读数的准确性和重现性都会受到影响。通常要求上游直管长度为 $50d_1$，下游直管长度为 $10d_1$。

孔板流量计安装时，要使孔板与管截面平行，孔的中心线位于管道的轴心线上，孔板用两片法兰固定在管道上。上游和下游测压口的位置是随意的，但是孔板流量系数则与上下游测压口的位置有关。一般安装时，使上下游测压口距孔板都有一定的距离。测压口的安装有两种方法，即角接法和径接法。角接法是将上下游测压口紧靠在孔板的前后位置上；径接法是上游测压口距孔板 1 倍管径，下游测压口距孔板 0.5 倍管径。

孔板流量计的特点是，费用低，安装容易，但是孔口面积的突然收缩导致其阻力损失要比其他流量计的阻力损失大。

由于流体流过孔板时的阻力损失较大。当流量有较大变化时，更换孔板也很方便，即使当最后流体的速度恢复到孔板前管道内的流速，但是，流体的静压强仍比孔板前截面 1-1′处的压强 p_1 小很多，这个压降，用 Δp_0 表示，称为永久损失，可用以下公式估算：

$$\Delta p_0 = \left(1 - \frac{A_0}{A_1}\right)(\rho_0 - \rho)Rg \tag{1-123}$$

【例 1-25】　一直径为 $\phi 38\text{mm} \times 2.5\text{mm}$、长为 30m 的水平直管段 AB，在其中间装

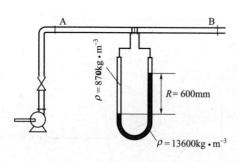

图 1-48 例 1-25 附图

有孔径为 16.4mm 的标准孔板流量计来测量流量（见图 1-48），孔板的流量系数 C_o 为 0.63，流体流经孔板的永久压降为 6×10^4Pa，AB 段摩擦系数 λ 取为 0.022，试计算：(1) 流体流经 AB 段的压强差。(2) 若泵的轴功率为 800W，效率为 62%，求 AB 管段所消耗的功率为泵的有效功率的百分率。已知：操作条件下流体的密度为 870kg·m^{-3}，U 形管中的指示液为汞，其密度为 13600kg·m^{-3}。(3) 若输送流量提高到原流量的 1.8 倍，用计算结果说明该泵是否仍能满足要求？设摩擦阻力系数 λ 不变。

解 孔口流速 $u_0 = C_o \sqrt{\dfrac{2gR(\rho_o - \rho)}{\rho}} = 0.63 \times \sqrt{\dfrac{2 \times 9.81 \times 0.6(13600 - 870)}{870}} = 8.27$m·$s^{-1}$

管内流速 $u = u_0 \left(\dfrac{d_0}{d}\right)^2 = 8.27 \times \left(\dfrac{16.4}{33}\right)^2 = 2.043$m·$s^{-1}$

管内质量流量 $q_m = 2.043 \times \left[\left(\dfrac{\pi}{4}\right) \times 0.033^2\right] \times 870 = 1.52$kg·$s^{-1}$

(1) 在 A 和 B 截面列伯努利方程

$$z_A g + \frac{p_A}{\rho} + \frac{u_A^2}{2} = z_B g + \frac{p_B}{\rho} + \frac{u_B^2}{2} + h_f$$

阻力损失 $h_f = \lambda \dfrac{l}{d} \times \dfrac{u^2}{2} + \dfrac{\Delta p}{\rho} = 0.022 \times \dfrac{30}{0.033} \times \dfrac{2.043^2}{2} + \dfrac{6 \times 10^4}{870} = 41.7 + 69 = 110.7$J·$kg^{-1}$

因 $z_A = z_B$，$u_A = u_B$，所以流体流经 AB 段的压强差有

$$p_A - p_B = \rho \sum h_f = 870 \times 110.7 = 96309 \text{Pa}$$

(2) 泵的有效功率 $N_e = 800 \times 0.62 = 496$W

AB 段所消耗的功率 $N_f = W_s \sum h_f = 1.52 \times 110.7 = 168.3$W

所以 AB 段所消耗的功率为泵的有效功率的百分率 $\dfrac{N_f}{N_e} = \dfrac{168.3}{496} = 0.34 = 34\%$

(3) 流率增加 1.8 倍时 $W_s' = 1.5 W_s = 1.8 \times 1.52 = 2.74$kg·$s^{-1}$

此时 AB 段的阻力损失 $h_f' = \lambda \dfrac{l}{d} \times \dfrac{u'^2}{2} + \dfrac{\Delta p}{\rho} = 0.022 \times \dfrac{30}{0.033} \times \dfrac{(1.8 \times 2.043)^2}{2} + \dfrac{6 \times 10^4}{870} = 135.2 + 69 = 204.2$J·$kg^{-1}$

故 AB 段所消耗的功率 $N_f = W_s' h_f' = 2.74 \times 203.8 = 558.4$W

由于 $N_f > N_e$，所以此泵不能满足要求。

1.7.2.2 文丘里流量计

为了减少由于孔板流量计孔口的突然缩小而引起的阻力损失，意大利物理学家 Giovanni B. Venturi 使用一渐缩渐扩管道，即文丘里管代替孔板来进行流量测量，这种渐缩渐扩管构成的流量计称为文丘里流量计（Venturi meter），文丘里流量计如图 1-49 所示。

文丘里流量计两端以法兰同管道相连，其管截面积最小处称为喉管，该处为下游测压口，其上游测压口距管径开始收缩处的距离至少为管径的二分之一。由于管截面是逐渐收缩

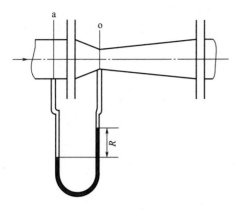

图 1-49 文丘里流量计

至喉管，然后再逐渐扩大到管道截面，流体在其内的流速改变平缓，涡流较少，喉管处增加的动能可于其后渐扩的过程中大部分转回成静压能，因此流动阻力损失很小，所以文丘里流量计提供了一种流量测量的精确方法。

文丘里流量计的测量原理与孔板流量计相同。因此，其流量测量公式可写成与孔板流量计相类似的形式：

$$q_V = C_V A_0 \sqrt{\frac{2(\rho_o - \rho)gR}{\rho}} \qquad (1-124)$$

式中，C_V 为文丘里流量计的流量系数，其值一般为 $0.98 \sim 0.99$，可见文丘里流量计的精度还是很高的；R 为文丘里流量计液柱压差计的指示液高度差。

文丘里流量计的主要缺点就是加工精度高，制造费用高，且安装时本身占据管道位置较长。

【例 1-26】 一敞口高位水槽 A 中水流经一喉径为 14mm 的文丘里管，将浓碱液敞口槽 B 中的碱液（密度为 1400kg·m^{-3}）抽吸入管内混合成稀碱液送入 C 槽，各部分标高如图 1-50 所示；输水管规格为 ϕ57mm×3mm，自 A 至文丘里管喉部 M 处管路总长（包括所有局部阻力损失的当量长度在内）为 20m，摩擦系数 λ 可取 0.025。大气压为 10.33mH$_2$O。

（1）当水流量为 8m^3·h^{-1} 时，试计算文丘里管喉部 M 处的真空度为多少（mmHg）？（2）判断槽的浓碱液能否被抽吸入文丘里管内（说明判断依据）。如果能被吸入，吸入量的大小与哪些因素有关？

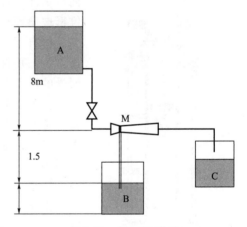

图 1-50 例 1-26 附图

解 主管道

$$u = \frac{q_V}{A} = \left(\frac{8}{3600}\right) \Big/ \left[\left(\frac{\pi}{4}\right) \times 0.051^2\right] = 1.09\text{m·s}^{-1}$$

（1）文丘里管喉部 M 处

$$u_M = V_S/A_M = \left(\frac{8}{3600}\right) \Big/ \left[\left(\frac{\pi}{4}\right) \times 0.014^2\right] = 14.4\text{m·s}^{-1}$$

在高位水槽 A 上面与 M 处界面间列伯努利方程得：

$$\frac{p_M}{\rho g} = (Z_A - Z_M) - \left(\frac{u_M^2}{2g}\right) - \lambda \left(\frac{1}{d}\right)\left(\frac{u^2}{2g}\right)$$

$$= 8 - \frac{14.4^2}{2g} - 0.025 \left(\frac{20}{0.051}\right) \times \left(\frac{1.09^2}{2g}\right)$$

$$=-3.16\text{mH}_2\text{O}=232\text{mmHg}(\text{真空度})$$

（2）对槽 B 及文丘里管喉部 M，由静力学方程可得：

$$p_\text{M}+h_\text{碱}\rho_\text{碱}g=p_\text{B}$$

$$p_\text{B}=0(\text{表压}),\quad p_\text{M}=-3.16\rho_\text{水}g(\text{表压})$$

槽 B 最大抽吸的碱液高度为 $h_\text{碱}=3.16\times\dfrac{1000}{1400}=2.26\text{m}(>1.5\text{m})$

故浓碱液能被吸入管内。

在 B 槽液面与 M 处水平截面间列伯努利方程得：

$$\frac{p_\text{B}}{\rho_\text{浓碱}g}=Z_\text{M}+\frac{u_\text{M}^2}{2g}+\frac{p_\text{M}}{\rho_\text{稀碱}g}+h_\text{f吸}$$

式中，Z_M 表示 M 处与槽 B 的位差；$h_\text{f吸}$ 表示吸入管的阻力损失。

可见吸入量的大小不仅与 M 处的压强（真空度）、B 槽液面与 M 处的位差有关，而且与吸入管的管路情况（管径、管长、粗糙度等）有关。

1.7.2.3 转子流量计

转子流量计（rotameter）是流体动力学与流体静力学的综合应用，是一种典型的变截面流量计。转子流量计如图 1-51 所示。它是由一段上粗下细的锥形玻璃管和管内一个密度大于被测流体的固体转子所构成。当流体自下而上流过垂直的锥形管时，转子受到两个力的作用：一是垂直向上的推动力；另一是垂直向下的净重力。转子所受的浮力不仅与被测流体的密度有关，还与流体流速变动引起的转子上下端的静压差有关。只有当转子上下端之间的静压差产生的浮力等于其自身重力时，转子才能静止在某一高度位置，显然无论转子停止在何处高度，其上下端之间的静压差是相同的。

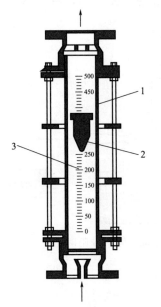

图 1-51 转子流量计
1—锥形玻璃管；
2—转子；3—刻度

转子流量计的动力学原理是，在不同的流量下，要保持转子上下端之间具有相同的静压差，转子与玻璃管环隙间的截面积必须发生改变。在低流量下，流速较小，转子就会下沉，转子与玻璃管环隙间的截面积变小，使得环隙间的流速增大，从而使转子两端的静压差不会减小；当流量增大，即流速变大时，转子就会上升，转子与玻璃管环隙间的截面积变大，使得环隙间的流速减小，这样又能使转子两端的静压差不会增大。可见，在不同的流量下，转子会停留在玻璃管内不同的高度处，因此转子在不同高度处的刻度就可指示流体的流量。

假设在一定的流量下转子停留于玻璃管某一高度处（图1-51），转子上下截面处的静压强分别为 p_2 和 p_1，设转子的体积为 V_f，上端最大截面积为 A_f，密度为 ρ_f，流体密度为 ρ，转子处于静力平衡时有：

$$(p_1-p_2)A_\text{f}=(\rho_\text{f}-\rho)gV_\text{f}$$

或

$$p_1-p_2=\frac{(\rho_\text{f}-\rho)gV_\text{f}}{A_\text{f}}$$

设转子与玻璃管间的环隙截面积为 A_R，则仿照孔板流量计流量的推导过程，可以得出转子流量计的流量计算公式为：

$$q_V = C_R A_R \sqrt{\frac{2(\rho_f - \rho)gV_f}{A_f \rho}} \qquad (1\text{-}125)$$

式中，C_R 为转子流量计的流量校正系数。

转子流量计的 C_R 也与流体的雷诺数和被测流体的密度有关。由于转子流量计出厂标定时所采用的流体与实际测量的流体不同，对于液体流量计，通常出厂前用 20℃ 的水（密度为 1000kg·m^{-3}）标定，对于气体流量计，则用 20℃ 和 101.3kPa 下的空气（密度为 1.2kg·m^{-3}）标定。因此在实际应用时需进行修正。当被测流体与上述条件不符，应进行换算。假设对任意两种流体在同一刻度下的流量校正系数 C_R 相同，其流量关系为：

$$\frac{q_{V2}}{q_{V1}} = \sqrt{\frac{\rho_1(\rho_f - \rho_2)}{\rho_2(\rho_f - \rho_1)}} \qquad (1\text{-}126)$$

式中，下标 1 表示出厂标定时所用流体；下标 2 表示实际测量流体。

对于气体转子流量计，因转子材料的密度远大于气体的密度，故式(1-125)可简化为：

$$\frac{q_{V2}}{q_{V1}} \approx \sqrt{\frac{\rho_1}{\rho_2}} \qquad (1\text{-}127)$$

转子流量计读取流量方便，能量损失很小，测量范围也宽，能用于腐蚀性流体的测量。但因流量计管壁大多为玻璃制品，故不能经受高温和高压，在安装使用中也容易破碎。

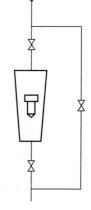

图 1-52　转子流量计安装支路示意图

在生产过程中，孔板或文丘里流量计可安装在水平、倾斜或垂直管路上，而转子流量计只能垂直安装在管路上，为了便于检修，通常设置如图 1-52 所示的支路。

【例 1-27】 有一转子流量计，其流量刻度范围为 250～2500L·h^{-1}，转子的材质为不锈钢，密度为 7.9g·cm^{-3}，若将此流量计用来测量密度为 1.5g·cm^{-3} 的溶液时，其流量范围是多少？

解　由题意知，$\rho_f = 7.9$g·cm^{-3}，由于流量计的刻度范围出厂时是以 20℃ 的水来标定的，因此 $\rho_1 = 1$g·cm^{-3}，所测溶液的密度 $\rho_2 = 1.5$g·cm^{-3}，所以，根据式(1-126)有：

$$\frac{q_{V1}}{q_{V2}} = \sqrt{\frac{\rho_2(\rho_f - \rho_1)}{\rho_1(\rho_f - \rho_2)}} = \sqrt{\frac{1.5 \times (7.9 - 1)}{1 \times (7.9 - 1.5)}} = 1.27$$

因为 q_{V1} 的范围在 250～2500L·h^{-1}，所以所测溶液的流量 q_{V2} 范围在 250/1.27 = 196.85～2500/1.27 = 1968.5L·h^{-1} 之间。

最后需要注意的是，孔板、文丘里流量计与转子流量计的主要区别在于：前者的节流口面积不变，流体流经节流口所产生的压强差随流量不同而变化，因此可通过流量计的压差计读数来反映流量的大小，这类流量计统称为差压流量计；而后者是流体流经节流口所产生的压强差保持恒定，节流口面积变化，因此通过变动的截面积来反映流量的大小，即根据转子所处位置的高低来读取流量，故此类流量计又称为截面流量计。

习 题

1-1　已知甲城市的大气压为 760mmHg，乙城市的大气压为 750mmHg。某反应器在甲地操作时要求其真空表读数为 600mmHg，若把该反应器放在乙地操作时，要维持与甲地操作相同的绝对压强，真空表的读数应为多少，分别用 mmHg 和 Pa 表示。

[590mmHg，7.86×10^4 Pa]

1-2　用水银压强计如图测量容器内水面上方压力 p_0，测压点位于水面以下 0.2m 处，测压点与 U 形管内水银界面的垂直距离为 0.3m，水银压强计的读数 $R = 300$mm，试求：(1) 容器内压强 p_0 为多少？(2) 若容器内表压增加一倍，压差计的读数 R 为多少？

[(1) 3.51×10^4 N·m^{-2}（表压）；(2) 0.573m]

1-3　如附图所示的开口容器内盛有油和水。油层高度 $h_1 = 0.7$m、密度 $\rho_1 = 800$kg·m^{-3}，水层高度 $h_2 = 0.6$m、密度 $\rho_2 = 1000$kg·m^{-3}。(1) 判断下列两关系是否成立，即 $p_A = p'_A$、$p_B = p'_B$；(2) 计算水在玻璃管内的高度 h。

[(1) $p_A = p'_A$ 的关系成立，$p_B = p'_B$ 的关系不能成立；(2) $h = 1.16$m]

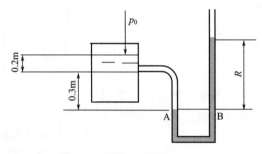

习题 1-2 附图

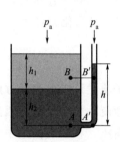

习题 1-3 附图

1-4　如附图所示，管内流体加水，在异径水平管段两截面（1-1'、2-2'）连一倒置 U 形管压差计，压差计读数 $R = 200$mm。试求两截面间的压强差。　[1957Pa]

1-5　蒸汽锅炉上装置一复式 U 形水银测压计，截面 2、4 间充满水。已知对某基准面而言各点的标高为 $z_0 = 2.1$m，$z_2 = 0.9$m，$z_4 = 2.0$m，$z_6 = 0.7$m，$z_7 = 2.5$m。试求锅炉内水面上的蒸汽压强。　[305kPa]

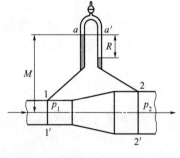

习题 1-4 附图

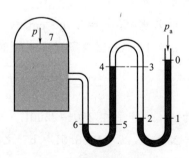

习题 1-5 附图

1-6　用一虹吸管将水从池中吸出，水池液面与虹吸管出口的垂直距离为 5m，虹吸管出口流速及虹吸管最高点 C 的压强各为多少？若将虹吸管延长，使池中水面与出口垂直距离增大 8m。出口流速有何变化？（水温为 30℃，大气压强为 760mmHg。水按理想流体处理）

[9.9m·s^{-1}，32.7kPa，12.4m·s^{-1}]

1-7 已知水在管中流动。在截面 1-1′处的流速为 $0.5\text{m}\cdot\text{s}^{-1}$。管内径为 0.2m，由于水的压力产生水柱高为 1m；在截面 2-2′处管内径为 0.1m。试计算在截面 1-1′、截面 2-2′处产生水柱高度差 h 为多少？（忽略水由截面 1-1′到截面 2-2′处的能量损失） [0.191m]

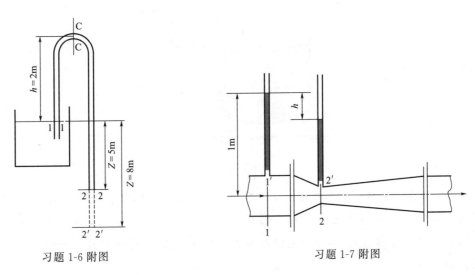

习题 1-6 附图   习题 1-7 附图

1-8 高位槽内储存有 20℃的水，水深 1m 并维持不变。高位槽底部接一长 12m、直径 100mm 的垂直管。若假定管内的阻力系数为 0.02，试求：（1）管内流量和管内出现的最低压强各为多少？（2）若将垂直管无限延长，管内流量和最低点压强有何改变？

[（1）$6.34\times10^{-2}\text{m}^3\cdot\text{s}^{-1}$，61.9kPa；（2）$7.77\times10^{-2}\text{m}^3\cdot\text{s}^{-1}$，37.6kPa]

1-9 如附图所示，水以 $20\text{m}^3\cdot\text{h}^{-1}$ 的流量流经一扩大管段，已知 $d_1=50\text{mm}$、$d_2=80\text{mm}$，水流经扩大段的阻力系数 $\xi=(1-A_1/A_2)^2$，式中 A 为管道截面积。若测点间的直管阻力可略，试求：（1）倒 U 形压差计读数 R；（2）如将粗管一端抬高，流量不变，则读数 R 有何改变？

[（1）0.195m；（2）R 不变]

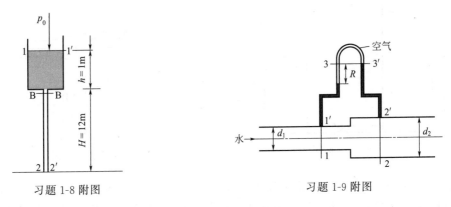

习题 1-8 附图   习题 1-9 附图

1-10 如附图所示吸液装置中，吸入管尺寸为 $\phi32\text{mm}\times2.5\text{mm}$，管的下端位于水面下 2m，并装有底阀及拦污网，该处的局部压头损失为 $8\dfrac{u^2}{2g}$。若截面 2-2′处的真空度为 39.2kPa，由截面 1-1′至截面 2-2′的压头损失为 $\dfrac{1}{2}\dfrac{u^2}{2g}$。求：（1）吸入管中水的流量（$\text{m}^3\cdot\text{h}^{-1}$）；（2）吸入口截面 1-1′处的表压。

[（1）$2.95\text{m}^3\cdot\text{h}^{-1}$；（2）$1.04\times10^4\text{Pa}$]

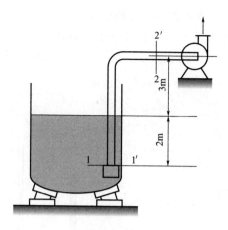

习题 1-10 附图

1-11 用离心泵将水由水槽送至水洗塔内。水槽敞口。塔内表压为 0.85atm。水槽水面至塔内水出口处垂直高度差为 22m。已知水流量为 42.5m³·h⁻¹，泵对水做的有效功为 321.5J·kg⁻¹，管路总长 110m（包括局部阻力当量管长），管子内径 100mm。试计算摩擦系数 λ 值。

[0.016]

1-12 如图，两敞口储罐的底部在同一水平面上，其间由一内径为 75mm、长为 200m 的水平管和局部阻力系数为 0.17 的全开阀门连接，一储罐直径为 7m，盛水深为 7h，另一储罐直径为 5m，盛水深为 3m，若阀门全开，问大罐内水降低到 6m 时，需多长时间？设管道流体摩擦系数 λ＝0.02，忽略进出口局部阻力。

[9543.4s]

1-13 如附图所示的水平渐缩管，d_1＝207mm、d_2＝150mm，在操作压力与温度下，密度为 1.43kg·m⁻³（设为常数）的甲烷，以 1600m³·h⁻¹ 的流量流过，U 形管压差计内指示液为水，如摩擦损失可以略去，问 U 形管压差计读数为多少？

[0.034m]

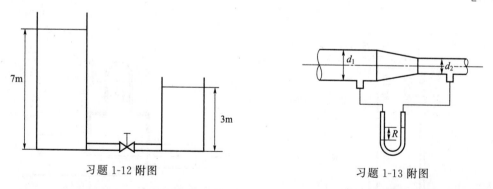

习题 1-12 附图　　　　　　　　习题 1-13 附图

1-14 水（黏度为 1cP，密度为 1000kg·m⁻³）以平均速度为 1m·s⁻¹ 流过直径为 0.001m 的水平管路。试求：（1）水在管路的流动是层流还是湍流？（2）水流过管长为 2m 时的压降为多少（mH₂O）；（3）求最大速度及发生的位置；（4）求距离管中心什么位置其速度恰好等于平均速度。

[（1）层流；（2）6.53mH₂O；（3）2m·s⁻¹，在管中心；（4）3.54×10⁻⁴m]

1-15 有两个敞口水槽，其底部用一水管相连，水从一水槽经水管流入另一水槽，水管内径 0.08m，管长 80m，管路中有两个 90°弯头，一个全开球阀，如将球阀拆除，而管长及

液面差 H 等其他条件均保持不变。已知摩擦系数 $\lambda=0.023$，$90°$ 弯头阻力系数 $\xi=0.75$，全开球阀阻力系数 $\xi=6.4$。试问管路中的流量能增加百分之几？　　　　［流量增加 16%］

1-16　如图，某液体（密度为 $900\text{kg}\cdot\text{m}^{-3}$，黏度为 30cP）通过内径为 44mm 的管线从罐 1 流到罐 2。当阀门关闭时，压力计 A 和 B 的读数分别为 $8.82\times10^4\text{N}\cdot\text{m}^{-2}$ 和 $4.41\times10^4\text{N}\cdot\text{m}^{-2}$，当阀门打开时，总管长（包括管长与所有局部阻力的当量长度）为 100m，假设两个罐的液面高度恒定，试求：(1) 液体的体积流率为多少（$\text{m}^3\cdot\text{h}^{-1}$）？(2) 当阀门打开后，压力表的读数如何变化，并解释。提示：对于层流，$\lambda=64/Re$；对于湍流，$\lambda=0.3145/Re^{0.25}$。

［(1) $4.87\text{m}^3\cdot\text{h}^{-1}$；(2) 压力表 A 的读数减少，压力表 B 的读数增加］

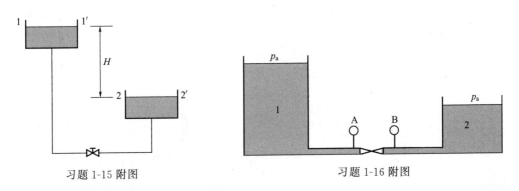

習題 1-15 附图　　　　　　　　　　习题 1-16 附图

1-17　如图所示，用一高位槽向一敞口水池送水，已知高位槽内的水面高于地面 10m，管路出口高于地面 2m，管子为 $\phi48\text{mm}\times3.5\text{mm}$ 钢管，在本题条件下，水流经该系统的总阻力损失 $\sum h_f=3.4u^2$（$\text{J}\cdot\text{kg}^{-1}$）（未包括管出口阻力损失，其中 u 为水在管内的流速，m/s）。试计算：(1) A-A′ 截面处水的流速，以 $\text{m}\cdot\text{s}^{-1}$ 计。(2) 水的流量，以 $\text{m}^3\cdot\text{h}^{-1}$ 计。(3) 若水流量增加 20%，可采用什么措施？（计算说明）（或高位槽液面应提高多少米）

［(1) $4.49\text{m}\cdot\text{s}^{-1}$；(2) $21.33\text{m}^3\cdot\text{h}^{-1}$；(3) 提高 3.54m］

1-18　用泵将密度为 $850\text{kg}\cdot\text{m}^{-3}$，黏度为 $0.190\text{Pa}\cdot\text{s}$ 的重油从储油池送至敞口高位槽中，如图所示，升扬高度为 20m。输送管路为 $\phi108\text{mm}\times4\text{mm}$ 钢管，总长为 1000m（包括直管长度及所有局部阻力的当量长度）。管路上装有孔径为 80mm 的孔板以测定流量，其油水压差计的读数 $R=500\text{mm}$。孔板流量系数 $C_0=0.62$，水的密度为 $1000\text{kg}\cdot\text{m}^{-3}$。试求：(1) 输油量是多少（$\text{m}^3\cdot\text{h}^{-1}$）？(2) 若泵的效率为 0.55，计算泵的轴功率。

［(1) $14.76\text{m}^3\cdot\text{h}^{-1}$；(2) 3609W］

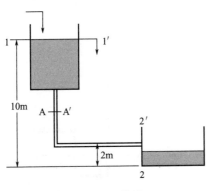
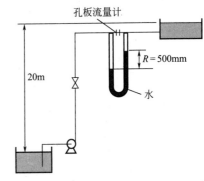

習題 1-17 附图　　　　　　　　　　习题 1-18 附图

1-19　用离心泵将某溶液由反应槽送往一密闭高位槽，如图所示。两槽液面的高度可认为不变，高度差 10m，管路总当量长度为 200m（包括所有直管和局部阻力的当量长度），管路均为 $\phi57mm \times 3.5mm$ 钢管，已知孔板流量计流量系数为 0.61，孔截面积与管道截面积之比为 0.25，U 形压差计读数为 $R = 600mm$，指示液为水银，管路摩擦系数 λ 取为 0.025，反应槽上真空表的读数为 200mmHg，高位槽上压强计读数为 $0.5kgf \cdot cm^{-2}$（表压），泵的效率为 65%。试求：(1) 流体流量为多少（$kg \cdot s^{-1}$）；(2) 泵的输出功为多少（$J \cdot kg^{-1}$）；(3) 泵的轴功率为多少（kW）？（溶液密度近似取为 $1000kg \cdot m^{-3}$，水银密度为 $13600kg \cdot m^{-3}$）

[(1) $1.86kg \cdot s^{-1}$；(2) $346.6J \cdot kg^{-1}$；(3) 1.94kW]

1-20　在水平管道中，水的流量为 $2.5 \times 10^{-3} m^3 \cdot s^{-1}$，已知管内径 $d_1 = 5cm$，$d_2 = 2.5cm$ 及 $h_1 = 1m$。若忽略能量损失，问连接于该管收缩断面上的水管，可将水自容器内吸上高度 h_2 为多少？

[0.234m]

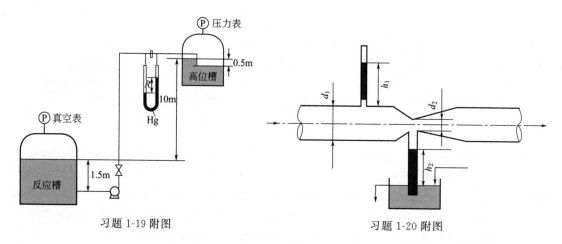

习题 1-19 附图　　　　　　　　　　习题 1-20 附图

1-21　15℃的水在经过的内径为 7mm 的钢管内流动，流速为 $0.15m \cdot s^{-1}$，试问：(1) 流动为层流还是湍流？(2) 如上游压强为 686.7kPa，问流经多长的管子流体的压强下降到 294.3kPa，这里的压强均为绝对压强？(3) 在距离管壁何处的点速度等于平均速度？

[(1) 层流；(2) 352.58m；(3) 1.026mm]

1-22　冻盐水循环系统，盐水密度为 $1100kg \cdot m^{-3}$，循环量为 $36m^3 \cdot h^{-1}$，管路的直径相同为 $\phi108mm \times 4mm$，盐水由 A 流经换热器而至 B 的能量损失为 $40u^2 J \cdot kg^{-1}$，由 B 到的 A 能量损失为 $28u^2 J \cdot kg^{-1}$，泵的效率为 70%，A 处压力表读数为 200kPa。(1) 计算泵的轴功率；(2) B 处的压力表读数为多少（kPa）？

[(1) 1.73kW；(2) 53.5kPa]

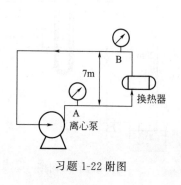

习题 1-22 附图

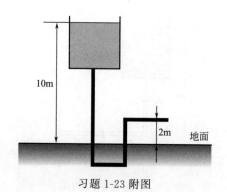

习题 1-23 附图

1-23　有一输水管系统，如图所示，出水口处管子为 $\phi55\text{mm}\times2.5\text{mm}$，设管路的压头损失为 $16u^2/2$（u 为出水管的水流速，未包括出口损失）。试求水的流量为多少（$\text{m}^3\cdot\text{h}^{-1}$）？由于工程上的需要，要求水流量增加 20%，此时，应将水箱的水面升高多少（m）？假设管路损失仍可以用 $16u^2/2$（u 为出水管的水流速，未包括出口损失）表示。

$$[22.1\text{m}^3\cdot\text{h}^{-1},\ 3.5\text{m}]$$

1-24　在图示并联管路中，支路 ADB 长 20m，支路 ACB 长 5m（包括管件但不包括阀门的当量长度），两支管直径皆为 80mm，直管阻力系数皆为 0.03。两支路各装有闸阀一个，换热器一个，换热器的局部阻力系数皆等于 5。试求当两阀门全开时，两支路的流量之比。

$$[1.34]$$

1-25　如图所示，用某离心泵将水从一敞口水池输送到另一高位槽中，高位槽的压力为 $0.2\text{kgf}\cdot\text{m}^{-2}$（表压），要求送水量为每小时 50m^3，管路总长（包括所有局部阻力的当量长度）为 150m，吸入管和排出管路均为 $\phi108\text{mm}\times4\text{mm}$ 的光滑管，当 $Re=3\times10^3\sim10^6$ 时，管路的摩擦系数 $\lambda=0.3164Re^{-0.25}$。试求：（1）流体流经管道阻力损失。（2）该泵输出功。已知泵的效率为 65%，水的密度为 $1000\text{kg}\cdot\text{m}^{-3}$，水的黏度为 $1\times10^{-3}\text{Pa}\cdot\text{s}$。

$$[(1)\ 36.19\text{J}\cdot\text{kg}^{-1};\ (2)\ 387.3\text{J}\cdot\text{kg}^{-1}]$$

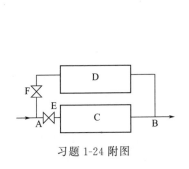

习题 1-24 附图

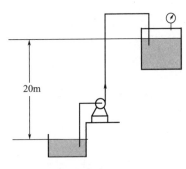

习题 1-25 附图

1-26　水（$\rho=1000\text{kg}\cdot\text{m}^{-3}$）在 1atm 下由泵以 $0.012\text{m}^3\cdot\text{s}^{-1}$ 从低位槽送往高位槽，如图所示。泵前的吸入管长和管径分别为 6m 和 80mm，管内的摩擦系数为 0.02。泵后的排出管长和管径分别为 13m 和 60mm，管内的摩擦系数为 0.03。管路的阀门阻力系数为 6.4，弯头的阻力系数为 0.75。两液面的高度差 $H=10\text{m}$，泵的吸入口比低位槽的液面高 2m。试求：（1）泵的有效功为多少（$\text{J}\cdot\text{kg}^{-1}$）；（2）泵的吸入口 A 和排出口 B 的压强（绝对压强）为多少（$\text{N}\cdot\text{m}^{-2}$）。

$$[(1)\ 237.6\text{J}\cdot\text{kg}^{-1};\ (2)\ p_A=7.09\times10^4\text{N}\cdot\text{m}^{-2},\ p_B=3.02\times10^5\text{N}\cdot\text{m}^{-2}]$$

1-27　如图所示，转子流量计安装在如图的管路测量其流量，若管路 A 的总管长（包括管线与局部阻力当量长度）为 10m，流量计的读数为 $2.72\text{m}^3\cdot\text{h}^{-1}$，试问这时管路 B 的流量为多少（$\text{m}^3\cdot\text{h}^{-1}$）？已知管路 A 和管路 B 的摩擦系数分别为 0.03 和 0.018。

$$[600\text{m}^3\cdot\text{h}^{-1}]$$

1-28　以水标定某转子流量计，转子材料的密度为 $11000\text{kg}\cdot\text{m}^{-3}$。现将转子换成形状相同，密度为 $1150\text{kg}\cdot\text{m}^{-3}$ 的塑料，用来测量压强为 730mmHg，温度为 100℃ 的空气流量。设流量系数 C_R 不变，在同一刻度下空气流量为水流量的若干倍。

$$[11.2]$$

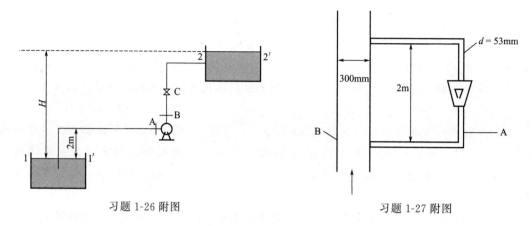

习题 1-26 附图   习题 1-27 附图

1-29 一转子流量计的锥形玻璃管在最大和最小刻度处的直径为 $d_1 = 28mm$，$d_2 = 26.5mm$，转子的形状如图所示，其最大直径 $d = 26mm$，试求：（1）该转子流量计的最大与最小可测流量之比；（2）若采用切削转子最大直径的方法将最大可测流量提高 20%，转子最大直径应缩小至多少？此时最大与最小可测流量之比为多少？（假设切削前后 C_R 基本不变）

$$[(1)\ 4.1;\ (2)\ 25.6mm,\ 2.74]$$

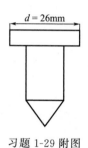

习题 1-29 附图

1-30 某转子流量计，其转子材料为不锈钢，用密度为 $1.2kg \cdot m^{-3}$ 的空气标定其刻度。（1）现用来测量密度为 $0.8kg \cdot m^{-3}$ 氢气时，氢气的实际流量值应比读数变大还是变小？（2）若空气的最大可测流量为 $400m^3 \cdot h^{-1}$，试计算氢气的最大流量。

$$[(1)\ 变大；(2)\ 489.9m^3 \cdot h^{-1}]$$

思 考 题

1-1 用基本量纲质量 M、长度 L 和时间 T 表示黏度的量纲。

1-2 什么是非牛顿型流体？它与牛顿型流体的主要差别是什么？

1-3 表压、绝对压、真空度和大气压的关系如何？

1-4 稳定流动和非稳定流动的特点是什么？

1-5 卫生间的下水管有一段弯管（存水弯），为什么要有存水弯，其作用是什么？

1-6 用管子从液面稳定的高位槽放水，为增加水的流量，提出以下两种方案，试比较其效果：（1）增加一根直径相同的管子；（2）改用一根直径为原来 2 倍的管子。

1-7 流体边界层分离的两个条件是什么？层流底层越薄，近壁处的速度梯度如何变化？

1-8 何谓轨线？何谓流线？为何流线互不相交？

1-9 在层流流动中，粗糙管的摩擦系数与什么有关？若流动为完全湍流，粗糙管的摩擦系数又与什么有关?

1-10　一牛顿型流体在圆形等径直管中作稳定的层流流动，当管子直径减为原来的1/2，其他条件不变，则摩擦系数如何变化？若流动为完全湍流，摩擦系数又如何变化？

1-11　量纲分析的基础是什么？使用量纲分析的目的在于什么？

1-12　流体在管内作完全湍流流动，其他不变，当速度提高到原来的 2 倍时，阻力损失是原来的多少倍？若为层流流动，其他不变，当速度提高到原来的 2 倍时，阻力损失是原来的多少倍？

1-13　孔板流量计与转子流量计在测量原理上的主要区别是什么？在安装上各有什么要求？

1-14　孔板流量计是利用什么方法来测量流量；皮托管则是利用什么方法来测量点速度的？

1-15　"人往高处走，水往低处流"有何科学道理？"水能不能由低处流向高处?"能不能由低压容器流向高压容器呢？

1-16　黏性的物理本质是什么？为什么温度上升，气体黏度上升，而液体黏度下降？

1-17　为什么高烟囱比低烟囱拔烟效果好？

1-18　伯努利方程的应用条件有哪些？

第 2 章

流体输送机械

2.1 概述

在化工生产中，常常要将流体从一个地方输送到另一个地方。这就需要使用各种流体输送机械，以克服流动阻力等。流体输送机械向流体做功，使流体获得能量。如图 2-1 所示的某管路系统，以供料点 1 和需料点 2 为截面列伯努利方程：

$$z_1 + \frac{p_1}{\rho g} + \frac{u_1^2}{2g} + H = z_2 + \frac{p_2}{\rho g} + \frac{u_2^2}{2g} + \sum H_f \tag{2-1}$$

移项可得

$$H = \Delta z + \frac{\Delta p}{\rho g} + \frac{\Delta u^2}{2g} + \sum H_f \tag{2-2}$$

其中 H 是流体输送机械对单位重量流体所做的功。从上式可以看出，采用流体输送机械操作的目的是为了提高流体的动能、位能或静压能，以及用于克服管路系统的阻力。

生产中输送的流体包括液体和气体，有时候在流体中还有固体悬浮物，因此不同工况对输送机械的要求各不相同，流体输送机械的类型和规格也多种多样。

根据输送流体的性质，流体输送机械通常可分为以下几种：输送液体的机械统称为泵，而输送气体的机械按其所产生压强的高低分别称为通风机、鼓风机、压缩机和真空泵。

根据工作原理，流体输送机械还可分为离心式（叶轮式）、往复式、旋转式和流体动力作用式（如喷射式）等。

图 2-1 输送系统示意图

本章主要介绍常用流体输送机械的结构、工作原理、主要性能参数，以及如何根据输送任务和管路特性，合理选择流体输送机械以及输送机械的安装、使用方法等。

由于气体和液体的密度和黏度等物理性质差别较大，且气体具有可压缩性，因此气体和液体输送机械在结构和特性方面也有差别。下面将对液体输送设备和气体输送设备进行讨论。

2.2 离心泵

2.2.1 离心泵的主要部件和工作原理

2.2.1.1 离心泵的主要部件

离心泵的种类很多，但工作原理相同，结构大同小异，其主要工作部件是叶轮、泵壳和泵轴（图 2-2）。叶轮是离心泵的核心部件，由 4～8 片后弯叶片组成，构成了数目相同的液体通道。按有无盖板分为敞式、半蔽式和蔽式（图 2-3）。按吸液方式，叶轮还分为单吸和双吸两种（图 2-4）。

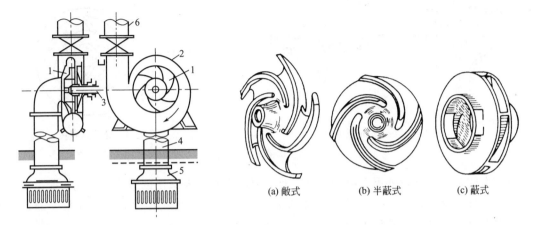

图 2-2　离心泵装置简图
1—叶轮；2—泵壳；3—泵轴；
4—吸入管；5—底阀；6—压出管

图 2-3　叶轮的类型
(a) 敞式　　(b) 半蔽式　　(c) 蔽式

泵壳包围叶轮，在叶轮四周开成一个截面积逐渐扩大的蜗牛壳形通道（蜗壳）。此外，泵壳还设有与叶轮所在平面垂直的入口和切线出口。

泵轴紧固于叶轮中心且与叶轮所在平面垂直。它由电机直接带动，从而带动叶轮旋转。在泵轴与泵壳之间装有轴封装置，其作用是防止泵壳内液体沿轴漏出，或阻止外界空气漏入泵壳内。常用的轴封装置是填料密封和机械密封。有些离心泵的泵壳和叶轮间还安装有导轮，引导液体由叶轮流向泵壳，提高泵的效率。

2.2.1.2　离心泵的工作原理

在离心泵启动前，泵壳内灌满被输送的液体。启动后，叶轮被泵轴带动高速旋转，迫使叶片间的液体也作旋转运动，同时旋转所产生的离心力使液体由叶轮中心向外缘作径向运动，从而在叶轮中心处形成低压，低位槽中的液体因此被源源不断地吸入。液体经叶轮获得能量，从叶轮外缘高速流出进入泵壳后，由于流道逐渐扩大而减速。根据伯努利方程可知，部分动能转化为静压能，最后液体以较高的压力沿切线方向流出，送至需要场所。

如果离心泵在启动前泵壳和吸入管道内未充满液体，则泵壳内存有空气。因空气的密度比液体的密度小得多，故产生的离心力也小，启动后叶轮中心气体被抛时不能在该处形成足够大的真空度，不足以将低位槽内液体吸入泵内。宏观表现为离心泵空转，这一现象称为离心泵的"气缚现象"。"气缚现象"还可能发生在轴封装置处。如果泵轴与泵壳之间密封不好，则外界的空气会渗入叶轮中心的低压区，使泵的流量、效率下降。为避免"气缚现象"，离心泵在启动前要先通过灌水阀向泵壳内灌水，排出泵壳内残存空气。

离开叶轮周边的液体压力较高，有一部分会渗到叶轮后盖板，由此产生了将叶轮推向泵入口一侧的轴向推力，容易引起叶轮与泵壳接触处的磨损，严重时造成振动。为了消除轴向推力，在后盖板上开有若干平衡孔，使一部分高压液体泄漏到低压区，减轻叶轮前后的压差。但由此也会使泵效率降低。更好的平衡轴向推力的方法是采用双吸式叶轮（图 2-4）。

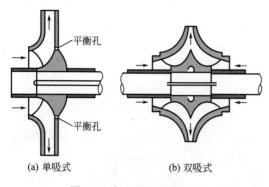

(a) 单吸式　　　(b) 双吸式

图 2-4　离心泵的吸液方式

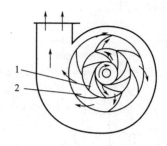

图 2-5　导轮示意图
1—叶轮；2—导轮

在较大的泵中，叶轮外周有时安装有导轮，以减少从叶轮甩出的液体与泵壳间撞击而产生的摩擦损失。导轮是固定不动的带叶片的圆盘（图 2-5）。此叶片引导液体在泵壳通道内平稳地改变方向，动压能转换为静压能的效率高。

2.2.2　离心泵的基本方程式

2.2.2.1　液体在叶轮中的流动

为了完成一定液体量的输送任务，需要确定离心泵对液体所做的功，此功一般用压头表示。离心泵的基本方程从理论上表达了泵的压头与泵的结构、尺寸、转速及流量等因素的关系。

由于液体在叶轮中的运动情况相当复杂，为便于分析作以下两点假设：①叶片数目无限多，且无厚度；②液体为理想流体。

根据上述假设，在叶轮中液体的任意质点，除了以切向速度 u 随叶轮旋转外，还以相对速度 w 沿叶片之间的通道流动。液体在叶片之间任一点的绝对速度 c 等于该点的切向速度 $u(u=\omega r)$ 和相对速度 w 的向量和。因此，液体在叶轮进、出口处的绝对速度 c_1 和 c_2 应满足如图 2-6 所示的平行四边形。

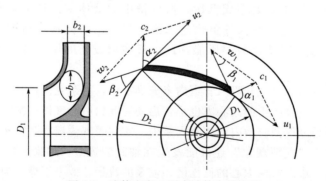

图 2-6　液体在离心泵内叶轮中的流动

根据余弦定理：

$$w_1^2 = c_1^2 + u_1^2 - 2c_1 u_1 \cos\alpha_1 \tag{2-3}$$

$$w_2^2 = c_2^2 + u_2^2 - 2c_2 u_2 \cos\alpha_2 \tag{2-4}$$

因不计叶片厚度，离心泵的流量 Q 为：

$$Q = 2\pi r_2 b_2 c_2 \sin\alpha_2 = 2\pi r_2 b_2 w_2 \sin\beta_2 \tag{2-5}$$

$$Q = 2\pi r_1 b_1 c_1 \sin\alpha_1 = 2\pi r_1 b_1 w_1 \sin\beta_1 \tag{2-6}$$

式中，b_1、b_2 分别为叶轮进、出口的宽度，m；r_1、r_2 分别为叶轮进、出口的半径，m；β_1、β_2 分别为叶轮进、出口处叶片的倾角，(°)。

在同一流量下，因外缘处叶片间的流道较内缘处宽，其相对速度 w 将较低。

2.2.2.2　离心泵基本方程式的推导

如图 2-6 所示，以静止的物体为参照系，对叶轮进口（截面 1）与出口（截面 2）两流动截面列机械能衡算式：

$$H_T = H_p + H_c = \frac{p_2 - p_1}{\rho g} + \frac{c_2^2 - c_1^2}{2g} \tag{2-7}$$

式中，H_T 为具有无穷多叶片的离心泵对理想液体所提供的理论压头，m；H_c 为具有无穷多叶片的离心泵对理想液体所提供的动压头增量，m；$H_p = (p_2 - p_1)/\rho g$ 为静压头的增量。

静压头的增量，它包括以下两部分。

① 离心力对单位重量液体所做的功：

$$\int_{r_1}^{r_2} \frac{F}{g} \mathrm{d}r = \int_{r_1}^{r_2} \frac{r\omega^2}{g} \mathrm{d}r = \frac{\omega^2}{2g}(r_2^2 - r_1^2) = \frac{u_2^2 - u_1^2}{2g} \tag{2-8}$$

② 流道扩大所引起的压头增高 $(w_1^2 - w_2^2)/(2g)$，因此：

$$H_p = \frac{u_2^2 - u_1^2}{2g} + \frac{w_1^2 - w_2^2}{2g} \tag{2-9}$$

将式(2-8)、式(2-9) 代入式(2-7)，可得：

$$H_T = \frac{u_2^2 - u_1^2}{2g} + \frac{w_1^2 - w_2^2}{2g} + \frac{c_2^2 - c_1^2}{2g} \tag{2-10}$$

将式(2-3)、式(2-4) 代入式(2-10)，可得离心泵的基本方程式为：

$$H_T = \frac{c_2 u_2 \cos\alpha_2 - c_1 u_1 \cos\alpha_1}{g} \tag{2-11}$$

为提高理论压头，一般取 $\alpha_1 = 90°$，则 $\cos\alpha_1 = 0$，故离心泵基本方程式可简化为：

$$H_T = \frac{c_2 u_2 \cos\alpha_2}{g} \tag{2-11a}$$

2.2.2.3　离心泵基本方程式的讨论

(1) 流量与理论压头的关系

为了理解影响离心泵理论压头的因素，需要对式(2-11a) 进行变换。

由图 2-6 可知：

$$c_2 \cos\alpha_2 = u_2 - w_2 \cos\beta_2 \tag{2-12}$$

由式(2-5) 得：

$$w_2 = \frac{Q}{2\pi r_2 b_2 \sin\beta_2} \tag{2-13}$$

将式(2-12) 和式(2-13) 代入式(2-11a) 得：

$$H_T = \frac{u_2^2}{g} - \frac{u_2 \cot\beta_2}{2\pi r_2 b_2 g} Q = \frac{(r_2 \omega)^2}{g} - \frac{\omega \cot\beta_2}{2\pi b_2 g} Q \tag{2-14}$$

由式(2-14) 可知，对于某个离心泵（r_2、b_2、β_2 一定），当旋转角速度 ω 确定时，理论压头与流量之间呈线性关系，可表示为：

$$H_T = A - BQ \tag{2-15}$$

（2）叶轮的转速与直径对理论压头的影响

由式（2-14）可知，当流量和叶轮的几何尺寸 b_2、β_2 一定时，离心泵的理论压头随叶轮的转速或直径的增大而增大。

（3）叶片形状对理论压头的影响

图 2-7 表示了具有不同弯曲方向的三种叶片及其所对应的出口速度三角形。从式（2-14）可以看出：对径向叶片［图 2-7(a)］，$\beta_2=90°$，$\cot\beta_2=0$，$H_T=u_2^2/g$，泵的理论压头与流量无关；对后弯叶片［图 2-7(b)］，$\beta_2<90°$，$\cot\beta_2>0$，$H_T<u_2^2/g$，泵的理论压头随流量的增大而减少；对前弯叶片［图 2-7(c)］，$\beta_2>90°$，$\cot\beta_2<0$，$H_T>u_2^2/g$，泵的理论压头随流量的增大而增大。

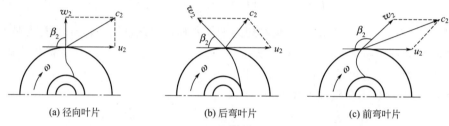

(a) 径向叶片　　　　　　(b) 后弯叶片　　　　　　(c) 前弯叶片

图 2-7　叶片形状及出口速度三角形

以上叶片形状对理论压头的影响可用图 2-8 表示。

在上述三种形式的叶片中，前弯叶片产生的理论压头最高。但是离心泵实际上采用的是后弯叶片。理由如下：离心泵的理论压头是由静压头和动压头两部分组成的。由图 2-7 可见，相同流量下，前弯叶片的动能 $c_2^2/(2g)$ 较大，而后弯叶片的较小。液体动能虽然可以经过蜗壳部分地转化为静压能，但在此转化过程中导致较多的能量损失。因此，在离心泵中，为获得较高的效率，多采用后弯叶片。

2.2.2.4　理论压头与实际压头

前面式（2-14）给出的是理论压头的表达式。实际操作中，由于以下三方面的原因，使得单位重量液体实际获得的能量，即实际压头，与离心泵的理论压头有一定的差距。

① 叶片间环流　由于叶轮中的叶片数目是有限的，且输送的是实际液体。因此，液体并不满足沿叶片表面作平行流动的理想情况，而是在叶片间出现环流旋涡。环流的存在将导致机械能的损失。

② 阻力损失　实际液体在其通过叶片及泵壳内通道时有阻力损失，尤其在泵壳中流道

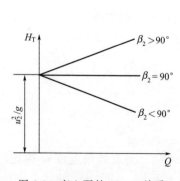

图 2-8　离心泵的 H_T-Q 关系

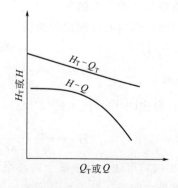

图 2-9　离心泵的 H_T-Q_T 与 H-Q 关系曲线

越来越大，产生旋涡越多，静压头的损失越大。

③ 冲击损失　液体进入叶轮内缘常受到叶片的撞击，液体离开叶轮外缘时的速度方向也不一定与泵壳相切，因此容易与泵壳冲击，从而产生一定的机械能损失。这部分损失称为冲击损失。

考虑以上三方面之后，压头与流量之间的线性关系也将发生变化（图 2-9）。

2.2.3　离心泵的主要性能参数与特性曲线

2.2.3.1　离心泵的主要性能参数

泵的性能及相互之间的关系是选泵和进行流量调节的依据。离心泵的主要性能参数包括流量、压头、功率和效率。

① 流量　指离心泵的送液能力，是单位时间内泵所输送的液体体积，通常用 Q 表示，单位为 $m^3 \cdot s^{-1}$。其与叶轮结构、尺寸和转速有关。

② 压头　指离心泵的做功能力，即对单位重量流体所提供的有效能量，一般用 H 表示，单位为 m。其与流量、叶轮结构、尺寸和转速有关。压头又称为扬程。注意扬程并不代表升举高度。扬程是泵的性能，而升举高度则是管路系统的特征。

③ 功率　离心泵的功率通常包含有效功率和轴功率。有效功率是指离心泵单位时间内对流体做的有效功，一般用 N_e 表示，单位为 W。可用下式计算：

$$N_e = HQ\rho g \tag{2-16}$$

轴功率是指单位时间内由电机输入离心泵的能量，一般用 N 表示，单位为 W。

④ 效率 η　离心泵在实际运转中，由于存在各种能量损失，致使泵的实际（有效）压头和流量均低于理论值，而输入泵的轴功率比有效功率为高。反映能量损失大小的参数称为效率。有效功率与轴功率之比就是离心泵的效率：

$$\eta = \frac{N_e}{N} \tag{2-17}$$

离心泵的能量损失包括以下三项，即：

① 容积损失　即由于离心泵泄漏造成的损失。无容积损失时泵的功率与有容积损失时泵的功率之比称为容积效率 η_v。在如图 2-3 所示的三种叶轮中，敞式叶轮的容积损失较大，但在泵送含固体颗粒的悬浮液体时，叶片通道不易堵塞。闭式叶轮的容积效率值在 $0.85 \sim 0.95$。

② 水力损失　由于液体流经叶片、蜗壳的沿程阻力，流道面积和方向变化的局部阻力，以及叶轮通道中的环流和旋涡等因素造成的能量损失。这种损失可用水力效率 η_h 来表示。额定流量下，液体的流动方向恰与叶片的入口角一致，这时损失最小，水力效率最高，其值在 $0.8 \sim 0.9$ 的范围。

③ 机械损失　由于高速旋转的叶轮表面与液体之间摩擦，泵轴在轴承、轴封等处的机械摩擦造成的能量损失。机械损失可用机械效率 η_m 来表示，其值在 $0.96 \sim 0.99$ 之间。

离心泵的总效率由上述三部分构成，即

$$\eta = \eta_v \eta_h \eta_m \tag{2-18}$$

离心泵的效率与泵的类型、尺寸、加工精度、液体流量和性质等因素有关。通常，小泵效率为 $50\% \sim 70\%$，而大型泵可达 90%。

2.2.3.2　离心泵的特性曲线

对一台特定的离心泵，在转速固定的情况下，其压头、轴功率和效率都与其流量有一一对应的关系，其中以压头与流量之间的关系最为重要。这些关系的图形表示就称为离心泵的特性曲线。这些关系一般都通过实验来测定。包括 $H\text{-}Q$ 曲线、$N\text{-}Q$ 曲线和 $\eta\text{-}Q$ 曲线。

离心泵的特性曲线一般由离心泵的生产厂家提供，标绘于泵产品说明书中，其测定条件一般是20℃的清水，转速也固定。典型的离心泵特性曲线如图 2-10 所示。

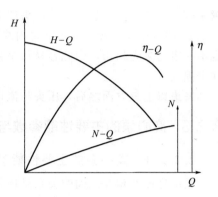

图 2-10　离心泵的特性曲线

各种不同型号的离心泵有其固有的特性曲线，但其形状基本相同，离心泵的特性曲线有以下几个共同点。

① 从 $H\text{-}Q$ 特性曲线中可以看出，随着流量的增加，泵的压头是下降的，即流量越大，泵向单位重量流体提供的机械能越小。但流量很小时可能有例外。

② 离心泵的轴功率在流量为零时为最小，随流量的增大而上升。故在启动离心泵时，应关闭泵出口阀门，以减小启动电流，保护电机。停泵时先关闭出口阀门主要是为了防止高压液体倒流损坏叶轮。

③ 泵的效率先随着流量的增加而上升，达到一最大值（最高效率点）后便下降。该最高效率点称为泵的设计点，对应的值称为最佳工况参数。

④ 离心泵的铭牌上标有一组性能参数，它们都是与最高效率点对应的性能参数。离心泵一般不大可能恰好在设计点运行，但应尽可能在高效区（在最高效率的 92％ 范围内）工作。

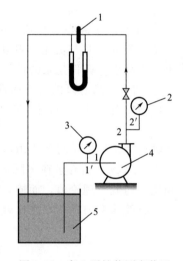

图 2-11　离心泵性能测定装置
1—流量计；2—压强表；3—真空计；
4—离心泵；5—储槽

【**例 2-1**】　离心泵特性曲线的测定。图 2-11 为测定离心泵特性曲线的实验装置。实验介质为 20℃ 的水。实验中已测出如下一组数据：流量 $16\text{L}\cdot\text{s}^{-1}$；泵轴的扭矩 $20\text{N}\cdot\text{m}$；转速 $2900\text{r}\cdot\text{min}^{-1}$；泵出口处表压 $2.50\times10^5\text{Pa}$；泵入口处真空度 $2.70\times10^4\text{Pa}$；吸入管内径 100mm；排出管内径 90mm；两测压点间的垂直距离 100mm。试计算在此输送条件下泵的压头、轴功率和效率。

解　在泵入口截面 $1\text{-}1'$ 和泵出口 $2\text{-}2'$ 之间列伯努利方程式

$$\frac{u_1^2}{2g}+z_1+\frac{p_1}{\rho g}+H=\frac{u_2^2}{2g}+z_2+\frac{p_2}{\rho g}+H_{\text{f,1-2}}$$

其中　$z_2-z_1=0.1\text{m}$，$p_1=-2.70\times10^4\text{Pa}$（表压），$p_2=2.50\times10^5\text{Pa}$（表压），$d_1=0.1\text{m}$，$d_2=0.09\text{m}$

得　

$$u_1=\frac{Q}{\frac{1}{4}\pi d_1^2}=\frac{4\times16\times10^{-3}}{\pi\times0.1^2}=2.03\text{m}\cdot\text{s}^{-1}$$

$$u_2 = \frac{Q}{\frac{1}{4}\pi d_2^2} = \frac{4 \times 16 \times 10^{-3}}{\pi \times 0.09^2} = 2.51 \mathrm{m \cdot s^{-1}}$$

两测压点间的管路很短，可认为　$H_{f,1-2} = 0$

故泵的压头　$H = 0.1 + \dfrac{2.50 \times 10^5 + 2.70 \times 10^4}{1000 \times 9.81} + \dfrac{2.51^2 - 2.03^2}{2 \times 9.81} = 28.4\mathrm{m}$

泵的轴功率　$N = M\omega$

其中　$M = 20\mathrm{N \cdot m}$，$\omega = \dfrac{2\pi n}{60} = \dfrac{2\pi \times 2900}{60} = 303.6\mathrm{r \cdot s^{-1}}$

故　$N = 20 \times 303.6 = 6072\mathrm{W}$

泵的效率　$\eta = \dfrac{N_e}{N} = \dfrac{HQ\rho g}{N} = \dfrac{28.4 \times 16 \times 10^{-3} \times 1000 \times 9.81}{6072} \times 100\% = 73.4\%$

2.2.3.3　离心泵特性的影响因素

(1) 液体性质的影响

离心泵出厂时所提供的特性曲线一般是用常温清水进行测定的。如果被输送的液体与清水的性质相差较大，泵的性能就要发生变化。

① 液体密度的影响　由式(2-5)和式(2-14)可见，离心泵的流量和压头均与液体的密度无关，因此泵的效率亦不随液体密度的变化而变化。但从式(2-16)可以看出，有效功率和轴功率随密度的增加而增加，这是因为离心力及其所做的功与密度成正比。

由上可知，液体密度变化时，离心泵特性曲线中的 H-Q 曲线和 η-Q 曲线保持不变，但 N-Q 曲线必须重新标绘。

② 液体黏度的影响　若被输送液体的黏度大于常温下清水的黏度，则叶轮、泵壳内的流动阻力将增加，因此泵的压头、流量均会下降，效率也将下降，但轴功率却上升。所以，当被输送流体的黏度有较大变化（运动黏度大于 $20 \times 10^{-6} \mathrm{m^2 \cdot s^{-1}}$）时，泵的特性曲线应按下式进行换算。

$$Q' = C_Q Q \tag{2-19}$$

$$H' = C_H H \tag{2-20}$$

$$\eta' = C_\eta \eta \tag{2-21}$$

式中，Q、H、η 分别为离心泵输送清水时的流量、压头和效率；Q'、H'、η' 分别为离心泵输送其他黏性流体时的流量、压头和效率；C_Q、C_H、C_η 分别为离心泵的流量、压头和效率的换算系数，可查阅相关换算系数表得到。

(2) 转速的影响

离心泵特性曲线都是在一定转速下测定，但在实际使用时常遇到要改变转速的情况，此时泵内液体运动速度三角形将发生变化，因此其流量、压头和轴功率都要发生变化。

当转速变化不大的情况下，不同转速下泵的流量、压头和轴功率通过以下近似导出：

① 转速改变前后，液体离开叶轮处的速度三角形相似。

② 不同转速下的离心泵效率相同。

根据以上假设和离心泵的基本方程式，当转速从 n 变成 n' 时，可以推出以下的关系式：

$$\frac{Q'}{Q}=\frac{2\pi r_2 b_2 c'_2 \sin\alpha_2}{2\pi r_2 b_2 c_2 \sin\alpha_2}=\frac{c'_2}{c_2}=\frac{u'_2}{u_2}=\frac{n'}{n}$$

$$\frac{H'}{H}=\frac{u'_2 c'_2 \cos\alpha_2}{u_2 c_2 \cos\alpha_2}=\frac{u'^2_2}{u^2_2}=\left(\frac{n'}{n}\right)^2$$

如果离心泵的效率不变，则：

$$\frac{N'}{N}=\frac{N'_e}{N_e}=\frac{H'Q'}{HQ}=\left(\frac{n'}{n}\right)^3$$

总结以上关系可得不同转速下的泵流量、压头和轴功率与转速间的近似关系：

$$\frac{Q'}{Q}=\frac{n'}{n};\quad \frac{H'}{H}=\left(\frac{n'}{n}\right)^2;\quad \frac{N'}{N}=\left(\frac{n'}{n}\right)^3 \tag{2-22}$$

式（2-22）称为离心泵的比例定律。一般当泵的转速变化小于 20% 时，则以上两项假设基本成立。

若在转速为 n 的特性曲线上多选几个点，利用比例定律算出转速为 n' 时的相应数据，并标绘在坐标纸上，即可得到转速为 n' 时的离心泵特性曲线。

（3）叶轮直径的影响

作以下假设：

① 叶轮外径改变前后，液体离开叶轮处的速度三角形相似；

② 叶轮外径改变前后，叶轮出口截面积基本不变，即 $D_2 b_2 \approx D'_2 b'_2$；

③ 叶轮外径改变前后，离心泵的效率相同。

根据离心泵的基本方程式，可推出以下近似关系：

$$\frac{Q'}{Q}=\frac{D'_2}{D_2};\quad \frac{H'}{H}=\left(\frac{D'_2}{D_2}\right)^2;\quad \frac{N'}{N}=\left(\frac{D'_2}{D_2}\right)^3 \tag{2-23}$$

式（2-23）称为离心泵的切割定律。当切割量小于 10% 时，可用于对离心泵的性能进行近似估算。

若不仅泵的叶轮直径发生变化，而且叶轮的其他尺寸也相应改变，即在相似的工况下，泵的性能与叶轮直径之间的关系为

$$\frac{Q'}{Q}=\left(\frac{D'_2}{D_2}\right)^2;\quad \frac{H'}{H}=\left(\frac{D'_2}{D_2}\right)^3;\quad \frac{N'}{N}=\left(\frac{D'_2}{D_2}\right)^5 \tag{2-24}$$

2.2.4　离心泵的安装高度

离心泵的安装高度是指要被输送的液体所在储槽的液面到离心泵入口处的垂直距离，即图 2-12 中的 H_g。离心泵在管路中安装高度是否恰当，将直接影响离心泵性能、操作状况和使用寿命。由此产生了这样一个问题，在安装离心泵时，安装高度是否可以无限制的高，还是受到某种条件的制约。

2.2.4.1　汽蚀现象

由离心泵的工作原理可知，在离心泵叶轮中心（叶片入口）附近形成低压区，这一压强与泵的安装高度密切相关。对如图 2-12 所示的入口管线，在储槽液面 0-0′ 和泵入口处 1-1′ 两截面间列伯努利方程，可得：

$$H_g = \frac{p_a - p_1}{\rho g} - \frac{u_1^2}{2g} - H_{f(0-1)} \qquad (2\text{-}25)$$

对于确定的管路，当被输送流体也一定时，若增加泵的安装高度 H_g，则入口管线的压头损失也增加。在储槽液面上方压力 p_a 一定的情况下，泵入口处的压力 p_1 必然下降。当 H_g 增加到使 p_1 下降至接近被输送流体在操作温度下的饱和蒸气压时，则在泵内会产生被输送流体在叶轮中心处发生汽化，产生大量气泡。当气泡在由叶轮中心向周边运动时，由于压力增加而急剧凝结，产生局部真空，从而周围液体以很高的流速冲向真空区域，产生非常大的冲击压力。其中有一些气泡的冷凝发生在叶片表面附近，导致众多液滴犹如细小的高频水锤撞击叶片，这种现象称为汽蚀现象。

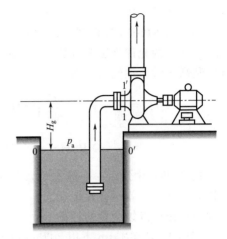

图 2-12　离心泵的吸液示意图

离心泵在汽蚀状态下工作时，泵体会振动并发出噪声，压头、流量大幅度下降，严重时不能输送液体。天长日久，在水锤冲击和液体中微量溶解氧对金属化学腐蚀的双重作用下，叶片表面出现斑痕和裂缝，甚至呈海绵状逐渐脱落，严重影响离心泵的寿命。因此，为了使离心泵能正常运转，应避免产生汽蚀现象，这就要求叶片入口附近的最低压强必须维持在某一值以上。

根据泵的抗汽蚀性能，合理确定泵的安装高度，是避免汽蚀现象的有效措施。

以下讨论如何计算离心泵的允许安装高度，只要泵的实际安装高度低于允许安装高度，则操作时就不会发生汽蚀。

2.2.4.2　汽蚀余量与允许安装高度

(1) 汽蚀余量 NPSH

为了避免汽蚀现象的发生，在离心泵入口处液体的静压头与动压头之和必须大于工作温度下液体的饱和蒸气压一定数值，这一差值习惯上用汽蚀余量表示。以液柱高度表示的汽蚀余量 NPSH 为：

$$\text{NPSH} = \left(\frac{p_1}{\rho g} + \frac{u_1^2}{2g} \right) - \frac{p_v}{\rho g} \qquad (2\text{-}26)$$

NPSH 的物理意义：NPSH 越小，表明泵入口处的压力 p_1 或叶轮中心处的压力越低，离心泵的操作状态越接近汽蚀。

(2) 允许汽蚀余量 NPSH允

前已指出，为避免汽蚀现象发生，离心泵入口处压力不能过低，而应有一最低允许值 $p_{1允}$，此时所对应的汽蚀余量称为允许汽蚀余量，以 NPSH允 表示，即：

$$\text{NPSH}_允 = \frac{p_{1允}}{\rho g} + \frac{u_1^2}{2g} - \frac{p_v}{\rho g} \qquad (2\text{-}27)$$

NPSH允一般由泵制造厂通过汽蚀实验（以泵的压头较正常值下降 3% 作为发生汽蚀的依据）测定，并作为离心泵的性能列于泵产品样本中。在一些离心泵的特性曲线图上，也绘出了 NPSH允-Q 曲线。一般地，随 Q 增加，NPSH允 也加大，因此在确定离心泵安装高度时应取操作中可能出现的最高流量为依据。泵正常操作时，实际汽蚀余量 NPSH 必须大于允许汽蚀余量 NPSH$_\text{允}$，标准中规定应大于 0.5m 以上。

（3）由 NPSH$_\text{允}$ 计算泵的允许安装高度 $H_\text{g允许}$

一台泵的允许汽蚀余量数值由泵的生产厂家提供，并列于泵产品样本中。当计算泵的允许安装高度时，在储槽液面 0-0' 和泵入口处 1-1' 两截面间列伯努利方程，可得：

$$H_\text{g} = \frac{p_\text{a}}{\rho g} - \left(\frac{p_1}{\rho g} + \frac{u_1^2}{2g}\right) - H_\text{f(0-1)} = \frac{p_\text{a}}{\rho g} - \left(\frac{p_1}{\rho g} + \frac{u_1^2}{2g} - \frac{p_\text{v}}{\rho g}\right) - \frac{p_\text{v}}{\rho g} - H_\text{f(0-1)}$$

$$= \frac{p_\text{a}}{\rho g} - \text{NPSH} - \frac{p_\text{v}}{\rho g} - H_\text{f(0-1)} < \frac{p_\text{a}}{\rho g} - \text{NPSH}_\text{允} - \frac{p_\text{v}}{\rho g} - H_\text{f(0-1)} = H_\text{g允许} \quad (2\text{-}28)$$

式（2-28）中最后一个等式即为允许安装高度的计算方法。离心泵的安装高度只要低于允许安装高度，就不会发生汽蚀。

（4）允许汽蚀余量的校正

NPSH$_\text{允}$ 是在 1atm 下用 20℃ 的清水测定的，当输送液体、操作条件与此不同时，应根据液体密度、蒸气压和液面压力进行修正，然后才能用于允许安装高度的计算。求校正系数的曲线常示于泵的说明书中。

离心泵安装高度的确定是使用离心泵的重要环节，有几点值得注意。

① 汽蚀现象的产生可以有以下三个原因：a. 离心泵的安装高度太高；b. 被输送流体的温度太高，液体蒸气压过高；c. 吸入管路的阻力或压头损失太高。允许安装高度这一物理量正是综合了以上三个因素对汽蚀的贡献。因此，一个原先操作正常的泵也可能由于操作条件的变化而产生汽蚀，如被输送物料的温度升高，或吸入管线部分堵塞。

② 有时计算出的允许安装高度可以为负值，这说明该泵应该安装在液体储槽液面以下。

③ 允许安装高度 $H_\text{g允许}$ 的大小与泵的流量有关。流量越大，计算出的 $H_\text{g允许}$ 越小。因此用操作中可能出现的最高流量为依据来计算 $H_\text{g允许}$ 较为保险。

④ 安装泵时，为避免汽蚀，实际安装高度比允许安装高度还要小 0.5～1m（如考虑到操作中被输送流体的温度可能会升高；或由储槽液面降低而引起的实际安装高度的升高）。

【例 2-2】 用离心泵以 20m^3·h^{-1} 流量将处于饱和温度（沸腾）的液体从容器 A 输至容器 B。此流量下泵的允许汽蚀余量为 2.0m。此液体密度 900kg·m^{-3}，黏度 2.0cP，泵的吸入管长为 25m（包括局部阻力），管子为 ϕ57mm×3.5mm 钢管。摩擦系数可按下式计算：$\lambda = 0.01227 + 0.7543/Re^{0.38}$。

有人建议将泵安装在容器 A 的液位以下 4.8m 处，问：此安装高度是否合理？

解 首先计算损失压头

由

$$u = \frac{Q_\text{s}}{\frac{\pi}{4}d^2} = \frac{20/3600}{0.785 \times 0.05^2} = 2.83\text{m·s}^{-1}$$

$$Re = \frac{du\rho}{\mu} = \frac{0.05 \times 2.83 \times 900}{0.002} = 6.368 \times 10^4$$

可得

$$\lambda = 0.01227 + 0.7543/Re^{0.38} = 0.0235$$

代入范宁公式，得

$$H_\text{f(0-1)} = \lambda \frac{l}{d} \times \frac{u^2}{2g} = 0.0235 \times \frac{25}{0.05} \times \frac{2.83^2}{2 \times 9.81} = 4.8\text{m}$$

所以

$$H_\text{g允许} = \frac{p_\text{a}}{\rho g} - \frac{p_\text{v}}{\rho g} - H_\text{f(0-1)} - \text{NPSH}_\text{允} = 0 - 4.8 - 2.0 = -6.8\text{m} < -4.8\text{m}$$

故此泵安装不合理。

讨论：计算表明，并非把泵安装在液面以下就一定能送上液体。

2.2.4.3 允许吸上真空度与允许安装高度

(1) 允许吸上真空度 (H_s')

如前所述，为避免汽蚀现象，泵入口处压强 p_1 应为允许的最低绝对压强。但习惯上常把 p_1 表示为真空度，若大气压为 p_a，则泵入口处的最高真空度 ($p_a - p_1$)，单位为 Pa。若真空度以输送液体的液柱高度来计量，则此真空度称为离心泵的允许吸上真空度，以 H_s' 来表示，即

$$H_s' = \frac{p_a - p_1}{\rho g} \tag{2-29}$$

式中 H_s'——离心泵的允许吸上真空度，指在泵入口处可允许达到的最高真空度，m 液柱；

$\quad p_a$——大气压强，Pa；

$\quad p_1$——泵吸入口处允许的最低绝对压强，Pa；

$\quad \rho$——被输送液体的密度，$kg \cdot m^{-3}$。

需要注意的是，离心泵的允许吸上真空度 H_s' 愈大，表示该泵在一定操作条件下抗汽蚀性能愈好。H_s' 值大小与泵的结构、流量、被输送液体的性质及当地大气压等因素有关（表 2-1），通常由泵的生产厂通过实验测定。实验值列在一些离心泵样本的性能表中。一些泵的特性曲线上也绘出 H_s'-Q 曲线。一般地，随着 Q 增加，H_s' 减小，因此在确定离心泵安装高度时应按泵最高流量下的 H_s' 进行计算。

由允许吸上真空度定义可知，它不仅具有压强意义，又具有静压头的概念，因此一般泵性能表中把它的单位写成 m，两者在数值上是相等的。

测定允许吸上真空度 H_s' 实验是在大气压为 98.1kPa（$10mH_2O$）下，用 20℃清水为介质进行的。因此若输送其他液体，或操作条件与上述的实验条件不同时，应按下式进行校正，即

$$H_s = \left[H_s' + (H_a - 10) - \left(\frac{p_v}{9.81 \times 1000} - 0.24 \right) \right] \frac{1000}{\rho} \tag{2-30}$$

式中 H_s——操作条件下输送水时允许吸上真空度，m 液柱；

$\quad H_s'$——泵样本中给出的允许吸上真空度，mH_2O；

$\quad H_a$——泵工作处的大气压，mH_2O；其值随海拔高度不同而异，可参阅表 2-1；

$\quad p_v$——泵工作温度下水的饱和蒸气压（saturated vapor pressure），Pa；

$\quad 10$——泵样本中标定条件下大气压，mH_2O；

$\quad 0.24$——泵样本中标定条件下水的饱和蒸气压，mH_2O；

$\quad \rho$——操作温度下液体的密度，$kg \cdot m^{-3}$。

表 2-1 不同海拔高度的大气压强

海拔高度/m	0	100	200	300	400	500	600	700	800	1000	1500	2000	2500
大气压强/mH_2O	10.33	10.2	10.09	9.95	9.85	9.74	9.6	9.5	9.39	9.19	8.64	8.15	7.62

离心泵的允许吸上真空度 H_s' 与汽蚀余量的关系为

$$H_s' = \frac{p_a - p_v}{\rho g} + \frac{u_1^2}{2g} - \text{NPSH} \tag{2-31}$$

（2） 由 H'_s 计算泵的允许安装高度

若已知离心泵的允许吸上真空度，则合并式（2-25）和式（2-29）可得

$$H_g = H'_s - \frac{u_1^2}{2g} - H_{f(0-1)} \tag{2-32}$$

根据离心泵性能表上所列的允许汽蚀余量或者允许吸上真空度，选用相应的公式来计算离心泵安装高度。

【例 2-3】 用 3B33 型水泵从一敞口水槽中将水送到它处，槽内液面恒定。输水量为 $45 \sim 55 \, \text{m}^3 \cdot \text{h}^{-1}$，在最大流量下吸入管路的压头损失为 1m，液体在吸入管路的动压头可忽略。试计算输送 20℃ 水时泵的安装高度。已知泵安装地区的大气压为 $9.81 \times 10^4 \, \text{Pa}$。

3B33 型水泵的部分性能如下：

流量 $Q/\text{m}^3 \cdot \text{h}^{-1}$	压头 H/m	转速 $n/\text{r} \cdot \text{min}^{-1}$	允许吸上真空度 H'_s/m
30	35.6		7.0
45	32.6	2900	5.0
55	28.8		3.0

解

$$H_g = H'_s - \frac{u_1^2}{2g} - H_{f(0-1)}$$

由题意可知，

$$\frac{u_1^2}{2g} \approx 0, \quad H_{f(0-1)} = 1\text{m}$$

从该泵的性能表可看出，H'_s 随着流量增加而下降，因此在确定泵的安装高度时，应以最大输送量所对应的 H'_s 值为依据，以保证离心泵能正常运转，故取 $H'_s = 3\text{m}$。

由于输送 20℃ 的清水，且泵安装地区的大气压为 $9.81 \times 10^4 \, \text{Pa}$，$H'_s$ 不需校正，取 $H'_s = 3\text{m}$。

所以

$$H_g = 3 - 1 = 2\text{m}$$

为安全起见，应选择泵的实际安装高度小于 2m。

2.2.5 离心泵的工作点和流量调节

在泵的叶轮转速一定时，一台泵在特定的管路系统中工作时所提供的液体流量和压头不仅与离心泵本身的性能有关，还与管路的特性有关。在输送液体的过程中，泵和管路是互相制约的。

2.2.5.1 管路特性曲线

管路特性曲线是描述流体通过该管路所需外加压头与流量的关系曲线。

考虑如图 2-13 所示的输送系统，流体流过管路系统所需压头可通过在截面 1-1' 和截面 2-2' 之间列伯努利方程式求出：

$$H = \Delta z + \frac{\Delta p}{\rho g} + H_f \tag{2-33}$$

式（2-33）说明，流量 Q 越大，则压头损失 H_f 越大，流动系统所需要的压头 H 也越大。

考虑上式中的压头损失：

$$H_{\mathrm{f}} = \lambda \left(\frac{l + \sum l_{\mathrm{e}}}{d} \right) \frac{u^2}{2g} = \frac{8\lambda}{\pi^2 g} \left(\frac{l + \sum l_{\mathrm{e}}}{d^5} \right) Q^2 \tag{2-34}$$

当管路和流体一定时，摩擦系数 λ 是流量的函数。在一定条件下操作时，Δz 和 $\dfrac{\Delta p}{\rho g}$ 均为定值，令 $A = \Delta z + \Delta p / (\rho g)$，则上式变为：

$$H = A + f(Q) \tag{2-35}$$

式 (2-35) 称为管路特性方程，表达了管路所需要的外加压头与管路液体流量之间的关系。在压头-流量（H-Q）坐标中对应的曲线称为管路特性曲线，如图 2-14 曲线 1 所示。此曲线的形状由管路布局与操作条件来确定，而与泵的性能无关。

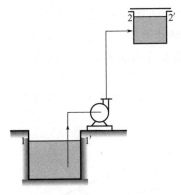

图 2-13 输送系统示意图

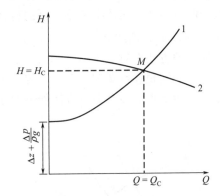

图 2-14 离心泵工作点
1—管路特性曲线；2—压头-流量（H-Q）特性曲线

当流动处于阻力平方区，摩擦系数与流量无关，管路特性方程可以表示为：

$$H = A + BQ^2 \tag{2-36}$$

式中，$B = [8\lambda / (\pi^2 g)][(l + \sum l_{\mathrm{e}}) / d^5]$。

对于高阻管路，其管路特性曲线较陡；低阻管路的管路特性曲线较平缓。上式也表示，在特定的管路中输送液体时，管路所需的压头 H 随液体流量 Q 的平方而变。

2.2.5.2　离心泵的工作点

将泵的特性曲线 H-Q 与所在管路的特性曲线 H-Q 绘在同一坐标系中，两曲线的交点称为泵在该管路上的工作点，如图 2-14 中的点 M 所示。该点所对应的流量和压头既能满足管路系统的要求，又为离心泵所能提供。换言之，对所选定的离心泵，以一定转速在此特定管路系统运转时，只能在这一点工作。安装在管路中的泵，其输液量即为管路的流量；在该流量下泵提供的扬程也就是管路所需要的外加压头。

由于泵的工作点由泵的特性和管路的特性共同决定，因此可通过联立求解泵的特性方程和管路的特性方程得到。工作点对应的各性能参数（Q, H, η, N）反映了一台泵的实际工作状态。

2.2.5.3　离心泵的流量调节

离心泵在指定管路上工作时，由于生产任务的变化，泵的工作流量与生产要求不相适应；或已选好的离心泵在特定的管路中运转时，所提供的流量不一定符合输送任务的要求。对于这两种情况，都需要对泵进行流量调节，这实际上就是要改变泵的工作点。由于泵的工作点由管路特性和泵的特性共同决定，因此改变泵的特性和管路特性均能改变工作点，从而达到调节流量的目的。

（1）改变出口阀的开度——改变管路特性

出口阀开度与管路局部阻力当量长度有关，后者与管路的特性有关。所以改变出口阀的开度实际上是改变管路的特性。

关小出口阀，$\sum l_e$ 增大，曲线变陡。如图 2-15 所示，工作点由 C 变为 D，流量下降，泵所提供的压头上升；相反，开大出口阀开度，$\sum l_e$ 减小，曲线变缓，工作点由 C 变为 E，流量上升，泵所提供的压头下降。此种阀门调节法调节流量快速简便，且流量可以连续变化，适合化工连续生产，在实际生产中被广泛采用。但缺点是当阀门关小时，因流动阻力加大需要额外多消耗一部分能量，且使泵在低效率点工作，不经济。

（2）改变叶轮转速——改变泵的特性

改变叶轮转速，实质上是改变泵的特性曲线。如图 2-16 所示，曲线 1 对应转速 n_1；曲线 2 对应转速 n_2；曲线 3 对应转速 n_3；$n_3 < n_1 < n_2$。转速增加，流量和压头均能增加。这种调节流量的方法合理、经济。但由于改变叶轮转速需要变速装置，曾被认为是操作不方便，并且不能实现连续调节。但随着现代工业技术的发展，无级变速设备在工业中的应用已经克服了上述缺点。该种调节方法能够使泵在高效区工作，这对大型泵的节能尤为重要。

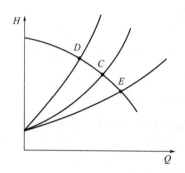

图 2-15　泵出口阀开度改变时
流量变化示意图

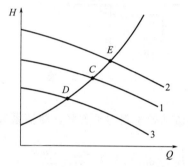

图 2-16　泵叶轮转速改变时
流量变化示意图
1—转速 n_1；2—转速 n_2；3—转速 n_3

（3）车削叶轮直径

车削叶轮直径也可以改变泵的特性曲线，从而使泵的流量变小。但每次车削叶轮时，其直径都会逐渐减小，且直径减小不当还会降低泵的效率。故这种调节方法实施起来不方便，且调节范围有限。

【例 2-4】 确定泵是否满足输送要求。将浓度为 95％的硝酸自常压罐输送至常压设备中去，要求输送量为 $36m^3 \cdot h^{-1}$，液体的扬升高度为 7m。输送管路由内径为 80mm 的钢化玻璃管构成，总长为 160m（包括所有局部阻力的当量长度）。现采用某种型号的耐酸泵，其性能列于本题附表中。试问：（1）该泵是否合用？（2）实际的输送量、压头、效率及功率消耗各为多少？

$Q/L \cdot s^{-1}$	0	3	6	9	12	15
H/m	19.5	19	17.9	16.5	14.4	12
$\eta/\%$	0	17	30	42	46	44

已知：酸液在输送温度下黏度为 $1.15 \times 10^{-3} Pa \cdot s$；密度为 $1545 kg \cdot m^{-3}$。摩擦系

数可取为 0.015。

解　（1）对于本题，管路所需要压头通过在储槽液面（1-1'）和常压设备液面（2-2'）之间列伯努利方程求得

$$\frac{u_1^2}{2g}+z_1+\frac{p_1}{\rho g}+H=\frac{u_2^2}{2g}+z_2+\frac{p_2}{\rho g}+H_f$$

式中，$z_1=0$；$z_2=7\mathrm{m}$；$p_1=p_2=0$（表压）；$u_1=u_2\approx0$。

管内流速

$$u=\frac{36}{3600\times0.785\times0.080^2}=1.99\mathrm{m}\cdot\mathrm{s}^{-1}$$

管路压头损失

$$H_f=\lambda\frac{l+\sum l_e}{d}\times\frac{u^2}{2g}=0.015\times\frac{160}{0.08}\times\frac{1.99^2}{2\times9.81}=6.06\mathrm{m}$$

管路所需要的压头

$$H=(z_1-z_1)+H_f=7+6.06=13.06\mathrm{m}$$

管路所需流量

$$Q=\frac{36\times1000}{3600}=10\mathrm{L}\cdot\mathrm{s}^{-1}$$

由附表可以看出，该泵在流量为 12L·s^{-1} 时所提供的压头即达到了 14.4m，当流量为管路所需要的 10L·s^{-1}，它所提供的压头将会更高于管路所需要的 13.06m。因此说该泵对于该输送任务是可用的。

另一个值得关注的问题是该泵是否在高效区工作。由附表可以看出，该泵的最高效率为 46%；流量为 10L·s^{-1} 时该泵的效率大约为 43%。因此说该泵是在高效区工作的。

（2）实际的输送量、功率消耗和效率取决于泵的工作点，而工作点由管路的特性和泵的特性共同决定。

由伯努利方程可得管路的特性方程为：$H_e=7+0.006058Q^2$（其中流量单位为 L·s^{-1}），据此可以计算出各流量下管路所需的压头，如下表所示。

$Q/\mathrm{L}\cdot\mathrm{s}^{-1}$	0	3	6	9	12	15
H/m	7	7.545	9.181	11.91	15.72	20.63

据此，可以作出管路的特性曲线和泵的特性曲线，如图 2-17 所示。两曲线的交点为工作点，其对应的压头为14.8m；流量为 11.4L·s^{-1}；效率为 0.45。

轴功率可计算如下

$$N=\frac{HQ\rho}{102\eta}=\frac{14.8\times11.4\times10^{-3}\times1545}{102\times0.45}$$
$$=5.68\mathrm{kW}$$

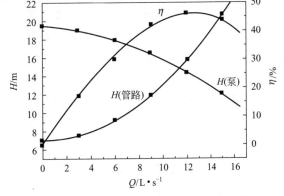

图 2-17　管路的特性曲线和泵的特性曲线

判断一台泵是否合用，关键是要计算出与要求的输送量对应的管路所需压头，然后将此压头与泵能提供的压头进行比较，即可得出结论。另一个判断依据是泵是否在高效区工作，即实际效率不低于最高效率的 92%。

泵的实际工作状况由管路的特性和泵的特性共同决定，此即工作点的概念。它所对应的流量（如本题的 11.4L·s^{-1}）不一定是原本所需要的（如本题的 10L·s^{-1}）。此时，还需

要调整管路的特性以适用其原始需求。

2.2.6 离心泵的组合操作

在实际生产中,有时单台泵无法满足生产要求,需要几台泵组合运行。组合方式可以有串联和并联两种方式。下面分别以两台特性完全相同的离心泵的串联和并联讨论其组合特性。

2.2.6.1 串联组合泵的特性曲线

两台完全相同的泵串联,每台泵的流量与压头相同,在同一流量下,两台串联泵的压头为单台泵的 2 倍,流量与单台泵相同。如图 2-18 所示,使单台泵的特性曲线 A 的横坐标不变,而纵坐标加倍,可绘出串联后的特性曲线 B。曲线 B 与管路特性曲线的交点 a 为工作点。

由图 2-18 可见,管路特性一定时,采用两台泵串联组合,实际工作压头并未加倍,但流量却有所增加。串联组合泵工作状态下的总流量与单台泵的流量相同,则总效率应该是在总流量下的单台泵的效率,如图 2-18 中点 b 所对应的单台泵的效率。

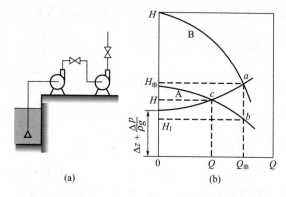

图 2-18 离心泵的串联操作
A—单台泵;B—串联后

2.2.6.2 并联组合泵的特性曲线

两台完全相同的泵并联,每台泵的流量和压头相同。在同一压头下,两台并联泵的流量为单台泵的 2 倍,压头与单台泵相同。于是,依据单台泵特性曲线上的一系列坐标点,保持纵坐标不变,横坐标加倍,可得并联泵的特性曲线。单台泵及组合泵的特性曲线如图 2-19 所示。其中组合泵曲线与管路特性曲线的交点 a 为工作点。

管路特性一定时,采用两台泵并联组合,实际工作流量并未加倍,但压头却有所增加。并联组合泵的总效率应该是在总流量的一半下的单台泵的效率。

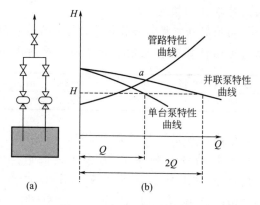

图 2-19 离心泵的并联操作

2.2.6.3 组合方式的选择

单台离心泵不能完成输送任务可以分为两种情况:①压头不够;②压头合格,但流量不够。对于情形①,必须采用串联操作;对于情形②,采用何种组合方式更加经济合理,则应根据管路的特性来决定。

如图 2-20 所示,对于高阻管路,串联比

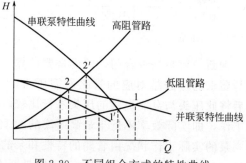

图 2-20 不同组合方式的特性曲线

并联组合可获得更高流量和压头；但对于低阻管路，采用并联组合则比串联组合获得更高的流量和压头。

选用串联或并联组合操作时，还要注意使每台泵处于高效区工作。

【例 2-5】 用两台离心泵从水池向高位槽送水，单台泵的特性曲线方程为 $H=25-1\times10^6Q^2$。管路特性曲线方程可近似表示为 $H=10+1\times10^5Q^2$。两式中 Q 的单位为 $m^3\cdot s^{-1}$，H 的单位为 m。试问两泵如何组合才能使输液量最大？（输水过程为定态流动）

解　两台泵有串联和并联两种组合方法：串联时单台泵的送水量即为管路中的总量，泵的压头为单台泵的两倍；并联时泵的压头即为单台泵的压头，管路总送水量为单台送水量的两倍。

（1）串联

$$H_e=2H$$

$$10+1\times10^5Q_e^2=2\times(25-1\times10^6Q_e^2)$$

由此可得：

$$Q_e=0.436\times10^{-2}\,m^3\cdot s^{-1}$$

（2）并联

$$Q=Q_e/2$$

$$10+1\times10^5(2Q)^2=25-1\times10^6Q^2$$

由此可得：

$$Q=0.327\times10^{-2}\,m^3\cdot s^{-1}$$

总送水量

$$Q_e=2Q=0.655\times10^{-2}\,m^3\cdot s^{-1}$$

所以并联组合输送量大。

2.2.7　离心泵的类型与选用

2.2.7.1　离心泵的类型

由于化工生产中被输送液体的性质、压强和流量等差别很大，为了适应各种不同要求，离心泵的类型也是多种多样。

实际生产过程中，输送的液体是多种多样的。工艺流程中所需提供的压头和流量也是千差万别的。为了适应实际需要，离心泵的种类也多种多样。

按照输送液体性质不同，离心泵可以分为清水泵、耐腐蚀泵、油泵、液下泵、屏蔽泵、杂质泵和磁力泵等；按吸入方式的不同，可分为单吸式泵和双吸式泵；按叶轮数目不同，可分为单级泵和多级泵。各种类型的离心泵按照其结构特点各自成为一个系列，并以一个或几个汉语拼音字母作为系列代号。在每一系列中，由于有各种规格，因而附以不同的字母和数字予以区别。以下对几种主要类型的离心泵进行说明。

（1）清水泵

清水泵应用最广泛，适用于输送清水或物性与水相近、无腐蚀性且杂质较少的液体。结构简单，操作容易。

单级单吸式离心泵是最常见的清水泵，其系列代号为"IS"，结构如图 2-21 所示。IS 全系列扬程范围为 8～98m，流量范围为 4.5～360m³·h⁻¹。目前工业中仍广为采用的清水泵系列的代号为 B，即 B 型泵。如果要求的压头较高而流量不大时，可以采用多级泵，结构如图2-22所示。多级泵是在同一根轴上串联多个叶轮，液体在几个叶轮中多次接受能量，可以达到较高的压头。国产多级泵的系列代号为 D，称为 D 型离心泵。全系列扬程范围为14～351m，流量范围为 10.8～850m³·h⁻¹。

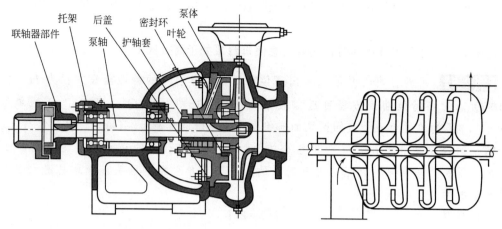

图 2-21 单级单吸式离心泵结构示意图   图 2-22 多级泵示意图

如果被输送液体的压头要求不高而流量较大时，可以采用双吸式离心泵。如图 2-4（b）所示。双吸式离心泵还具有更好的平衡轴向推力作用。国产双吸式离心泵的系列代号为 Sh。全系列扬程范围为 9～140m，流量范围为 120～12500m³·h⁻¹。

（2）耐腐蚀泵

用于输送酸、碱等具有腐蚀性的液体，接触液体的部件用耐腐蚀的材料制成，要求密封可靠。国产耐腐蚀泵基本用 F 作为系列代号，表示与液体接触的部件用耐腐蚀金属材料制造。在 F 后面再加一个字母表示材料代号，以表示由多种材料制造，例如：

FH 型——采用灰口铸铁，用于输送浓硫酸；

FG 型——采用高硅铸铁，用于输送常压硫酸或以硫酸为主的混酸；

FM 型——采用铬镍钼钛合金钢，用于输送常温下浓硝酸；

FB 型——采用铬镍合金钢，用于输送低浓度的硝酸、弱酸、碱液和其他弱腐蚀性液体。

（3）油泵

输送石油产品的离心泵称为油泵。油泵要求有良好的密封性，以防止易燃、易爆油品的泄漏。输送高温油品的泵还需要有良好的冷却系统，一般在轴承和轴封装置上都安装有冷却夹套。国产油泵的系列代号为 Y，有单吸和双吸、单级和多级油泵，全系列的扬程范围为 60～603m，流量范围为 6.25～500m³·h⁻¹。

（4）杂质泵

当输送含固体颗粒的液体或稠厚的浆液时，常用杂质泵。这类泵的叶轮流道宽，叶片数少，常用开式或半蔽式叶轮。杂质泵系列代号为 P，又细分为污水泵 PW、砂泵 PS、泥浆泵 PN 等。

2.2.7.2 离心泵型号说明

在泵的产品目录或样本中，泵的型号多种多样，但均由字母和数字组合而成，以代表泵的类型、规格等，现举例说明如下。

IS125-100-200

其中 IS——单级单吸离心水泵；

125——泵的吸入管内径，mm；

100——泵的排出管内径，mm；

200——泵的叶轮直径，mm。

3B33

其中 3——泵的吸入管直径，in（1in＝0.0254m）；

B——单吸悬臂式水泵；

33——泵的扬程，m。

40FM1-26

其中 40——泵的吸入管直径，mm；

F——悬臂式耐腐蚀离心泵；

M——与液体接触部件的材料代号（M 表示铬镍钼钛合金钢）；

1——轴封形式代号（1 代表单端面密封）；

26——泵的扬程，m。

100Y-120×2

其中 100——泵的吸入管直径，mm；

Y——单吸离心油泵；

120——泵的单级扬程，m；

2——叶轮级数。

2.2.7.3 离心泵的选用

根据实际的操作条件选用离心泵时，一般要考虑以下几个方面。

① 根据被输送液体的性质和操作条件确定泵的类型。

② 确定输送系统的流量和所需压头。液体的流量一般由生产任务来规定，如果流量在一定范围内波动，选泵时应按最大流量考虑。所需压头由管路的特性方程计算。

③ 根据所需流量和压头从泵的样本或产品目录来确定泵的型号。

● 查性能表或特性曲线，要求流量和压头与管路所需相适应。

● 若生产中流量有变动，以最大流量为准来查找，压头 H 也应以最大流量对应值查找。

● 若压头 H 和流量 Q 与所需不符，则所选泵的 H 和 Q 都稍大。

● 若几个型号都满足，应选一个在操作条件下效率最好的。

● 泵的型号选出后，应列出该泵的各种性能参数。

④ 核算泵的轴功率

若被输送液体的性质与标准流体相差较大，则应对所选泵的特性曲线和参数进行校正，看是否能满足要求。

生产厂家所提供的泵说明书中都附有各类离心泵的系列特性曲线。图 2-23 是 IS 型离心泵系列特性曲线，以压头 H 和流量 Q 为坐标。曲线上的点表示额定参数，例如，100-80-160 表示吸入管内径为 100mm，排出管内径为 80mm，泵叶轮直径为 160mm，该型号（IS100-80-160）泵的额定扬程为 8m，额定流量为 50m³·h⁻¹（在 1450r·min⁻¹ 的转速下）。

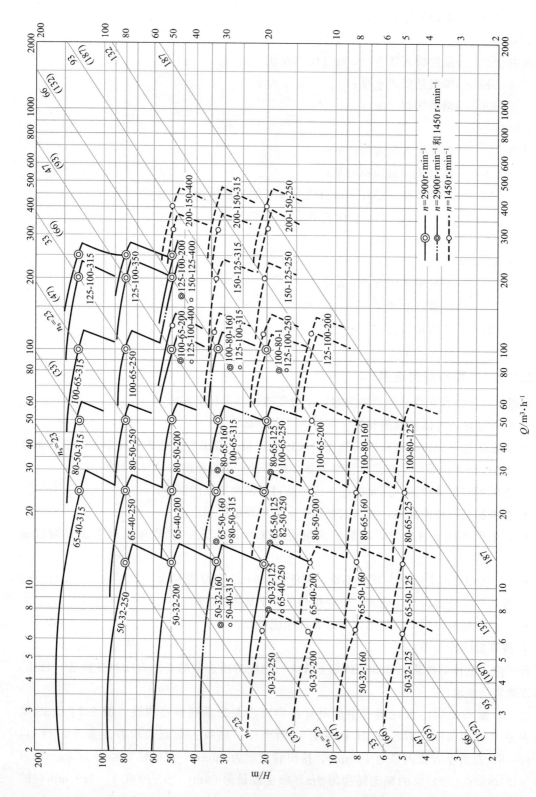

图 2-23　IS 型离心泵系列特性曲线

2.2.7.4　离心泵的安装与操作

离心泵的安装和使用应参考各类离心泵的说明书，这里只指出几个一般应注意的问题。

(1) 安装

① 安装高度不能太高，应小于允许安装高度。

② 设法尽量减小吸入管路的阻力，以减少发生汽蚀的可能性。主要考虑：吸入管路应短而直；吸入管路的直径可以稍大；吸入管路减少不必要的管件；调节阀应装于出口管路。

(2) 操作

① 离心泵启动前应使泵内灌满被输送液体，并排气。

② 启动泵前应将出口阀关闭，使启动功率最小，保护电机。

③ 停泵前先关闭出口阀，再关闭电源，以免压出管路的液体倒流入泵内，冲击并损坏叶轮。

④ 经常检查轴封和润滑情况。

【例 2-6】　某厂准备用离心泵将 20℃ 的清水以 $40 \text{m}^3 \cdot \text{h}^{-1}$ 的流量由敞口的水池送到某吸收塔顶。已知塔内的表压强为 $1.0 \text{kgf} \cdot \text{cm}^{-2}$，塔顶水入口距水池水面的垂直距离为 6m，吸入管和排出管的压头损失分别为 1m 和 3m。当地的大气压为 $10.33 \text{mH}_2\text{O}$，水的密度为 $1000 \text{kg} \cdot \text{m}^{-3}$。

(1) 现仓库内存有三台离心泵，其型号和铭牌上标有的性能参数如下，从中选一台比较合适的以作上述送水之用。20℃ 水的饱和蒸气压头为 0.24m。

型号	流量/$\text{m} \cdot \text{h}^{-1}$	扬程/m	允许汽蚀余量/m
3B57A	50	38	6.0
3B33	45	32	5.0
3B19	38	20	4.0

(2) 求泵的安装高度为多少米？

解　(1) 在水池水面与塔顶入口之间列伯努利方程，得

$$H_e = \Delta z + \frac{\Delta p}{\rho g} + \sum H_f = 6 + 10 + 4 = 20\text{m}$$

根据 $Q_e = 40 \text{m}^3 \cdot \text{h}^{-1}$，所以应选 3B33。

(2) 根据允许汽蚀余量，该泵的允许安装高度应为

$$H_{g允} = \frac{p_a}{\rho g} - \text{NPSH}_允 - \frac{p_v}{\rho g} - H_{f(0-1)} = 10.33 - 0.24 - 5 - 1 = 4.09\text{m}$$

2.3　其他类型泵

2.3.1　往复泵

2.3.1.1　往复泵的结构和工作原理

往复泵是容积式泵，应用比较广泛。它依靠活塞的往复运动并依次开启吸入阀和排出

阀，从而吸入和排出液体，其结构如图 2-24 所示。往复泵的主要部件包括泵缸、活塞、活塞杆、吸入阀以及排出阀。其中吸入阀和排出阀均为单向阀。泵缸内活塞与阀门间的空间称为工作室。活塞由电动的曲柄连杆机构带动，把曲柄的旋转运动变为活塞的往复运动；活塞也可直接由蒸汽机驱动。当活塞从左向右运动时，泵缸内形成低压，排出阀受排出管内液体的压力作用而关闭；吸出阀由于受池内液压的作用而打开，池内液体被吸入缸内；当活塞从右向左运动时，由于缸内液体压力增加，吸入阀关闭，排出阀打开向外排液。活塞移至左端，排液完毕。活塞这一来回称为一个工作循环。往复泵是依靠活塞的往复运动直接以压力能的形式向液体提供能量。为耐高压，活塞和连杆往往用柱塞代替。活塞在左右两端之间移动的距离称为冲程。在一个循环中，吸液、排液各一次，交替进行，这类泵称为单动泵。由于单动泵的吸入阀和排出阀均在泵缸的同一侧，吸液时不能排液，因此其输送液体不连续。而且活塞由连杆和曲轴带动，活塞在左右两端点之间的往复运动也不是等速的，所以排液量也随着活塞的移动有相应的起伏。若活塞两侧都装有阀室，活塞的每一次行程都在吸液和向管路排液，因而供液连续，这类往复泵称为双动泵（图 2-25），双动泵的排液比单动泵均匀。

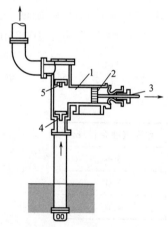

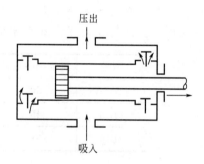

图 2-24　往复泵装置简图

1—泵缸；2—活塞；3—活塞杆；

4—吸入阀；5—排出阀

图 2-25　双动往复泵

　　根据往复泵的工作原理，可以知道，往复泵的低压是靠工作室的容积的扩张增大造成的。因此，往复泵启动时无须先将液体充满泵体，亦即往复泵具有自吸能力。但是，和离心泵相同，往复泵的吸上高度（即安装高度）同样受到限制，因为它们都是依赖外界与泵内压差吸入液体的，所以泵的吸上高度也随贮槽液面上方的压强、液体性质和温度而变。

2.3.1.2　往复泵的流量和压头

（1）理论平均流量 $Q_T(\mathrm{m^3 \cdot s^{-1}})$

　　往复泵的流量（排液能力）只与泵的几何尺寸和活塞的往复次数有关，而与泵的压头及管路情况无关。无论在什么压头下工作，只要往复一次，泵就排出一定体积的液体，所以往复泵是一种典型的容积式泵。

　　对于单缸单动往复泵，如果忽略单向阀门的开关滞后现象和液体的泄漏，其理论平均流量可以表示为：

$$Q_T = \frac{Asn}{60}$$

$$(2-37)$$

式中，A 为活塞截面积，m^2；s 为活塞冲程，m；n 为活塞往复频率，次·min^{-1}。

对于单缸双动往复泵，理论平均流量为：

$$Q_T = \frac{(2A-a)sn}{60} \tag{2-38}$$

式中，a 为活塞杆的截面积，m^2。

（2）实际平均流量 Q

实际上，由于活门不能及时开启和闭合，存在滞后以及活门、活塞、填料函等处的泄漏，往复泵的实际平均流量 Q 小于理论平均流量，即：

$$Q = \eta_V Q_T \tag{2-39}$$

式中，η_V 为容积效率，可由实验测定。对于小型往复泵，Q 为 $0.1 \sim 30 m^3 \cdot h^{-1}$，$\eta_V$ 为 $0.85 \sim 0.90$；对于中型泵，Q 为 $30 \sim 300 m^3 \cdot h^{-1}$，$\eta_V$ 为 $0.90 \sim 0.95$；对于大型泵，Q 为 $300 m^3 \cdot h^{-1}$ 以上，η_V 为 $0.95 \sim 0.99$。

（3）流量特性

在往复泵中液体的输送是由活塞运动抽吸排放完成的。活塞的往复运动通常由均匀的回转运动转化而来，即活塞在工作室两端点之间的运动速度按正弦曲线规律变化。往复泵的瞬时流量取决于活塞截面积与活塞运动瞬时速度之积，由于活塞的运动瞬时速度的不断变化，使得它的流量不均匀。单动和双动往复泵的流量如图 2-26 所示。

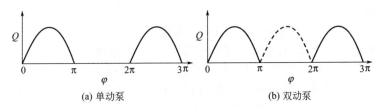

(a) 单动泵　　　　　　　　(b) 双动泵

图 2-26　往复泵的流量曲线

由图 2-26 可见，单动泵在排液过程中不仅流量变化，而且排液不连续。双动泵的排液是连续的，但排出液的流量仍然是不均匀的。

实际生产中，为了提高流量的均匀性，可以采用增设空气室，利用空气的压缩和膨胀来存放和排出部分液体，从而提高流量的均匀性。

将空气室安装在压出管路的起始处，空气室对液体流动可起缓冲作用。当瞬间流量大于平均流量时，泵的排出压力提高，空气室内气体被压缩，超过平均流量的部分液体进入空气室暂时存放；当瞬间流量小于平均流量时，泵的排出压力降低，空气室内气体膨胀，将暂时存放的液体送入压出管路，从而使排出的流量比较均匀。

类似地，也可以在吸入管路末端安装空气室，以协调往复泵的吸入能力，减少流量的波动。

采用多缸泵也是提高流量均匀性的一个办法，多缸泵的瞬时流量等于同一瞬时各缸流量之和，只要各缸曲柄相对位置适当，即各缸活塞的运动相差一定的相位，就可使流量较为均匀。图 2-27 表示了三缸单动往复泵的流量曲线。

值得注意的是，往复泵的瞬时流量虽然不均匀，但在一段时间内输送的液体量却基本固定，仅取决于活塞面积、冲程和往复频率。

（4）往复泵的压头

往复泵的压头与泵的几何尺寸无关，只要泵的机械强度及原动机的功率允许，输送系统要求多高的压头，往复泵就可提供多高的压头。但实际上由于原动机的功率和构造材料的强

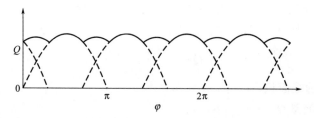

图 2-27 三缸单动往复泵的流量曲线

度有限，泵内的部件有泄漏，故往复泵的压头仍有一限度。而且压头太大，也会使电机或传动机构负载过大而损坏。在压头不高的情况下往复泵的实际流量基本保持不变，与压头无关，只有在压头较高的情况下才随压头的上升而略有下降。

（5）往复泵的轴功率和效率

往复泵轴功率的计算与离心泵相同，即

$$N = \frac{QH\rho g}{60\eta}$$

式中　N——往复泵的轴功率，W；

　　　η——往复泵的总效率，由实验测定，一般为 $0.65\sim0.85$。

（6）往复泵的特性曲线和工作点

如前所述，往复泵的理论平均流量是由单位时间内活塞扫过的体积决定的，因此，其特性曲线可表示为：

$$Q_T = 常数$$

往复泵的理论平均流量 Q_T 和实际平均流量 Q 的特性曲线如图 2-28 所示。

往复泵的工作点原则上仍是往复泵的特性曲线与管路特性曲线的交点。往复泵的工作点如图 2-29 所示。可以看出，往复泵的工作点随管路特性曲线的不同只是在几乎垂直的方向上发生变化，即输液流量不变。管路的阻力大，则排出阀在较高的压力下才能开启，供液压力必然增大；反之，压头减小。这种压头与泵无关，只取决于管路情况的特性称为正位移特性。压头的极限主要取决于原动机的功率和构造材料的强度。

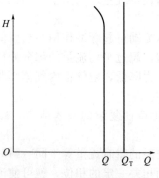

图 2-28　往复泵的特性曲线

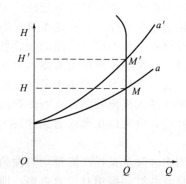

图 2-29　往复泵的工作点

2.3.1.3　往复泵的操作要点和流量调节

往复泵主要适用于小流量、所需压头较高的液体场合，输送高黏度液体时的效果也比离心泵好，但它不宜输送腐蚀性液体和含有固体粒子的悬浮液，因泵内阀门、活塞受腐蚀或被颗粒磨损、卡住，都会导致严重的泄漏。

往复泵不能像离心泵那样采用出口阀来调节流量，这是因为往复泵的流量与管路特性无关。若把出口阀完全关闭而继续运转，则泵内压强会急剧升高，使泵缸或电机等损坏。因此往复泵启动时不能将出口阀关闭，也不能采用出口阀来调节流量。

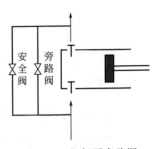

图 2-30　往复泵旁路调节流量示意图

往复泵的流量调节方法如下。

① 用旁路阀调节流量。旁路调节流量如图 2-30 所示。泵的送液量不变，只是让部分被压出的液体返回储池，使主管中的流量发生变化，可见旁路调节并没有改变往复泵的总流量。这种调节方法简便可行，但很不经济，只适用于流量变化幅度较小的经常性调节。

② 改变曲柄转速和活塞冲程。因电动机是通过减速装置与往复泵相连的，所以改变减速装置的传动比可以很方便地改变曲柄转速，从而改变活塞自往复运动的频率，达到调节流量的目的。也可通过改变活塞冲程来改变往复泵的流量。这种调节方法经济性好但操作不便，在经常性调节中仍很少采用。

【例 2-7】 现采用一台单动往复泵，将敞口贮罐中密度为 1250kg·m⁻³ 的液体输送到表压强为 $1.28×10^6$Pa 的塔内，贮罐液面比塔入口低 10m，管路系统的总压头损失为 2m，已知泵活塞直径为 70mm，冲程为 225mm，往复次数为 200L·min⁻¹，泵的总效率和容积效率为 0.9 和 0.95。试求泵的实际流量，压头和轴功率。

解　往复泵理论平均流量

$$Q_T = Asn_r = \pi/4 × (0.07)^2 × 0.225 × 200 = 0.173 \text{m}^3 · \text{min}^{-1}$$

由此可得实际流量

$$Q = \eta_V Q_T = 0.95 × 0.173 = 0.164 \text{m}^3 · \text{min}^{-1}$$

往复泵的压头可由伯努利方程求得，取贮槽液面为上游截面，塔入口内侧为下游截面，得

$$H = \Delta z + \frac{\Delta p}{\rho g} + \frac{\Delta u^2}{2g} + \sum H_f$$

取 $\dfrac{\Delta u^2}{2g} = 0$，由此

$$H = \Delta z + \frac{\Delta p}{\rho g} + \sum H_f$$
$$= 1.28×10^6/(1250×9.81) + 2 + 10$$
$$= 116.38 \text{m}$$

可得往复泵的轴功率为

$$N = \frac{QH\rho g}{60\eta} = 4.33 \text{kW}$$

2.3.2　计量泵

在工业生产中普遍使用的计量泵是往复泵的一种，它正是利用往复泵流量固定这一特点而发展起来的。它可以用电动机带动偏心轮从而实现柱塞的往复运动。偏心轮的偏心度可以调整，柱塞的冲程就发生变化，以此来实现流量的调节。

　　计量泵主要应用在一些要求精确地输送液体至某一设备又便于调整的场合，或将几种液体按精确的比例输送。如化学反应器一种或几种催化剂的投放，后者是靠分别调节多缸计量泵中每个活塞的行程来实现的，使每股液体的流量既稳定，比例也固定。

2.3.3　隔膜泵

　　隔膜泵也是往复泵的一种，它用弹性薄膜（耐腐蚀橡胶或弹性金属片）将泵分隔成互不相通的两部分，分别是被输送液体和活柱存在的区域（图 2-31）。这样，活柱不与输送的液体接触。活柱的往复运动通过同侧的介质传递到隔膜上，使隔膜亦作往复运动，从而实现被输送液体经球形活门吸入和排出。

　　隔膜泵内与被输送液体接触的唯一部件就是球形活门，这易于制成不受液体侵害的形式。因此，在工业生产中，隔膜泵主要用于输送腐蚀性液体或含有固体悬浮物的液体。

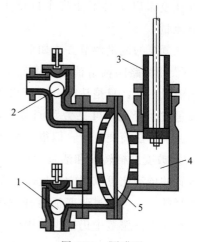

图 2-31　隔膜泵

1—吸入活门；2—压出活门；3—活柱；
4—水（或油）缸；5—隔膜

2.3.4　齿轮泵

　　齿轮泵的结构如图 2-32 所示。泵壳内有两个齿轮：一个用电动机带动旋转，称为主动轮；另一个被啮合着向相反方向旋转，称为从动轮。吸入腔内两轮的齿相互拨开，于是形成低压而吸入液体；被吸入的液体被齿嵌住，随齿轮转动而到达排出腔。排出腔内两齿相互合拢，于是形成高压而排出液体。

　　齿轮泵的压头较高而流量较小，可用于输送黏稠液体以致膏状物料，但不能用于输送含有固体颗粒的悬浮液。

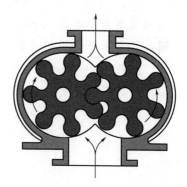

图 2-32　齿轮泵

2.3.5　螺杆泵

　　螺杆泵主要由泵壳和一个或一个以上的螺杆构成（图 2-33）。在单螺杆泵中，螺杆在有

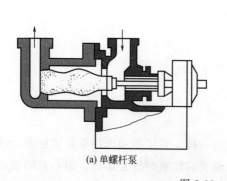

(a) 单螺杆泵

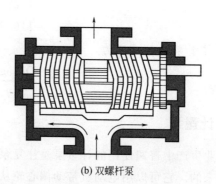

(b) 双螺杆泵

图 2-33　螺杆泵

内螺旋的壳内运动，使液体沿轴向推进，挤压到排出口。在双螺杆泵中，一个螺杆转动时带动另一个螺杆，螺纹互相啮合，液体被拦截在啮合室内沿杆轴前进，从螺杆两端被挤向中央排出。此外还有多螺杆泵，转速高，螺杆长，因而可以达到很高的排出压力。三螺杆泵排出压力可达 10MPa 以上。螺杆泵压头高，效率高，噪声小，适用于在高压下输送黏稠液体，并可以输送含有颗粒的悬浮液。

2.3.6　旋涡泵

　　旋涡泵是一种特殊类型的离心泵，由泵壳和叶轮组成，其结构如图 2-34 所示。它的叶轮是一个圆盘，四周铣有凹槽而构成叶片，呈辐射状排列。叶片数目可多达几十片叶轮在泵壳内转动，其间有流道。泵内液体在随叶轮旋转的同时，又在流道与各叶片之间，因而被叶片拍击多次，获得较多能量。

　　液体中旋涡泵中获得的能量与液体在流动过程中进入叶轮的次数有关。当流量减小时，流道内液体的运动速度减小，液体流入叶轮的平均次数增多，泵的压头必然增大；流量增大时，则情况相反。因此，其 $H\text{-}Q$ 曲线呈陡降形。图 2-35 是旋涡泵的特性曲线，其特点如下。

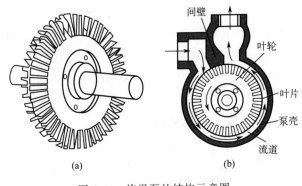

图 2-34　旋涡泵的结构示意图

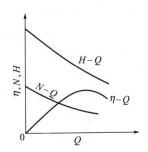

图 2-35　旋涡泵的特性曲线

　　① 压头和功率随流量增加下降较快，因此此类泵要避免在太小流量或出口阀全关时长期运行，以保证泵和电机安全。当流量为零时，轴功率最大，因此启动泵时，出口阀必须全开，改变流量时，旁路调节比安装调节阀经济。

　　② 在叶轮直径和转速相同的条件下，旋涡泵的压头比离心泵高出 2～4 倍，适用于高压头、小流量的场合。且旋涡泵输送液体的黏度不宜过大，否则泵的压头和效率都将大幅度下降。此外，输送液体不能含有固体颗粒。

　　③ 结构简单，加工容易，且可采用各种耐腐蚀的材料制造。

　　④ 旋涡泵的最高效率一般比离心泵的低，能量损失大。

　　因液体在叶片和流道之间的反复迁回是靠离心力的作用，故旋涡泵在启动前泵内也要先灌满液体。

2.4 气体输送机械

2.4.1 概述

2.4.1.1 气体输送机械在工业生产中的应用

气体输送和压缩设备统称为气体输送机械，在化工生产中的应用十分广泛，主要用于以下三个方面。

① 气体输送 为了克服管路的阻力，需要提高气体的压力。纯粹为了输送的目的而对气体加压，压力一般都不高。但气体输送往往输送量很大，需要的动力往往相当大。

② 产生高压气体 化学工业中一些化学反应过程需要在高压下进行，如合成氨反应，乙烯的本体聚合；一些分离过程也需要在高压下进行，如用水吸收二氧化碳。这些高压进行的过程对相关气体的输送机械出口压力提出了相当高的要求。

③ 产生真空 相当多的单元操作是在低于常压的情况下进行，如过滤、蒸发、蒸馏等，这时就需要真空泵从设备中抽出气体以产生真空。

2.4.1.2 气体输送机械的一般特点

由于气体的可压缩性和比液体小得多的密度，使气体输送机械具有与液体输送机械不同的特点，主要如下。

① 由于气体的密度小，在一定的质量流量下，其体积流量很大。因此气体输送管中的流速比液体要大得多，前经济流速（$15 \sim 25 \mathrm{m \cdot s^{-1}}$）约为后者（$1 \sim 3 \mathrm{m \cdot s^{-1}}$）的 10 倍。以各自的经济流速输送相同质量的流体，经相同的管长后气体的阻力损失约为液体的 10 倍。因而气体输送机械的动力消耗往往很大。

② 气体输送机械体积一般都很庞大，对出口压力高的机械更是如此。

③ 由于气体的可压缩性，故在输送机械内部气体压力变化的同时，体积和温度也将随之发生变化，对气体输送机械的结构、形状有很大影响。因此，气体输送机械需要根据出口压力来加以分类。

2.4.1.3 气体输送机械的分类

气体输送机械除了按工作原理可分为离心式、旋转式、往复式以及喷射式等以外，按出口压力（终压）和压缩比（指压送机械出口与进口气体的绝对压强的比值）不同又可分为如下几类。

① 通风机 终压（表压，下同）不大于 15kPa（约 $1500 \mathrm{mmH_2O}$），压缩比 $1 \sim 1.15$。

② 鼓风机 终压 $15 \sim 300 \mathrm{kPa}$，压缩比小于 4。

③ 压缩机 终压在 300kPa 以上，压缩比大于 4。

④ 真空泵 用于减压，终压为大气压，压缩比由真空度决定。

2.4.2 离心式通风机

工业上常用的通风机有轴流式和离心式两种。但是，由于轴流式通风机产生的风压很小，一般只利用其风量大的特点进行通风换气，而不用于输送气体。这里只讨论离心式通风机。

离心式通风机按所产生的风压不同可分为以下三类：

① 低压离心通风机，出口风压低于 1×10^3 Pa（表压）；

② 中压离心通风机，出口风压为 $1 \times 10^3 \sim 3 \times 10^3$ Pa（表压）；

③ 高压离心通风机，出口风压为 $3 \times 10^3 \sim 15 \times 10^3$ Pa（表压）。

2.4.2.1　离心式通风机的结构和工作原理

离心式通风机工作原理和结构与单级离心泵相似，结构也大同小异。图 2-36 是离心式
通风机的示意图。其主要是由蜗壳形机壳
和多叶片叶轮组成的。为了达到输送量
大、风压高的要求，离心式通风机具有以
下的结构特点。

① 叶轮直径一般比较大，叶轮上叶片
的数目比较多，叶片比较短。

② 叶片有平直的、前弯的、后弯的。
通风机的主要要求是通风量大，在不追求
高效率时，用前弯叶片有利于提高压头，
减小叶轮直径。

③ 中、低压通风机机壳内逐渐扩大的
通道及出口截面常不为圆形而为矩形。这

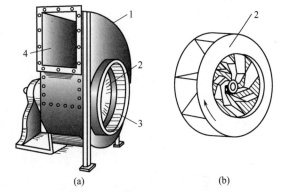

图 2-36　离心式通风机及叶轮
1—机壳；2—叶轮；3—吸入口；4—排出口

样既容易加工，又可直接与矩形管路相连接。高压通风机出口截面常为圆形。

2.4.2.2　离心式通风机的性能参数和特性曲线

离心式通风机的主要性能参数包括流量（风量）、压头（风压）、功率和效率。由于气体
通过风机时压强变化较小，在风机内运动的气体可视为不可压缩流体，所述的离心泵基本方
程式亦可用来分析离心式通风机的性能。

（1）风量

风量是指按入口状态计的单位时间内的排气体积，以 Q 表示，单位为 $m^3 \cdot s^{-1}$。

（2）全风压 p_t

全风压是指单位体积气体通过风机时获得的能量，单位为 Pa，与压力的单位相同。

在风机进、出口之间列伯努利方程：

$$p_t = \rho g(z_2 - z_1) + (p_2 - p_1) + \frac{\rho(u_2^2 - u_1^2)}{2} + \sum h_f \tag{2-40}$$

式中，$\rho g(z_2 - z_1)$ 可以忽略；当气体直接由大气进入风机时，$u_1 = 0$，再忽略入口到出口
的能量损失，则上式变为：

$$p_t = (p_2 - p_1) + \frac{\rho u_2^2}{2} = p_{st} + p_k \tag{2-41}$$

从式（2-41）可以看出，通风机的全风压由两部分组成：一部分是进、出口的静压差，
习惯上称为静风压 p_{st}；另一部分为进、出口的动压差，习惯上称为动风压 p_k。

在离心泵中，泵进、出口处的动能差很小，可以忽略。但对离心式通风机，其气体出口
速度很高，动风压不仅不能忽略，且由于风机的压缩比很低，动风压在全风压中所占比例
较高。

离心式通风机的风压取决于风机的结构、叶轮尺寸、转速和进入风机的气体密度。

（3）轴功率和效率

离心式通风机的轴功率为：

$$N = \frac{Qp_t}{1000\eta} \qquad (2\text{-}42)$$

式中，N 为离心式通风机的轴功率，kW；Q 为离心式通风机的风量，$m^3 \cdot s^{-1}$；p_t 为离心式通风机的全风压，Pa；η 为效率，按全风压定出，称全压效率。

离心式通风机的效率为：

$$\eta = \frac{Qp_t}{1000N} \qquad (2\text{-}43)$$

风机的性能表上所列的性能参数，一般都是在 1atm、20℃ 的条件下测定的，在此条件下空气的密度 $\rho_0 = 1.20 kg \cdot m^{-3}$，相应的全风压和静风压分别记为 p_{t0} 和 p_{st0}。

（4）特性曲线

与离心泵一样，离心式通风机的特性参数也可以用特性曲线表示。某种型号的风机在一

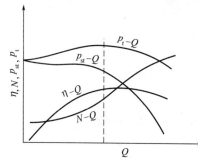

图 2-37 离心式通风机特性曲线

定转速下的特性曲线由生产厂家在 1atm、20℃ 的条件下用空气测定，它表示某种型号的风机在一定转速下，特性参数与风量之间的关系，主要有 $p_t\text{-}Q$、$p_{st}\text{-}Q$、$N\text{-}Q$ 和 $\eta\text{-}Q$ 四条曲线，如图 2-37 所示。

在 1atm、20℃ 的条件下空气的密度 $\rho_0 = 1.20 kg \cdot m^{-3}$。如在选用通风机时，输送介质的条件不同于上述试验介质，则风压要进行换算，将实际需要的风压按下式换算为出厂前试验状况的风压，用于确定风机的型号。即：

$$p_{t0} = p_t \frac{\rho_0}{\rho} = \frac{1.2}{\rho} \qquad (2\text{-}44)$$

另外必须注意，用式（2-42）计算轴功率时，风量与全风压必须是同一状态下的数值。利用特性曲线或风机性能表上的轴功率数据时，也要根据输送介质的性质，用下式进行换算：

$$N' = N \frac{\rho'}{1.2} \qquad (2\text{-}45)$$

式中，N' 为气体密度为 ρ' 时的轴功率，kW；N 为气体密度为 $1.2 kg \cdot m^{-3}$ 时的轴功率，kW。

2.4.2.3 离心式通风机的选型

选择离心式通风机的主要步骤如下。

① 根据气体种类（清洁空气、易燃气体、腐蚀性气体、含尘气体、高温气体等）和风压范围，确定风机的类型。若输送的是清洁空气，或与空气性质相近的气体，可选用一般类型的离心式通风机，常用的有 4-72 型、8-18 型和 9-27 型。前一类型属中、低压通风机，后两类属高压通风机。

② 确定所求的风量和全风压。风量一般根据生产任务来定；全风压按伯努利方程来求，但要按标准状况校正。

③ 根据按入口状态计的风量和校正后的全风压。从风机样本或产品目录中的特性曲线

或性能表中查找合适的型号，选择原则与离心泵的相同。

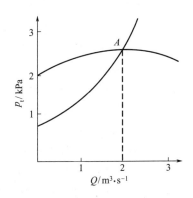

图 2-38　例 2-8 附图

【例 2-8】　气体密度对风机流量的影响。用离心式通风机将空气送至表压为 490.5Pa 的锅炉燃烧室，通风机的特性曲线如图 2-38 所示。已知在夏季（气温为 20℃，大气压为 101.3kPa）管路中的气体流量为 2.4kg·s^{-1}，且流动已进入阻力平方区。试求在冬季气温降为 −20℃、大气压不变的情况下，管路中的气体质量流量为多少？

解　由给定条件可知，在夏季气体状态与风机特性曲线测定条件相同，空气密度为 $\rho = 1.2$kg·m^{-3}。于是通风机在夏季的体积流量为：

$$Q = \frac{G}{\rho} = \frac{2.4}{1.2} = 2 \text{m}^3 \cdot \text{s}^{-1}$$

由通风机的特性曲线查得，此时风机产生的风压为 $p_t = 2.5$kPa。于是夏季通风机的工作点为（2，2.5）。该点应该落在管路特性曲线上。管路特性曲线可通过在风机入口和锅炉燃烧室之间写伯努利方程得到：

$$p_t \approx (p_2 - p_1) + \left(\lambda\frac{l}{d} + \sum\xi\right)\frac{\rho u^2}{2} = 490.5 + K\rho Q^2$$

其中 K 值按下式定义：
$$K = \left(\lambda\frac{l}{d} + \sum\xi\right)\frac{8}{\pi^2 d^4}$$

将工作点数据代入 p_t 表达式中，可得 K 值为：

$$K \approx \frac{p_t - 490.5}{\rho Q^2} = \frac{2500 - 490.5}{1.2 \times 2^2} = 418.6$$

在冬季，空气密度为：$\rho' = \frac{29}{22.4} \times \frac{273}{273 - 20} = 1.4$kg·m^{-3}

管内流动已进入阻力平方区，因此 K 值不变。在冬季管路所需要的风压与流量的关系为：

$$p_t' = (p_2 - p_1) + \left(\lambda\frac{l}{d} + \sum\xi\right)\frac{\rho u^2}{2} = 490.5 + 418.6\rho' Q^2$$

将上式换算成风机测定状况下的风压：

$$p_t' = p_t\frac{\rho'}{\rho} = 490.5 + 418.6\rho' Q^2$$

于是 $p_t' = 490.5\left(\frac{\rho}{\rho'}\right) + 418.6\rho Q^2 = 490.5 \times \left(\frac{1.2}{1.4}\right) + 418.6 \times 1.2 Q^2 = 420.4 + 502.3 Q^2$

这是冬季工作条件下的管路特性曲线，它与风机特性曲线的交点 A 即为风机在冬季的工作点，由 A 点可知，冬季送风体积流量为 2.03m^3·s^{-1}，相应的质量流量为 2.84kg·s^{-1}。

由上面结果可以看出，当气体的压缩性可以忽略时，气体输送管路的计算与液体输送管路计算相似，所不同的是风机本身及其管路特性曲线与空气的密度有关。因此当输送的不是常温、常压空气时，管路特性曲线应事先加以换算。

用同样的管路输送气体，气体的温度降低，密度增大，质量流量可能明显增加。

2.4.3 离心式鼓风机和压缩机

离心式鼓风机又称为透平鼓风机，其外形与多级离心泵相似，内部结构也有许多相同之处。例如，离心式鼓风机的蜗壳形通道亦为圆形；但外壳直径与厚度之比较大；叶轮上叶片数目较多；转速较高；叶轮外周都装有导轮。

由于单级风机不可能产生较高的风压（出口表压多在 30kPa 以内），为提高风压，可采用多级离心式鼓风机，其风压可达 0.3MPa。图 2-39 是一台五级离心式鼓风机示意图。

离心式鼓风机的送气量大，但所产生的风压仍不太高，出口表压一般不超过 294kPa。在离心式鼓风机中，气体的压缩比不高，所以无需设置冷却装置。

离心式鼓风机的选型方法与离心式通风机相同。

离心式压缩机常称为透平压缩机，主要结构、工作原理都与离心式鼓风机相似，只是离心式压缩机的叶轮级数较多，转速也较高，故能产生更高的风压。由于气体的压缩比较高，体积变化较大，温度升高也较显著，因此，离心式压缩机常分成几段，每段又包括若干级。叶轮直径和宽度都逐级缩小，段与段之间设置中间冷却器，以免气体温度过高。

与往复式压缩机相比，离心式压缩机体积和重量都很小而流量很大，供气均匀，运转平稳，易损部件少，维护方便。因此，除非压力要求非常高，离心式压缩机已有取代往复式压缩机的趋势。而且，离心式压缩机已经发展成为非常大型的设备，流量达几十万立方米/小时，出口压力达几十兆帕。

2.4.4 罗茨鼓风机

罗茨鼓风机是旋转式鼓风机的一种，其工作原理与齿轮泵类似。如图 2-40 所示，机壳内有两个渐开摆线形的转子，常为腰形或三角形，两转子的旋转方向相反，可使气体从机壳一侧吸入，从另一侧排出。转子与转子、转子与机壳之间的缝隙很小，使转子能自由运动而无过多泄漏。

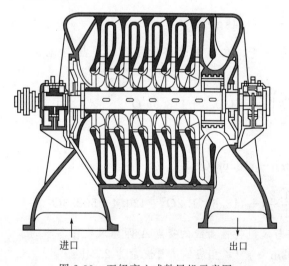

图 2-39　五级离心式鼓风机示意图

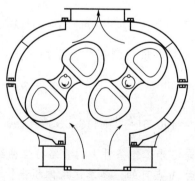

图 2-40　罗茨鼓风机

属于正位移型的罗茨鼓风机风量与转速成正比，与出口压强无关。该风机的风量范围是 $2\sim500\mathrm{m}^3\cdot\mathrm{min}^{-1}$，出口表压可达 80kPa，在 40kPa 左右效率最高。罗茨鼓风机转速一定时，风量可大体保持不变，故也称为定容式鼓风机。

该风机出口应装稳压罐，并设安全阀。流量调节采用旁路，出口阀不可完全关闭。操作时，气体温度不能超过 85℃，否则转子会因受热膨胀而卡住。

2.4.5　往复式压缩机

2.4.5.1　往复式压缩机的操作原理与理想压缩循环

往复式压缩机的基本结构和工作原理与往复泵类似。依靠活塞的往复运动而将气体吸入和压出，主要部件有气缸、活塞、吸气阀和排气阀。但由于气体的密度小，可压缩，故压缩机的吸入和排出阀门应更为精巧灵活，为导出由于气体压缩而放出的热量，必须附设冷却装置。

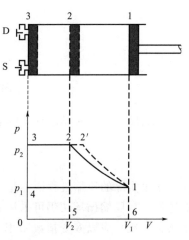

由于往复式压缩机所处理的是可压缩气体，在压缩后气体压强增高，体积缩小，温度升高，因此往复式压缩机的工作过程与往复泵有所不同，其排气量、排气温度和轴功率等参数应运用热力学基础知识去解决。

为讨论单动往复式压缩机的理想工作过程，首先作以下假设。

① 压缩工质为理想气体。

② 气体在流经吸气、排气阀门时，流动阻力可以忽略不计。

③ 压缩机无泄漏。

④ 吸入气缸的气体全部排出。

图 2-41　理想压缩的 p-V 图

往复式压缩机的理想压缩循环分为 3 个阶段（图 2-41）。

(1) 吸气阶段

此为 p-V 图中的 4-1 过程。此时排气阀 D 受压关闭，吸入阀 S 受压打开，气缸开始吸入气体，体积增大。由于忽略流动阻力，气缸内压力 p_1 不变，因此为恒压吸气阶段，直到 1 点为止。吸入的气体体积为 V_1，这个过程是恒压吸气过程，压力为 p_1 的气体对活塞做功，外部功为负值：

$$W_1 = -p_1 V_1$$

(2) 压缩阶段

当活塞由右向左运动时，由于排气阀 D 所在管线有一定压力，所以排气阀 D 关闭，吸入阀 S 受压也关闭。在这段时间里气缸内气体体积下降而压力上升，所以是压缩阶段。直到压力上升到 p_2，活门 D 被顶开为止。这一压缩过程若为等温过程就是图中的 1-2 过程，若为绝热压缩过程，则是 1-2′ 过程。在这一过程中，活塞对气体做功：

$$W_2 = -\int_{V_1}^{V_2} p\,\mathrm{d}V$$

(3) 排气阶段

当气缸内气体压力上升到 p_2 时，排气阀 D 被顶开，活塞继续向左运动，缸内气体被排出，即 p-V 图中的 2-3（或 2-3′）过程。这一阶段缸内气体压力不变，体积不断减小，直到气体完全排出体积减至零。这一阶段属恒压排气阶段。当活塞从最左端退回，缸内压力立刻由 p_2 降到 p_1，状况达到 4，从而开始下一个循环。在排气过程中活塞对气体做功：

$$W_3 = p_2 V_2$$

上述理想压缩循环过程中，全部外功为：

$$W = W_1 + W_2 + W_3 = -p_1 V_1 + p_2 V_2 - \int_{V_1}^{V_2} p\,dV$$

$$= \Delta p V - \int_{V_1}^{V_2} p\,dV = \int_{p_1}^{p_2} V\,dp$$

与 $p\text{-}V$ 图相对应，W 值相当于图中 1-2-3-4-1 所围成的面积，这称为压缩机理想压缩循环所消耗的理论功。

由上面可知，理想压缩循环所需外功仅与气体压缩过程有关。根据理想气体状态方程，等温过程的外功为：

$$W = p_1 V_1 \ln \frac{p_2}{p_1} \tag{2-46}$$

对于绝热压缩过程：

$$W = \frac{\gamma}{\gamma-1} p_1 V_1 \left[\left(\frac{p_2}{p_1} \right)^{\frac{\gamma-1}{\gamma}} - 1 \right] \tag{2-47}$$

绝热压缩循环时排出气体的温度为：

$$T_2 = T_1 \left(\frac{p_2}{p_1} \right)^{\frac{\gamma-1}{\gamma}} \tag{2-48}$$

如果实际的压缩过程既不是等温的，也不是绝热的，而是介于两者之间，则称为多变压缩过程，其压缩循环功仍可采用式（2-48）计算，但式中的绝热指数 γ（定压比热容与定容比热容之比）应以多变指数 m 代替，即：

$$W = \frac{m}{m-1} p_1 V_1 \left[\left(\frac{p_2}{p_1} \right)^{\frac{m-1}{m}} - 1 \right] \tag{2-49}$$

以上三种气体压缩过程中，等温压缩功最小，绝热压缩功最大，多变压缩功介于两者之间。

2.4.5.2 有余隙的压缩循环

上述压缩循环之所以称为理想循环，除了假定过程皆属可逆之外，还假定了压缩阶段终了缸内气体全部排尽。实际上此时活塞与气缸盖之间必须留有一定的空隙，以免活塞杆受热膨胀后使活塞与气缸相撞。这个空隙就称为余隙。有余隙的理想气体压缩循环，又称为实际压缩循环。

假设除了循环中存在余隙外，其他假设均与理想气体压缩循环相同。以图 2-41 为例，由于余隙的存在，排气过程终了时，活塞与气缸之间仍存在压力为 p_2、体积为 V_3 的气体。

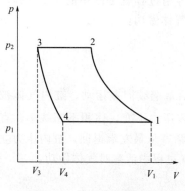

图 2-42　实际压缩循环

当活塞向右移动时，它将随气缸容积逐渐增大而不断膨胀，直到压力降至与吸入压力 p_1 相等为止，如图 2-42 中的过程 3-4。这一过程是余隙气体的膨胀过程。从状态 4 以后，活塞继续向右运动，吸气阀才开启，在压力 p_1 恒定下进行吸气。

由此可见，实际压缩循环由吸气过程、压缩过程、排气过程和余隙气体的膨胀过程组成。在一个循环中，活塞推进一次扫过的体积为 $V_1 - V_3$，实际吸气体积为 $V_1 - V_4$。显然，余隙的存在使一个工作循环的吸气量减小。

实际压缩循环功可由图 2-42 中的 1-2-3-4-1 所围成的面积表示，如果过程 1-2 和 3-4 均按绝热过程考虑，实际压缩循环功为：

$$W=\frac{\gamma}{\gamma-1}p_1(V_1-V_4)\left[\left(\frac{p_2}{p_1}\right)^{\frac{\gamma-1}{\gamma}}-1\right] \tag{2-50}$$

2.4.5.3　余隙系数和容积系数

(1) 余隙系数

余隙系数是指余隙体积占活塞推进一次扫过的体积的百分率，用 ε 表示：

$$\varepsilon=\frac{V_3}{V_1-V_3}\times100\% \tag{2-51}$$

大中型压缩机的低压气缸 ε 一般约为 8%，高压气缸 ε 一般约为 12%。

(2) 容积系数

容积系数是指压缩机一次循环的实际吸气体积（V_1-V_4）与活塞推进一次扫过的体积（V_1-V_3）之比，用 λ_0 表示：

$$\lambda_0=\frac{V_1-V_4}{V_1-V_3} \tag{2-52}$$

对于多变压缩过程：

$$V_4=V_3\left(\frac{p_2}{p_1}\right)^{\frac{1}{m}} \tag{2-53}$$

式中，m 为多变指数。将式(2-53)代入式(2-52)可得：

$$\lambda_0=\frac{V_1}{V_1-V_3}-\frac{V_3\left(\dfrac{p_2}{p_1}\right)^{\frac{1}{m}}}{V_1-V_3}$$

即

$$\lambda_0=1-\varepsilon\left[\left(\frac{p_2}{p_1}\right)^{\frac{1}{m}}-1\right] \tag{2-54}$$

式(2-54)为余隙系数与容积系数的关系式。由该式可以看出，余隙系数和压缩比越大，容积系数越小，实际吸气量越小。当压缩比到某一程度时，有可能出现的一种极限情况是容积系数为零，即 $V_1=V_4$，此时余隙气体膨胀将充满整个气缸，实际吸气量为零。

2.4.5.4　往复式压缩机的主要性能参数

(1) 排气量

往复式压缩机的排气量又称为压缩机的生产能力，它是指单位时间排出的气体体积，其数值按吸入状态计，又称为压缩机的输气量。

若无余隙，压缩机的理论吸气量的计算与往复泵类似，对于单动往复式压缩机为：

$$V'_{\min}=ASn \tag{2-55}$$

双动往复式压缩机的理论吸气量为：

$$V'_{\min}=(2A-a)Sn \tag{2-56}$$

式中，$V'_{\min}$ 为理论吸气量，$m^3\cdot min^{-1}$；A 为活塞截面积，m^2；a 为活塞杆的截面积，m^2；S 为活塞的冲程，m；n 为活塞每分钟往复次数，次·min^{-1}。

由于余隙的存在，余隙气体膨胀后占据了部分气缸容积；气体通过吸气阀时存在流动阻力，使气缸里的压强比吸入气体的压强稍低一些，温度又比吸入气体的温度高，吸入气缸的气体也要膨胀而占去了一部分有效体积，所以实际吸气量少于理论吸气量。并且压缩机还存在多种泄漏，实际排气量还要小一点。因此实际排气量为：

$$V_{\min} = \lambda_{d} V'_{\min} \tag{2-57}$$

式中，$V_{\min}$ 为压缩机的实际排气量，$m^3 \cdot min^{-1}$；λ_d 为排气系数，其值为 $(0.80 \sim 0.95)\lambda_0$。

（2）轴功率和效率

如果以绝热过程为例，压缩机的理论功率可写作：

$$N_a = p_1 V_{\min} \frac{\gamma}{\gamma - 1} \left[\left(\frac{p_2}{p_1} \right)^{\frac{\gamma-1}{\gamma}} - 1 \right] \times \frac{1}{60} \tag{2-58}$$

式中，$V_{\min}$ 为实际排气量，$m^3 \cdot min^{-1}$；N_a 为绝热压缩时压缩机的理论功率，W。

实际所需的轴功率比理论功率大，其原因是实际吸气量比实际排气量大，凡吸入的气体均要经过压缩，故多消耗了能量。气体在气缸内湍动及通过阀门等处有流动阻力，也要消耗能量。此外压缩机运动部件的摩擦也消耗能量。

故压缩机的轴功率为：

$$N = \frac{N_a}{\eta_a} \tag{2-59}$$

式中，N 为轴功率，W；η_a 为绝热总效率，一般 $\eta_a = 0.7 \sim 0.9$，设计完善的压缩机 $\eta_a \geqslant 0.8$。

【例 2-9】 某单级、单动往复式压缩机，活塞直径为 200mm，每分钟往复 300 次，压缩机进口的气体温度为 10℃，压力为 100kPa，排气压力为 505kPa，排气量为 0.6$m^3 \cdot min^{-1}$（按排气状态计）。设气缸的余隙系数为 5%，绝热总效率为 70%，气体绝热指数为 1.4，计算活塞的冲程和轴功率。

解 （1）活塞的冲程　气体经绝热压缩后出口温度为：

$$T_2 = T_1 \left(\frac{p_2}{p_1} \right)^{\frac{\gamma-1}{\gamma}} = 283 \times \left(\frac{505}{100} \right)^{\frac{1.4-1}{1.4}} = 450K$$

输气量（换算为进口气体状态）为：$V_{\min} = 0.6 \times \left(\frac{283}{450} \right) \times \left(\frac{505}{100} \right) = 1.91 m^3 \cdot min^{-1}$

每一冲程实际吸入气体体积为：$V_1 - V_4 = \frac{V_{\min}}{n} = \frac{1.91}{300} = 0.00637 m^3$

压缩机的容积系数为：$\lambda_0 = 1 - \varepsilon \left[\left(\frac{p_2}{p_1} \right)^{\frac{1}{\gamma}} - 1 \right] = 1 - 0.05 \times \left[\left(\frac{505}{100} \right)^{\frac{1}{1.4}} - 1 \right] = 0.89$

压缩机中活塞扫过的体积：$V_1 - V_3 = \frac{V_1 - V_4}{\lambda_0} = \frac{0.00637}{0.89} = 0.0072 m^3$

所以，活塞的冲程由下式计算：

$$V_1 - V_3 = \frac{\pi}{4} D^2 S$$

$$S = \frac{0.0072}{\frac{\pi}{4} \times 0.2^2} = 0.23m$$

（2）轴功率　压缩机的理论功率为：

$$N_a = p_1 V_{min} \frac{\gamma}{\gamma-1} \left[\left(\frac{p_2}{p_1} \right)^{\frac{\gamma-1}{\gamma}} - 1 \right] \times \frac{1}{60}$$

$$= 100 \times 10^3 \times 1.91 \times \frac{1.41}{1.41-1} \times \left[\left(\frac{505}{100} \right)^{\frac{1.4-1}{1.4}} - 1 \right] \times \frac{1}{60} = 6440 \text{W}$$

压缩机的轴功率为：

$$N = \frac{N_a}{\eta_a} = \frac{6440}{0.7} = 9200 \text{W}$$

2.4.5.5　多级压缩

多级压缩是指在一个气缸里压缩了一次的气体进入中间冷却器冷却之后再送入一次气缸进行压缩，经几次压缩才到所需要的终压。

采用多级压缩的原因主要有：

① 提高容积利用率　若所需要的压缩比很大，容积系数就很小，实际送气量就会很小；

② 避免排出气体温度过高　压缩终了气体温度过高，会引起气缸内润滑油炭化或油雾爆炸等问题；

③ 压缩机机械结构更加合理　若采用单级压缩，为了承受很高的终压，气缸要做得很厚，为了吸入初压很低的气体气缸体积又必须很大；

④ 减少功耗，提高压缩机的经济性　在相同总压缩比时，多级压缩采用中间冷却器，消耗的总功更少。

级数越多，总压缩功越接近于等温压缩功，即最小值。然而，级数越多，整体构造越复杂。因此，常用的级数为 2~6，每级压缩比为 3~5。

图 2-43 是一个三级压缩机示意图。气体经过第一级压缩后，通过中间冷却器和油水分离器进入第二级气缸进行压缩，然后再通过中间冷却器和油水分离器进入第三级。这样，各级的压缩比只占总压缩比的一部分。

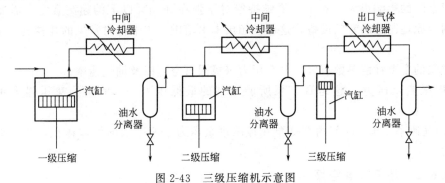

图 2-43　三级压缩机示意图

理论上可以证明，在级数相同时，各级压缩比相等，则总压缩功最小。此时，各级的压缩比均为 $\sqrt[n]{p_2/p_1}$。

对于压缩阶段为多变过程的理想循环，所需的总理论功为：

$$W = \frac{nm}{m-1} p_1 V_1 \left[\left(\frac{p_2}{p_1} \right)^{\frac{m-1}{m}} - 1 \right] \tag{2-60}$$

2.4.5.6　往复式压缩机的类型和选用

往复式压缩机的分类方法很多，如下。

① 按吸排方式分为单动式、双动式。

② 按气体受压次数分为单级、双级和多级往复式压缩机。

③ 按压缩机产生的终压分为低压（1MPa 以下）、中压（1～10MPa）、高压（10～100MPa）往复式压缩机。

④ 按排气量大小分为小型（$10m^3 \cdot min^{-1}$）、中型（$10～30m^3 \cdot min^{-1}$）、大型（$30m^3 \cdot min^{-1}$ 以上）往复式压缩机。

⑤ 按压缩气体种类分为空气压缩机、氨压缩机、氢压缩机和石油气压缩机等。

⑥ 按气缸放置方式分为立式、卧式、角式（L 形、V 形、W 形）往复式压缩机。

选用压缩机时，应首先根据输送气体的性质确定压缩机的种类。各种气体有各自特殊性质，对压缩机便有不同的要求。如氧气是一种助燃气体，氧气压缩机的润滑方法和零部件材料就与空气压缩机的不同。然后根据生产任务及厂房具体条件选定压缩机的结构型式，如立式、卧式还是角式。最终根据所需的排气量和排气压力在样本和产品目录中选择合适的型号。需要注意的是，一般标出的排气量是以 20℃、101.13kPa 状态下的气体体积表示的，单位为 $m^3 \cdot min^{-1}$。

往复式压缩机排气是脉动的。一般出口处与储气罐相连，使输出气体稳定均匀，储气罐上装有过滤器。运转过程中应及时维护，注意部件的润滑和气缸的冷却。

2.4.6　真空泵

2.4.6.1　真空泵的一般特点

真空泵就是从负压容器中抽气、一般在大气压下排气的输送机械，用于维持工艺系统要求的真空状态。若将前述任何一种气体输送机械的进口与设备接通，即成为从设备抽气的真空泵。然而，专门为产生真空用的设备却有其独特之处。如由于吸入气体的密度很低，要求真空泵的体积必须足够大；为获得较高的真空度（绝对压强在 20kPa 以下），将使压缩比很高，所以余隙的影响很大。对于需要维持绝对压强在 0.1Pa 以下的超高真空，需要应用扩散、吸附等原理制造的专门设备，这已经超出本书范围。本书仅对常见的几种真空泵进行简要说明。

真空泵的主要性能参数有极限剩余压力（极限真空）以及抽气速率。

① 极限剩余压力　这是真空泵所能达到的最低压力，一般用绝对压强表示，单位为 Pa。

② 抽气速率　单位时间内真空泵在极限剩余压力下所吸入的气体体积，亦即真空泵的生产能力。

2.4.6.2　往复式真空泵

往复式真空泵的构造和原理与往复式压缩机基本相同。但是，往复式真空泵也有其自身的特点。当要求达到较好的真空度时，真空泵的压缩比会很大，余隙容积必须很小，否则就不能保证较大的吸气量。在低压下操作，气缸内、外压差很小，所用的活门必须更加轻巧。为减少余隙的影响，设有连通活塞左右两侧的平衡气道。

往复式真空泵所排放的气体不应含有液体，若气体中含有大量蒸气，必须把蒸气冷凝后才能进入泵内，即它应当是干式真空泵。干式往复真空泵可造成高达 96%～99.9% 的真空度。如果气体中含有蒸气，则为湿式真空泵，湿式往复真空泵只能达到 $80\%\sim85\%$ 的真空度。

2.4.6.3　水环真空泵

水环真空泵的外壳呈圆形，其中的叶轮偏心安装，上有辐射状叶片，如图 2-44 所示。启动前，泵内注入一定量的水，当叶轮旋转时，由于离心力的作用，水被甩至壳壁形成水环。此水环具有密封作用，使叶片间的空隙形成许多大小不同的密封室。由于叶轮的旋转运动，密封室由小变大形成真空，将气体从吸入口吸入；继而密封室由大变小，气体由压出口排出。

水环真空泵属于湿式真空泵，结构简单、紧凑，吸气时可允许夹带少量液体。其最高真空度可达 85%（约 86kPa），它也可作鼓风机用，但所产生的表压不超过 98.1kPa。水环真空泵运转时要不断补充水以维持泵内液封，同时补充的水还起到冷却的作用。水环真空泵的效率一般为 $30\%\sim50\%$，其产生的真空度受泵内水温的限制。当被抽吸的气体不宜与水接触时，泵内可充其他液体，所以这种泵又称为液环真空泵。

此类泵结构简单、紧凑，易于制造和维修。由于旋转部分没有机械摩擦，使用寿命长，操作可靠，适用于抽吸含有液体的气体。

2.4.6.4　旋片真空泵

旋片真空泵是旋转式真空泵的一种，其工作原理如图 2-45 所示。带有两个旋片的偏心转子按图中箭头方向旋转，旋片在弹簧及自身离心力的作用之下，紧贴壁面滑动，从而形成体积可变的工作室，随着转子转动与吸入口相通的工作室扩大，气体被吸入。当旋片转至垂直状态时，吸气完毕。转子继续旋转，气体逐渐被压缩，压力升高，以致超过排气阀上的压力，吸入的气体开始排出。泵在工作时，旋片始终将泵腔分为吸气、压缩、排气三个工作室，转子每旋转一周，有两次吸气和排气过程。

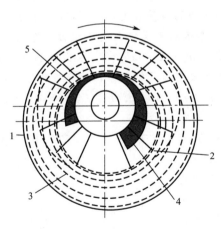

图 2-44　水环真空泵简图
1—外壳；2—叶片；3—水环；
4—吸入口；5—排出口

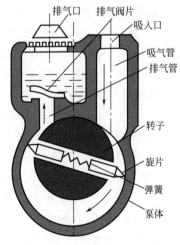

图 2-45　旋片真空泵的工作原理

旋片真空泵可以达到较高的真空度。但其抽气速率较小，适合抽除干燥气体或含有少量可凝性蒸气的气体。

2.4.6.5 喷射真空泵

喷射真空泵是利用高速流体射流时，压力能向动能转换所造成的真空将气体吸入泵内，并在混合室通过碰撞、混合以提高吸入气体的机械能，气体和工作流体一并排出泵外。喷射真空泵的流体可以是水，也可以是水蒸气，分别称为水喷射泵和蒸汽喷射泵。图2-46为单级蒸汽喷射真空泵示意图。

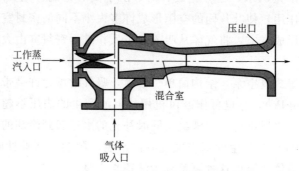

图 2-46　单级蒸汽喷射真空泵示意图

单级蒸汽喷射真空泵仅能达到90%的真空度，为获得更高的真空度可采用多级蒸汽喷射真空泵。

喷射真空泵的优点是工作压强范围大，抽气量大，结构简单、紧凑，适应性强。缺点是效率低，工作流体浪费很大。一般多作真空泵使用，而不作为输送设备用。由于所输送的流体与工作流体混合，因而使其应用范围受到一定限制。

习 题

2-1　用泵将20℃的水从敞口储槽送至表压为2×10^5Pa的密闭容器，两槽液面均恒定不变，各部分相对位置如图所示。输送管路尺寸为$\phi108mm\times4mm$的无缝钢管，吸入管长为20m，排出管长为100m（各段管长均包括所有局部阻力的当量长度）。当阀门全开时，真空表读数为30000Pa，两测压口的垂直距离为0.5m，忽略两测压口之间的阻力，摩擦系数λ可取为0.02。试求：（1）阀门全开时管路的流量（$m^3\cdot h^{-1}$）；（2）泵出口压强表读数（Pa）；（3）泵的扬程（m）；（4）若离心泵运行一年后发现有气缚现象，试分析其原因。

[（1）$57.6m^3\cdot h^{-1}$；（2）312547Pa（表压）；（3）35.4m；（4）进口管有泄漏]

2-2　用泵将20℃水由贮槽打到某处，泵前后各装有真空表和压强表。已知泵的吸入管路总阻力为$2.3mH_2O$，吸入管路速度头为$0.2mH_2O$，该泵的必需汽蚀余量为5m，当地大气压为101.3kPa。水在50℃时的饱和蒸气压为12.31kPa，槽液面与吸入口位差2m。试求：（1）真空表的读数为多少？（2）当水温由20℃变为50℃时发现真空表与压强表读数突然改变，流量骤然下降，此时出现了什么故障？原因何在？有何解决办法？

[（1）44.14kPa；（2）出现汽蚀现象；可通过校核泵的安装高度来验证；解决措施：①将泵下移；②减少吸入管路阻力损失]

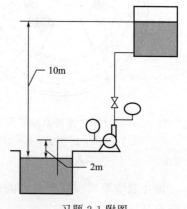

习题 2-1 附图

2-3　混合式冷凝器的真空度为 78.48kPa，所需冷却水量为 5×10^4 kg·h^{-1}，冷水进冷凝器的入口比水池的吸水液面高 15m，用 ϕ114mm×7mm 的管道输水，管长 80m，管路配有 2 个球形阀和 5 个 90°弯头，已知阀门的阻力系数 $\xi=3$，90°弯头阻力系数 $\xi=1.26$，摩擦系数 $\lambda=0.02$。现仓库中有四种规格离心泵如下：

项目	1	2	3	4
流量/m³·min^{-1}	0.5	1	1	2
扬程/m	10	10	15	15

试问选用哪一号泵，并说明理由。　　　　　　　　　　　　　　　[3 号泵较为合适，理由略]

2-4　选用某台离心泵，从样本上查得其允许吸上真空高度 $H_{g允}=7.5$m，现将该泵安装在海拔高度为 500m 处，已知吸入管的压头损失为 1mH$_2$O，泵入口处动压头为 0.2mH$_2$O，夏季平均水温为 40℃，问该泵安装在离水面 5m 高处是否合适？已知在海拔 500m 处大气压强 $H_a=9.74$mH$_2$O。　　　　　　　　　　　　　　　　　　　　　[合适]

2-5　在一化工生产车间，要求用离心泵将冷却水由贮水池经换热器送到另一个高位槽。已知高位槽液面比贮水池液面高出 10m，管路总长（包括局部阻力的当量长度在内）为 400m，管内径为 75mm，换热器的压头损失为 $32\dfrac{u^2}{2g}$，在上述条件下摩擦系数可取为 0.03，离心泵在转速 $n=2900$r·min^{-1} 时的 H-q_V 特性曲线数据如下：

q_V/m³·s^{-1}	0	0.001	0.002	0.003	0.004	0.005	0.006	0.007	0.008
H/m	26	25.5	24.5	23	21	18.5	15.5	12	8.5

试求：（1）管路特性曲线；（2）泵的工作点及其相应流量及压头。

　　　　　　　[（1）$H=10+5.03\times10^5 q_V^2$，（2）$q_v=0.0045$m³·s^{-1}，$H=20$m]

2-6　某台离心泵的特性曲线可用方程 $H_e=20-2Q^2$ 表示，式中，H_e 为泵的扬程，m；Q 为流量，m³·min^{-1}。现该泵用于两敞口容器之间输送液体，已知单泵使用时流量为 1m³·min^{-1}，要使流量增加 50%，试问应该将同样的两台泵并联还是串联使用，两容器液面位差为 10m。　　　　　　　　　　　　　　　　　　　　　　　　　　[串联]

2-7　用离心泵以 40m³·h^{-1} 的流量将贮水池中 65℃ 的热水输送到凉水塔顶，并经喷头喷出而落入凉水池中，以达到冷却的目的，已知水进入喷头之前需要维持 49kPa 的表压强，喷头入口较贮水池水面高 6m，吸入管路和排出管路中压头损失分别为 1m 和 3m，管路中的动压头可以忽略不计。（1）试选用合适的离心泵；（2）确定泵的安装高度。当地大气压按 101.33kPa 计。

　　　　　　　　　　　　　　　　　　　　　　　　　　[（1）3B19；（2）2.5m]

2-8　常压贮槽内盛有石油产品，其密度为 760kg·m^{-3}，黏度小于 20cSt，在贮槽条件下饱和蒸气压为 80kPa，现拟用 65Y-60B 型油泵将此油品以 15m³ 流量送往表压强为 177kPa 的设备内。贮槽液面恒定，设备的油品入口比贮槽液面高 5m，吸入管路和排出管路的全部压头损失为 1m 和 4m。试核算该泵是否合用。若油泵位于贮槽液面以下 1.2m 处，问此泵能否正常操作？当地大气压按 101.33kPa 计。　　　　　　　　　　　　　[能正常工作]

2-9　15℃ 的空气直接由大气进入风机再通过内径为 800mm 的水平管道送到炉底，炉底表压强 10kPa。空气输送量为 20000m³·h^{-1}（进口状态计），管长为 100m（包括局部阻力当量长度），管壁绝对粗糙度可取为 0.3mm。现库存一台离心通风机，其性能如下所示。核

算此风机是否合用？当地大气压为 101.33kPa。　　　　　　　　　　　　　　　［合用］

转速/r·min^{-1}	风压/Pa	风量/m^3·h^{-1}
1450	12650	21800

2-10　有一单级双缸、双动空气压缩机，活塞直径为 300mm，冲程为 200mm，每分钟往复 480 次。压缩机的吸气压强为 98.1kPa，压缩过程的多变指数 k 为 1.25，余隙系数 ε 为 0.02。设气缸的排气系数为 0.85，多变总效率为 0.7。试求：（1）压缩比为 5 时的排气量和轴功率；（2）压缩比为 10 的排气量和轴功率；（3）压缩机的极限压缩比。

　　［（1）11.54m^3·min^{-1}，21.18kW；（2）11.54m^3·min^{-1}，78.83kW；（3）136.3］

思 考 题

2-1　离心泵的特性曲线通常包括有哪些？流量改变，泵的扬程、轴功率和效率如何变化？

2-2　什么是流体输送机械？流体输送机械的作用有哪些？

2-3　离心泵的流量调节阀安装在离心泵出口管路上，当关小出口阀门后，泵的进口真空表读数和泵的出口压力表读数如何变化？

2-4　离心泵发生"汽蚀"的主要原因是什么？

2-5　离心泵叶轮处开有平衡孔有何作用？而导轮的作用又是什么？

2-6　离心泵流量的调节方法有多少种？常用的方法是哪种？流量调节的依据是什么？

2-7　原用来输送水的离心泵，现改用输送密度为 800kg·m^{-3} 的流体，其他物性与水类似，此时的性能曲线有何变化？

2-8　为何离心泵启动前需要灌液才能正常运转？而正位移泵如往复泵是否也需要灌液才能正常运转？

2-9　如何根据给定的生产任务选择泵？其依据是什么？

2-10　输送含晶体 10％ 的悬浮液宜选用何种泵？

2-11　离心式通风机的全风压、静风压、动风压三者之间的关系如何？如何正确地选择离心式通风机？

2-12　为何离心泵的扬程 H 与输送的流体密度无关，而风机的全风压与气体的密度有关？

2-13　往复式压缩机的余隙有什么作用？压缩比改变，其余隙如何变化？极限压缩比如何求得？生产上单级压缩机的压缩比为多少适合？

2-14　简单阐述离心泵的工作原理。

2-15　总结教材中提及的泵的特性参数、结构特点、操作要求、适用场合等。

第 3 章

非均相物系分离

3.1 概述

化工生产过程常常会遇到非均相混合物的流动与分离问题，如空气净化过程从含有尘粒或雾的气体中分离出固体颗粒，污水处理过程从含有固体颗粒的悬浮物中分离出固体物，食品及涂料工业过程将不互溶的乳浊液分为轻液和重液使之增稠等。这类混合物系均是非均相体系，具有明显的两相界面，一般都可以采用机械方法进行分离。非均相分离过程基于质点运动与流体力学的特点，涉及流体相对于颗粒或床层的流动，与混合物的组成情况及性质（如分散相浓度、颗粒形状和大小、密度、连续相的密度及黏度等）有关。

工业上分离非均相混合物的目的如下。

① 回收有价值的分散物质　例如从催化反应器出来的气体，往往夹带有价值的催化剂颗粒，必须将这些颗粒加以回收循环利用；从某些类型干燥器出来的气体及从结晶器出来的晶浆中都带有一定量的固体颗粒，也必须收回这些悬浮颗粒作为产品。另外，在某些金属冶炼过程中，烟道气中常悬浮着一定量的金属化合物或冷凝的金属烟尘，收集这些物质能提高这种金属的产率。

② 净化分散介质以满足后续生产工艺的要求　例如某些催化反应的原料气中夹带有会影响催化剂活性的杂质，因此，在气体进入反应器之前，必须除去其中尘粒状的杂质，以保证催化剂的活性。

③ 环境保护和安全生产　为了保护人类生态环境，清除工业污染，要求对排放的废气、废液中有毒的物质加以处理，使其浓度符合规定的排放标准；很多含碳物质及金属细粉与空气形成爆炸物，必须除去这些物质以消除隐患。

根据分离基本原理，非均相混合物的分离操作分为以下两大类。

① 沉降分离　包括重力场、离心力场以及电场中的沉降分离。

② 过滤　液体通过固体颗粒床层运动从而实现液固混合物的分离。

下面将分别介绍。

3.2 颗粒与颗粒床的特性

3.2.1 颗粒的特性

3.2.1.1 单个颗粒的特性

工程上主要用粒径和形状表示单个颗粒基本形貌特性。

（1）颗粒的球形度（形状系数）

颗粒的球形度表征颗粒形状与球形的差异程度，定义为与颗粒体积相同的球形颗粒的表面积除以颗粒的表面积，即：

$$\phi = \frac{A_s}{A} \tag{3-1}$$

式中，ϕ 为颗粒的球形度；A_s 为与颗粒等体积的球形颗粒的表面积，m^2；A 为颗粒的表面积，m^2。

由于体积相同的不同形状的颗粒，球形颗粒的表面积最小，所以对非球形颗粒，球形度 ϕ 总是小于 1。对于球形颗粒，$\phi=1$。颗粒形状与球形差别愈大，ϕ 值愈小。

（2）颗粒的比表面积

颗粒的比表面积表征粒径大小，定义为单位体积颗粒具有的表面积，即：

$$a = \frac{A}{V} \tag{3-2}$$

式中，a 为颗粒的比表面积，$m^2 \cdot m^{-3}$；A 为颗粒的表面积，m^2；V 为颗粒的体积，m^3。

对于球形颗粒，比表面积 a_s 与直径 d_p 的关系为：

$$a_s = \frac{A_s}{V_s} = \frac{\pi d_p^2}{\frac{\pi d_p^3}{6}} = \frac{6}{d_p} \tag{3-3}$$

式中，d_p 为球形颗粒的直径，m；A_s 为球形颗粒的表面积，m^2；V_s 为球形颗粒的体积，m^3。

（3）颗粒的当量直径

直径是描述颗粒大小最常用的参数。非球形颗粒的当量直径有两种常见表示方法。

① 等体积当量直径，指与非球形颗粒体积相等的球形颗粒的直径，即：

$$d_v = \sqrt[3]{\frac{6V}{\pi}} \tag{3-4}$$

式中，d_v 为颗粒等体积当量直径，m。

结合式（3-1）、式（3-2）和式（3-4）可得：

$$d_v = \frac{6}{\phi a} \tag{3-5}$$

② 等比表面积当量直径，指与非球形颗粒比表面积相等的球形颗粒的当量直径，即：

$$d_a = \sqrt{\frac{A}{\pi}} \tag{3-6}$$

式中，d_a 为颗粒等比表面积当量直径，m。

由式（3-1）、式（3-2）、式（3-5）和式（3-6）可得颗粒球形度另一表达形式：

$$\phi = \frac{d_a}{d_v} \tag{3-7}$$

3.2.1.2 颗粒群的特性

化工过程遇到的主要是大小不同的颗粒群的流动，如去除废气中的尘粒或分离悬浮液体中的固体颗粒，尘粒和固体颗粒的尺寸大小不一，从而形成了一定的粒度（尺寸）分布。要研究颗粒群的分离，必须知道颗粒群的粒度分布。确定颗粒群的粒度分布通常有筛分法、沉降法、电子显微镜法、光学及表面积测定法等。采用何种方法通常取决于所研究的颗粒尺寸范围。

(1) 颗粒的筛分尺寸及粒度分布

不同粒径范围内所含粒子的个数或质量，即粒径分布。对于粒度相对大的颗粒（>70μm），可以采用筛分分析法测定混合物中各种尺寸颗粒的粒径分布。工业过程已有一套标准筛测定粒径分布，这种方法称为筛分分析。常用的是泰勒标准筛，此标准筛由金属丝网编织而成，按每英寸边长上的孔数作为筛号或称为目数。例如，300 目的筛子表示长度为 1in 的筛网上有 300 个筛孔。每一筛号的金属丝粗细和筛孔的净宽是一定的，泰勒标准筛目数的筛孔面积约为 2 倍于目数大一号的筛孔面积，因此，相邻两筛号的筛孔尺寸之比约为 $\sqrt{2}$。表 3-1 给出泰勒标准筛目数与筛孔宽度的关系。

表 3-1 泰勒标准筛目数与筛孔宽度的关系

目数	筛孔尺寸/mm	线径/mm	目数	筛孔尺寸/mm	线径/mm	目数	筛孔尺寸/mm	线径/mm
4	4.699	1.651	20	0.833	0.437	100	0.147	0.107
6	3.327	0.914	28	0.589	0.318	150	0.104	0.066
8	2.362	0.813	35	0.417	0.310	200	0.074	0.053
10	1.651	0.689	48	0.295	0.234	270	0.053	0.041
14	1.168	0.635	65	0.208	0.183	400	0.038	0.025

进行筛分分析时，将一套标准筛按尺寸大小从小到大、自上而下地叠在一起。将称重后的颗粒样品放在最上面的筛子上，然后，将整套筛子用振荡器振动过筛，不同大小的颗粒因粒度差异分别被截留在不同筛子上。对于某一号筛子，通过筛孔的颗粒量称为筛过量，截留于筛面上的颗粒量称为筛余量。分别称量各号筛网上的筛余量即可获得筛分分析数据。

(2) 筛分结果的表示

筛分分析结果可以用图线和表格两种方法表示，下面讨论图线筛分分析结果。

① 分布函数图线　令某号筛子的筛孔尺寸为 d_{pi}，该筛号过筛下获得的颗粒质量占样品总量的质量分数为 F_i，将 F_i 与 d_{pi} 绘制成如图 3-1 所示的曲线，此曲线称为分布函数。由分布函数图 3-1 可得到以下两个重要特性。

a. 对应于某一尺寸 d_{pi} 的 F_i 表示直径小于 d_{pi} 的颗粒占全部样品的质量分数。

b. 在该批样品中颗粒的最大直径 $d_{p,max}$ 处，其分布函数为 1。

② 频率函数图线　若在过筛时，某号筛面上获得的颗粒占全部样品的质量分数为 w_i，这些颗粒的直径介于相邻两号筛孔直径 $d_{i-1} \sim d_i$ 之间，以粒径 d_p 为横坐标，颗粒粒径范围的质量分数 w_i 用矩形面积表示，如图 3-2 所示，则矩形高度可用下式表示：

$$\overline{f_i} = \frac{w_i}{d_{i-1} - d_i} \tag{3-8}$$

式中，$\overline{f_i}$ 为粒径处于 $d_{i-1} \sim d_i$ 范围内颗粒的平均分布密度。

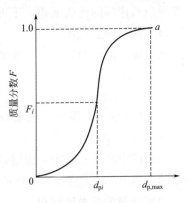

图 3-1 颗粒分布函数曲线

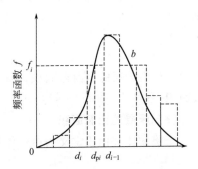

图 3-2 颗粒频率函数曲线

当 d_{i-1} 与 d_i 相差不大，可将该粒径范围的颗粒看作具有相同直径的均匀颗粒，其直径 d_{pi} 取两者的算术平均值 $(d_{i-1}+d_i)/2$。

③ 颗粒群的平均直径　在工程上为了简便起见，常用颗粒的某个平均直径来代替粒径分布，但必须指出，任一个平均直径都不能全面取代分布函数，只能从某个侧面与分布函数相当。通常因研究范围不同，有不同表示平均直径的方法，其中最常用的是等比表面积直径，其他表示方法可参见相关的参考文献。

设球形颗粒群的平均比表面积为 $a_m(m^2 \cdot m^{-3})$，颗粒群中不同颗粒尺寸的等比表面积直径、质量分数和比表面积分别为 $d_{ai}(m)$、w_i 和 $a_i(m^2 \cdot m^{-3})$，根据式(3-3)，它们之间的关系为：

$$a_m = \sum w_i a_i = \sum w_i \frac{6}{d_{ai}} \tag{3-9}$$

由此可得球形颗粒群的等比表面积平均直径 d_{am} 为：

$$d_{am} = \frac{6}{a_m} = \frac{1}{\sum \dfrac{w_i}{d_{ai}}} \tag{3-10}$$

式(3-10) 对非球形颗粒也适用，只需用 (ϕd_v) 代替 d_{ai} 即可。

3.2.2　颗粒床的特性

化工过程的过滤、流化床反应器等操作过程，常遇到流体流过颗粒床层，了解颗粒床的特性是非常必要的。表征颗粒床的特性参数有多种，常用的分别为床层的空隙率、床层的自由截面积和床层的比表面积，下面将分别介绍。

(1) 床层的空隙率

颗粒床层的空隙率定义为颗粒间的空隙体积与颗粒床层的总体积之比，即：

$$\varepsilon = \frac{V_b - V_p}{V_b} = 1 - \frac{V_p}{V_b} \tag{3-11}$$

式中，ε 为床层的空隙率，无量纲；V_b 为床层的总体积，m^3；V_p 为床层中颗粒所占的体积，m^3。

床层的空隙率 ε 是表示床层的堆积紧密程度和流动阻力的一个重要参数，ε 的大小与颗粒床的装填有关，ε 越大，堆积越疏松，其流动阻力越小。

(2) 床层的自由截面积

床层的自由截面积定义为床层横截面上未被颗粒占据的空隙面积与床层总截面积之比，即：

$$S = \frac{S_b - S_p}{S_b} = 1 - \frac{S_p}{S_b} \tag{3-12}$$

式中，S 为床层的自由截面积，m^2；S_b 为床层的总截面积，m^2；S_p 为床层中颗粒所占的截面积，m^2。

(3) 床层的比表面积

床层的比表面积定义为单位体积床层中颗粒的表面积，即：

$$a_b = \frac{A_p}{V_b} \tag{3-13}$$

式中，a_b 为颗粒床层的比表面积，$m^2 \cdot m^{-3}$；A_p 为床层中颗粒的表面积，m^2；V_b 为床层的总体积，m^3。

若不考虑颗粒间的相互接触而重叠所减少的表面积，则颗粒的比表面积与床层表面积的关系可用下式表示：

$$a_b = a(1-\varepsilon) \tag{3-14}$$

3.3 颗粒的沉降

沉降是指在某种力场中利用分散相和连续相之间的密度差异，使之发生相对运动而分离非均相混合物（例如从含有固体尘粒的气-固混合物中分离出固体颗粒，从而实现气体净化）的化工单元操作之一。在固体颗粒与流体组成的非均相流动物系中，流体称为连续相，固体颗粒则称为分散相。

沉降分离可分为重力沉降、离心沉降和电沉降等。重力沉降和离心沉降是在重力或离心力场的作用下，利用颗粒与流体之间的密度差使颗粒与流体产生相对运动的原理实现分离，电沉降则是在电场作用下，使颗粒带电从而使得颗粒与流体产生相对运动而分离。实现沉降过程的单元设备有重力沉降器、增稠器、旋风分离器、旋液分离器、离心沉降机、电除尘器等，下面将分别介绍。

3.3.1 重力沉降与设备

3.3.1.1 曳力

颗粒在流体中发生重力沉降时会受到曳力作用。流体以一定的速度绕过固体颗粒时，流体与固体颗粒之间产生一对大小相等、方向相反的力，使固体颗粒沿流动方向受的力称为曳力（drag），固体颗粒对流体的作用力称为阻力（friction）。流体作用于颗粒的曳力包括表面曳力（surface drag）和形体曳力（form drag）两种，如图3-3所示。它们可用以下公式进行计算：

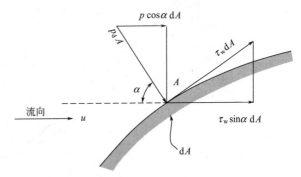

图 3-3　流体作用于颗粒的曳力

$$表面曳力 = \int_A \tau_w \sin\alpha \, dA$$

$$形体曳力 = \int_A p \cos\alpha \, dA$$

总曳力 F_D 为：

$$F_D = \int_A \tau_w \sin\alpha \, dA + \int_A p \cos\alpha \, dA \tag{3-15}$$

影响曳力的因素有流体与固体颗粒的相对运动速度、流体的密度和黏度、颗粒的大小、形状和流动方向，其关系很复杂，较难从理论上获得分析解。目前的处理办法是将表面曳力和形体曳力综合考虑，用下面公式计算：

$$F_D = C_D A_p \frac{1}{2} \rho u^2 \tag{3-16}$$

式中，F_D 为固体颗粒受的总曳力，N；A_p 为颗粒在流体流动方向上的投影面积，m^2；C_D 为曳力系数，无量纲；ρ 为流体的密度，$kg \cdot m^{-3}$；u 为流体与颗粒的相对运动速度，$m \cdot s^{-1}$。

3.3.1.2 曳力系数 C_D

流体流过固体颗粒时，影响曳力的因素可用下面的函数关系表示：

$$F_D = f(L, u, \rho, \mu) \tag{3-17}$$

式中，L 为表征颗粒大小的特性尺寸，对球形颗粒，L 即为颗粒的直径 d_p。由量纲分析可以得出类似于摩擦系数的关系式：

$$C_D = \frac{F_D}{\frac{1}{2}\rho u^2 A_p} = f\left(\frac{d_p u \rho}{\mu}\right) \tag{3-18}$$

令

$$Re_p = \frac{d_p u \rho}{\mu} \tag{3-19}$$

式中，Re_p 为颗粒运动的雷诺数。故可得：

$$C_D = f(Re_p) \tag{3-20}$$

由于影响表面曳力和形体曳力的因素相互作用，曳力系数随雷诺数的变化是相当复杂的，通常由实验测定，图 3-4 给出几种不同形状颗粒的曳力系数 C_D 与颗粒雷诺数 Re_p 的关系。

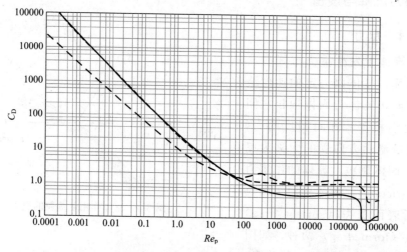

图 3-4 不同形状颗粒的曳力系数 C_D 与颗粒雷诺数 Re_p 的关系

——球形颗粒；----柱形颗粒；— — 圆盘形颗粒

由图 3-4 可见，对球形颗粒，曳力系数与颗粒雷诺数的关系大致可以分为三个区域。

(1) 层流区（称为斯托克斯区，Stokes）

当 $Re_p \leqslant 2$ 时

$$C_D = \frac{24}{Re_p} \tag{3-21}$$

对球形颗粒，由式(3-16)和式(3-21)可得到总曳力为：

$$F_D = C_D A_p \frac{1}{2} \rho u^2 = 3\pi\mu u d_p \tag{3-22}$$

式中，$A_p = \pi d_p^2/4$ 为球形颗粒的投影面积，m^2。

(2) 过渡区（称为阿仑区，Allen）

当 $2 < Re_p \leqslant 1000$ 时
$$C_D = \frac{18.5}{Re_p^{0.6}} \tag{3-23}$$

(3) 湍流区（称为牛顿区，Newton）

当 $10^3 \leqslant Re_p < 2\times10^5$ 时
$$C_D \approx 0.44 \tag{3-24}$$

对球形颗粒，由式(3-16)和式(3-24)可得总曳力为：

$$F_D = C_D A_p \frac{1}{2} \rho u^2 = 0.055\pi u^2 d_p^2 \rho \tag{3-25}$$

由图 3-4 还可见，若 Re_p 超过 5×10^5 时，对球形颗粒，C_D 接近另一常数 0.13；对柱形颗粒，C_D 约为 0.33；而对圆盘形颗粒，C_D 约为 1.12。

3.3.1.3 重力沉降速度

图 3-5 静止流体中颗粒运动时的力平衡

将表面光滑的刚性球形颗粒置于静止的流体中，如果颗粒密度大于流体的密度，则颗粒将沿着重力方向作沉降运动。若颗粒的初速度为零，开始时颗粒只受重力和浮力的作用。因为颗粒的密度大于流体的密度，作用于颗粒上的外力之和不等于零，颗粒将产生加速度 $du/d\tau$。一旦颗粒开始运动，颗粒即受到流体作用于颗粒的曳力。以球形颗粒为例，如图 3-5 所示，在沉降过程中颗粒所受的力包括：

(1) 重力

$$F_g = mg = \frac{1}{6}\pi d_p^3 \rho_p g \tag{3-26}$$

式中，m 为颗粒的质量，kg；ρ_p 为颗粒的密度，$kg \cdot m^{-3}$；d_p 为颗粒的直径，m。

(2) 浮力 F_b

$$F_b = \frac{m}{\rho_p}\rho g = \frac{1}{6}\pi d_p^3 \rho g \tag{3-27}$$

式中，ρ 为流体的密度，$kg \cdot m^{-3}$。

(3) 曳力 F_D

$$F_D = C_D A_p \left(\frac{1}{2}\rho u^2\right) \tag{3-28}$$

式中，A_p 为球形颗粒的投影面积，$A_p = \pi d_p^2/4$，m^2；u 为颗粒相对于流体的运动速度，$m \cdot s^{-1}$。

根据牛顿第二定律可得下式：

$$F_g - F_b - F_D = m\frac{du}{d\tau} \tag{3-29}$$

或
$$\frac{du}{d\tau} = \left(\frac{\rho_p - \rho}{\rho_p}\right)g - \frac{C_D A_p}{2m}\rho u^2 \tag{3-30}$$

或
$$\frac{du}{d\tau} = \left(\frac{\rho_p - \rho}{\rho_p}\right)g - \frac{3C_D}{4d_p\rho_p}\rho u^2 \tag{3-31}$$

式中，τ 为时间，s。

随着颗粒下降速度的不断增加，式(3-31)右侧的第二项（曳力项）逐渐增大，加速度逐渐减小。当下降速度增至某一数值时，曳力等于颗粒在流体中的净重（表观重量），加速度 $du/d\tau$ 等于零，此时，颗粒将以恒定不变的速度 u_t 做匀速沉降运动。u_t 称为颗粒的沉降速度或末端速度。

由上面分析可见，静止流体中颗粒的沉降过程可分为两个阶段，即加速段和等速段。

由于小颗粒具有相当大的比表面积，使得颗粒与流体间的接触表面很大，故曳力在很短时间内便与颗粒所受的净重力平衡，因此所经历的沉降加速度时间很短，加速度所经历的距离也很小。因此，其加速度阶段可以忽略，而近似认为颗粒始终以 u_t 下降。

当加速度 $du/d\tau=0$ 时，由式(3-31)可得：

$$u_t = \sqrt{\frac{4(\rho_p - \rho)gd_p}{3\rho C_D}} \tag{3-32}$$

当颗粒直径较小，沉降处于斯托克斯区时，由式(3-21)和式(3-32)可解得：

$$u_t = \frac{gd_p^2(\rho_p - \rho)}{18\mu} \tag{3-33}$$

若沉降处于过渡区，由式(3-23)和式(3-32)，得：

$$u_t = 0.269\sqrt{\frac{gd_p(\rho_p - \rho)Re^{0.6}}{\rho}} \tag{3-34}$$

当颗粒直径较大，处于牛顿区时，由式(3-24)和式(3-32)，得：

$$u_t = 1.75\sqrt{\frac{d_p(\rho_p - \rho)g}{\rho}} \tag{3-35}$$

以上讨论的是单个球形颗粒自由沉降，实际生产过程大多是颗粒群的沉降，因此，还需考虑以下因素的影响。

① 干扰沉降 对颗粒群的沉降，相邻颗粒的运动改变了原来单个颗粒周围的流场，颗粒沉降相互受到干扰，此类沉降称为干扰沉降。对于干扰沉降速度的计算，一般先按单个颗粒自由沉降计算，然后再根据颗粒浓度予以修正。

② 壁效应 容器的壁和底面均会增加颗粒沉降时的曳力，使实际颗粒的沉降速度较自由沉降时的计算值为小。在某些实验研究需要作准确计算时，应考虑此项壁效应的影响。

③ 分子运动 当颗粒直径小到可与流体分子的平均自由程相比拟时，颗粒可穿过快速运动的流体分子之间，沉降速度可大于按斯托克斯定律的计算值。此外，对于颗粒直径 $d_p < 0.5\mu m$ 时，沉降受到流体分子布朗运动的影响。这时流体不能当作连续介质，上述有关颗粒所受曳力的讨论已不再成立。

④ 非球形 对于非球形颗粒，由于曳力系数比同体积球形颗粒的大，所以实际沉降速度比按等体积球形颗粒计算的沉降速度为小，当计算实际沉降速度时，按球形取颗粒直径，则该直径为相等沉降速度的当量直径。

由计算颗粒沉降速度 u_t 的式(3-33)～式(3-35)可见，在斯托克斯区，u_t 的大小与颗粒的 d_p^2 成正比；而在牛顿区，u_t 的大小与 $d_p^{0.5}$ 成正比。由上面两个公式求 u_t 时，必须先判断 Re_p 所处的区域，而 Re_p 又包含有 u_t，故需用试差法。为了避免试差，可将不同区域计算的 u_t 代入 Re_p 中，并引用一无量纲参数 k 作为判据。以沉降处于斯托克斯定律区为例，将式(3-33)的 u_t 代入式(3-21)的 Re_p 中，整理得：

$$Re_p = \frac{gd_p^2(\rho_p - \rho)\rho}{18\mu^2} \tag{3-36}$$

令

$$k = d_p \left[\frac{g(\rho_p - \rho)}{\mu^2} \right]^{1/3} \qquad (3-37)$$

则

$$Re_p = \frac{k^3}{18} \qquad (3-38)$$

因沉降处于斯托克斯定律区，$Re_p \leqslant 2$，由式(3-38)解得 $k \leqslant 3.3$。类似方法也可解得过渡区和牛顿区的 k 值范围。

【例 3-1】 一直径为 $30\mu m$ 的球形颗粒在 20℃某气体中的沉降速度为在同温度下水沉降速度的 88 倍。已知该颗粒在气体中的重量为在水中的 1.6 倍，试求该颗粒在气体中的沉降速度。气体密度可取为 $1.2kg \cdot m^{-3}$。

解 (1) 求球形颗粒密度 ρ_s：

该颗粒在气体和水中的重量比，实质指净重力之比，即

$$\frac{\frac{\pi}{6} d^3 (\rho_s - \rho_{气}) g}{\frac{\pi}{6} d^3 (\rho_s - \rho_{水}) g} = 1.6$$

又查出 20℃时水的物性：$\rho = 1000kg \cdot m^3$，$\mu = 1cP$

所以

$$\frac{\rho_s - \rho_{气}}{\rho_s - \rho_{水}} = 1.6, \quad \frac{\rho_s - 1.2}{\rho_s - 1000} = 1.6$$

解得

$$\rho_s = 2664.7kg \cdot m^{-3}$$

(2) 求颗粒在水中的沉降速度 $u_{t水}$：

设颗粒在水中沉降在层流区：

$$u_{t水} = \frac{d^2 (\rho_s - \rho) g}{18\mu} = 8.165 \times 10^{-4} m \cdot s^{-1}$$

校核：

$$Re = \frac{d u_t \rho}{\mu} = \frac{30 \times 10^{-6} \times 8.165 \times 10^{-4} \times 10^3}{10^{-3}} = 0.0245 < 1$$

故

$$u_{t水} = 8.165 \times 10^{-4} m \cdot s^{-1}$$

(3) 求颗粒在气体中沉降速度 $u_{t气}$：

$$u_{t气} = 88 u_{t水} = 7.185 \times 10^{-2} m \cdot s^{-1}$$

3.3.1.4 重力沉降设备

(1) 降尘室

如图 3-6 所示，含有固体尘粒的气体进入降尘室后因流通截面积增大，流速降低，当气体在降尘室内的停留时间大于或等于固体尘粒从降尘室顶部沉降到底部所需的沉降时间，则尘粒便可从气体中分离出来。降尘室分离效率通常与颗粒直径、气速等有关。降尘室一般可以分离粒径大于 $75\mu m$ 的颗粒，气速不超过 $1.5m \cdot s^{-1}$，否则沉降到底部的尘粒会被扬起随气体带出降尘室。降尘室的处理能力与被分离的最小颗粒直径和沉降室的尺寸有关，设降尘室的高度为 H，长度为 L，宽度为 B，如图 3-7 所示，颗粒的沉降速度为 u_t，气体在降尘室的水平速度为 u，颗粒可以在降尘室被分离的条件为：

$$\frac{L}{u} \geqslant \frac{H}{u_t} \qquad (3-39)$$

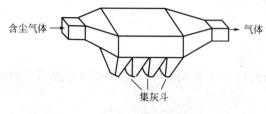

图 3-6　降尘室

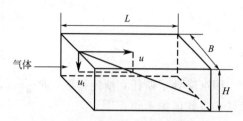

图 3-7　降尘室操作示意图

降尘室的最大处理量为 $V(\mathrm{m^3 \cdot h^{-1}})$：

$$V=uBH \leqslant u_{\mathrm{t}}BL \tag{3-40a}$$

式（3-40a）表明，降尘室的处理能力仅与其底面积 BL 和颗粒的沉降速度 u_{t} 有关，而

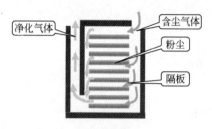

图 3-8　多层隔板降尘室

与降尘室的高度无关，这是降尘室的一个重要特点，因此，为了提高其处理量，可以适当降低降尘室的高度，或为了节省用地，采用多层降尘室，即在降尘室中设置若干水平隔板，如图 3-8 所示。隔板间距一般为 40～100mm。若降尘室内设置 n 层水平隔板（忽略隔板厚度），则多层降尘室的生产能力为

$$V \leqslant (n+1)BLu_{\mathrm{t}} \tag{3-40b}$$

降尘室结构简单，流体阻力小，但体积庞大，分离效率低，一般作为预除尘使用。多层降尘室虽能分离较细的颗粒且节省地面，但清灰比较麻烦。

需要指出，沉降速度 u_{t} 应根据完全分离下来的最小颗粒尺寸计算。

【例 3-2】 某重力沉降室长 2m、宽 1.5m，在 1atm 和 100℃ 时处理 2700m³·h⁻¹ 的含尘空气。设尘粒为球形，密度为 2400kg·m⁻³。试求：（1）可被完全除去的最小颗粒直径；（2）直径为 0.05mm 的颗粒被除去的百分数？

解　（1）由附录查得 100℃ 时，空气 $\rho=0.946\mathrm{kg \cdot m^{-3}}$，$\mu=0.0219\mathrm{mPa \cdot s}$。设颗粒被完全除去的最小直径为 $d_{\mathrm{p,min}}$，假设沉降处在斯托克斯区。

沉降速度　$u_{\mathrm{t}}=\dfrac{V}{A}=\dfrac{2700}{1.5 \times 2 \times 3600}=0.25\mathrm{m \cdot s^{-1}}$

故可被完全除去的最小颗粒直径　$d_{\mathrm{p,min}}=\sqrt{\dfrac{18\mu u_{\mathrm{t}}}{(\rho_{\mathrm{p}}-\rho)g}}=\sqrt{\dfrac{18 \times 2.19 \times 10^{-5} \times 0.25}{(2400-0.946) \times 9.81}}$

$$=6.47 \times 10^{-5}\mathrm{m}=64.7\mu\mathrm{m}$$

校核　$Re_{\mathrm{p}}=\dfrac{d_{\mathrm{p,min}}u_{\mathrm{t}}\rho}{\mu}=\dfrac{6.47 \times 10^{-5} \times 0.25 \times 0.946}{2.19 \times 10^{-5}}=0.7(<2)$，计算有效。

（2）设尘粒在入口处均匀分布，则当 $d_{\mathrm{p}}'<d_{\mathrm{p,min}}$ 时，直径为 0.05mm 的颗粒被除去的百分数 η 等于该颗粒沉降速度与被完全除去的最小颗粒沉降速度之比。即

$$\eta=\dfrac{u_{\mathrm{t}}'}{u_{\mathrm{t}}}$$

因为 $d_{\mathrm{p}}'<d_{\mathrm{p,min}}$，所以其沉降必在斯托克斯区。

沉降速度　　　　$u_{\mathrm{t}}=\dfrac{d_{\mathrm{p}}^2(\rho_{\mathrm{p}}-\rho)g}{18\mu}$

故
$$\eta = \frac{u_{t}^{'}}{u_{t}} = \left(\frac{d_{p}^{'}}{d_{p,\min}}\right)^{2} = \left(\frac{0.05}{0.0647}\right)^{2} = 60\%$$

（2）增稠器（沉降槽）

增稠器是利用重力沉降原理将悬浮液中的固体分离出来的设备，该设备主要以获得稠厚的浆状或澄清的物料为目的。沉降分离过程既可间歇操作也可连续操作。工业过程以连续式为主。如图 3-9 所示为一连续操作的增稠器。它是一个带锥形底的圆槽，悬浮液由位于槽中央进料口加至液面下 0.3～1m 处。流经一水平挡板后沿径向散开，随着颗粒的沉降，液体缓慢向上流动，经溢流堰流出清液，颗粒则沉到底部的增稠区形成稠浆沉淀层，然后通过槽底的耙将稠浆慢慢移至槽中心，从底部排出。

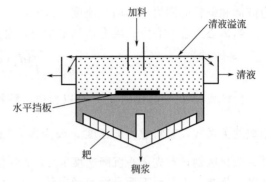

图 3-9　连续式增稠器（沉降槽）

间歇增稠器通常为带有锥底的圆槽，其中的沉降情况与间歇沉降试验时玻璃筒内的情况相似。需要处理的悬浮料浆在槽内静置足够时间后，增浓的沉渣由槽底排出，清液则由槽上部排出管抽出。

在增稠器中，将悬浮液的固体沉降分离主要分为两个过程：①加料口下一段距离内固体颗粒的自由沉降，因为在该区域内的悬浮液颗粒浓度较低；②沉降槽下部固体颗粒的干扰沉降，因为在该区域内颗粒浓度较高，这时的沉降速度较慢。

增稠器有澄清液体和增浓悬浮液的双重功能。为了获得澄清液体，增稠器必须有足够大的横截面积，以保证任何瞬间液体向上的速度小于颗粒的沉降速度。

与重力沉降室工作原理类似，增稠器（沉降槽）的生产能力与底面积成正比，而与其高度无关。为了提高处理量，沉降槽通常制成大底面积和低高度。连续沉降槽适用于处理量大而颗粒浓度较低且粒径不太细的悬浮液，它常用于污水处理过程。

连续增稠器的直径，小者为数米，大者可达数百米；高度为 2.5～4m。为了在给定尺寸的沉降槽内获得最大可能的生产能力，应尽可能提高沉降速度。向悬浮液中添加少量电解质或表面活性剂，使细粒发生“凝聚”或“絮凝”；改变一些物理条件（如加热、冷冻或震动），使颗粒的粒度或相界面发生变化，都有利于提高沉降速度。沉降槽中装置搅拌耙，除能把沉渣导向排出口外，还能降低非牛顿型悬浮物系的表观黏度，并能促使沉淀物的压紧，从而加速沉聚过程。搅拌耙的转速应选择适当，通常小槽耙的转速为 $1r \cdot min^{-1}$，大槽的在 $0.1r \cdot min^{-1}$ 左右。

3.3.2　离心沉降与设备

3.3.2.1　离心沉降

对两相密度差较小且颗粒尺寸很小的非均相体系，在重力场中的沉降效率很低甚至完全不能分离，若改用离心沉降则可大大提高沉降速度，设备尺寸也可缩小很多。离心沉降分离原理基本与重力沉降分离原理类似，故可以使用前面的重力沉降公式，只要把重力场改为离心力场，重力加速度改为离心加速度即可。例如，将式（3-32）～式（3-35）中的 g 用下式的离心加速度代替：

$$a = r\omega^2 = \frac{u_T^2}{r} \tag{3-41}$$

式中，a 为离心加速度，$m \cdot s^{-2}$；r 为圆周运动的半径，m；ω 为角速度，$rad \cdot s^{-1}$；$u_T = \omega r$ 为流体和颗粒的圆周（切向）速度，$m \cdot s^{-1}$。

当离心力、向心力、阻力达到平衡时，合力为 0，同样可求解得

$$u_r = \sqrt{\frac{4d_p(\rho_p - \rho)}{3C_D\rho} \times \frac{u_T^2}{r}} \tag{3-42}$$

比较式(3-42)与式(3-32)可以看出，颗粒的离心沉降速度 u_r 与重力沉降速度 u_t 具有相似的关系式，若将重力加速度 g 改为离心加速度 $\dfrac{u_T^2}{r}$，则式(3-32)变为式(3-42)。但二者又有明显区别，首先离心沉降速度 u_r 不是颗粒运动的绝对速度，而是绝对速度在径向上的分量，且方向不是向下而是沿半径向外；再者，离心沉降速度 u_r 不是恒定值，随颗粒在离心力场中的位置而变，而重力沉降速度 u_t 则是恒定的。

离心沉降时，如果颗粒与流体的相对运动属于层流，阻力系数也可用式(3-21)表示，则也可得到

$$u_r = \frac{d^2(\rho_p - \rho)}{18\mu} \times \frac{u_T^2}{r} \tag{3-43}$$

对同一颗粒，所受的离心力与重力之比定义为离心分离因数，用下式表示：

$$K_c = \frac{r\omega^2}{g} = \frac{u_T^2}{gr} \tag{3-44}$$

式中，K_c 为离心分离因数，其数值大小反映了离心分离设备性能的重要指标。旋风分离或旋液分离器的分离因数一般在 5～2500 之间，例如当旋转半径 $r = 0.2m$，切向速度 $u_T = 20m \cdot s^{-1}$ 时，分离因数为

$$K_c = \frac{20^2}{9.81 \times 0.2} = 204$$

表明颗粒在上述条件下的离心沉降速度比重力沉降速度约大两百倍，因此离心沉降设备的分离效果较高。

3.3.2.2 离心沉降设备

化工常用的离心沉降设备主要有旋风分离器、旋液分离器及离心沉降机。气-固混合物的分离主要采用旋风分离器，液-固体系的分离一般采用旋液分离器或离心沉降机。本节重点介绍旋风分离器，对旋液分离器及离心沉降机仅作简单介绍。

(1) 旋风分离器

1）结构和工作原理

旋风分离器是利用离心力从气流中分离出尘粒的常用设备。图 3-10 是旋风分离器结构和原理示意图。

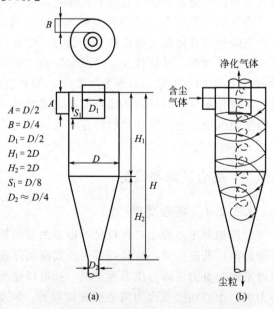

$A = D/2$
$B = D/4$
$D_1 = D/2$
$H_1 = 2D$
$H_2 = 2D$
$S_1 = D/8$
$D_2 \approx D/4$

(a)　(b)

图 3-10　旋风分离器结构和原理示意图

主体的上部为圆柱形筒体，下部为圆锥形，中央有一升气管，各部件的尺寸比例均标注于图中。

含粉尘气体自侧面进气管切向进入分离器内，在圆筒内作自上而下的圆周运动。固体颗粒在离心力的作用下被抛向器壁面而与气流分离。到达器壁后在重力作用下沿筒壁落下，自锥底排出。被净化后的气体到达底部后折向上，沿中心轴旋转并沿中央升气管排出。

旋风分离器内的静压强在器壁附近最高，仅稍低于气体进口处的压强，往中心逐渐降低，在气芯处可降至气体出口压强以下。旋风分离器内的低压气芯由排气管入口一直延伸到底部出灰口。因此如果出灰口或集尘室密封不良，便易漏入气体，把已收集在锥形底部的粉尘重新卷起，降低分离效果。

旋风分离器的应用已有近百年历史，因其结构简单，造价低廉，可用多种材料制造，操作条件范围广，分离效率较高，至今仍是化工、采矿、冶金、机械、轻工等工业部门里最常用的一种除尘、分离设备、旋风分离器一般用来除去气流中直径在 $5\mu m$ 以上的尘粒。对于颗粒含量高于 $200g \cdot m^{-3}$ 的气体，由于颗粒聚结作用，它甚至能除去 $3\mu m$ 以下的颗粒。对于直径在 $200\mu m$ 以上的粗大颗粒，最好先用重力沉降法除去，以减少颗粒对分离器器壁的磨损；对于直径在 $5\mu m$ 以下的颗粒，一般旋风分离器的捕集效率不高，需要用袋滤器或湿法捕集。旋风分离器不适用于处理黏性粉尘、含湿量高的粉尘及腐蚀性粉尘。

2）旋风分离器的性能

评价旋风分离器性能的主要指标是尘粒从气流中的分离效果及气体经过旋风分离器的压强降。

① 临界直径　研究旋风分离器性能时，常从分析其临界直径入手。临界直径是指能够从旋风分离器全部分离出来的最小颗粒直径，用 d_c 表示。临界直径 d_c 的大小可以用来判断旋风分离器的分离效率。d_c 通常很难精确测定，一般是通过下列假设推导而得。

a. 颗粒与气体在旋风分离器内的切线运动速度恒定，且等于进口气速。

b. 颗粒在沉降过程中，所穿过的气流最大厚度等于进气口宽度 B。

c. 颗粒沉降服从斯托克斯定律。

因气体密度远远小于固体颗粒密度（$\rho \ll \rho_p$），根据假设 a，将 $a = \omega^2 r = u_T^2/r$ 中的圆周速度 u_T 用进气速度 u_i 代替，气体进口气速和颗粒的旋转半径取其平均 r_m。根据假设 c，可得颗粒的离心沉降速度 u_r 为：

$$u_r = \frac{d_p^2 \rho_p u_i^2}{18\mu r_m} \tag{3-45}$$

由假设 b 可得颗粒到达器壁所需要的沉降时间为：

$$\theta_t = \frac{B}{u_r} = \frac{18\mu r_m B}{d_p^2 \rho_p u_i^2} \tag{3-46}$$

若气流在分离器内的旋转圈数为 N，则气体在旋风分离器内的运行距离为 $2\pi r_m N$，停留时间为：

$$\theta = \frac{2\pi r_m N}{u_i} \tag{3-47}$$

当 $\theta_t = \theta$，理论上能被分离下来的最小颗粒直径即为该条件下的临界粒径 d_c 为：

$$d_c = \sqrt{\frac{9\mu B}{\pi N u_i \rho_p}} \tag{3-48}$$

上式中，气体在旋风分离器中的旋转圈数 N 与气体进口气速有关，对常用型式的分离器，风速在 $12 \sim 25 \mathrm{m \cdot s^{-1}}$ 之间，旋转圈数 N 一般取 $3 \sim 4.5$，风速越大，N 也越大。对于标准旋风分离器，N 可取 5。在推导临界直径的前两个假设条件虽然与实际情况不完全相符，但只要选取合适的 N 值，结果也可应用。

② 分离效率　旋风分离器的效率有两种表示方法：一种是总效率 η_0；另一种是分级效率 η_i。

总效率 η_0 是指进入旋风分离器的全部颗粒中被分离下来的粉尘的质量分数，即：

$$\eta_0 = \frac{C_1 - C_2}{C_1} \times 100\% \tag{3-49}$$

式中，C_1、C_2 分别为旋风分离器入口和出口气体的总含尘质量浓度，$\mathrm{kg \cdot m^{-3}}$。

总效率是工程中最常用的，也是最易于测定的分离效率。这种效率表示方法的缺点是不能表明旋风分离器对各种尺寸粒子的不同分离效果。

含尘气流中的颗粒通常是大小不均的。通过旋风分离器后，各种尺寸的颗粒被分离下来的百分数互不相同，这就是分级效率 η_i。分级效率也称粒级效率，它表示进入旋风分离器的粒径为 d_i 的颗粒被分离出来的质量分数，即：

$$\eta_i = \frac{C_{1i} - C_{2i}}{C_{1i}} \times 100\% \tag{3-50}$$

式中，C_{1i}、C_{2i} 分别为粒径 d_i 的颗粒在旋风分离器入口和出口气体的质量浓度，$\mathrm{kg \cdot m^{-3}}$。

总效率既和旋风分离器结构有关又与气体中的粉尘特性有关。总效率不仅取决于粒级效率，还取决于气流中尘粒的粒度分布，它们之间的关系如下：

$$\eta_0 = \sum w_i \eta_i \tag{3-51}$$

式中，w_i 为平均粒径为 d_i 的颗粒占总颗粒的质量分数。

工业生产过程旋风分离器的分离效率一般用总效率表示，因为它表示总的除尘效果，实际测定总效率也较容易，但是总效率不能正确地反映该分离器的分离能力，因为粒级效率随颗粒的粒径分布而异，不同粒径的颗粒通过旋风分离器的分离效率是不同的，因此，要深入分析分离器的分离效率必须考虑粒级效率，才能判断分离器分离性能的好坏。

③ 旋风分离器的压降　气体经旋风分离器时，由于进气管和排气管及主体器壁所引起的摩擦阻力，流动时的局部阻力以及气体旋转运动所产生的动能损失等，造成气体的压降。旋风分离器的压降是评价其性能优劣的重要指标。旋风分离器的压降损失包括气体进入旋风分离器时，由于突然扩大引起的损失，气体与器壁的摩擦损失，气流旋转导致的动能损失，在排气管中的摩擦和旋转运动的损失等，可表示如下：

$$\Delta p = \frac{1}{2} \xi \rho u_i^2 \tag{3-52}$$

式中，ξ 为阻力系数，无量纲，它与设备的型式和几何尺寸有关，需通过实验测定。

旋风分离器的压降损失一般在 $500 \sim 2000 \mathrm{Pa}$ 之间。

影响旋风分离器性能的因素很多，物系和操作条件是其中的重要方面。一般说来，颗粒密度大、粒径大、进口气速高及粉尘浓度高等情况均有利于分离。例如，含尘浓度高则有利于颗粒的聚结，可以提高效率，并能抑制气体涡流，使阻力下降；但进口气速稍高有利于分离，过高则导致涡流加剧，反而不利于分离，陡然增大压降。因此旋风分离器的进口气速保持在 $10\sim25m\cdot s^{-1}$ 范围内为宜。

④ 旋风分离器的结构发展　旋风分离器的分离效率不仅受含尘气体的物理性质、尘粒浓度、粒度分布及操作影响，还与设备的结构尺寸密切相关。只有各部分结构尺寸恰当，才能获得较高的分离效率和较低的压降。

近年来，旋风分离器的结构开发主要从以下几个方面进行，以提高分离效率或减小压降。

a. 采用细而长的器身　细而长的器身有利于颗粒的离心沉降，使分离效率提高。

b. 减小涡流的影响　含尘气体自进气管进入旋风分离器后，有一小部分气体向顶盖流动，然后沿排气管外侧向下流动，当达到排气管下端时汇入上升的内旋气流中，这部分气流称为上涡流。分散在这部分气流中的颗粒由短路而逸出器外，这是造成旋风分离器效率低的主要原因。采用带有旁路分离室或采用异形进气管的旋风分离器，可以改善上涡流的影响。

（2）旋液分离器

旋液分离器又称为水力旋流器，是利用离心沉降原理，从液体中分离固体颗粒的单元操作设备。其结构和原理均与旋风分离器类似。图 3-11 是旋液分离器示意图。设备主体也是由圆筒和圆锥两部分组成。待分离的液-固混合物经入口管沿圆筒切向进入旋液分离器后，形成螺旋向下的旋流，混合物中的固体颗粒在离心力的作用下向器壁移动，并随旋流下降到器壁底部排出，清液体则随向上的内旋流从顶部排出。与旋风分离器不同的是，旋液分离器底部排出的是浓稠的悬浮液，称为底流。从旋液分离器顶部排出的液体既可以是分离完全的清液，也可以是含有细小颗粒的液体，称为溢流。前者称为增稠，后者称为分级。

旋液分离器的结构特点是直径小而圆锥部分长。在一定的切线进口速度下，小直径圆筒有利于提高沉降速度；同时锥形部分加长可增大液流的行程，从而延长了悬浮液在器内的停留时间。旋液分离器不仅用于悬浮液的增浓、分级，而且还可用于不互溶液体的分离、气液分离以及传热、传质、雾化等操作中。

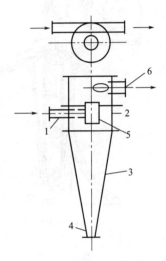

图 3-11　旋液分离器示意图
1—悬浮液入口管；2—圆筒；
3—锥形筒；4—底流出口；
5—中心溢流管；6—溢流出口管

近年来，世界各国对超小型旋液分离器（直径小于 15mm 的旋液分离器）开展了专门的研发，该型分离器组适用于微细物料悬浮液的分离操作，颗粒直径可小到 $2\sim5\mu m$。需要注意的是，在旋液分离器中，颗粒沿器壁快速运动时产生严重磨损，为了延长使用期限，应采用耐磨材料制造或做内衬。

（3）离心沉降机

离心沉降机是分离悬浮液和乳浊液的设备。它与旋液分离器的主要区别是后者的离心力是因被分离的混合物以切向进入设备而引起的，但在前者中，则是由设备本身的旋转产生的。离心沉降机通过旋转带动混合物来产生旋转，从而产生离心力。离心沉降机的种类很多，包括管式离心机、碟片式速度离心机、螺旋式离心机等。

① 管式离心机　如图 3-12 所示，这种离心机由内径为 $75\sim150mm$、长约为 $1500mm$、转速约为 $15000r\cdot min^{-1}$ 的管式转鼓组成。转鼓内装有三片纵向平板，以使混合物迅速达到

与转鼓相同的速度。悬浮液自底部进口加入转鼓，在管内自下而上运行时随转鼓高速转动，因离心力作用，依其密度不同而分成内外两个同心层。外层为重液层（稠液），内层为轻液层（清液）。它们到达顶部后，分别从重液溢口与轻液溢口排出管外。

② 碟片式速度离心机　碟片式速度离心机也称为分离机。该离心机用于分离不互溶液体混合物和从液体中分离出极细的颗粒。工作原理如图 3-13 所示。该离心机底部为圆锥形，机内有几十以致一百以上的圆锥形碟片叠置成层，由一垂直轴带动而高速旋转。碟片直径可大到 1m，转速多为 4000～7000r·min^{-1}，碟片在中央至周边的中间开有小孔，孔与孔连成垂直的通道。待分离的混合液自顶部的垂直管进入，直达底部，经过碟片上的小孔上升的同时，分布于两碟片之间的缝隙中，在离心力作用下，密度大的液体趋向外周，到达机壳内壁后上升到上方的重液出口流出；轻液则趋向中心自上方较靠近中央的轻液出口流出。各碟片的作用在于将液体分成许多薄层，缩短液滴沉降距离。

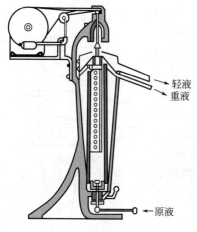

图 3-12　管式离心机

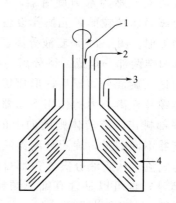

图 3-13　碟片式速度离心机工作原理
1—加料；2—轻液出口；3—重液出口；4—固体物积存区

③ 螺旋式离心机　图 3-14 为螺旋式离心机示意图。它是由直径为 300～1300mm 的圆锥形转鼓组成的，转鼓内有可旋转的螺旋输送器，转动方向与转鼓相同。转鼓的长度约为直径的 1.5～3.5 倍。悬浮液由轴心原料液管连续进入，在离心力作用下，固体颗粒甩向转鼓内壁面并沉积下来后，被螺旋输送器沿斜面向下推到排出口而排出。澄清液从转鼓另一端溢流排出。

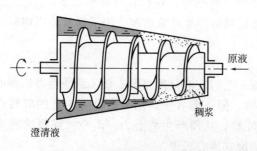

图 3-14　螺旋式离心机示意图

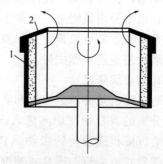

图 3-15　转鼓式离心沉降机
1—固体；2—液体

④ 转鼓式离心沉降机　如图 3-15 所示，该离心沉降机有一中空的转鼓，转速为 1000～4500r·min⁻¹，悬浮液从中间进入到转鼓底部，固体颗粒在离心力作用下，沉降到内壁，清液则从转鼓上部溢出。

3.3.3　电沉降——电除尘器

当含尘气体含有的颗粒很微细时，可以采用电除尘器分离。

电除尘设备一般可以分为管式和板式两种。图 3-16 为管式电除尘器工作原理。该装置主要由金属管除尘室、供电装置等组成。供电装置可以产生高达 10000～30000V 直流电压，实际的电除尘器由多根管组成。除尘管作为一电极（集尘极）且接地，管中央装有一金属丝作为另一电极（电晕极），两极分别接高压正、负端。当通以高压直流电时，两电极间形成不均匀电场，愈靠近中心处，电场愈强，当中心电场足够大时，附近的空气被电离，产生大量自由电子和正离子，正离子在中心负极电场作用下被吸引，自由电子和随后形成的负离子在电场作用下向管壁集尘极移动，并充满两极的空间。

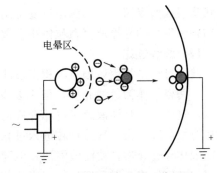

图 3-16　管式电除尘器工作原理

含尘气体从管底部进入管内，气体中的尘粒与负离子相遇，使其带上负电，被正极吸引到管壁上，从而达到了除尘目的。

带电的尘粒在电除尘器中的沉降速度可以仿照推导重力沉降速度同样的方法推出，若颗粒的沉降过程处于斯托克斯区，则颗粒直径为 d_p 的尘粒沉降速度 u_t 为：

$$u_t = \frac{qE}{3\pi\mu d_p} \tag{3-53}$$

式中，q 为颗粒的荷电量，C；E 为颗粒所处位置的电场强度，V·m⁻¹。

电除尘器的优点是除尘效率高，可以清除小至 $0.1\mu m$ 的颗粒，且阻力小。一般地，直径在 $5\mu m$ 以下的颗粒可以采用电除尘器分离。缺点是设备复杂，制造、安装和维护管理费用高，通常只用于要求除尘效率高的场合。

3.4　过滤

过滤是分离悬浮液最普遍和最有效的单元操作之一。通过过滤操作可获得清洁的液体或固体产品。与沉降相比，过滤操作可使悬浮液的分离更迅速、更彻底。

过滤操作本质上属于流体通过颗粒床层的流动现象。

3.4.1　过滤过程的基本概念

过滤是以某种多孔物质为过滤介质，利用重力、压差或惯性离心力的作用，通常应用最多的是压强差，使悬浮液中的液体通过多孔性介质通道，固体颗粒被截留，从而实现液-固混合物分离的单元操作。过滤所处理的悬浮液称为滤浆，通过介质孔道而分离得到的液体称为滤液，被截留的物质称为滤饼或滤渣。

3.4.1.1　过滤方式

工业上的过滤方式基本上有两种：深层过滤和滤饼过滤。

(1) 深层过滤

深层过滤的介质层一般较厚，且介质内部构成长而曲折的通道，介质通道的尺寸大于固体颗粒粒径，如图 3-17 所示。过滤时，固体颗粒随液体一起进入过滤介质内部的通道，并在惯性和扩散作用下，借助静电与表面力附着在通道壁面上而与液体分开。在深层过滤中，过滤介质表面没有形成滤饼，颗粒沉积于较厚的粒状过滤介质床层内部。过滤用的介质常为粒状床层或陶瓷筒或板。深层过滤常用于生产能力大而悬浮液中颗粒小的场合，适合净化固体物含量很少的悬浮液（颗粒体积分数<0.1％），如水的净化等。

(2) 滤饼过滤

滤饼过滤是指固体颗粒沉积于过滤介质表面而形成滤饼层的操作。滤饼过滤常用织物、滤纸、陶瓷等作为过滤介质，但主要发挥过滤作用的是滤饼层而不是过滤介质。如图 3-18 所示，过滤时，悬浮液置于过滤介质的一侧，固体颗粒被截留在介质表面形成滤饼。在过滤操作开始阶段，会有部分颗粒进入过滤介质孔道中发生架桥现象（图 3-19），并有少量小颗粒随液体穿过介质，使滤液浑浊，但随着滤渣在介质表面上逐步堆积，在介质上形成了一个滤饼层，它便成为对后续颗粒起主要截留作用的介质，使滤液变清。随着过滤的进行，滤饼不断积累、加厚，过滤速度下降，当滤饼积聚到一定厚度后，应从介质表面除去。滤饼过滤是工业上最常用的过滤方法，适用于处理固体物含量较大的悬浮液。本节主要对滤饼过滤所使用的设备和计算作进一步讨论。

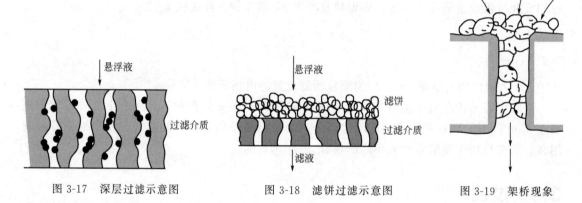

图 3-17　深层过滤示意图　　　　图 3-18　滤饼过滤示意图　　　　图 3-19　架桥现象

另外膜过滤作为一种精密分离技术，近年来发展很快，已应用于许多行业。膜过滤又分为微孔过滤和超滤，前者能截留的颗粒尺寸为 $0.5\sim50\mu m$，后者能截留 $0.05\sim10\mu m$ 的颗粒，一般常规过滤截留 $50\mu m$ 以上的颗粒。

3.4.1.2　过滤介质

过滤介质的选择要根据悬浮液中固体颗粒含量、粒度范围、介质的化学稳定性、机械强度及介质所能承受的温度等因素来考虑。工业上采用的过滤介质应具有如下特性。

① 多孔性，能截留住要分离的颗粒，孔径适宜且液体通过时流动阻力小。

② 化学稳定性好，耐热、耐化学腐蚀。

③ 有足够的机械强度，耐压。

④ 价格便宜。

最常用的过滤介质主要有以下几类。

① 织物介质。又称滤布或滤网，包括天然或合成纤维织物及金属丝织物。这类介质的阻力小，价格便宜，清洗更换方便，是工业上使用最广泛的过滤介质。

② 多孔性固体介质。如由多孔陶瓷、多孔塑料、金属等粉末烧结成型的多孔性板状或管状介质。这类介质较厚，孔道细，阻力较大。

③ 堆积介质。由各种固体颗粒（如石棉粉、砂、木炭、硅藻土等）或非编织纤维堆积形成，常用于处理固体物含量很少的悬浮液。

④ 多孔膜。用于膜过滤的各种有机高分子膜和无机材料膜。

3.4.1.3　滤饼的压缩性及助滤剂

滤饼是由介质截留下的固体颗粒堆积而成的床层，滤饼的厚度增加，则滤液的流动阻力也逐渐增加，因此，颗粒的特性对滤液通过滤饼时阻力大小的影响很大。某些悬浮液中的颗粒所形成的滤饼具有一定的刚性，滤饼的空隙结构并不因操作压差的增大而变形，单位厚度滤饼的流体阻力可视为恒定，这种滤饼称为不可压缩滤饼。而另一些颗粒则比较软，如一些胶状物质，它所形成的滤饼空隙结构在压差的作用下发生变形，使滤饼中的流动通道变小，流动阻力急骤增加，这种滤饼称为可压缩滤饼。为了增加滤饼的刚性和空隙率，提高过滤速度，可采用加入助滤剂的方法。助滤剂是一些不可压缩且能形成疏松饼层的粒状或纤维状固体，如硅藻土、珍珠岩粉、碳粉和石棉粉等。它的加入可以改变滤饼结构，使滤饼疏松而坚硬，增加了滤饼的刚性和空隙，减少流动阻力。加入助滤剂的方法有预涂法和预混法两种。使用时，可预先制备只含助滤剂的悬浮液先进行过滤，在过滤介质上形成一层由助滤剂组成的滤饼；也可将助滤剂混在滤浆中一起过滤。必须指出，使用助滤剂的目的是为了防止过滤介质孔道堵塞，或降低可压缩滤饼的过滤阻力，当过滤是以获得纯净滤饼为目标产品时，就不能使用助滤剂。

对助滤剂的基本要求有：

① 能形成多孔饼层的刚性颗粒，以保持滤饼有较高的空隙率，使滤饼有良好的渗透性和较低的阻力。

② 化学稳定性好，不与悬浮液发生化学反应，也不溶于液相中。

3.4.2　过滤过程的基本理论及过滤方程

3.4.2.1　过滤速度

过滤速度往往可以用滤液通过饼层（包括滤饼和过滤介质）的流速来表示。因此过滤速度是单位时间通过单位过滤面积的滤液量，单位为 $m \cdot s^{-1}$。实质上，过滤速度是指滤液通过过滤面时的表观流速。因此，某瞬时的过滤平均速度 u 可用下式表示：

$$u = \frac{dV}{A dt} \tag{3-54}$$

式中，A 为设备的过滤面积，m^2；dV 为在过滤时间 dt 时所得滤液体积，m^3；dt 为微分过滤时间，s。

由于过滤是一个不稳定过程，在过滤操作过程中，过滤阻力以及在一定压差下滤液通过滤饼时的过滤速度是变化的。而且构成滤饼层的颗粒尺寸很小，形成的滤液通道不仅细小曲折，且相互交联，形成不规则的网状结构，所以滤液在通道内的流动阻力很大，流速很小，多属于层流流动。因此，过滤速度是过滤过程的关键参数，只要求出过滤速度与推动力及其他因素之间的相互关系，就可以进行过滤过程的各种设计和计算。

如图 3-20(a) 所示，滤饼一般是有一定厚度的，且具有多孔性孔道的物质，可看成是颗粒床层。由于滤饼的孔道小而曲折，通道的长度和大小难以测量，为了便于数学计算，工程上常将复杂的实际流动颗粒床层进行简化处理，把颗粒床层通道转化成一组长度为 L' 的平行细管流体通道，如图 3-20(b) 所示。并且规定：

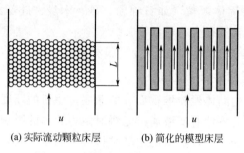

(a) 实际流动颗粒床层   (b) 简化的模型床层

图 3-20　颗粒床层简化模型示意图

① 细管的全部流动空间等于颗粒床层的空隙容积；

② 细管的内表面积等于颗粒床层的全部表面积。

在上述简化条件下，依照第 1 章中非圆形管的当量直径定义，细管的当量直径为：

$$d_e = \frac{4 \times 流通截面积}{润湿周边长} = \frac{4 \times 空隙体积}{颗粒表面积} = \frac{4 \times 床层体积 \times 空隙率}{颗粒比表面积 \times 颗粒体积}$$

即

$$d_e = \frac{4\varepsilon}{\alpha(1-\varepsilon)} \tag{3-55}$$

式中，d_e 为细管的当量直径，m；ε 为滤饼空隙率，即滤饼中空隙体积与滤饼体积之比，无量纲；α 为颗粒的比表面积，$m^2 \cdot m^{-3}$。

在过滤过程中，由于滤饼孔道较小，滤液通过滤饼和滤布的流速较低，其流动一般处于层流状态。因此，过滤速度与推动力等因素的关系可用类似第 1 章的泊肃叶（Poiseuille）方程的形式表示，即滤液通过滤饼两侧时产生的压降可用均匀直管的压降表示：

$$\frac{\Delta p}{L} = \frac{32u\mu}{d^2} \tag{3-56}$$

$$\frac{\Delta p_c}{L'} \propto \frac{32u'\mu}{d_e^2} \tag{3-57}$$

式中，L' 为孔道细管的平均长度，难以测量，可认为它与滤饼的床层厚度成正比，即 $L' = kL$，m；Δp_c 为滤液流过滤饼通道两侧时产生的压降，Pa；u' 为滤液在滤饼细管孔道中的流速，表示滤液在颗粒床层中的真实流速，不易测出，$m \cdot s^{-1}$。

同时，在与滤饼相垂直的方向上，滤液在滤饼细管孔道中的流速 u' 与按整个滤饼截面积计算的过滤平均速度 u 之间的关系为：

$$u' = \frac{u}{\varepsilon} \tag{3-58}$$

将式(3-55)、式(3-58) 代入式(3-57) 中写成等式，有：

$$u = \frac{\varepsilon^3}{K'\alpha^2(1-\varepsilon)^2} \times \frac{\Delta p_c}{\mu L} \tag{3-59}$$

式中，K' 为比例常数，它的大小与滤饼的空隙率、颗粒球形度及粒度范围等因素有关，可由实验测定。科泽尼（Kozeny）对滤液通过滤饼的层流流动状况进行了实验研究，得到科

泽尼常数 $K'=5$。科泽尼方程为：

$$u = \frac{\varepsilon^3}{5\alpha^2(1-\varepsilon)^2} \times \frac{\Delta p_c}{\mu L} \tag{3-60}$$

3.4.2.2　滤饼阻力

由过滤速度的定义式(3-54)可得：

$$u = \frac{\mathrm{d}V}{A\mathrm{d}t} = \frac{\varepsilon^3}{5\alpha^2(1-\varepsilon)^2} \times \frac{\Delta p_c}{\mu L} \tag{3-61}$$

式中的 $\dfrac{\varepsilon^3}{5\alpha^2(1-\varepsilon)^2}$ 反映了颗粒及颗粒床层的特性，其值随物料不同而不同，对不可压缩滤饼，设滤饼的实际厚度为 L，滤饼层的空隙率、颗粒的比表面积可视为常数。

令

$$r = \frac{5\alpha^2(1-\varepsilon)^2}{\varepsilon^3} \tag{3-62}$$

$$R = rL \tag{3-63}$$

则有

$$u = \frac{\mathrm{d}V}{A\mathrm{d}t} = \frac{\Delta p_c}{\mu r L} = \frac{\Delta p_c}{\mu R} \tag{3-64}$$

式中，r 为滤饼比阻，是单位厚度滤饼的阻力，m^{-2}，它在数值上等于黏度为 1Pa·s 的滤液以 $1\mathrm{m \cdot s^{-1}}$ 的平均流速通过厚度为 1m 的滤饼层时产生的压强降，也反映了过滤过程的难易程度，其大小由颗粒形状、尺寸及床层的孔隙率所决定，滤饼孔道越细或空隙越小，比阻就越大；R 为滤饼阻力，m^{-1}，它与滤饼层的厚度、结构特性及滤液黏度等因素有关。式(3-64)是以过滤介质阻力为主的过滤速度的基本关系式，表示过滤速度与滤液通过滤饼两侧时产生的压降（推动力）成正比，与滤饼阻力成反比。在推动力一定的条件下，滤饼阻力越大，过滤速度越小。

3.4.2.3　过滤基本方程式

如图 3-21 所示，设滤饼厚度为 L，相应的滤液量为 V，过滤时，滤液先后通过滤饼层和介质层。此时过滤总推动力（压降）等于两层推动力之和：

$$\Delta p = \Delta p_c + \Delta p_m \tag{3-65}$$

相应过滤总阻力也等于两层阻力之和。为了方便计算，把介质阻力当量成厚度为 L_e 的滤饼阻力。则有：

$$R = R_c + R_m = r(L + L_m) \tag{3-66}$$

根据式(3-64)滤液通过介质层的速度为：

$$\frac{\mathrm{d}V}{A\mathrm{d}t} = \frac{\Delta p_m}{\mu R_m} \tag{3-67}$$

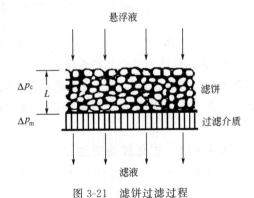

图 3-21　滤饼过滤过程

式中，Δp_m 为过滤介质两侧的压降，Pa；R_m 为过滤介质的阻力，其值大小相当于厚度为 L_e 的一层滤饼，m^{-1}。

通常，滤饼层和介质层的面积相同，所以两层中的过滤速度也应相等，目前的处理办法是把滤饼和过滤介质结合在一起考虑，用下面公式计算：

$$\frac{\mathrm{d}V}{A\mathrm{d}t} = \frac{\Delta p_c + \Delta p_m}{\mu(R + R_m)} = \frac{\Delta p}{\mu r(L + L_e)} \tag{3-68}$$

式(3-68)是过滤速度的微分方程式，它表明可用滤液通过串联的滤饼与过滤介质的总压降表示过滤推动力，用两层的阻力之和来表示总阻力。当推动力保持不变时，随着过滤时间的变化，滤液体积 V 和滤饼厚度 L 均发生变化。式(3-68)中有三个变量，不能直接积分，要作如下处理。

设每得到 $1m^3$ 滤液得到滤饼 υm^3（υ 单位为 m^3 滤饼·m^{-3} 滤液），则得到 $V m^3$ 滤液时的滤饼厚度为：

$$L = \frac{\upsilon V}{A} \tag{3-69}$$

相应地，可得到介质层的当量厚度 L_e 为：

$$L_e = \frac{\upsilon V_e}{A} \tag{3-70}$$

式中，V_e 为介质的当量滤液体积，表示为获得与过滤介质阻力相当的滤饼厚度所得的滤液量，V_e 不是真正的滤液量，是虚拟的滤液量，其值与过滤介质、滤饼及滤浆的性质有关，必须由实验确定。

把式(3-69)、式(3-70)代入式(3-68)中，得：

$$\frac{dV}{dt} = \frac{A^2 \Delta p}{\mu r \upsilon (V + V_e)} \tag{3-71}$$

式中，r 为滤饼比阻，反映了滤饼结构特性对过滤速度的影响，一般有可压缩性滤饼和不可压缩性滤饼两种情况。对于可压缩性滤饼，滤饼比阻与滤饼两侧的压降有关，经验表达式为：

$$r \propto f(\Delta p) = r'(\Delta p)^s \tag{3-72}$$

式中，r' 为单位压降下滤饼的比阻，m^{-2}；s 为滤饼的压缩指数，$s = 0 \sim 1$；对于不可压缩性滤饼，压缩指数 $s = 0$。

将式(3-72)代入式(3-71)中，令 $k = 1/(\mu r \upsilon)$，得：

$$\frac{dV}{dt} = \frac{A^2 (\Delta p)^{1-s}}{\mu r \upsilon (V + V_e)} = \frac{k A^2 (\Delta p)^{1-s}}{V + V_e} \tag{3-73}$$

式(3-73)称为过滤基本方程式。它表示某一瞬时过滤速度与推动力、滤饼结构特性、过滤介质特性及该瞬时前的累计滤液量之间的关系。式中，k 是反映过滤物料特性的常数，称为滤饼常数，其值大小与悬浮液浓度、滤液性质及滤饼特性有关，一般需要通过实验测定。

3.4.2.4 强化过滤的途径

过滤技术大体上向两个方向发展：开发新的过滤方法和设备；加快过滤速率。就加速过滤过程而言，可采取如下途径。

① 改变悬浮液中颗粒的聚集状态。采取措施对原料液进行预处理使细小颗粒聚集成较大颗粒。预处理包括添加凝聚剂、絮凝剂。调整物理条件（加热、冷冻、超声波震动、电磁场处理、辐射等）。

② 改变滤饼结构。常用的方法是使用助滤剂（掺滤和预敷）。助滤剂不但能改变滤饼结构，降低滤饼可压缩性，减小流动阻力，而且还可防止过滤介质早期堵塞和吸附悬浮液中细小颗粒，清洁滤液。

③ 采用机械、水力或电场人为干扰（或限制）滤饼的增厚。

近几年开发的脉冲过滤、聚结过滤技术可大大加速过滤速率。

3.4.3　过滤过程计算

如何确定滤液量与过滤时间和压降等参数之间的相互关系，是过滤过程工艺计算主要考虑的问题。计算时，需要根据过滤过程的具体操作方式，对式(3-73)进行积分求取。工业生产上常见的过滤操作方式有恒压过滤和恒速过滤两种。有时为避免过滤初期因压强差过高而引起滤液浑浊或滤布堵塞，可采用先恒速后恒压的复合操作方式，过滤开始时以较低的恒定速度操作，当表压升至给定数值后，再进行恒压操作。下面分别对这两种典型的操作方式进行讨论。

(1) 恒压过滤

若过滤操作是在恒定压降下进行的，则称为恒压过滤。恒压过滤是工业生产上最常见的过滤方式，连续过滤机内进行的过滤都是恒压过滤，间歇过滤机进行的过滤也多为恒压过滤。其特点是：悬浮液一定，当压降为常数时，随着滤饼的厚度增加，滤饼阻力不断增大，过滤速度不断减小。

当 Δp、k、A、s、V_e 均为常数时，对式(3-73)分离变量进行积分，有：

$$\int_0^V (V+V_e)\,\mathrm{d}V = kA^2\Delta p^{1-s}\int_0^t \mathrm{d}t \tag{3-74}$$

得

$$V^2+2VV_e = 2kA^2\Delta p^{1-s}t \tag{3-75}$$

令

$$K = 2k\Delta p^{1-s} \tag{3-76}$$

式中，K 为过滤常数，其值大小由物料特性及过滤压降决定，$\mathrm{m^2 \cdot s^{-1}}$。

则有

$$V^2+2VV_e = KA^2t \tag{3-77a}$$

令

$$q = \frac{V}{A}$$

或

$$q^2+2qq_e = Kt \tag{3-77b}$$

若将变量 V 与 t 分别变为 $(V+V_e)$ 与 $(t+t_e)$，再对式(3-73)分离变量进行积分，则有：

$$(V+V_e)^2 = KA^2(t+t_e) \tag{3-77c}$$

式中，t_e 为与 V_e 对应的过滤介质的当量过滤时间，其值大小与滤饼的性质有关，s。

式(3-77a)、式(3-77b) 和式(3-77c) 称为恒压条件下的过滤方程。当过滤介质的阻力忽略不计时，恒压过滤方程可简化为：

$$V^2 = KA^2t \tag{3-78a}$$

或

$$q^2 = Kt \tag{3-78b}$$

(2) 恒速过滤

若过滤操作中过滤速度保持恒定，则称为恒速过滤。在恒速过滤时，过滤压降不断增大，而过滤所得滤液量与过滤时间成正比。有：

$$\frac{\mathrm{d}V}{A\,\mathrm{d}t} = \frac{V}{At} = \frac{q}{t} = u_R = 常数 \tag{3-79}$$

式中，u_R 为恒速过滤的过滤速度，$\mathrm{m \cdot s^{-1}}$。

$$\frac{\mathrm{d}V}{\mathrm{d}t} = \frac{V}{t} = \frac{KA^2}{2(V+V_e)} \tag{3-80}$$

即有

$$2V^2+2VV_e = KA^2t \tag{3-81a}$$

或

$$2q^2+2qq_e = Kt \tag{3-81b}$$

式(3-81a) 及式(3-81b) 称为恒速过滤方程，式中，过滤常数 K 值随过滤时间 t 改变。

3.4.4　过滤常数的测定

过滤常数的计算是进行过滤过程设计的基础，一般需在恒压条件下通过实验进行测定。将恒压过滤方程(3-77b)两侧各项均除以 qK，得：

$$\frac{t}{q}=\frac{1}{K}q+\frac{2}{K}q_{e}\qquad(3\text{-}82)$$

式(3-82)表明在恒压过滤时，t/q 与 q 成直线关系，该直线的斜率为 $1/K$，截距为 $2q_e/K$。因此，在做恒压过滤实验时，只要连续测定一系列过滤时刻 t 上单位过滤面积所累计得到的滤液量 q，就可根据式(3-82)在直角坐标系中绘制出 t/q 与 q 之间的函数关系，画图得到一条直线，由该直线的斜率和截距可求出 K 与 q_e 值。

另外，对式(3-76)两侧取对数可得：

$$\lg K=(1-s)\lg\Delta p+\lg(2k)\qquad(3\text{-}83)$$

在直角对数坐标系中，将 $\lg K$ 对 $\lg\Delta p$ 作图可得一条直线，该直线的斜率为 $(1-s)$，截距为 $\lg(2k)$。因此，在不同的压差下进行恒压过滤实验，可求得不同压差下的滤饼常数 k 与压缩指数 s。

【**例 3-3**】　拟在 $9.81\times10^3\text{Pa}$ 的恒定压强差下过滤某悬浮液。已知该悬浮液由直径为 0.1mm 的球形颗粒状物质悬浮于水中组成，过滤时形成不可压缩滤饼，其空隙率为 60％，水的黏度为 $1.0\times10^{-3}\text{Pa·s}$，过滤介质阻力可以忽略，若在每平方米过滤面积上每获得 1m^3 滤液所形成的滤饼体积为 0.333m^3。

试求：(1) 每平方米过滤面积上获得 1.5m^3 滤液所需的过滤时间；(2) 若将此过滤时间延长一倍，可再得滤液多少？

解　(1) 求过滤时间　已知过滤介质阻力可以忽略的恒压过滤方程为 $q^2=Kt$

单位面积获得的滤液量　　　　$q=1.5\text{m}^3\cdot\text{m}^{-2}$

过滤常数　　　　　　　　　$K=\dfrac{2\Delta p^{1-s}}{\mu r'\nu}$

对于不可压缩滤饼，$s=0$，$r'=r=$ 常数，则

$$K=\frac{2\Delta p}{\mu r\nu}$$

已知 $\Delta p=9.81\times10^3\text{Pa}$，$\mu=1.0\times10^{-3}\text{Pa·s}$，$\nu=0.333\text{m}^3\cdot\text{m}^{-2}$

根据式(3-62) 知 $r=\dfrac{5a^2(1-\varepsilon)^2}{\varepsilon^3}$，又已知滤饼的空隙率 $\varepsilon=0.6$

球形颗粒的比表面　　$a=\dfrac{\pi d^2}{\frac{\pi}{6}d^3}=\dfrac{6}{d}=\dfrac{6}{0.1\times10^{-3}}=6\times10^4\text{m}^2\cdot\text{m}^{-3}$

所以　　　　$r=\dfrac{5\times(6\times10^4)^2\times(1-0.6)^2}{0.6^3}=1.333\times10^{10}\text{m}^{-2}$

则　　　$K=\dfrac{2\times9.81\times10^3}{1.0\times10^{-3}\times1.333\times10^{10}\times0.333}=4.42\times10^{-3}\text{m}^2\cdot\text{s}^{-1}$

所以　　　　　$t=\dfrac{q^2}{K}=\dfrac{(1.5)^2}{4.42\times10^{-3}}=509\text{s}$

（2）过滤时间加倍时增加的滤液量

$$t' = 2t = 2 \times 509 = 1018\text{s}$$

则

$$q' = \sqrt{Kt'} = \sqrt{(4.42 \times 10^{-3}) \times 1018} = 2.12\text{m}^3 \cdot \text{m}^{-2}$$

$$q' - q = 2.12 - 1.5 = 0.62\text{m}^3 \cdot \text{m}^{-2}$$

即每平方米过滤面积上将再得 0.62m³ 滤液。

3.4.5　过滤设备

在工业生产中，需要过滤的悬浮液的性质差异很大，生产工艺对过滤的要求也各不相同。长期以来，为适应各种不同生产工艺要求而发展了多种形式的过滤机。过滤设备按照操作方式可分为间歇式过滤机与连续式过滤机；按照采用的压降（差）可分为压滤过滤机、吸滤过滤机和离心过滤机。工业上使用最广泛的有板框过滤机和转筒真空过滤机，其中板框过滤机为间歇式压滤型过滤机，转筒真空过滤机则为连续式吸滤型过滤机，本节重点介绍这两种过滤设备，对加压叶滤机仅作简单介绍，其他设备可参见相关的参考文献。

3.4.5.1　板框过滤机

如图 3-22 所示，板框过滤机是一种具有较长历史但目前仍普遍使用的过滤机，它由多块在支架上交替排列并可滑动的带凹凸纹路的滤板和滤框组成，板与框靠支耳架在支架上。

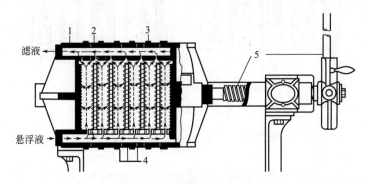

图 3-22　板框过滤机示意图

1—固定机头；2—滤板；3—滤框；4—滤布；5—压紧装置

滤板和滤框的构造一般为正方形，它们的角端均开有圆孔，组装叠合后的圆孔即分别构成供滤浆、滤液、洗涤水流通的孔道。框右上角圆孔还有小通道，滤浆由此进入框内。滤板下方左角装有小旋塞，与板面两侧相通，滤板板面制出凸凹纹路，凸出部起支撑滤布的作用，凹处形成的沟为滤液流道。组装时，先将四角开孔的滤布覆盖于框的两侧，并与板交替排列在机架上，然后在一端用手动或机动压紧装置将板和框压紧。滤框两侧的滤布则围成了滤浆及滤饼的空间。为满足洗涤方式的需要，滤板又分洗涤板与非洗涤板两种，为了便于区别，可在板、框边作上一些标记，如图 3-23 所示，滤板为一钮，滤框为二钮，洗涤板为三钮，板与框组装时，按钮数以 1-2-3-2-1-2 的顺序进行排列。

如图 3-24(a) 所示，过滤时，滤浆由板框右上角圆孔通道经框右上角圆孔的小通道进入框内，滤液穿过框两侧的滤布到达板侧，从每一滤板的左下角通道及旋塞排出机外，颗粒被滤布截留而沉积在滤布上，待框内充满滤饼后，即停止过滤。当滤饼进行洗涤时，先关闭洗涤板左下角的旋塞，洗涤水由板框左上角圆孔通道及洗涤板左上角圆孔两侧的小通道穿过滤布进入框内，横穿过整块框内的滤饼，在滤板的表面汇集，经滤板左下角两侧小通道及旋塞

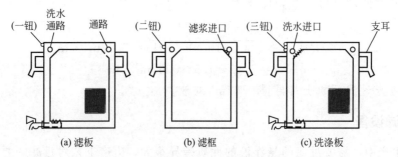

图 3-23 滤板、滤框和洗涤板的构造

排出机外，如图 3-24(b) 所示。板框压滤机的这种洗涤方式称为横穿洗涤法，具有较高的洗涤效果，其特点是洗涤水穿过的途径正好是过滤终了时滤液穿过途径的 2 倍。

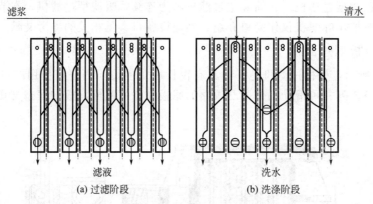

图 3-24 板框压滤机内液体流动路径

洗涤完毕后，进入卸渣、整理阶段，松开压紧装置，卸除滤饼，洗涤滤布后，重新组装板和框，准备下一次过滤。

板框过滤机的优点是结构简单紧凑，过滤面积大而占地面积小，适应能力较强，操作压力高，滤饼含水少且能充分洗涤；其缺点是间歇手工操作，劳动强度大，生产效率低。

板框过滤机的滤板和滤框可用铸铁、碳钢、不锈钢、铝、塑料和木材等制造，操作压力一般为 0.3～1.5MPa。中国制定的板框压滤机系列规格中，框的厚度为 25～50mm，框每边长 320～1000mm。框的数目随生产任务而定，一般为 10～60 块不等，过滤面积约为 2～80m²。我国编制的压滤机系列标准及规定代号可由以下符号表示。如 BMS20/635-25，其中 B 表示板框压滤机，M 表示明流式（若为 A，则为暗流式），S 表示手动压紧（若为 Y，则表示液压压紧），20 表示过滤面积 20m²，635 表示框内每边长 635mm，25 表示框厚 25mm。

3.4.5.2 加压叶滤机

加压叶滤机也是间歇式操作设备，它由若干个平行排列的长方形滤叶组装而成（图 3-25）。滤叶由金属丝网组成的框架上覆以滤布构成，安装在能承受内压的密闭机壳内。过滤时，用泵压送滤浆到机壳内，滤液穿过滤布进入叶内，汇集至总管后排出机外，颗粒积存于滤布外侧形成滤饼。滤饼的厚度通常为 5～35mm，视滤浆性质及操作情况而定。

过滤结束后通入洗水，洗水的路径与滤液相同，这种洗涤方法称为置换洗涤法。洗涤打开机壳上盖可用振动器或压缩空气反吹来卸除滤饼。

加压叶滤机的优点是设备紧凑，密闭操作，改善了操作条件；过滤速度大，洗涤效果

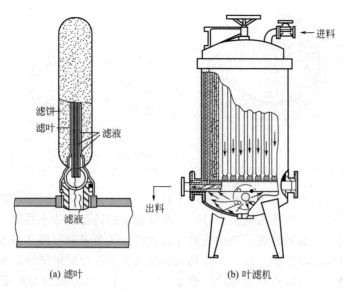

(a) 滤叶　　　　　　　　　　　(b) 叶滤机

图 3-25　加压叶滤机

好；滤布不需装卸，较省力。其缺点是结构相对较复杂，造价较高。

3.4.5.3　转筒真空过滤机

转筒真空过滤机是工业上使用较广的一种连续式过滤机。其装置示意图如图 3-26 所示。其主要部件为水平安装的中空转筒，转筒表面有一层金属网，网上覆以滤布，转鼓下部浸入盛有悬浮液的滤槽中，浸入面积约占全部过滤面积的 30%～40%，并以 0.1～3r·min^{-1} 的速度转动。所得滤饼厚度一般保持在 40mm 以内，滤饼中液体含量很少低于 10%，常可达 30% 左右。圆筒沿径向分隔成若干扇形格，每格都有单独的孔道通至分配头上。圆筒转动时，借分配头的作用使这些孔道依次与真空管及压缩空气管相通。

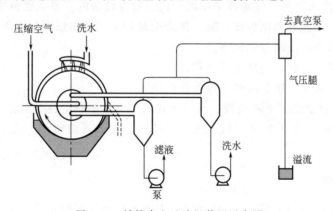

图 3-26　转筒真空过滤机装置示意图

沿转筒的周边将转筒内分成若干个互不相通的扇形格，每格与转筒端面上的带小孔圆盘连通，如图 3-27(b) 所示。此圆盘随转筒旋转，称为转动盘，转动盘与固定盘借弹簧压力紧密叠合。固定盘固定在机架上，它与转动盘贴合的一面有几个长短不等的圆弧凹槽，如图 3-27(c) 所示，分别与吸滤液、吸洗水和压缩空气的管道相通。这两个紧密叠合而相对转动的圆盘组成一对分配头，当转筒表面的每一格按顺时针方向旋转一周时，借分配头的作用，能使转筒内每个扇形格表面依次与真空管道、洗涤液储槽及压缩空气管道相通。因而在转筒

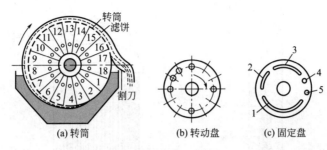

图 3-27　转筒及分配头

1,2—与吸滤液管道相通的凹槽；3—与吸洗水管道相通的凹槽；4,5—通压缩空气的凹槽（孔）

回转一周的过程中，其每一格表面相继进行了过滤、吸干、洗涤、吹松、卸饼（渣）等项操作。例如，当转筒的某一格转入液面下时，与此格相通的转盘上的小孔即与固定盘上的槽 1 相通，进行真空过滤，抽吸滤液。当此格离开液面时，转筒表面与槽 2 相通，将滤饼中的液体吸干。当转筒继续旋转至槽 3 时，可在其表面喷洒洗水进行滤饼洗涤，洗涤液通过分配头被抽向洗涤液储槽。当转筒再继续转动至槽 4、5 时，该格借分配头与压缩空气罐相通，用压缩空气将转筒表面上沉积的滤饼（渣）吹松，随后由固定在转筒右边的刮刀将滤饼（渣）卸下，刮刀与转筒表面的距离可以调节。如此连续运转，在整个转筒表面上构成了连续的过滤操作，过滤、吸干、洗涤、吹松、卸饼（渣）等操作同时在转筒的不同位置进行，转筒的各个部位始终处于一定的工作状态，被分别划分成过滤区、洗涤区、吹松区、卸渣区等几个区域。

转筒真空过滤机的最大优点是连续自动操作，省人力，适用于处理易过滤颗粒的浓悬浮液。对于细微颗粒的悬浮液，若采用预涂助滤剂措施也比较方便。其主要缺点是设备比较复杂，投资大，过滤面积不大。此外，由于依靠真空操作，过滤推动力受限制，不适于处理高温（饱和蒸气压高）悬浮液，滤饼洗涤也不充分。

20 世纪 70 年代末以来，过滤技术发展较快。过滤设备的发展主要包括以下几个方面。

① 连续操作，提高自动化程度，减少体力劳动和人工操作强度，改善劳动条件。

② 减少过滤阻力，提高过滤速率。

③ 减少设备所占空间，增加过滤面积。

④ 降低滤饼含水率，减少后继干燥操作的能耗。

近年来，新型过滤设备不断涌现，有些已在大型生产中获得良好效益。如盘式真空过滤机、带式真空过滤机、多圆盘过滤机、离心过滤机、动态过滤机等。读者可自行参阅相关文献。

3.4.6　滤饼洗涤

为了回收滤饼中存留的滤液或洗净滤饼，需要在过滤终了时对滤饼进行洗涤。如果滤液为水溶液，一般用水洗涤。

洗涤速度指单位洗涤面积在单位时间内所消耗的洗水量，一般以 $u_w = [dV/(A\,dt)]_w$ 表示。若每次过滤终了时以体积为 V_w 的洗水对滤饼进行洗涤，则所需洗涤时间为：

$$t_w = \frac{V_w}{\left(\dfrac{dV}{dt}\right)_w} \tag{3-84}$$

由于洗水不含固相，在洗涤过程中滤饼厚度不再增加，因而在恒定压差下洗涤速度基本为常数，因此不再有恒速过滤与恒压过滤的区别，其大小与洗涤液的性质、洗涤方法及所用的过滤设备结构有关。

对于一定的悬浮液，若洗涤推动力与过滤终了时的压差相同，并假定洗水黏度与滤液黏度相近，则洗涤速率与过滤终了时的过滤速率有一定关系，这个关系取决于过滤设备上的洗涤方式。

板框压滤机采用的是横穿洗涤法，洗水横穿两层滤布及整个厚度的滤饼，其路径是过滤终了时滤液流动路径的 2 倍，即有 $L_w = 2L$，$A_w = A/2$。

$$\left(\frac{dV}{dt}\right)_w = \frac{A_w^2 \Delta p}{\mu r \nu_w (V_{终了} + V_e)} = \frac{1}{4}\left(\frac{dV}{dt}\right)_{E,终了} \tag{3-85}$$

因此，板框压滤机的洗涤速度是最终过滤速度的 $1/4$。洗涤时间为：

$$t_w = \frac{V_w}{\left(\dfrac{dV}{dt}\right)_w} = \frac{8(V_{终了} + V_e)V_w}{A^2 K} \tag{3-86}$$

加压叶滤机采用的是置换洗涤法，洗涤液流过滤饼的路径与过滤终了时滤液流过的路径基本相同，故在洗涤压差与过滤压差相同、洗涤液黏度与滤液黏度相近时，洗涤速度和最终过滤速度相同，故有：

$$\left(\frac{dV}{dt}\right)_{E,终了} = \left(\frac{dV}{dt}\right)_w = \frac{A^2 \Delta p}{\mu r c (V_{终了} + V_e)} = \frac{A^2 K}{2(V_{终了} + V_e)} \tag{3-87}$$

3.4.7 过滤机的生产能力

过滤机的生产能力可用单位时间得到的滤液量表示，有时也用单位时间得到的滤饼量来表示。

(1) 间歇式过滤机的生产能力

以板框过滤机为例，间歇式过滤机的每一操作循环均包括过滤、洗涤及辅助工作等三个过程，其中辅助工作又包括拆装、卸渣、清理、重装等项。因此有：

$$t = t_F + t_w + t_D \tag{3-88}$$

式中，t 为一个过滤操作周期的总时间，s；t_F 为每次的过滤时间，s；t_w 为每次的洗涤时间，s；t_D 为辅助工作所需时间，s。在一个过滤操作周期中，辅助工作所需时间是固定的，而过滤及洗涤时间却要随产量的增加而增加。

间歇式过滤机的生产能力为：

$$q_V = \frac{3600V}{t} = \frac{3600V}{t_F + t_w + t_D} \tag{3-89}$$

式中，V 为一个过滤操作周期内所获得的滤液量，m^3；q_V 为生产能力，即过滤机每小时的滤液量，$m^3 \cdot h^{-1}$。在一个操作循环周期中，过滤时间应有一最佳值，使生产能力最大，此时形成的滤饼厚度，是设计过滤机框厚的依据。

【**例 3-4**】 在试验装置中过滤钛白（TiO_2）的水悬浮液，过滤压差为 19.6kPa，测得过滤常数如下：$K = 4 \times 10^{-5} m^2 \cdot s^{-1}$，$q_e = 0.02 m^3 \cdot m^{-2}$。又测出滤渣体积与滤液体积之比 $\nu = 0.1 m^3 \cdot m^{-3}$。现要用工业板框过滤机过滤同样的料液，过滤压差及所用滤布亦与实验时相同。过滤机滤框的长与宽均为 810mm，厚度为 45mm，共有 26 个框。试计算：（1）过滤进行到框内全部充满滤渣所需要的过滤时间；（2）过滤后用相当于滤液量 0.2 倍的清水进行横穿洗涤，求洗涤时间；（3）洗涤后卸渣、清理、装合等共需要

30min，求每台压滤机的生产能力（m^3 滤液 $\cdot h^{-1}$）。

解 （1）以一个操作周期为基准，滤饼体积：$V_{饼}=0.810^2\times0.045\times26=0.7676m^3$

滤液体积：
$$V=\frac{V_{饼}}{\nu}=\frac{0.7676}{0.1}=7.676m^3$$

且过滤面积：
$$A=0.810^2\times26\times2=34.12m^2$$

所以虚拟滤液体积：$V_e=q_eA=0.02\times34.12=0.682m^3$

由过滤方程式：$V^2+2VV_e=KA^2t$ 可求得过滤时间为：
$$t=\frac{V^2+2VV_e}{KA^2}=\frac{7.676^2+2\times7.676\times0.682}{4\times10^{-5}\times34.12^2}=1490s$$

（2）洗涤时间：$t_w=\dfrac{8V_w(V+V_e)}{KA^2}=\dfrac{8\times0.2\times7.676\times(7.676+0.682)}{4\times10^{-5}\times34.12^2}=2204s$

（3）操作周期为：$\sum t=t+t_w+t_D=1490+2204+1800=5494s$

所以生产能力：$V_t=\dfrac{V}{\sum t}=\dfrac{7.676}{5494/3600}=5.03m^3$ 滤液 $\cdot h^{-1}$

(2) 连续式过滤机的生产能力

以转筒真空过滤机为例，转筒真空过滤机是连续式操作设备，其每一部分面积，都依次经过过滤、脱水、洗涤、卸料四个区域，转筒每旋转一周即完成一个操作循环周期，任何时刻总有一部分表面浸没在滤浆中进行过滤，任何一块表面在转筒回转周期中都只有部分时间进行过滤操作。

令转筒表面浸入滤浆的分数为浸没角，即：
$$\phi=\frac{浸入角度}{360°} \tag{3-90}$$

设转筒的转速为 $n(r\cdot min^{-1})$，则转筒完成一个操作循环周期时间为：
$$t=\frac{60}{n} \tag{3-91}$$

在此时间内，转筒任何表面所经历的过滤时间为：
$$t_F=\frac{60\phi}{n} \tag{3-92}$$

所以从生产能力的角度看，一台总过滤面积为 A、浸没角为 ϕ、转速为 $n(r\cdot min^{-1})$ 的连续式转筒真空过滤机，与一台在相同条件下操作的过滤面积为 A、操作周期为 $t=\dfrac{60}{n}$，每次过滤时间为 $t_F=\dfrac{60\phi}{n}$ 的间歇板框过滤机是等效的。可以依照前面所述的间歇式过滤机生产能力的计算方法来解决连续式过滤机的生产能力的计算问题。由恒压过滤方程（3-77c），得：
$$V=\sqrt{KA^2(t+t_e)}-V_e \tag{3-93}$$

转筒每旋转一周所得滤液量为：
$$V=\sqrt{KA^2\left(\frac{60\phi}{n}+t_e\right)}-V_e \tag{3-94}$$

则转筒真空过滤机的生产能力为：
$$q_V=60nV=60\left[\sqrt{KA^2(60\phi n+t_en^2)}-V_en\right] \tag{3-95}$$

若滤布阻力可忽略不计，上式简化为：

$$q_V = 60A\sqrt{60K\phi n} \tag{3-96}$$

可见，连续过滤机的转速愈高，生产能力也愈大。但若旋转过快，每一周期中的过滤时间便缩至很短，使滤饼太薄，难以卸除，也不利于洗涤，且功率消耗增大。合适的转速需经实验确定。

【例 3-5】 用板框过滤机来过滤某悬浮液。已知过滤面积为 10m^2，操作压力为 $2\text{kgf}\cdot\text{cm}^{-2}$（表压）。过滤 15min 后，共得滤液 2.91m^3（介质阻力不计，滤饼不可压缩）。试问：(1) 若已知该过滤机的生产能力为 $4.8\text{m}^3\cdot\text{h}^{-1}$，计算洗涤、卸料等辅助时间。(2) 若过滤时间与过滤量均不变，而操作压力降至 $1\text{kgf}\cdot\text{cm}^{-2}$（表压），需增加多少过滤面积才能维持生产能力不变？(3) 如改用转筒真空过滤机，若其在一个操作周期内共得滤液量 0.2m^3，该机的转速为多少才能维持生产能力不变？

解 (1) 生产能力

$$q_V = \frac{3600V}{t_F + t_w + t_D} = \frac{3600\times 2.91}{(15 + t_w + t_D)\times 60} = 4.8\text{m}^3\cdot\text{h}^{-1}$$

所以，洗涤、卸料等辅助时间　　$t_w + t_D = \frac{3600\times 2.91}{4.8\times 60} - 15 = 21.38\text{min}$

(2) 若生产能力 q_V、过滤时间 t_F 与过滤量 V 均不变，则有

$$V^2 = 2k\Delta pA^2 t = 2k\Delta p'(A')^2 t$$

得

$$2k\Delta pA^2 t = 2k\Delta p'(A')^2 t$$

即

$$A' = A\sqrt{\left(\frac{\Delta p}{\Delta p'}\right)} = 10\times\sqrt{\frac{2}{1}} = 14.14\text{m}^2$$

需增加的过滤面积　　$\Delta A = A' - A = 14.14 - 10 = 4.14\text{m}^2$

(3) 维持生产能力不变，即转筒真空过滤机的生产能力等于板框过滤机的生产能力。

$$q_V' = q_V$$

设该机的转速为 $n(\text{r}\cdot\text{min}^{-1})$，有　　$q_V' = \frac{V'}{t} = \frac{nV'}{60}$

则

$$n = \frac{60q_V'}{V'} = \frac{60q_V}{V'} = \frac{60\times\dfrac{4.8}{3600}}{0.2} = 0.4\text{r}\cdot\text{min}^{-1}$$

习　题

3-1　有一固体颗粒混合物，通过筛分获得以质量为基准的粒度分布为：粒度 $1\mu\text{m}/0$ 至 $50\mu\text{m}/100\%$ 的范围近似可用一直线表示，试求该颗粒混合物的比表面积平均直径。

$$[12.5\mu\text{m}]$$

3-2　已知直径为 $50\mu\text{m}$ 的小颗粒在 20℃常压空气中的沉降速度为 $0.1\text{m}\cdot\text{s}^{-1}$。相同密度的颗粒如果直径减半，则沉降速度为多大？（空气密度 $1.2\text{kg}\cdot\text{m}^{-3}$，黏度 $1.81\times10^{-5}\text{Pa}\cdot\text{s}$，颗粒皆为球形）

$$[0.025\text{m}\cdot\text{s}^{-1}]$$

3-3　有一玉米淀粉水悬浮液，温度 20℃，淀粉颗粒平均直径为 $15\mu\text{m}$，淀粉颗粒吸水后

的密度为 1020kg·m^{-3}，试求颗粒的沉降速度。 $[u_t = 2.66 \times 10^{-6} \text{m·s}^{-1}]$

3-4 在底面积为 40m^2 的除尘室内回收气体中的球形固体颗粒。气体的处理量为 3600m^3·h^{-1}，固体的密度 $\rho_s = 3600$kg·m^{-3}，操作条件下气体的密度 $\rho = 1.06$kg·m^{-3}，黏度为 3.4×10^{-5}Pa·s。试求理论上完全除去的最小颗粒直径。 $[20.8\mu m]$

3-5 一多层降尘室除去炉气中的矿尘。矿尘最小粒径为 8μm，密度为 4000kg·m^{-3}。除尘室长 4.1m，宽 1.8m，高 4.2m，气体温度为 427℃，黏度为 3.4×10^{-5}Pa·s，密度为 0.5kg·m^{-3}。若每小时的炉气量为 2160m^3（标准），试确定降尘室内隔板的间距及层数。
$$[82.4\text{mm}; \ 50]$$

3-6 温度为 200℃，压力为 1atm 的含尘空气，现用图 3-10 的标准旋风分离器去除气体中的尘粒，尘粒的密度为 2000kg·m^{-3}。若分离器的筒体直径为 0.65m，进口气速为 21m·s^{-1}，试求：(1) 气体处理量（标准状态）；(2) 气体通过分离器的压降；(3) 尘粒的临界直径。
$$[(1) \ 0.64\text{m}^3·\text{s}^{-1}; \ (2) \ 1.37\text{kPa}; \ (3) \ 6.79\mu m]$$

3-7 拟在 9.81×10^3Pa 的恒定压强差下过滤某悬浮液。已知该悬浮液由直径为 0.1mm 的球形颗粒状物质悬浮于水中组成，过滤时形成不可压缩滤饼，其空隙率为 60%，水的黏度为 1.0×10^{-3}Pa·s，过滤介质阻力可以忽略，若每获得 1m^3 滤液所形成的滤饼体积为 0.333m^3。试求：(1) 每平方米过滤面积上获得 1.5m^3 滤液所需的过滤时间；(2) 若将此过滤时间延长一倍，可再得滤液多少？ $[(1) \ 509\text{s}; \ (2) \ 0.62\text{m}^3]$

3-8 在 3×10^5Pa 的压强差下对钛白粉在水中的悬浮液进行实验，测的过滤常数 $K = 5 \times 10^{-5}$m·s^{-1}，$q = 0.01$m^3·m^{-2}，又测得饼体积之比 $\nu = 0.08$。现拟用有 38 个框的 BMY50/810-25 型板框过滤机处理此料浆，过滤推动力及所用滤布也与实验用的相同。试求：(1) 过滤至框内全部充满滤渣所需的时间；(2) 过滤完毕以相当于滤液量 1/10 的清水进行洗涤，求洗涤时间；(3) 若每次卸渣重装等全部辅助操作共需 15min，求每台过滤机的生产能力（以每小时得到滤饼体积计）。 $[(1) \ 551\text{s}; \ (2) \ 416\text{s}; \ (3) \ 1.202\text{m}^3·\text{h}^{-1}]$

3-9 用板框过滤机在恒压差条件下过滤钛白水悬浮液。过滤机的尺寸为：滤框的边长 810mm（正方形），每框厚度 42mm，共 10 个框。现已测得：过滤 10min 得滤液 1.31m^3，再过滤 10min 共得滤液 1.905m^3。已知滤饼体积和滤液体积之比 $\nu = 0.1$，试计算：(1) 将滤框完全充满滤饼所需的过滤时间；(2) 若洗涤时间和辅助时间共 45min，求该装置的生产能力（以每小时得到的滤饼体积计）。 $[(1) \ 0.67\text{h}; \ (2) \ 0.194\text{m}^3·\text{h}^{-1}]$

3-10 某板框过滤机在恒压下操作，经 1h 过滤，收集到滤液 2m^3，再继续过滤 1h，试问还可收集多少滤液？若上述压力下过滤阶段为 3h，现将过滤压强（推动力）提高 1 倍，过滤阶段所需时间应为多少？（忽略过滤介质的阻力，滤渣不可压缩）。 $[0.83\text{m}^2, \ 1.5\text{h}]$

3-11 用板框过滤机加压过滤某悬浮液。一个操作周期内过滤 20min 后，共得滤液 4m^3（滤饼不可压缩，介质阻力忽略不计）。若在一个操作周期内共用去辅助时间 30min。试求：(1) 该过滤机的生产能力？(2) 若操作表压加倍，其他条件不变（物性、过滤面积、过滤与辅助时间不变），则该机生产能力提高多少？(3) 现改用回转真空过滤机，其转速为 1r·min^{-1}，若生产能力与 (1) 相同，则其在一个操作周期内所得滤液量为多少？
$$[(1) \ 4.8\text{m}^3·\text{h}^{-1}; \ (2) \ 41.4\%; \ (3) \ 0.08\text{m}^3]$$

3-12 用一台 BMS50/810-25 型板框过滤机过滤某悬浮液，悬浮液中固体质量分数为 0.139，固相密度为 2200kg·m^{-3}，液相为水。1m^3 滤饼中含 500kg 水，其余全为固相。已知操作条件下的过滤常数 $K = 2.72 \times 10^{-5}$m·s^{-1}，$q_e = 3.45 \times 10^{-3}$m^3·m^{-2}。滤框尺寸为 810mm×810mm×25mm，共 38 个框。试求：(1) 过滤至滤框内全部充满滤渣所需的时间及所得的滤液体积；（2）过滤完毕用 $0.8m^3$ 清水洗涤滤饼，求洗涤时间。洗水温度及表压与滤浆的相同。　　　　　　　　　　　　　　　　　　[（1）249s；$3.935m^3$；（2）388s]

━━━ 思 考 题 ━━━

3-1　单个球形固体颗粒受重力作用在气体中作自由沉降，当气体温度增加，沉降速度如何变化？当颗粒的直径增加，沉降速度如何变化？若将气体改为液体，上述的沉降速度又如何变化？

3-2　单个球形固体颗粒受重力作用在气体中作自由沉降，如沉降速度为 u_t，当颗粒处于离心力场时，要使沉降速度加大到重力沉降速度的 10 倍，则离心加速度应为重力加速度的几倍？设沉降在层流区。

3-3　体积和材料均与球形相同的固体颗粒作自由沉降，何者的沉降速度大？为何？

3-4　当两台小的旋风分离器并联操作，其处理量与一台大的处理量相同，何者的处理效率高？

3-5　气体从旋风分离器切向进口进入与从径向进口进入，何者处理效果好？为何？

3-6　重力沉降和离心沉降的理论依据分别是什么？

3-7　过滤操作的基本原理是什么？影响过滤的因素有哪些？

3-8　用相同体积的洗涤液进行洗涤，设操作压力、过滤面积、过滤终了时的速度均相同。板框压滤机与叶滤机的洗涤时间是否相同？为什么？

3-9　同一台板框过滤机过滤某悬浮液，其他条件不变，仅在操作周期内采用不同的过滤时间与洗涤时间比例，问其生产能力是否相同？为什么？

3-10　不同颗粒组成的滤饼层通过某种滤液的能力是否相同？这种差异在过滤速度方程中用何种参数表征？

3-11　为什么过滤开始时，滤液常常有点混浊，过段时间后才变清？

3-12　采用恒压过滤某悬浮液，当介质阻力忽略不计和滤饼看作不可压缩，若压差增加1 倍，滤液量为原来的多少？若过滤面积减少到原来的 1/2，则滤液量又为原来的多少？

3-13　用压滤机分离悬浮物，忽略过滤介质阻力，滤饼不可压缩，其他条件不变。提高悬浮液温度，单位过滤时间所得滤液量将如何变化？提高悬浮液的固体物含量，单位过滤时间所得滤液量将如何变化？

3-14　当介质阻力不计时，若回转真空过滤机的转速翻倍，则生产能力为原来的多少倍？

3-15　真空转筒式过滤机的最高过滤推动力为多少？为什么真空转筒式过滤机不适合过滤一些胶状物料？

3-16　当要求滤饼含水量较低时，适合使用什么过滤设备进行过滤，为什么？

第 4 章

传热与换热设备

4.1 概述

传热，即热交换或热传递，是指由于温度差引起的能量转移。传热学是工程热物理的一个分支，是研究热量传递规律的一门科学。热力学第二定律指出，只要有温差存在，热量总是自发地从高温物体转向低温物体。由于温差是普遍存在的一种自然现象，因此，传热现象也是一种普遍存在的自然现象。在化工、石油、食品、船舶、矿山、机械、冶金、轻工、能源、动力、电力、建筑、航空等工业领域的生产技术中都涉及传热问题。

化学工业与传热过程密切相关，几乎所有的化工生产过程均涉及传热或换热设备，例如，在化工生产中有近40%的设备是换热器。化学反应通常要在一定温度下进行，为提高反应速率，必须维持一定的温度，故必须向系统输入或输出热量；又如为提纯某产品采用蒸馏操作，必须既输入又输出热量；在干燥、蒸发等单元操作中，同样要向系统输入或输出热量；此外，反应设备、蒸气管道的保温，余热回收利用等过程均涉及热量传递和需要应用传热学的知识。传热学所研究的问题归纳起来可以分为两大类：一类是研究增强或削弱传热的技术，如换热器中的传热，设备和管道的保温；另一类是确定温度分布和控制所需温度，以满足生产工艺的需要。传热学的发展表明，生产的发展不断地提出各种各样的传热问题，而这些问题的解决又促进了传热学的发展。

化工传热过程既可连续进行亦可间歇进行。对于前者，传热系统中不积累能量（即输入的能量等于输出的能量），称为定态传热。定态传热的特点是传热速率在任何时刻都为常数，并且系统中各点的温度仅随位置变化而与时间无关。对于后者，传热系统中各点的温度既随位置又随时间而变，这种传热过程为非定态传热。本章中讨论的都是定态传热。

4.1.1 传热的基本方式及其机理

热量由热体传给冷体有三种不同的方式，即热传导、对流传热和辐射传热。工程上通常采用两种或两种以上组合而成的复合传热过程，净的热流方向总是由高温处指向低温处。

（1）热传导

不同温度的物体相互接触时热量会由高温物体传递到低温物体，这种热量传递过程称为热传导。热传导的条件是系统两部分之间存在温度差，此时热量将从高温部分传向低温部分，或从高温物体传向与它接触的低温物体，直至整个物体各部分温差为零。固体或壁面存在温度梯度发生的传热是最典型的热传导，此外，液体、气体之间也会发生热传导现象。在金属固体中，热传导主要靠自由电子的运动；在非金属固体和大多数液体中，热传导是由个别分子的动量传递引起的；在气体中，热传导是由个别分子无规则运动所致。纯热传导的过程仅是静止物质内的一种传热方式，热传导发生时，物体内部的分子或流体质点没有发生宏观位移。描述热传导的数学模型为傅里叶定律。

（2）对流传热

对流传热是不同温度的流体因搅拌、流动引起的流体质点宏观位移导致的传热过程。对流传热可分为自然对流传热与强制对流传热两大类。前者是因流体各处不同温度引起密度差从而产生浮力导致的流体质点宏观位移传热；后者是因为不同温度流体受外来干扰，诸如搅拌、泵、风机等作用引起的流体质点宏观位移传热。强制对流传热过程总会伴随着自然对流传热过程，因为温度差在流体中产生浮力（密度差），但其影响很小，可以忽略不计。描述对流传热的数学模型是牛顿冷却定律。

在化工传热过程中，对流传热必然伴随着热传导，两者无法分开，通常只是对流传热占主导地位，研究时需将两者一起考虑，称为对流传热或传热。对流传热的特点是靠近壁面附近的流体层中依靠热传导方式传热，而在流体主体中则主要依靠对流方式传热。由此可见，对流传热与流体流动状况密切相关，因此一般不讨论单纯的热对流，而是着重讨论具有实际意义的对流传热。

（3）辐射传热

辐射传热涉及辐射能从热源（固体、液体和气体）向冷体的传递过程。辐射传热和热传导与对流传热不同，它不需要物体之间直接接触，也不需要任何中间介质，太阳将热量传给地球就是靠热辐射。若辐射在真空中传播，它不会转变为热或其他形式的能。仅仅因为热引起的辐射称为热辐射。所有物体都能将热能以电磁波形式发射出去，而不需要任何介质。辐射传热还伴随能量形式的转换。基于热力学第二定律，玻耳兹曼给出了描述辐射传热机理与数学模型（或称为四次方定律），根据其机理，所有物质只要其温度高于绝对零度，都能发射辐射能。应予指出，热传导、对流传热总是伴随着辐射传热，只是通常在化工生产过程，温度不太高，辐射传热被忽略。热传导与对流传热速率取决于冷热物体之间的温度差大小，辐射传热（辐射能发射速率）则取决于物体的温度水平（高低）。

实际上，上述的三种基本传热方式，在传热过程中常常不是单独存在的，而是两种或三种传热的组合，称为复杂传热。如高温气体与固体壁面之间的传热，就需要同时考虑对流传热、辐射传热和热传导。

4.1.2　冷、热流体热量传递方式及换热设备

根据工业过程冷、热流体的接触及进行热量传递情况，通常有以下三种。

（1）间壁式传热

这是化工生产过程中最普遍采用的传热形式，间壁式传热是冷、热流体被一固体壁隔开，热流体将热量传到固体壁面，通过固体壁将热量传给冷流体。典型的间壁式换热器如下。

① 套管式换热器　由直径不同的两根同轴心线管子组成。进行热交换的冷、热流体分别在内管与环隙中流过。通过内管壁热量传递，套管式换热器结构如图 4-1 所示。

② 列管式换热器　主要由壳体、管束、管板和封头等部件组成。一种流体由一侧接管进入封头，流经各管后汇集于另一封头，并从该封头接管流出。该流体称为管程流体。另一

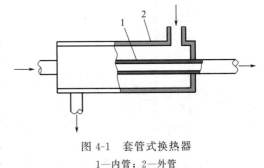

图 4-1　套管式换热器
1—内管；2—外管

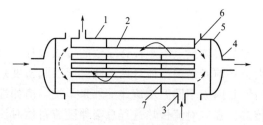

图 4-2 单程列管式换热器

1—壳体；2—管束；3,4—进出口；
5—封头；6—管板；7—挡板

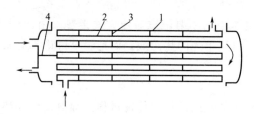

图 4-3 双管程式列管换热器

1—壳体；2—管束；3—挡板；4—隔板

种流体由壳体接管流入，在壳体与管束间的空隙流过，然后从壳体的另一接管流出。该流体称为壳程流体。若管程流体在管束内只流过一次，则称为单程列管式换热器（图4-2）。若流体在管束内来回流过多次，称为多程列管式换热器。

在壳体内安装与管束相垂直的折流板（即挡板）是为了支撑管子避免管子变形；提高壳程流体的流速和改变其流动方向以增强壳程流体的传热效果。

为提高管程流体流速以强化管程流体的传热，可将列管式换热器的全部管束分为多程，使流体每次只沿一程管束通过，在换热器内作两次或两次以上来回折流。如图4-3所示的即为双管程的列管换热器。为实现双管程，只需在一侧封头内设置隔板，将全部管子分成管数相等的两程管束即可。

在换热器中两流体间传递的热量，可能是伴有流体相变化的潜热，例如冷凝或沸腾；亦可能是流体无相变化、仅有温度变化的显热，例如加热或冷却。换热器的热量衡算是传热计算的基础之一。

换热器中的传热快慢用传热速率表示。传热速率 Q 是指单位时间内通过传热面的热量，其单位为 W。热通量是指每单位面积的传热速率，单位是 $W \cdot m^{-2}$。传热速率和热通量都是评价换热器性能的重要指标。

（2）混合式传热

将冷、热流体在换热器中以直接混合的方式进行热量交换，具有传热效率高、设备简单等优点。如图4-4所示的为淋洒式换热器。这种传热方式常用于气体的冷却、水蒸气冷凝或两流体混合不引入新的杂质。

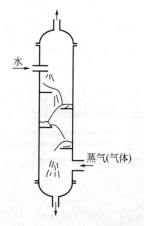

图 4-4 淋洒式换热器

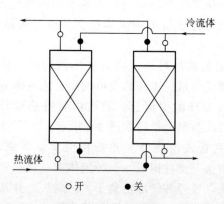

图 4-5 蓄热式换热器

(3) 蓄热式传热

其特点是冷、热流体间的热交换是通过蓄热体的周期性加热和冷却来实现的。如图 4-5 所示的为蓄热式换热器。在换热器内装有空隙率大的填充物（如架砌耐火砖等）。先令热流体通过蓄热器，热流体降温，填充物升温，然后令冷流体通过蓄热器，一方面冷流体升温，同时填充物降温。蓄热器通常采用两台交替使用。这类换热器结构简单，能耐高温，常用于高低温气体的换热。其特点是设备体积大，且两种流体会有一定程度的混合。生产中常用的蓄热材料其原理就是蓄热式传热。蓄热材料就是一种能够储存热能的新型化学材料。它在特定的温度（如相变温度）下发生物相变化，并伴随着吸收或放出热量，可用来控制周围环境的温度，或用以储存热能。它把热量或冷量储存起来，在需要时再把它释放出来，从而提高了能源的利用率。

4.1.3　载热体及其选择

在化工生产中，物料在换热器内被冷却或加热时，通常需要某种流体取走或供给热量，此种流体称为载热体，其中起冷却或冷凝作用的载热体称为冷却剂（或冷却介质）；起加热作用的载热体称为加热剂（或加热介质）。在选择载热体时，除了提高经济效益，还应考虑以下原则：

① 载热体的温度易调节控制；

② 载热体具有较低的饱和蒸气压，加热时不容易分解；

③ 载热体毒性小、腐蚀性低，不易燃易爆；

④ 来源广，价格便宜。

工业上常用的冷却剂有水、空气和各种冷冻剂。其中水和空气可将物料最低冷却至环境温度。一些常用冷却剂及其适用温度范围见表 4-1。常用的加热剂有热水、饱和蒸汽、矿物油、联苯混合物、熔盐及烟道气等，有时也需要采用电加热。常用加热剂及其适用温度范围见表 4-2。

表 4-1　常用冷却剂及其适用温度范围

冷却剂	自来水、河水、井水	空气	盐水	氨蒸气
适用温度/℃	0～80	>30	0～-15	<-15～-30

表 4-2　常用加热剂及其适用温度范围

加热剂	热水	饱和蒸汽	矿物油	熔盐（KNO₃ 53%，NaNO₂ 40%，NaNO₃ 7%）	烟道气
适用温度/℃	40～100	100～180	180～250	142～530	约 1000

4.2　热传导

4.2.1　热传导基本概念

4.2.1.1　温度场

物体内部存在温度差，是热传导的必要条件。热传导速率与物体内部温度的分布密切相关。温度场就是描述任一物体或系统内各点的温度分布与时间的关系，故温度场的数学表达式为：

$$t = f(x, y, z, \theta) \tag{4-1}$$

式中，x、y、z 为物体内任一点的空间坐标变量，m；t 为温度，℃ 或 K；θ 为时间变量，s。

若温度场内各点的温度随时间而变，此温度场为不稳定温度场，这种温度场对应于不稳态的热传导过程。若温度场内各点的温度不随时间而变，但可随位置而变，则称为稳态温度场。稳态温度场的数学表达式为：

$$t = f(x, y, z) \tag{4-2}$$

在特殊的情况下，若物体内的温度场不仅是稳态，而且仅沿一个坐标方向变化，则此温度场称为稳态的一维温度场，即：

$$t = f(x) \tag{4-3}$$

温度场中任一瞬间下相同温度各点所组成的面为等温面。由于物体内的任何一点不可能同时具有两个不同的温度，因此，温度不同的等温面或等温线不会彼此相交。

4.2.1.2　温度梯度

由于等温面上温度处处相等，故沿等温面将无热传递，而沿和等温面相交的方向，因温度发生变化则有热量的传递。描述温度场不均匀性的参数是温度梯度，温度梯度是矢量。如图 4-6 所示，温度随距离的变化程度以沿与等温面的垂直方向为最大，通常，将两相邻等温面的温度（$t + \Delta t$）与 t 之间的温度差 Δt，与距两面间的垂直距离 Δn 之比值的极限称为温度梯度。温度梯度的数学定义式为：

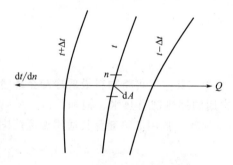

图 4-6　温度梯度和傅里叶定律

$$\mathrm{grad}\, t = \lim_{\Delta n \to 0} \frac{\Delta t}{\Delta n} = \frac{\partial \vec{t}}{\partial n} \tag{4-4}$$

温度梯度的矢量 $\dfrac{\partial \vec{t}}{\partial n}$ 正方向是指向温度增加的方向，因此方向总是与传热方向相反。通常，将温度梯度的标量 $\dfrac{\partial t}{\partial n}$ 也称为温度梯度。

对稳态的一维温度场，温度梯度可表示为：

$$\mathrm{grad}\, t = \frac{\mathrm{d}t}{\mathrm{d}x} \tag{4-5}$$

4.2.2　傅里叶（Fourier）定律

热传导的基本原理是由傅里叶在 19 世纪建立的，该原理是在大量实验基础上得出描述热传导的基本规律的定律，称为傅里叶定律，它描述为通过等温表面的热传导速率与温度梯度及传热面积成正比，数学表达式为：

$$\mathrm{d}Q \propto -\mathrm{d}A\, \frac{\partial t}{\partial n}$$

或

$$\mathrm{d}Q = -\lambda\, \mathrm{d}A\, \frac{\partial t}{\partial n} \tag{4-6}$$

式中，Q 为热传导速率，即单位时间传递的热，其方向与温度梯度的相反，W；A 为等温表面的面积，m^2；λ 为比例系数，称为热导率，$W \cdot m^{-1} \cdot K^{-1}$。

式(4-6) 中的负号表示热流方向总是和温度梯度的方向相反，如图 4-6 所示。热导率 λ 与黏度系数 μ 一样，也是粒子微观运动特性的表现，是物质的物理性质之一。热导率的数值和物质的组成、结构、密度、温度及压强有关，通常用实验方法测定。热导率值的变化范围很大。一般来说，金属的热导率最大，非金属固体的次之，液体的较小，气体的最小。工程计算中常见物质的热导率可从有关手册中查得，本书附录中也有部分摘录，供使用时查用。

4.2.3　热导率

4.2.3.1　热导率的物理意义及数值范围

傅里叶定律即为热导率的定义式。热导率表示单位温度梯度时物质的热通量。λ 值愈大，物质愈易传导热量。

在常温、常压下各种物质的热导率单位是 $W \cdot m^{-1} \cdot K^{-1}$ 或 $W \cdot m^{-1} \cdot ℃^{-1}$。各种不同物质的热导率不同，即使是同一物质，在不同的条件与状态下其热导率也不完全相同。各种物质的热导率在数值上的差异可达几百倍，有时甚至达几百万倍。金属是良导体，金属的 λ 值范围大体在 $10 \sim 400 W \cdot m^{-1} \cdot K^{-1}$，是各种物质中最易于导热的，如不锈钢的 λ 为 $17 W \cdot m^{-1} \cdot K^{-1}$，低碳钢的 λ 为 $45 W \cdot m^{-1} \cdot K^{-1}$，铜的 λ 为 $380 W \cdot m^{-1} \cdot K^{-1}$，水银的 λ 为 $415 W \cdot m^{-1} \cdot K^{-1}$。纯金属的热导率一般随温度升高而降低，随纯度增高而增大。因此合金的热导率一般比纯金属低。非金属材料的 λ 比金属的小，其 λ 约为 $0.35 \sim 3.5 W \cdot m^{-1} \cdot K^{-1}$。液体的 λ 要比固体的 λ 小，其值约为 $0.1 \sim 0.6 W \cdot m^{-1} \cdot K^{-1}$。液态金属的热导率比一般液体的要高。大多数液态金属的热导率随温度升高而降低。在非金属液体中，水的热导率最大，因此水是最常用的冷却介质。气体的热传导性能最差，λ 可低到 $0.007 W \cdot m^{-1} \cdot K^{-1}$，常压 20℃ 空气的 λ 值为 $0.024 W \cdot m^{-1} \cdot K^{-1}$。气体的热导率随温度升高而增大。气体的热导率很小，对导热不利，但有利于保温、绝热，这个特性已被人们充分利用。工业上许多绝热保温材料就是有意做成疏松状、多孔状，使其中储藏 λ 值很小的空气，以降低该材料的热传导能力。例如，弹松的棉被就是靠其中的空气使绝热性加强。

物质的 λ 值与许多因素有关。物质的组成、结构、密度、温度及压强等都会影响 λ 值。混合物的 λ 值不能由各组成物质的 λ_i 值按其质量分数 x_i 用加和法求得。如常温时干砖的 λ 为 $0.35 W \cdot m^{-1} \cdot K^{-1}$，水的 λ 为 $0.58 W \cdot m^{-1} \cdot K^{-1}$，但湿砖的 λ 却为 $1.05 W \cdot m^{-1} \cdot K^{-1}$，其间显然不存在加和关系。

4.2.3.2　热导率与温度的关系

对大多数均质固体二者间基本上呈直线关系。如以 λ_0 表示 0℃ 时 λ 值，λ 表示 t℃ 时的 λ 值，则有下列关系存在：

$$\lambda = \lambda_0(1 + at) \tag{4-7}$$

式中，a 为温度系数，$℃^{-1}$。

a 表示某物体 t℃ 时的热导率对于 0℃ 时热导率的每升温 1℃ 的相对变化率。金属和液体的 a 为负值，即金属与液体的热导率随温度增加而减小，但水和甘油是例外；而非金属固体的 λ 随温度增加或者增大或者减小；热导率气体的 a 为正值，即它随温度增加而增大。对单原子气体分子，λ 与 $t^{0.5}$ 成正比，双原子气体分子 λ 随温度增加快速地增大。此外，气体的 λ 随分子量增加而减小。

4.2.3.3　热导率与压强的关系

固体和液体的热导率值与压强基本无关。气体的 λ 值一般与压强亦无关，但在压强很高（大于 200MPa）或很低（小于 2700Pa）时，λ 值随压强增大而增大或随压强降低而减小。

4.2.4　平壁的稳态热传导

4.2.4.1　单层平壁一维稳态热传导

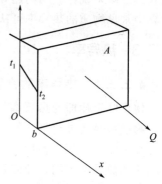

单层平壁的热传导，如图 4-7 所示。设等温面是垂直于 x 轴的平面，温度仅是 x 的函数（这意味着平壁面积与壁厚之比很大，略去从壁的边缘传递的热量），可看成一维稳态热传导，则同一等温面上的 $\dfrac{\mathrm{d}t}{\mathrm{d}x}$ 值是相同的。热流方向平行于 x 轴向由高温平面至低温平面。

参看图 4-7，设平壁材料均匀，等温面的面积为 A，平壁厚度为 b，平壁两侧面的温度分别为 t_1 及 t_2，且 $t_1 > t_2$。

图 4-7　单层平壁一维稳态热传导

若物质的热导率 λ 与温度 t 的关系可用式（4-7）表示，则通过该平壁的导热量 Q 为：

$$Q = -\lambda_0(1+at)A\left(\frac{\mathrm{d}t}{\mathrm{d}x}\right)$$

积分

$$Q\int_0^b \mathrm{d}x = -\lambda_0 A\int_{t_1}^{t_2}(1+at)\mathrm{d}t$$

$$Qb = -\lambda_0 A\big[(t_2-t_1)+0.5a(t_2^2-t_1^2)\big] = -\lambda_0 A(t_2-t_1)[1+0.5a(t_1+t_2)]$$

令

$$\lambda_0[1+0.5a(t_1+t_2)] = \lambda_\mathrm{m}$$

式中，λ_m 为平均热导率。

则

$$Q = \frac{\lambda_\mathrm{m}A(t_1-t_2)}{b} \tag{4-8}$$

或

$$Q = \frac{t_1-t_2}{b/(\lambda_\mathrm{m}A)} = \frac{温度差（推动力）}{热阻（阻力）} \tag{4-9}$$

式（4-8）和式（4-9）均为单层稳态、一维平壁热传导的积分式。式中平壁的平均热导率按平壁两侧温度 t_1 和 t_2 的算术平均值计算得。若由 t_1 和 t_2 温度分别算出热导率 λ_1 及 λ_2，则平均热导率 λ_m 可由 $\lambda_\mathrm{m} = 0.5(\lambda_1+\lambda_2)$ 求得。可以证明，当热导率随温度呈线性关系时，用物体的平均热导率进行热传导的计算，将不会引起太大的误差。在以后的热传导计算中，一般都采用平均热导率。

由式（4-9）可知，热传导速率类似于电学中的欧姆定律，表示为推动力除以阻力的形式，热传导推动力为传热温度差，热阻为 $b/(\lambda_\mathrm{m}A)$。式（4-9）表明导热速率与导热推动力成正比，与导热热阻成反比，还可看出导热距离愈大，传热面积和热导率愈小，则导热热阻愈大。由式（4-9）可归纳得到自然界中传递过程的普遍关系为：化工过程的传递速率均可表示为推动力除以阻力的形式。

需要指出，应用热阻概念，对传热过程的分析和计算都十分有用。由于系统中任一段的热阻与该段的温差成正比，利用这一关系可以计算界面温度或物体内温度分布。反之，也可从温度分布情况判断各部分热阻的大小。此外，还可利用串、并联电阻类似的计算方法来类比计算复杂过程的热阻。

【例 4-1】 某平壁厚度为 0.37m，内表面温度 t_1 为 1650℃，外表面温度 t_2 为 300℃，平壁材料的热导率 $\lambda = 0.815(1+0.00093t)$，$\lambda$ 的单位为 $W \cdot m^{-1} \cdot ℃^{-1}$，$t$ 的单位为℃。求单位面积的传热量及平壁内温度分布。

解　由傅里叶定律　$Q = -\lambda_0(1+at)A\left(\dfrac{dt}{dx}\right)$，积分得

$$Q\int_0^b dx = -\lambda_0 A\int_{t_1}^{t_2}(1+at)dt$$

$$Qb = -\lambda_0 A\left[(t_2-t_1)+0.5a(t_2^2-t_1^2)\right]$$

得　$\dfrac{Q}{A} = -0.815 \times \left[(300-1650)+0.5 \times 0.00093 \times (300^2-1650^2)\right] \times \dfrac{1}{0.37} = 5670 W \cdot m^{-2}$

同理，由傅里叶定律　$Q = -\lambda_0(1+at)A\left(\dfrac{dt}{dx}\right)$

上式的积分限将 b 换成 x，t_2 换为 t，可得温度分布

$$t = -1072+(7.41 \times 10^6-1.49 \times 10^7 x)^{1/2}$$

4.2.4.2　多层平壁一维稳态热传导

在工业生产中，经常利用多层平壁材料来保温，因此多层平壁的导热问题是传热过程的重要问题。以高温炉的三层平壁为例，如图 4-8 所示，炉壁由耐火砖、绝缘材料及普通砖组成。各层厚度分别为 b_1、b_2 和 b_3，各层的平均热导率分别为 λ_1、λ_2 和 λ_3。假设层与层之间接触良好，各表面的温度为 t_1、t_2、t_3 和 t_4，稳态传热时通过多层平壁热传导速率相等，为：

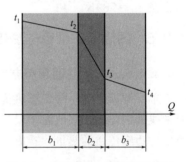

图 4-8　多层平壁一维稳态热传导

$$Q = \frac{t_1-t_2}{\dfrac{b_1}{\lambda_1 A}} = \frac{t_2-t_3}{\dfrac{b_2}{\lambda_2 A}} = \frac{t_3-t_4}{\dfrac{b_3}{\lambda_3 A}}$$

利用合比定理，令上式中各项分子和分母分别相加，得：

$$Q = \frac{t_1-t_4}{\dfrac{b_1}{\lambda_1 A}+\dfrac{b_2}{\lambda_2 A}+\dfrac{b_3}{\lambda_3 A}} = \frac{t_1-t_{n+1}}{\sum\limits_{i=1}^{n}\left(\dfrac{b_i}{\lambda_i A}\right)} = \frac{\sum\Delta t_i}{\sum R_i} \qquad (4\text{-}10)$$

由式(4-10) 可见，多层平壁热传导的总推动力为各层温度差之和，即总温度差，总热阻为各层热阻之和。

【例 4-2】 燃烧炉的炉壁由 225mm 厚的耐火砖、120mm 厚的绝热砖及 225mm 厚的建筑砖砌成。炉内的温度 1200K，外壁温度为 330K，其热导率 λ 值依次为 $1.4W \cdot m^{-1} \cdot K^{-1}$、$0.2W \cdot m^{-1} \cdot K^{-1}$ 及 $0.7W \cdot m^{-1} \cdot K^{-1}$。求单位面积热损失速率及耐火砖与绝热砖之间的温度？

解　设 t_1 和 t_2 分别为耐火砖与绝热砖、绝热砖与建筑砖之间的温度。

由热传导公式　$\dfrac{Q}{A} = \dfrac{\lambda \Delta t}{b}$

通过耐火砖的热通量　$\dfrac{Q}{A} = 1.4(1200-t_1) \times \dfrac{1}{0.225}$

通过绝热砖的热通量 $\dfrac{Q}{A}=0.2(t_1-t_2)\times\dfrac{1}{0.120}$

通过建筑砖的热通量 $\dfrac{Q}{A}=0.7(t_2-330)\times\dfrac{1}{0.225}$

各层热阻 b/λ 分别为：

耐火砖 $\dfrac{b_1}{\lambda_1}=\dfrac{0.225}{1.4}=0.161\mathrm{m^2\cdot K\cdot W^{-1}}$

绝热砖 $\dfrac{b_2}{\lambda_2}=\dfrac{0.120}{0.2}=0.600\mathrm{m^2\cdot K\cdot W^{-1}}$

建筑砖 $\dfrac{b_3}{\lambda_3}=\dfrac{0.225}{0.7}=0.322\mathrm{m^2\cdot K\cdot W^{-1}}$

通过炉壁的热通量 $\dfrac{Q}{A}=\dfrac{1200-330}{0.161+0.600+0.322}=803\mathrm{W\cdot m^{-2}}$

由上述各式可解得，耐火砖与绝热砖之间的温度 $t_1=1071\mathrm{K}$，绝热砖与建筑砖之间的温度 $t_2=589\mathrm{K}$。

4.2.5 圆筒壁一维稳态热传导

4.2.5.1 单层圆筒壁热传导

单层圆筒壁的一维稳态热传导如图 4-9 所示，壁内各等温面都是以该圆筒壁轴心线为共同轴线的圆筒面，壁内温度仅是径向坐标 r 的函数，即圆筒壁长度与壁厚之比很大，忽略圆筒壁的边缘传递的热量，看成一维热传导处理，这时的热传导只沿径向坐标 r 传递，则同一等温面上的 $\dfrac{\mathrm{d}t}{\mathrm{d}r}$ 值是相同的，热流方向仅沿径向由高温圆筒面传至低温圆筒面。当圆筒壁内表面半径为 r_1，温度为 t_1，外表面半径为 r_2，温度为 t_2，圆筒壁长度为 L，壁的热导率按常量计。根据傅里叶定律，对厚为 $\mathrm{d}r$ 的薄圆筒壁进行分析得：

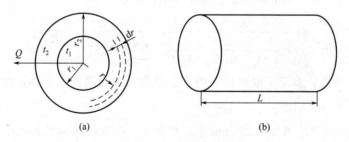

(a)   (b)

图 4-9 单层圆筒壁的一维稳态热传导

$$Q=-\lambda A\left(\dfrac{\mathrm{d}t}{\mathrm{d}r}\right)=-\lambda(2\pi rL)\left(\dfrac{\mathrm{d}t}{\mathrm{d}r}\right)$$

积分 $$Q\int_{r_1}^{r_2}\dfrac{\mathrm{d}r}{r}=-\lambda 2\pi L\int_{t_1}^{t_2}\mathrm{d}t$$

所以 $$Q\ln\left(\dfrac{r_2}{r_1}\right)=2\pi\lambda L(t_1-t_2)$$

即
$$Q = \frac{2\pi\lambda L(t_1 - t_2)}{\ln\left(\dfrac{r_2}{r_1}\right)} \tag{4-11}$$

亦即
$$Q = \frac{t_1 - t_2}{\dfrac{1}{2\pi\lambda L}\ln\left(\dfrac{r_2}{r_1}\right)} = \frac{温度差}{热阻}$$

$$热阻 = \frac{1}{2\pi\lambda L}\ln\left(\frac{r_2}{r_1}\right) = \frac{r_2 - r_1}{2\pi\lambda L(r_2 - r_1)}\ln\left(\frac{r_2}{r_1}\right) = \frac{b}{\lambda(A_2 - A_1)}\ln\left(\frac{A_2}{A_1}\right)$$

式中，$A_1 = 2\pi r_1 L$ 为圆筒内表面积；$A_2 = 2\pi r_2 L$ 为圆筒外表面积。

令
$$A_m = \frac{A_2 - A_1}{\ln\left(\dfrac{A_2}{A_1}\right)}$$

式中，A_m 是 A_1 和 A_2 的对数平均值。

则
$$Q = \frac{t_1 - t_2}{\dfrac{b}{\lambda A_m}} \tag{4-12}$$

式(4-12)具有与平壁导热相同的计算式形式。不过，圆筒壁导热式中以内、外壁面积的对数平均值 A_m 替代了平壁导热中的 A。说明：当 $A_2/A_1 = r_2/r_1 < 2$ 时，可用算术平均面积 $(A_1 + A_2)/2$ 代替对数平均面积 A_m，其误差小于 3.96%，$A_2/A_1 = r_2/r_1 = 1.4$，用算术平均面积代替对数平均面积 A_m，其误差小于 1%。图 4-10 给出对数平均与算术平均的关系。因此当两个变量的比值小于或等于 2 时，经常用算术平均值代替对数平均值，使计算较为简便。

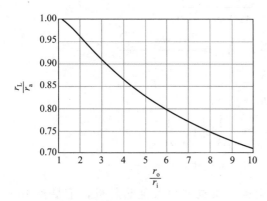

图 4-10　对数平均与算术平均的关系

r_L、r_a 分别为对数和算术平均半径；

r_i、r_o 分别为管内、外半径

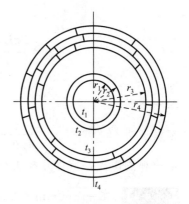

图 4-11　多层圆筒壁的热传导

4.2.5.2　多层圆筒壁热传导

化工生产中常遇到圆形管道的保温，因此多层圆筒壁的热传导也是化学工业中重点关注的问题，现以三层为例予以说明。如图 4-11 所示，类似于多层平壁热传导，各层的厚度分别为 $b_1 = r_2 - r_1$、$b_2 = r_3 - r_2$、$b_3 = r_4 - r_3$，相应的对数平均传热面积为 $A_{m,1}$、$A_{m,2}$、$A_{m,3}$，平均热导率为 λ_1、λ_2 和 λ_3。假设层与层之间接触良好，各层表面的温度为 t_1、t_2、

t_3 和 t_4，一维稳态传热，则通过多层圆筒壁面的热传导速率为：

$$Q = \frac{\Delta t_1 + \Delta t_2 + \Delta t_3}{\dfrac{b_1}{\lambda_1 A_{m,1}} + \dfrac{b_2}{\lambda_2 A_{m,2}} + \dfrac{b_3}{\lambda_3 A_{m,3}}} \tag{4-13}$$

或

$$Q = \frac{2\pi L(t_1 - t_4)}{\dfrac{1}{\lambda_1}\ln\dfrac{r_2}{r_1} + \dfrac{1}{\lambda_2}\ln\dfrac{r_3}{r_2} + \dfrac{1}{\lambda_3}\ln\dfrac{r_4}{r_3}} \tag{4-14}$$

对 n 层圆筒壁，其热传导速率方程式可表示为：

$$Q = \frac{(t_1 - t_{n+1})}{\displaystyle\sum_{i=1}^{n} \frac{1}{2\pi L\lambda_i}\ln\frac{r_{i+1}}{r_i}} \tag{4-15}$$

应该注意，对圆筒壁的定态热传导，通过各层的热传导速率都是相同的，但由于不同半径处的导热面积不同，所以热通量并不相等。

【例 4-3】 有一外径为 150mm 的钢管，为减少热损失，今在管外包以两层绝热层。已知两种绝热材料的热导率之比 $\lambda_2/\lambda_1 = 2$，两层绝热层厚度相等皆为 30mm。试问应把哪一种材料包在里层时，管壁热损失小。设两种情况下两绝热层的内外温度不变。

解 λ_1（小的热导率）材料包在内层，热损失小

由

$$Q = \frac{\sum \Delta t_i}{\sum R_i} = \frac{\Delta t}{\dfrac{b_1}{\lambda_1 A_{m1}} + \dfrac{b_2}{\lambda_2 A_{m2}}}$$

及

$$Q' = \frac{\sum \Delta t_i}{\sum R_i} = \frac{\Delta t}{\dfrac{b_1}{\lambda_2 A_{m1}} + \dfrac{b_2}{\lambda_1 A_{m2}}}$$

$$A_{m2} = \frac{2\pi L(r_3 - r_2)}{\ln\dfrac{r_3}{r_2}}, \quad A_{m1} = \frac{2\pi L(r_2 - r_1)}{\ln\dfrac{r_2}{r_1}}$$

$\Delta t = $ 常数 $\qquad\qquad b_1 = b_2$

可以证明

$$\frac{1}{\lambda_1 A_{m1}} + \frac{1}{\lambda_2 A_{m2}} > \frac{1}{\lambda_2 A_{m1}} + \frac{1}{\lambda_1 A_{m2}}$$

第一种热阻大，所以热损失少。

【例 4-4】 在一 ϕ60mm×3.5mm 的钢管外层包有两层绝热材料，里层为 40mm 的氧化镁粉，平均热导率 $\lambda = 0.07$ W·(m·℃)$^{-1}$，外层为 20mm 的石棉层，其平均热导率 $\lambda = 0.15$ W·(m·℃)$^{-1}$。现用热电偶测得管内壁温度为 500℃，最外层表面温度为 80℃，管壁的热导率 $\lambda = 45$ W·(m·℃)$^{-1}$。试求每米管长的热损失及两层保温层界面的温度。

解 （1）每米管长的热损失

$$\frac{Q}{L} = \frac{2\pi(t_1 - t_4)}{\dfrac{1}{\lambda_1}\ln\dfrac{r_2}{r_1} + \dfrac{1}{\lambda_2}\ln\dfrac{r_3}{r_2} + \dfrac{1}{\lambda_3}\ln\dfrac{r_4}{r_3}}$$

此处，$r_1 = 0.053/2 = 0.0265\text{m}$，$r_2 = 0.0265 + 0.0035 = 0.03\text{m}$

$r_3 = 0.03 + 0.04 = 0.07\text{m}$，$r_4 = 0.07 + 0.02 = 0.09\text{m}$

所以

$$\frac{Q}{L} = \frac{2 \times 3.14 \times (500 - 80)}{\frac{1}{45} \times \ln\frac{0.03}{0.0265} + \frac{1}{0.07} \times \ln\frac{0.07}{0.03} + \frac{1}{0.15} \times \ln\frac{0.09}{0.07}}$$

$$= 191.4\text{W} \cdot \text{m}^{-1}$$

（2）保温层界面温度 t_3

由于

$$\frac{Q}{L} = \frac{2\pi(t_1 - t_3)}{\frac{1}{\lambda_1}\ln\frac{r_2}{r_1} + \frac{1}{\lambda_2}\ln\frac{r_3}{r_2}}$$

代入有关数据，得

$$191.4 = \frac{2 \times 3.14(500 - t_3)}{\frac{1}{45} \times \ln\frac{0.03}{0.0265} + \frac{1}{0.07} \times \ln\frac{0.07}{0.03}}$$

求得　$t_3 = 131.2\text{℃}$

在上述多层壁的计算中，假设层与层之间接触良好，两个接触表面具有相同的温度。实际上，不同材料构成的界面之间可能出现明显的温度降低。这种温度变化是由于表面粗糙不平而产生接触热阻的缘故。因两个接触面之间有空穴，而空穴内又充满空气，因此，传热过程包括通过实际接触面的热传导和空穴的热传导（高温时还有辐射传热）。一般来说，因气体的热导率很小，接触热阻主要由空穴造成。接触热阻的影响如图 4-12 所示。

接触热阻与接触面材料表面粗糙度及接触面上的压强等因素有关，目前还没有可靠的理论或经验计算公式，主要依靠实验测定。

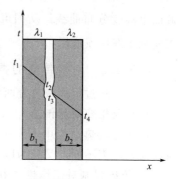

图 4-12　接触热阻的影响

4.3　对流传热

4.3.1　对流传热及其类型

4.3.1.1　对流传热过程

在工业生产过程中，对流传热的流体通常流过某设备（热交换器）或盛放在容器（反应器、干燥器或精馏设备等）中，热量通过上述设备或容器的壁面向流体输入或输出。流体流过固体壁面（流体温度与壁面温度不同）时的传热过程称为对流传热。它在化工传热过程（如间壁式换热器）中占有重要地位。对流传热过程机理较复杂，其传热速率与很多因素有关。因为微观粒子的热运动总是存在的，所以对流传热的同时必定伴随着热传导。此外，由于对流传热过程的流体温度在绝对零度以上，故对流传热也伴随着辐射传热，只是其温度不高时可以忽略不计。此外，由于对流传热是靠流体质点的宏观运动来完成，因此对流传热与流体的流动状况也密切相关。

根据第 1 章流体流动边界层理论可知，由于流体具有黏性，当流体流过固体壁面时，在壁面附近的流体因减速形成流动边界层，边界层内存在着速度梯度。若边界层的流体流动为层流时，则称为层流边界层，若边界层的流动为湍流时，则称为湍流边界层。无论边界层的流动是层流还是湍流，靠近壁面仍存在一非常薄的流层，称为层流内层（或底层），其流动为层流。对于层流，流体是分层运动，层与层之间没有流体质点的宏观运动，故在此垂直于流动方向上不存在对流传热，而是主要为热传导（忽略自然对流的影响）。通常流体热导率较低，导致层流底层的传热热阻较大，根据传热速率方程可知，层流底层的温度差较大，或温度梯度（传热推动力）较大。对于湍流主体，由于流体质点充分混合，流体之间的温度差或温度梯度很小，传热热阻也很小。而在层流内层与湍流主体之间存在着一过渡区，在该区域的传热是导热与对流共存。由此可见，对流传热过程的热阻主要集中在边界层尤其是层流内层，破坏边界层的发展或减薄层流内层是提高对流传热的有效手段之一。

图 4-13 表示某一固体壁面两侧不同温度的流体流动状况，及与流动方向垂直的流动截面上温度分布曲线。从图可见，温度梯度主要集中在层流底层。

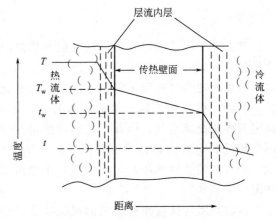

图 4-13 对流传热流体流动及温度分布情况

4.3.1.2 对流传热的类型

对流传热过程大致可分两大类型。

（1）无相变对流传热

流体在传热过程中不发生相变化，依据流体流动原因不同，又分为以下两种。

① 流体强制对流传热 由于外界机械能的输入，如在泵、风机或搅拌器的作用下，流体被迫流过固体壁面的传热。

② 流体自然对流传热 当静止流体与不同温度固体壁面接触，在流体内部产生温度差异。流体内部温度不同导致流体密度的不同从而产生了浮力，密度大的流体往下沉，密度小的朝上浮。于是，在流体内部发生了流动。这种流动称为流体自然对流。由此引起的传热现象称为自然对流传热。

如图 4-14 所示，设壁面温度为 t_w，远离壁面的流体温度为 t，且 $t > t_w$，则流体向壁面传热。

自然对流传热的现象很普遍。如图 4-15 所示的流体中的热平板置于流体下侧，冷平板置于流体上侧，因温度差导致上方流体密度大，下方流体密度小，从而引起流体自然对流。

（2）相变传热

流体在传热过程中发生相变。相变传热又分为以下两种。

① 蒸气冷凝传热 蒸气遇到温度低于其饱和温度的冷固体壁面时，蒸气放热并冷凝成液体，凝液在重力作用下沿壁面流下，这种传热类型称为蒸气冷凝传热。

② 液体沸腾传热 液体从固体壁面吸收热量而沸腾，在液体内部产生气泡，气泡在浮

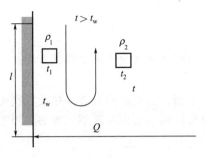
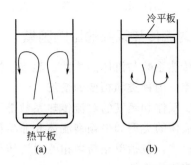

图 4-14 自然对流传热   图 4-15 流体中有热或冷平板的自然对流传热

升时因继续发生液体汽化而长大的传热类型称为液体沸腾传热。沸腾传热还可分为大空间（池）沸腾及流动沸腾过程。

4.3.2 对流传热速率与对流传热系数

影响对流传热速率的因素很多，过程很复杂，对不同的对流传热影响情况又有差别，因此对流传热速率的理论计算是很困难的，目前工程上仍按照半经验的方法处理。

根据传递过程速率的通式，壁面与流体间的对流传热速率也等于系数和推动力的乘值，即

$$对流传热速率＝系数×推动力$$

上式中的推动力是壁面和流体间的温差。还需要注意的是，在换热器中，沿着流体流动方向，流体和壁面的温度一般是变化的，对流传热速率也随之而异，此时对流传热速率方程应该用微分形式表示。

根据上述通式，描述对流传热过程可用牛顿（Newton）冷却定律来表达，即：

流体被冷却时 $$Q=hA(T-T_w) \tag{4-16}$$

流体被加热时 $$Q=hA(t_w-t) \tag{4-17}$$

式中，Q 为通过传热面积 A 的传热速率，W；A 为对流传热面积，m^2；T、t 为任一截面热或冷流体的温度，℃；T_w、t_w 为任一截面处传热壁的温度，℃；h 为比例系数，称为对流传热系数或传热系数，$W \cdot m^{-2} \cdot ℃^{-1}$。

此外，式(4-16)、式(4-17)还可以用式(4-9)的形式表示：

$$Q=\frac{传热温度差（推动力）}{传热热阻（阻力）}=\frac{\Delta T}{1/(hA)} \tag{4-18}$$

式中，ΔT 为流体与固体壁面或固体壁面与流体之间的温度差。式(4-18)表明，h 越大，传热热阻越小，传热速率就越大。

应注意，流体的温度是指将流动横截面上的流体绝对混合后测定的温度。在传热计算中，除非另有说明，流体的温度一般都是指这种横截面的平均温度。

换热器的传热面积有不同的表示方法，可以是管内侧或管外侧表面积。因此对流传热系数必须是和传热面积与传热温差相对应。

牛顿冷却定律也是对流传热系数的定义式，表示在单位温差下，对流传热系数在数值上等于由对流传热产生的热通量。牛顿冷却定律把复杂的对流传热问题用一个简单式子表达，实际上把影响对流传热的诸多因素归于一个参量——对流传热系数中，但没有解决对流传热过程中的具体问题。因此，对流传热问题研究的重点便转化为如何确定不同具体情况下的对

流传热系数，如何求算对流传热系数 h 便成为对流传热中的关键问题。

4.3.3　对流传热系数的影响因素

对流传热系数与流体的物性、温度、流动状况以及壁面几何状况等诸多因素有关。

（1）流体的种类和相变的情况

液体、气体和蒸气的对流传热系数都不相同。流体单相、多相流的对流传热及其机理也有差别。流体的类型如牛顿型流体和非牛顿型流体的对流传热系数也有区别。本书只限于讨论牛顿型流体，包括单相与多相的对流传热系数。

（2）流体的物性

对 h 值影响较大的流体物性有热导率、黏度、定压比热容、密度以及对自然对流影响较大的体积膨胀系数。对同一种流体，这些物性又是温度的函数，其中某些物性还与压强有关。

① 热导率　从上面的讨论可知，对流传热的热阻主要由边界层内的热传导热阻构成，因为流体呈湍流状态，湍流主体和缓冲层的传热热阻较小，此时对流传热主要受层流底层热阻控制。当层流底层的温度梯度一定时，流体的热导率愈大，对流表面传热系数也愈大。

② 黏度　根据流体流动的规律，当流体在管中流动时，若管径和流速一定，流体的黏度愈大其 Re 值愈小，即湍流程度低，因此边界层或传热边界层愈厚，其对流传热系数就愈低。

③ 定压比热容 C_p 和密度 ρ　C_p 代表单位体积流体所具有的热容量，也就是说 ρC_p 值愈大，表示流体携带热量的能力愈强，因此对流传热的强度愈强。

④ 体积膨胀系数　一般来说，体积膨胀系数 β 值愈大的流体，所产生的密度差别愈大，因此有利于自然对流。由于绝大部分传热过程为非定温流动，因此即使在强制对流的情况下，也会产生附加的自然对流的影响，因此 β 值对强制对流也有一定的影响。

（3）流体的温度

流体温度对对流传热的影响表现在流体温度与壁面温度之差 Δt、流体物性随温度变化程度以及附加自然对流等方面的综合影响。因此在对流传热计算中必须修正温度对物性的影响。此外流体内部温度分布不均必然导致密度的差异，从而产生附加的自然对流，这种影响又与热流方向及管子布置有关。

（4）流体的流动型态

层流和湍流的传热机理有本质的区别。当流体呈湍流流动时，湍流主体的流体质点充分混合，温度梯度较小，且湍动越强，层流内层厚度越薄，传热热阻越小，故对流传热系数较大。当流体呈层流流动时，流体沿壁面分层流动，即流体质点在热流方向上无宏观运动，传热基本上依靠热传导来进行，温度梯度较大，对流传热热阻也大，因此层流的对流传热系数远比湍流的小。

（5）流体流动的原因

引起对流传热包括自然对流和强制对流，因而具有不同的流动和传热规律。自然对流传热是由于流体内部存在温度差，因而各部分的流体密度不同，引起流体质点的相对位移。设 ρ_1 和 ρ_2 分别代表温度为 t_1 和 t_2 两点流体密度，则密度差产生的升力为 $(\rho_1-\rho_2)g$。若流体的体积膨胀系数为 β，单位为℃$^{-1}$，并以代表温度差 (t_2-t_1)，则可得 $\rho_1=\rho_2(1+\beta\Delta t)$，于是每单位体积的流体所具有的升力为：

$$(\rho_1-\rho_2)g=[\rho_2(1+\beta\Delta t)-\rho_2]g=\rho_2\beta g\Delta t$$

单位质量的流体受到的净浮升力：

$$\frac{\rho_1 - \rho_2}{\rho_2} = \beta g \, \Delta t$$

强制对流是由于外力的作用，例如泵、搅拌器等迫使流体流动，因此强制对流传热系数要比自然对流传热系数大几倍至几十倍。

（6）传热表面的几何形状、位置和大小

传热表面的几何形状（如管、板、环隙、翅片等），传热表面方位和位置（如水平或垂直放置，管束的排列方式）及流道尺寸（如管径、管长、板高和进口效应）等都直接影响对流传热系数。这些影响因素比较复杂，但都将反映在 h 的计算公式中。

4.3.4　温度边界层与对流传热分析

与流体流过固体壁面时形成流动边界层一样，若流体主体的温度与壁面温度不同，必然形成温度边界层。

对于对流传热问题，不仅涉及流体流动的速度边界层，而且还涉及传热的温度边界层，因此，有必要了解任一流动截面的流体温度分布侧形以及温度侧形随流体流过壁面距离的变化关系。

如图 4-16 所示，设有流速相同且等温的均匀流体平行流过一固体平壁面。流体温度为 t_∞，壁面温度为 t_w。设 $t_w > t_\infty$，当流体流过壁面时，因壁面向流体传热，所以流体温度发生变化。在与壁面接触处的流体温度瞬间即升为 t_w。随着流体流过平壁距离的增加，流体升温的范围增大。参照边界层厚度的定义，以流体温度 t 满足 $t_w - t = 0.99(t_w - t_\infty)$ 的等温面为分界面，在此分界面与壁面间的流动层称为温度边界层。于是，任一流动截面上流体温度的变化便集中在温度边界层内。温度边界层以外的区域，流体的温度基本上相同，即温度梯度可视为零。

在温度边界层内紧邻固体壁面处的薄流层为层流内层，在层流内层流体与壁面的传热主要是热传导，所以，流体与壁面间传热的速率可按壁面处流体热传导速率方程计算，即：

$$Q = -\lambda \left(\frac{\mathrm{d}t}{\mathrm{d}y} \right)_w A \tag{4-19}$$

工程上为简化分析，采用上述温度边界层理论，类似于膜理论模型，即假设流体与固体壁面的对流传热热阻主要集中在近壁区的一层厚度为 δ_t 的传热膜内，在膜外流体混合均匀，无温度梯度，故不存在着传热热阻。流体通过膜的传热主要是靠分子之间的导热。当 Re 增加，湍动程度增大，膜的厚度减薄，传热热阻变小，传热速率增加。根据膜理论模型，膜内是层流，厚度为 δ_t，假设流体被加热，膜外侧的流体温度保持为 t_∞，壁面温度为 t_w，如图 4-17所示，则对流传热速率可写成：

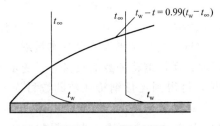

图 4-16　温度边界层

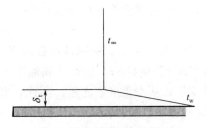

图 4-17　有效层流内层厚度

$$Q = \frac{\lambda d(t_w - t_\infty)}{\delta_t} \tag{4-20}$$

把式（4-20）与传热速率方程式（4-17）对比，可得：

$$h = \frac{\lambda}{\delta_t} \tag{4-21}$$

式（4-21）指出对流传热系数等于流体热导率与温度边界层厚度 δ_t 之比，该式是理论上分析和计算对流传热系数的基础。但由于流体在各种对流传热情况下温度边界层厚度 δ_t 难以确定，所以，h 值还必须靠实验测得。

流体在管内流动时，温度边界层的发展与流动边界层类似。流体进入管口后，边界层沿管长而增厚；在距入口一定距离处和管子中心汇合，边界层厚度此时等于管子半径，此时称为充分发展流动。但温度分布与速度分布不同，当管长再增加时，温度分布将逐渐变得平坦；当通过很长的管子后，温度梯度可能将消失。

流体在管内传热时，从开始加热（冷却）到 h 达到基本稳定的这一段距离称为进口段。在进口段内，h 将沿管长逐渐减小，这是由于传热边界层逐渐变厚的缘故。若边界层在管中心汇合后，流体流动仍为滞流，则 h 减小到某一值后基本保持恒定。若边界层在管中心汇合前已发展为湍流，则在过渡段，h 将有所增大。

从进口段简单分析可知，管子的尺寸和管口形状对 h 有较大的影响。对于一定的管长，破坏边界层的发展，也能提高 h。

4.3.5　与对流传热有关的特征数及特征数关联式的确定方法

求算对流传热系数的方法有两种：理论方法和实验方法。前者是通过对各类对流传热现象进行理论分析，建立描述对流传热现象的方程组，再用数学分析的方法求解。后者是结合实验建立关联式，对于工程上遇到的对流传热问题仍主要依赖于实验方法。

在流体阻力计算时，曾通过量纲分析研究解决流体在圆管中作湍流流动时的摩擦阻力问题。采用同样的方法也可确定与对流传热有关的特征数，然后通过实验，整理得特征数关联式。下面主要讨论流体无相变对流传热问题。

（1）用量纲分析法确定无相变对流传热有关特征数

采用白金汉（Buckingham）法处理对流传热及确定相应的特征数时，首先应确定影响对流传热系数 h 的有关物理量，通过理论分析及实验研究可知，这些因素包括以下几个。

① 流体物性，如密度 ρ、黏度 μ、定压比热容 C_p、热导率 λ 等。

② 固体表面的特征尺寸，如 l（选取对过程最重要、最有代表性的部位尺寸）。

③ 强制对流特征，如流速 u。

④ 自然对流特征，如每千克流体受到的净浮升力 $g\beta\Delta t$。

它们之间的函数关系可以表示为：

$$h = f(l, \rho, \mu, C_p, \lambda, u, g\beta\Delta t) \tag{4-22}$$

由式（4-22）可知，影响该过程的变量数目为 8，而这些物理量涉及 4 个基本量纲，它们分别为长度 l、质量 M、时间 θ 和温度 T。根据 π 定理，无量纲特征数的数目等于变量数与表示该变量的基本量纲数之差。因此，通过量纲分析，可得到无量纲特征数的数目为 $8-4=4$。这些特征数的名称及符号见表 4-3。

现对各特征数的意义分析如下：Re 数为流体惯性力与黏性力之比，表示强制对流运动状态对传热过程的影响。Pr 数由物性参量组成，或表示分子的动量扩散系数 $\nu = \mu/\rho$ 与热量

表 4-3　各特征数的名称与符号

名称	符号	定义式	名称	符号	定义式
努塞尔(Nusselt)数	Nu	hl/λ	普朗特(Prandtl)数	Pr	$C_p\mu/\lambda$
雷诺(Reynold)数	Re	$lu\rho/\mu$	格拉晓夫(Grashof)数	Gr	$gl^3\beta\Delta t\rho^2/\mu^2$

扩散系数 $\alpha=\lambda/(\rho C_p)$ 的比，其物理意义反映了流体物性对传热过程的影响或流体的流动边界层与传热边界层厚度的关系。前面提到，流体自然循环流速 $u_n\propto\sqrt{gl\beta\Delta t}$，则 $Gr=[l^2(gl\beta\Delta t)\rho^2]/\mu^2=(lu_n\rho/\mu)^2=Re^2$，因此，$Gr$ 数表示自然对流运动状况对传热过程的影响。而 Nu 数，因 $h=\lambda/\delta_t$，所以，$Nu=l/\delta_t$，表示传热过程流体的特征尺寸与有效层流膜厚度之比。也可写成 $Nu=h\Delta t/(\lambda\Delta t/l)$，表示对流传热速率与相同条件下按热传导计的传热速率之比。

(2) 特征数关联式的实验确定方法

现以管内流体强制湍流时的对流传热（此时自然对流影响可忽略）为例说明确定特征数关联式的方法。根据 π 定理，由量纲分析可推导出强制湍流时对流传热特征数关联式为：

$$Nu=\varphi(Re,Pr) \tag{4-23a}$$

设

$$Nu=CRe^mPr^n \tag{4-23b}$$

通过实验来确定式(4-23b) 中的 m 和 n 值的方法，是先固定任一决定性特征数（Re、Pr 为决定性特征数，Nu 为待定特征数），求出 Nu 与另一决定性特征数之间的关系。例如，在固定某一 Re 条件下，采用不同的 Pr 数流体做传热实验，可测得若干组 Pr 与 Nu 的对应值，即可获得该 Re 条件下 Nu 与 Pr 的关系，将实验点标绘在双对数坐标纸上，如图 4-18 所示。由图可见，实验点均落在一条直线附近，说明 Nu 与 Pr 的关系可以用下列方程表示。即：

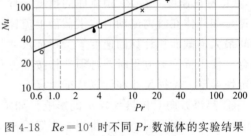

图 4-18　$Re=10^4$ 时不同 Pr 数流体的实验结果
■ 空气；● 水；○ 丙酮；× 苯；
□ 火油；■ 正烯醇；╪ 石油

$$\ln Nu=n\ln Pr+\ln C' \tag{4-24}$$

式中，$C'=CRe^m$，而 n 就是图上该直线的斜率。

n 值确定后，用不同 Pr 数流体在不同 Re 下做实验，以 Nu/Pr^n 为纵坐标、Re 为横坐标作图，如图 4-19 所示。实验结果可表示为：

$$\ln\left(\frac{Nu}{Pr^n}\right)=m\ln Re+\ln C \tag{4-25}$$

式中，m 为图 4-19 上直线的斜率；$\ln C$ 为该直线在纵坐标上的截距。于是，可得管内强制湍流时的对流传热系数的实验结果为：

$$Nu=0.023Re^{0.8}Pr^n \tag{4-26}$$

式中，n 值随流体被加热或冷却有所差别。

上面将传热特征数表示为幂函数关系，然后采用实验确定传热特征数关系是一种科学研究过程中有效数学处理方法，它将复杂待定关系通过双对数处理转换为线性函数关系，从而很容易确定待定系数。

若只考虑自然对流传热过程，则对流传热特征数关系式应为

$$Nu = \phi(Gr, Pr) \tag{4-27a}$$

或 $$Nu = CGr^m Pr^n \tag{4-27b}$$

（3）应用特征数关联式应注意的问题

① 定性温度　当流体在管内流动与管壁进行换热时，不仅任一横截面上流体温度分布不均匀，在轴线方向上，流体温度也是逐渐变化的。而特征数中包含的物性参量 λ、μ、C_p、ρ 等均与温度有关。这就需要取一个有代表性的温度来确定流体的物性数据。由于流体的各种物性随温度的变化规律不同，所以要找到适合于各种物性的定性温度并不可能。用于确定流体物性数据的温度称为定性温度。通常流体的定性温度有以下几种取法。

a. 取流体进出口的算术平均温度。

b. 取壁面的平均温度。

c. 取流体和壁面的算术平均温度。

在上述三种定性温度中，由于壁面温度往往是未知量，使用起来比较麻烦，需采用试差法计算，因此工程上大多以流体的平均温度为定性温度。由于定性温度影响物性数值，对于同样的实验条件，整理得到的准数关联式也随定性温度而异，因此在经验公式中必须说明定性温度的取法，在使用传热关联式时，必须按公式的规定选用定性温度。

② 特征尺寸　特征数中的 l 是代表传热面几何特征的长度，称为特征尺寸。特征尺寸必须是对流动情况有决定性影响的尺寸，如流体在管内流动时选管内径 d_i，在管外横向流动时选管外径 d_o 等。对非圆管，特征尺寸可用当量直径。

③ 特征速度　在 Re 中流体的速度 u 称为特征速度。此值需根据不同情况选取有意义的流速，如流体在管内流动时取横截面上流体的平均速度，流体在换热器内管间流动时取根据管间最大横截面积计算的速度等。特征尺寸与特征速度的选择，应与理论分析及实验结果相结合。使用特征数方程时，必须严格按照方程的规定尤其是获得特征数的实验结果规定来选取定性温度、特征尺寸和计算特征速度。

④ 热流方向对传热系数 h 的影响　如图 4-20 所示的是液体层流流过圆形直管内某一截面的流速分布侧形图。图中曲线 1 为等温流动的速度侧形。曲线 2 为液体向管壁散热时的速度侧形，由于近管壁处液体温度偏低，黏度偏高，故流速比等温时低。曲线 3 为液体被加热时的速度侧形。若近管壁处流速增大，其有效层流膜必减薄，h 就增大，反之则 h 减小。这说明液体物性对 h 的影响仅用定性温度是不够的，还需指明热流方向。

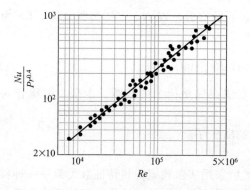

图 4-19　管内强制湍流对流传热系数的实验结果

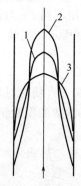

图 4-20　热流方向对流速分布侧形的影响
1—等温流动；2—液体向管壁散热；3—液体被加热

4.4　流体无相变时的对流传热系数

4.4.1　流体在管内强制对流传热

4.4.1.1　流体在圆形管内作强制湍流对流传热

需要注意，在第 1 章中指出 $Re>4000$ 为湍流，$2000<Re<4000$ 为过渡流。但对流传热计算中，大都规定 $Re>10000$ 为湍流，$2300<Re<10000$ 为过渡流。使用关联式应注意具体条件。

① 对于低黏度（大约低于 2 倍常温下水的黏度）流体，可应用迪特斯（Dittus）和贝尔特（Boelter）关联式，即：

$$Nu=0.023Re^{0.8}Pr^{n} \tag{4-28a}$$

或

$$h=0.023\frac{\lambda}{d_{i}}\left(\frac{d_{i}u\rho}{\mu}\right)^{0.8}\left(\frac{C_{p}\mu}{\lambda}\right)^{n} \tag{4-28b}$$

式中 n 值，当流体被加热时，$n=0.4$；被冷却时，$n=0.3$。

式(4-28a) 和式(4-28b) 应用范围：$Re>10000$，$0.7<Pr<120$；管长与管径比 $L/d_{i}>$ 60。若 $L/d_{i}<60$ 时，可将由式(4-28a) 算得的 h 乘以 $[1+(d_{i}/L)^{0.7}]$ 进行修正。

特征尺寸：Nu、Re 数中的 L 取为管内径 d_{i}。定性温度：取为流体进、出口温度的算术平均值。

② 高黏度流体，可应用西德尔（Sieder）和塔特（Tate）关联式，即：

$$Nu=0.023Re^{0.8}Pr^{1/3}\left(\frac{\mu}{\mu_{w}}\right)^{0.14} \tag{4-29a}$$

令

$$\varphi_{\mu}=\left(\frac{\mu}{\mu_{w}}\right)^{0.14}$$

则

$$Nu=0.023Re^{0.8}Pr^{1/3}\varphi_{\mu} \tag{4-29b}$$

式中，φ_{μ} 项也是考虑热流方向的校正项。

式(4-29b) 应用范围：$Re>10000$，$0.7<Pr<16700$，$L/d_{i}>60$。

特征尺寸：取为管内径 d_{i}。定性温度：除 μ_{w} 取壁温外，均取为流体进、出口温度的算术平均值。

应指出，式(4-28a) 中 Pr 数的方次 n 采用不同的数值，以及式(4-29a) 中引入 φ_{μ} 项都是为了校正热流方向的影响。这是由于在有热流（加热或冷却）的情况下，管截面上的温度分布是不均匀的，而流体的黏度随温度而变，因此截面上的速度分布也随之发生变化。

当液体被加热时，壁面附近液体层的温度比液体平均温度要高，由于液体黏度随温度升高而降低，因此邻近壁面处液体的黏度较主体区为低，与没有传热时定温流动相比，壁面处的流速增大，传热边界层减薄，速度梯度增大，致使对流传热系数增大。流体被冷却时，情况却相反，即壁面附近液体流速降低，传热边界层增厚，速度梯度减小，致使对流传热系数降低。对于气体，由于其黏度随温度升高而增高，因此热流方向对速度分布及对流传热系数的影响与液体的恰好相反。但是气体黏度受温度的影响要小些，因此热流方向对速度分布等的影响也较小。由于式(4-28a) 中 Pr 值是根据流体进、出口的平均温度下计算得到的，只有液体进、出口温度在加热或冷却时都分别相同，则 Pr 值才相同。因此为了考虑热流方向对 h 的影响，便将 Pr 的指数项取不同的数值。对大多数液体，$Pr>1$，液体被加热时，其黏度随温度增加而降低，传热边界层减薄，如图 4-20 所示，而大多数液体的热导率随温度增加有所降低，但不显著，总的结果是使对流传热系数增加，故可通过 Pr 反映出来。Pr 的指数 n 取 0.4，则 $Pr^{0.4} > Pr^{0.3}$，应用式(4-28a)得到的 h 就大。而液体冷却时 n 取 0.3，由式(4-28a)得到的 h 就小。对大多数气体，结果与液体相反，因为气体的黏度随温度增加而增加，且 $Pr < 1$，则 $Pr^{0.4} < Pr^{0.3}$，所以加热气体时 n 取为 0.4，得到的 h 较小，冷却时 n 仍取为 0.3，得到的 h 就大。

对式(4-29a)中校正项 φ_μ，可作相似的分析。一般来说，由于壁温是未知的，计算时往往要用试差法，但是 φ_μ 可取为近似值。液体被加热时，取 $\varphi_\mu \approx 1.05$，液体被冷却时，取 $\varphi_\mu \approx 0.95$。对气体，若也用 φ_μ 项来校正热流方向对 h 的影响时，则不论加热与冷却，均取 $\varphi_\mu = 1.0$。

4.4.1.2　流体在圆形直管内作强制层流对流传热

流体在管内作强制层流时，应考虑自然对流的影响，并且热流方向对 h 的影响更加显著，情况比较复杂，关联式的误差比湍流的为大。

当管径较小，流体与壁面间的温度差较小且流体的黏度较大时，自然对流对强制层流的传热的影响可以忽略，此时对流传热系数可用西德尔（Sieder）和塔特（Tate）关联式计算：

$$Nu = 1.86 Re^{1/3}(Pr)^{1/3}\left(\frac{d_i}{L}\right)^{1/3}\left(\frac{\mu}{\mu_w}\right)^{0.14} \tag{4-30}$$

式(4-30)应用范围：$Re < 2300$，$0.6 < Pr < 6700$，$RePr(d_i/L) > 100$。

特征尺寸：取为管内径 d_i。定性温度：除 μ_w 取壁温外，均取流体进、出口温度的算术平均值。

通常在换热器设计中，为了提高总传热系数，流体多呈湍流流动。

4.4.1.3　流体在圆形直管中作过渡流对流传热

当 $Re = 2300 \sim 10000$ 时，对流传热系数可先用湍流时的公式计算，然后把算得的结果乘以校正系数 φ，即可得到过渡流下的对流传热系数。φ 可由下式计算：

$$\varphi = 1 - \frac{6 \times 10^5}{Re^{1.8}} \tag{4-31}$$

此外，下面的关联式也可以用来估算圆形直管内过渡流的对流传热系数：

$$\frac{h}{C_p \rho u} = 1.86\left(\frac{d}{L}\right)^{1/3}(PrRe)^{-2/3}\left(\frac{\mu}{\mu_w}\right)^{-0.14} \tag{4-32}$$

式(4-32)应用范围：$2100 < Re < 6000$，$L/d < 100$。

4.4.1.4　流体在圆弯管内作强制对流传热系数

流体在弯管内作流动时，由于离心力的作用，流体扰动加剧，从而增大了流体的湍动程度，使对流传热系数较直管内的大，这时传热系数的算法可先按直管经验式计算，再乘以大于 1 的校正系数：

$$h' = h\left(1 + 1.77\frac{d_i}{R}\right) \tag{4-33}$$

式中，h' 为弯管中的对流传热系数，$W \cdot m^{-2} \cdot K^{-1}$；$h$ 为直管中的对流传热系数，$W \cdot m^{-2} \cdot K^{-1}$；$R$ 为弯管轴的弯曲半径，m。

4.4.1.5　液体在非圆形管中作强制对流传热系数

通常有两种方法计算，第一种是采用上述关联式，只要将管内径改为当量直径即可。在传热中当量直径又有两种。其一是传热当量直径。例如，在套管换热器环形截面内传热当量直径为：

$$d'_e = 4 \times \left(\frac{流动截面积}{传热周边} \right) = 4 \times \frac{\pi}{4} \times \frac{d_1^2 - d_2^2}{\pi d_2} = \frac{d_1^2 - d_2^2}{d_2}$$

式中，d_1 为套管换热器外管内径，m；d_2 为套管换热器内管外径，m。

其二是流体力学当量直径 $[d_e = 4 \times (流动截面积/被流体润湿的周边)]$，如第 1 章所述。传热计算中，究竟采用哪个当量直径，由选用的传热系数关联式决定。应予指出，将关联式中的 d_i 改为 d_e 是近似的算法。第二种方法对常用的非圆形管道，可直接通过实验求得计算 h 的关联式。例如套管环隙，用水和空气进行实验，可得 h 的关联式为：

$$h = 0.02 \frac{\lambda}{d_e} \left(\frac{d_1}{d_2} \right)^{0.53} Re^{0.8} Pr^{1/3} \tag{4-34}$$

式(4-34) 应用范围：$Re = 12000 \sim 220000$，$d_1/d_2 = 1.65 \sim 17$。

特征尺寸：流体力学当量直径 d_e。定性温度：流体进、出口温度的算术平均值。

式(4-34) 亦可应用于求算其他流体在套管环隙中作强制湍流时的对流传热系数。

【**例 4-5**】　有一列管式换热器，由 38 根 $\phi 25mm \times 2.5mm$ 的无缝钢管组成。苯在管内流动，由 20℃被加热至 80℃，苯的流量为 8.32kg·s⁻¹。外壳中通入水蒸气进行加热。试求管壁对苯的传热系数。当苯的流量提高一倍，传热系数有何变化。

解　苯的定性温度为：$t_m = \frac{1}{2} \times (20 + 80) = 50℃$

该温度下的物性可查相关手册得：

密度 $\rho = 860 kg·m^{-3}$；比热容 $C_p = 1.80 kJ·(kg·℃)^{-1}$；黏度 $\mu = 0.45 mPa·s$；热导率 $\lambda = 0.14 W·(m·℃)^{-1}$。

加热管内苯的流速为

$$u = \frac{q_V}{\frac{\pi}{4} d_i^2 n} = \frac{\frac{8.32}{860}}{0.785 \times 0.02^2 \times 38} = 0.81 m/s$$

$$Re = \frac{d_i u \rho}{\mu} = \frac{0.02 \times 0.81 \times 860}{0.45 \times 10^{-3}} = 30960$$

$$Pr = \frac{C_p \mu}{\lambda} = \frac{(1.8 \times 10^3) \times 0.45 \times 10^{-3}}{0.14} = 5.79$$

以上计算表明本题的流动情况符合低黏度流体在圆管内的强制湍流，故

$$h = 0.023 \frac{\lambda}{d_i} Re^{0.8} Pr^{0.4} = 0.023 \times \frac{0.14}{0.02} \times (30960)^{0.8} \times (5.79)^{0.4}$$
$$= 1272 W·(m^2·℃)^{-1}$$

若忽略定性温度的变化，当苯的流量增加一倍时，对流传热系数为 h'

$$h' = h \left(\frac{u'}{u} \right)^{0.8} = 1272 \times 2^{0.8} = 2215 W·(m^2·℃)^{-1}$$

【**例 4-6**】　某单管程单壳程列管式换热器由 48 根 $\phi 25mm \times 2.5mm$ 钢管组成，壳内径为 0.5m，流量为 150kg·s⁻¹ 的煤油在壳程中流动。用冷却水冷却，已知定性温度下

煤油的物性参数如下：$\lambda = 0.14\text{W} \cdot \text{m}^{-1} \cdot \text{K}^{-1}$，$\mu = 0.002\text{N} \cdot \text{s} \cdot \text{m}^{-2}$，$C_p = 2.09 \times 10^3$ $\text{J} \cdot \text{kg}^{-1} \cdot \text{K}^{-1}$，$\rho = 845\text{kg} \cdot \text{m}^{-3}$，试求煤油与管壁的对流传热系数。

解 壳体当量直径 d_e $\quad d_e = 4 \times \left(\dfrac{\pi}{4}\right) \dfrac{D_i^2 - n d_o^2}{\pi D_i + \pi n d_o} = \dfrac{0.5^2 - 48 \times 0.025^2}{0.5 + 48 \times 0.025} = 0.13\text{m}$

壳程流动面积 $\quad A = \left(\dfrac{\pi}{4}\right)(0.5^2 - 48 \times 0.025^2) = 0.17\text{m}^2$

壳程煤油的流速 $\quad u = \dfrac{q_m}{\rho A} = \dfrac{150}{845 \times 0.17} = 1.04\text{m} \cdot \text{s}^{-1}$

$$Re = \frac{u d_e \rho}{\mu} = 1.04 \times 0.13 \times 845 \times \frac{1}{0.002} = 5.7 \times 10^4 (>10^4, \text{湍流})$$

$$Pr = \frac{\mu C_p}{\lambda} = 0.002 \times 2.09 \times 10^3 \times \frac{1}{0.14} = 29.9$$

壳程对流传热系数 $\quad \dfrac{h d_e}{\lambda} = \dfrac{h \times 0.13}{0.14} = 0.023 \times (5.7 \times 10^4)^{0.8} \times 29.9^{0.3}$

故 $\qquad\qquad\qquad\qquad h = 437.8\text{W} \cdot \text{m}^{-2} \cdot \text{K}^{-1}$

【例 4-7】 温度为 90℃甲苯以 1500kg·h^{-1}的流量通过蛇管而被冷却至 30℃。蛇管直径为 ϕ57mm×3.5mm，弯曲半径为 0.6m，试求甲苯对蛇管壁的对流传热系数。

解 甲苯在 60℃时的有关物性常数

$$\mu = 0.375 \times 10^{-3}\text{Pa} \cdot \text{s}, \quad \lambda = 0.1423\text{W} \cdot (\text{m} \cdot \text{℃})^{-1},$$

$$\rho = 830\text{kg} \cdot \text{m}^{-3}, \quad C_p = 1.8376\text{kJ} \cdot (\text{kg} \cdot \text{℃})^{-1}$$

计算 $\quad Re = d q_m / (\mu A) = 0.05 \times 1500 \times 4 / (3600 \times \pi \times 0.05^2 \times 0.375 \times 10^{-3})$

$$= 28308.6 > 10^4 \quad \text{属于湍流范围}$$

$$Pr = C_p \mu / \lambda = 1.8376 \times 0.375 / 0.1423 = 4.84$$

首先计算直管内的对流传热系数

$h = 0.023 \dfrac{\lambda}{d_i} Re^{0.8} Pr^n$ 因为甲苯被冷却，取 $n = 0.3$

所以

$$h = 0.023 \times (0.1423 / 0.05) \times (28308.6)^{0.8} \times (4.84)^{0.3}$$

$$= 382.8\text{W} \cdot (\text{m}^2 \cdot \text{℃})^{-1}$$

流体在弯管内作强制对流，其传热系数可由 $h' = h(1 + 1.77 d_i / R)$ 来计算由此可得

$$h' = h(1 + 1.77 d_i / R) = 382.8 \times (1 + 1.77 \times 0.05 / 0.6)$$

$$= 439.26\text{W} \cdot (\text{m}^2 \cdot \text{℃})^{-1}$$

4.4.2 流体在管外强制对流传热

流体在管外强制对流传热有以下几种情况：平行于管、垂直于管或垂直与平行交替。

4.4.2.1 流体在单管外强制垂直流动时的传热

流体垂直流过单根圆管的流动情况如图 4-21 所示，自驻点开始，随 φ 角增大，管外边界层厚度逐渐增厚，热阻逐渐增大，传热系数 h 逐渐减小；边界层分离以后因管子背后形

成旋涡，局部传热系数 h 逐渐增大。局部传热系数 h 的分布如图 4-22 所示。

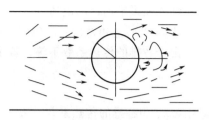

4.4.2.2　流体在管束外强制垂直流动时的传热

对于常用的列管式换热器，流体虽然大部分是横向流过管束，因管子之间的相互影响，传热过程很复杂。对于第一排管子，不论直列还是错列，其传热情况均与单管相似。但从第二排开始，因为流体在错列

图 4-21　流体横向流过管外时的流动情况

管束间通过时，受到阻拦，使湍动增强，故错列的传热系数大于直列的传热系数。第三排以后，传热系数不再变化。当管外装有割去 25％（面积）的圆缺形折流板时，可由图 4-23 查得对流传热系数。

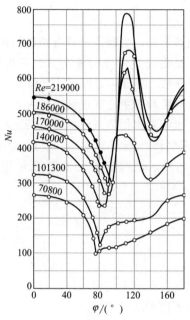

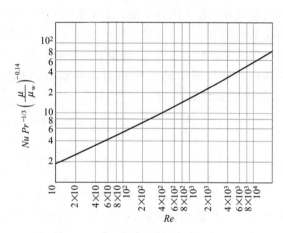

图 4-22　沿圆管表面局部努塞尔数的变化　　　　图 4-23　管壳式换热器壳程传热系数

流体横向流过管束的对流传热系数亦可用下式计算：

$$Nu = C\varepsilon Re^n Pr^{0.4} \tag{4-35}$$

式中，常数 C、ε、n 见表 4-4。

表 4-4　流体垂直于管束流动时的 C、ε、n 值

排数	直列		错列		C
	n	ε	n	ε	
1	0.6	0.171	0.6	0.171	$x_1/d=1.2\sim3$ 时
2	0.65	0.157	0.6	0.228	$C=1+0.1n/d$
3	0.65	0.157	0.6	0.290	$x_1/d>3$ 时
4	0.65	0.157	0.6	0.290	$C=1.3$

定性温度：流体进、出口温度的算术平均值；特征尺寸：管外径 d_o；特征速度：垂直

于流动方向最窄通道的流速 u。

式(4-35) 应用范围：$5 \times 10^3 < Re < 7 \times 10^4$；$1.2 < x_1/d_o < 5$；$1.2 < x_2/d_o < 5$。

由于各排的传热系数不等，整个管束的平均传热系数为：

$$h = \frac{h_1 A_1 + h_2 A_2 + h_3 A_3 + \cdots}{A_1 + A_2 + A_3} = \frac{\sum h_i A_i}{\sum A_i} \tag{4-36}$$

式中，h_i 为各排的传热系数，$W \cdot m^{-2} \cdot {}^\circ\!C^{-1}$；$A_i$ 为各排传热管的传热面积，m^2。

当 $Re > 3000$ 时，流体在管束外流过的平均对流传热系数也可用下式计算，即

管子呈正三角形、转角正方形排列：　　$Nu = 0.33 Re^{0.6} Pr^{0.33}$ $\qquad$ (4-37a)

管子呈转角正三角形、正方形排列：　　$Nu = 0.26 Re^{0.6} Pr^{0.33}$ $\qquad$ (4-37b)

特征尺寸：取为管外径 d_o。流速取流体通过每排管子中最狭窄通道处的速度。定性温度：取流体进、出口温度的算术平均值。

4.4.2.3　流体在列管式换热器壳程流动

列管式换热器的壳体是圆筒，管束中各列的管子数目不等，壳程通常设有折流挡板，一方面起支撑管子作用，避免管子太长而弯曲，另一方面使得壳程流体的流动方向不断改变，从而破坏传热边界层的形成和增加流体的湍动，流体可在较小的 Re 下即可达到湍流，但是也会使壳程的流动阻力增加。如果折流挡板和壳体间、挡板和管束之间的间隙过大，部分流体会从间隙中流过，这股流体称为旁流。旁流严重时反而使对流传热系数减小。折流挡板一般可分为圆缺形（弓形）、圆盘形（圆环）等。其中以圆缺形挡板最为常用。换热器内装有圆缺形挡板（通常缺口面积为壳体横截面积的 25%）时，壳程流体传热系数可用凯恩（Kern）公式计算：

$$Nu = 0.36 Re^{0.55} Pr^{1/3} \left(\frac{\mu}{\mu_w}\right)^{0.14} \tag{4-38}$$

或 $\qquad$ $$h = 0.36 \frac{\lambda}{d_e} \left(\frac{d_e \mu \rho}{\mu}\right)^{0.55} \left(\frac{C_p \mu}{\lambda}\right)^{1/3} \left(\frac{\mu}{\mu_w}\right)^{0.14} \tag{4-39}$$

定性温度：除 μ_w 取壁温值外，均取流体进、出口温度的算术平均值。特征尺寸：传热当量直径 d_e。传热当量直径 d_e 可根据管子排列情况分别用不同的式子进行计算。

管子为正方形排列，其传热当量直径为：

$$d_e = \frac{4\left(t^2 - \frac{\pi}{4} d_o^2\right)}{\pi d_o}$$

管子为正三角形排列，其传热当量直径为：

$$d_e = \frac{4\left(\frac{\sqrt{3}}{2} t^2 - \frac{\pi}{4} d_o^2\right)}{\pi d_o}$$

式中，t 为相邻两管的中心距，m；d_o 为管外径，m。式(4-38) 或式(4-39) 中的流速可根据流体流过管间最大截面积 A 计算：

$$A = HD\left(1 - \frac{d_o}{t}\right) \tag{4-40}$$

式中，H 为两挡板间的距离，m；D 为换热器的外壳内径，m。式(4-40) 应用范围：$2 \times 10^3 < Re < 1 \times 10^5$。当列管式换热器的壳程不设折流挡板，壳程流体基本上沿管束平行流动，这时可用管内强制对流传热的式(4-28a) 计算，式中的直径改用壳程的当量直径。

壳程流体传热系数也可用多诺霍（Donohue）法计算

$$Nu = 0.23 Re^{0.8} Pr^{1/3} (\mu/\mu_w)^{0.14} \tag{4-41a}$$

或
$$h = 0.23 \frac{\lambda}{d_o} \left(\frac{d_o \mu \rho}{\mu}\right)^{0.8} \left(\frac{C_p \mu}{\lambda}\right)^{1/3} \left(\frac{\mu}{\mu_w}\right)^{0.14} \tag{4-41b}$$

应用范围：$Re = (3 \sim 2) \times 10^4$

定性温度：除 μ_w 取壁温值外，均取流体进、出口温度的算术平均值。

特征尺寸：管外径 d_o。流速取换热器中心附近管排中最狭窄通道处的速度。

4.4.2.4 自然对流传热

大空间自然对流是指热表面或冷表面的四周没有其他阻碍自然对流的物体存在。在大空间自然对流条件下，根据量纲分析，可得自然对流时传热特征数的关联式如下：

$$Nu = f(Gr, Pr) \tag{4-42a}$$

许多学者研究了管、板、球等形状的加热面大空间自然对流，通过对空气、氢气、二氧化碳、水、油、四氯化碳等不同介质进行大量的实验研究，得到如图 4-24 所示的曲线。此曲线可近似地分三段直线，每段直线皆可写成如下计算式：

$$Nu = C(GrPr)^n \tag{4-42b}$$

或
$$h = C \frac{\lambda}{l} \left(\frac{\beta g \Delta t l^3 \rho^2}{\mu^2} \times \frac{C_p \mu}{\lambda}\right)^n \tag{4-42c}$$

式中，C 和 n 可从图 4-24 曲线分段求出，见表 4-5。

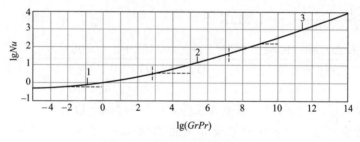

图 4-24　自然对流的传热系数

表 4-5　式 (4-42b) 中的系数 C 和 n

段数	$GrPr$	C	n
1	$1 \times 10^{-3} \sim 5 \times 10^2$	1.18	1/8
2	$5 \times 10^2 \sim 5 \times 10^7$	0.54	1/4
3	$5 \times 10^7 \sim 10^{13}$	0.135	1/3

定性温度：取膜温，即 $(t + t_w)/2\,℃$。特征尺寸：与加热方向有关。对水平管取管外径 d_o。对垂直管或板取垂直高度 L。

图 4-24 中的线段范围实际上是逐渐过渡的，不同研究者所得的实验数据不完全相同。

【例 4-8】 在外径为 152mm 的水平管内通有 171℃ 的饱和水蒸气，管外空气温度为 21℃，试求：（1）管道不保温，每米管长因空气自然对流引起的热损失？（2）管外包有一层 50mm 厚的保温层，使保温层的表面温度降为 59℃，此时每米管长因空气自然对流造成的热损失又为多少？

解 （1）管道不保温，空气的定性温度　$t_{定} = \dfrac{t_w + t}{2} = \dfrac{171 + 21}{2} = 96℃$

查定性温度下空气的物性参数，$\rho = 0.956\text{kg} \cdot \text{m}^{-3}$，$\lambda = 3.167 \times 10^{-2}\text{W} \cdot \text{m}^{-1} \cdot \text{K}^{-1}$，$\mu = 2.17 \times 10^{-5}\text{kg} \cdot \text{m}^{-1} \cdot \text{s}^{-1}$，$Pr = 0.694$。

$$\beta = \frac{1}{t_{定}} = \frac{1}{96 + 273} = 1/369\text{K}^{-1}$$

$$Gr = \frac{\beta g \Delta t l^3 \rho^2}{\mu^2} = \frac{9.81 \times (171 - 21) \times 0.152^3 \times 0.956^2}{369 \times (2.17 \times 10^{-5})^2} = 2.72 \times 10^7$$

$$GrPr = 2.72 \times 10^7 \times 0.694 = 1.89 \times 10^7$$

因 $5 \times 10^2 < GrPr < 2 \times 10^7$，查表 4-5 得 $C = 0.54$，$n = 1/4$。

所以空气自然对流传热系数 h 可由式(4-42c)求得

$$h = C\frac{\lambda}{d_o}\left(\frac{\beta g \Delta t l^3 \rho^2}{\mu^2} \times \frac{C_p \mu}{\lambda}\right)^n = 0.54 \times \frac{3.167 \times 10^{-2}}{0.152} \times (1.89 \times 10^7)^{1/4} = 7.4\text{W} \cdot \text{m}^{-2} \cdot \text{K}^{-1}$$

热损失　$Q = h\pi d_o \Delta t = 7.4\pi \times 0.152 \times (171 - 21) = 530\text{W} \cdot \text{m}^{-1}$

（2）管道保温后，空气的定性温度 $t_{定} = \dfrac{t_w + t}{2} = \dfrac{59 + 21}{2} = 40℃$，查该定性温度下空气的物性参数，$\rho = 1.128\text{kg} \cdot \text{m}^{-3}$，$\lambda = 2.754 \times 10^{-2}\text{W} \cdot \text{m}^{-1} \cdot \text{K}^{-1}$，$\mu = 1.91 \times 10^{-5}\text{kg} \cdot \text{m}^{-1} \cdot \text{s}^{-1}$，$Pr = 0.696$。

$$\beta = \frac{1}{t_{定}} = \frac{1}{40 + 273} = 1/313\text{K}^{-1}$$

$$Gr = \frac{\beta g \Delta t l^3 \rho^2}{\mu^2} = \frac{9.81 \times (59 - 21) \times (0.152 + 2 \times 0.05)^3 \times 1.128^2}{313 \times (1.91 \times 10^{-5})^2} = 6.65 \times 10^7$$

$$GrPr = 6.65 \times 10^7 \times 0.696 = 4.63 \times 10^7$$

因 $5 \times 10^2 < GrPr < 2 \times 10^7$，查表 4-5 得 $C = 0.54$，$n = 1/4$。

包保温层后空气自然对流传热系数 h 可由式(4-42c)求得

$$h = C\frac{\lambda}{d_o}\left(\frac{\beta g \Delta t l^3 \rho^2}{\mu^2} \times \frac{C_p \mu}{\lambda}\right)^n = 0.54 \times \frac{2.754 \times 10^{-2}}{0.252} \times (4.63 \times 10^7)^{1/4} = 4.9\text{W} \cdot \text{m}^{-2} \cdot \text{K}^{-1}$$

包保温层后热损失　$Q = h\pi d_o \Delta t = 4.9\pi \times 0.252 \times (59 - 21) = 147.3\text{W} \cdot \text{m}^{-1}$

4.5　有相变流体的对流传热

蒸气冷凝和液体沸腾都是伴有相变的对流传热过程。这类传热过程的特点是相变流体要放出或吸收大量的相变热，但流体温度不发生变化。因此在壁面附近流体层中的温度梯度较高，对流传热系数较无相变时的更大。例如水的沸腾或水蒸气冷凝时的 h 较水单相流动的 h 要大得多。

4.5.1　蒸气冷凝传热

当蒸气与温度低于其饱和温度的冷壁接触时，蒸气放出冷凝潜热，在壁面上冷凝为液体。冷凝的蒸气既可以是单组分（纯）蒸气、可凝与不可凝气体混合物，也可以是多组分的蒸气混合物。本节主要讨论单组分饱和蒸气冷凝过程。通常蒸气冷凝的摩擦阻力很小，因此，冷凝过程是恒压过程。对单组分的蒸气冷凝，冷凝温度仅仅取决于压强，因此冷凝是等温过程，冷凝液是纯组分液体。

4.5.1.1　蒸气冷凝方式

根据冷凝液能否湿润壁面所造成的不同流动方式，可将蒸气冷凝分为膜状冷凝和滴状冷凝。

(1) 膜状冷凝

在冷凝过程中，冷凝液若能湿润壁面（冷凝液和壁面的接触角 $\theta < 90°$），就会在壁面上形成连续的冷凝液膜，这种冷凝称为膜状冷凝，如图 4-25(a) 和 (b) 所示。膜状冷凝时，壁面总被一层冷凝液膜所覆盖，这层液膜将蒸气和冷壁面隔开，蒸气冷凝只能在液膜表面进行，冷凝放出的潜热必须通过液膜才能传给冷壁面。冷凝液膜在重力作用下沿壁面向下流动，逐渐变厚，最后由壁的底部流走。因为纯蒸气冷凝时气相不存在温度差，换言之即气相不存在热阻，可见，液膜集中了冷凝传热的全部热阻。若冷凝液膜在重力作用下沿壁面向下流动，则所形成的液膜愈往下愈厚，故壁面愈高或水平放置的管径愈大，使整个壁面的平均对流传热系数也就愈小。

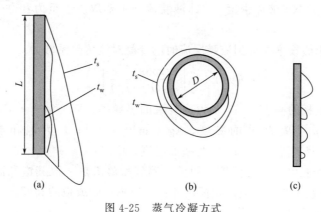

图 4-25　蒸气冷凝方式

(2) 滴状冷凝

当冷凝液不能湿润壁面（润湿角 $\theta > 90°$）时，由于表面张力的作用，冷凝液在壁面上形成许多液滴，并随机地沿壁面落下。这种冷凝称为滴状冷凝，如图 4-25(c) 所示。

滴状冷凝时大部分冷壁面暴露在蒸气中，冷凝过程主要在冷壁面上进行，由于没有冷凝液膜形成的附加热阻，所以滴状冷凝传热系数比膜状冷凝传热系数约大 5～8 倍。在工业用冷凝器中，即使采取了促进产生滴状冷凝的措施，也很难持久保持滴状冷凝，例如，当管子较长时，管表面的某些部分可能是滴状冷凝，其他部分则是膜状冷凝。所以，工业过程膜状冷凝比滴状冷凝更常见，在冷凝器的设计中都是以膜状冷凝传热公式为依据。

4.5.1.2　蒸气膜状冷凝传热

(1) 垂直管外或板上的冷凝传热

如图 4-26 所示，冷凝液在重力作用下沿壁面由上向下流动，由于沿程不断汇入新冷凝液，故冷凝液量逐渐增加，液膜不断增厚，在壁面上部液膜因流量小，流速低，呈层流流动，并随着液膜厚度增大，对冷凝传热系数 h 减小。若壁的高度足够高，冷凝液量较大，则壁面下部液膜会变为湍流流动，对应的冷凝传热系数又会有所提高。液膜从层流到湍流的临界 Re 值为 1800。

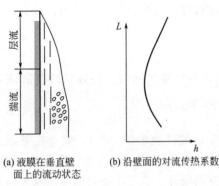

(a) 液膜在垂直壁面上的流动状态　(b) 沿壁面的对流传热系数

图 4-26　蒸气在垂直壁面上冷凝

① 膜层层流时冷凝传热　若液膜为层流流动，努塞尔（Nusselt）提出一些假定条件，通过解析方法建立了冷凝对流传热系数的计算公式。

简化假设如下。

a. 壁和蒸气温度恒定，分别为 t_w 和 t_s，且液膜与蒸气界面成热力学平衡，界面的温度等于蒸气的温度。

b. 蒸气静止不动，对液膜无摩擦力，液膜在壁面的流速为零。

c. 冷凝液的各物性参量均为常量，按平均液膜温度取值。

d. 忽略液膜中对流传热及沿液膜的纵向热传导。近似认为通过冷凝液膜的传热是垂直于壁面方向的热传导。

e. 液膜作稳态流动。

f. 蒸气密度 ρ_v 远小于液体密度 ρ，即液膜流动主要取决于重力和黏性力，浮力的影响可忽略。

努塞尔根据以上假设推导得到液膜层流时的冷凝对流传热系数为：

$$h = 0.943 \left[\frac{r\rho^2 g \lambda^3}{\mu L (t_s - t_w)} \right]^{1/4} \tag{4-43}$$

式中，L 为垂直管或板的高度，m；λ 为冷凝液的热导率，$W \cdot m^{-1} \cdot ℃^{-1}$；$\rho$ 为冷凝液的密度，$kg \cdot m^{-3}$；μ 为冷凝液的黏度，$kg \cdot m^{-1} \cdot s^{-1}$；$r$ 为饱和蒸气的冷凝潜热，$J \cdot kg^{-1}$；t_s 为饱和蒸气温度，℃；t_w 为壁面温度，℃。

应用范围：$Re \approx 1200$。定性温度：膜温；蒸气冷凝潜热 r 取其饱和温度 t_s 下的值，其余物性取膜温 $(t_s + t_w)/2$ 下的值。特征尺寸：L 取垂直管或板的高度。

液膜的流动型态用 Re 数来判断如下：

$$Re = \frac{d_e u \rho}{\mu} = \left(\frac{4A'}{b} u\rho \right) \frac{1}{\mu} = \left(\frac{4A'}{b} \times \frac{W}{A'} \right) \frac{1}{\mu} = \frac{4M}{\mu} \tag{4-44}$$

式中，u 为液膜的流速，$m \cdot s^{-1}$；d_e 为当量直径，$d_e = 4A'/b$，m；A' 为冷凝液流过的横截面积，m^2；b 为湿润周边（对垂直管 $b = \pi d_0$，对垂直板 b 为板的宽度），m；W 为冷凝液的质量流量，$kg \cdot s^{-1}$；$M = W/b$ 为冷凝负荷，指单位时间流过单位长度湿润周边的冷凝液量，$kg \cdot m^{-1} \cdot s^{-1}$。

注意 d_e、A'、u、W、M 均为液膜底部之值，故 Re 数指的是管或板最低处值，此时的 Re 数为最大。

对垂直管或板来说，由实验测定的冷凝表面传热系数一般高出理论解的 20% 左右。这是因为液膜表面出现波动所致。对向下流动的液膜而言，表面张力是造成波动的重要因素，波动的出现使液膜产生扰动，热阻减小，传热系数增大，其修正公式为：

$$h = 1.13 \left[\frac{g\rho^2 \lambda^3 r}{\mu L (t_s - t_w)} \right]^{1/4} \tag{4-45}$$

应用范围：$Re < 1800$。定性温度：膜温。特征尺寸：L 为管长或板高。液膜的物性参数根据膜温查取，蒸气的汽化潜热 r 由蒸气饱和温度 t_s 查取。

当 $Re > 1800$，液膜的流动变为湍流，冷凝传热系数会增大，上述公式不适用。

② 膜层湍流时冷凝传热　对于湍流液膜，除靠近壁面的层流底层仍以热传导方式传热外，主体部分增加了涡流传热，与层流相比，传热有所增强。巴杰尔（Badger）根据实验整理出计算湍流时冷凝传热系数的关联式为：

$$h = 0.0077\left(\frac{\rho^2 g \lambda^3}{\mu^2}\right) Re^{0.4} \tag{4-46}$$

应用范围：$Re > 1800$。定性温度：膜温。特征尺寸：L 为管长或板高，液膜的物性参数根据膜温查取。

（2）水平管外冷凝传热

图 4-25(b) 所示为蒸气在水平管外冷凝时液膜的流动情况。因为管子直径通常较小，膜层总是处于层流状态。努塞特利用数值积分方法求得单根水平圆管外冷凝对流传热系数为：

$$h = 0.725\left[\frac{g\rho^2\lambda^3 r}{\mu d_o(t_s - t_w)}\right]^{1/4} \tag{4-47}$$

式中，d_o 为管外径，m。定性温度：膜温。液膜的物性参数根据膜温查取，蒸气的汽化潜热 r 由蒸气饱和温度 t_s 查取。

从式(4-45) 和式(4-47) 可以看出，其他条件相同时，水平圆管的冷凝传热系数和垂直圆管的冷凝传热系数之比为：

$$\frac{h_{水平}}{h_{垂直}} = 0.64\left(\frac{L}{d_o}\right)^{1/4} \tag{4-48}$$

工业上常用的列管换热器都由平行的管束组成，各排管子的冷凝情况要受到上面各排管子所流下的冷凝液的影响。凯恩（Kern）推荐用下式计算 h：

$$h = 0.725\left[\frac{g\rho^2\lambda^3 r}{n^{2/3} d_o \mu(t_s - t_w)}\right]^{1/4} \tag{4-49}$$

式中，n 为水平管束在垂直列上的管数。

在列管冷凝器中，若管束由互相平行的 z 列管子所组成，一般各列管子在垂直方向的排数不相等，若分别为 n_1，n_2，n_3，$\cdots$，n_z，则平均管排数可由下式计算：

$$n_m = \frac{n_1 + n_2 + \cdots + n_z}{n_1^{0.75} + n_2^{0.75} + \cdots + n_z^{0.75}} \tag{4-50}$$

4.5.1.3　影响蒸气冷凝传热的因素

单组分饱和蒸气冷凝时，气相内温度均匀，都是饱和温度 t_s，没有温度差，故热阻集中在冷凝液膜内。因此对于一定组分，液膜的厚度及其流动状况是影响冷凝传热的关键因素。凡是有利于减小液膜厚度的因素都可提高冷凝传热系数。

（1）流体的物性及液膜两侧温度差

从式(4-45) 和式(4-47) 可以看出，冷凝液密度 ρ、热导率 λ 越大，黏度 μ 越小，则冷凝传热系数越大。冷凝潜热大，则在同样负荷下冷凝液减少，液膜减薄，h 增大。此外，液膜两侧温度差 $(t_s - t_w)$ 越大，则蒸气冷凝速率增加，液膜厚度增加，使 h 减小。

（2）蒸气流速和方向

前面介绍的公式只适用蒸气静止或流速影响可以忽略的场合。若蒸气以一定速度流动时，蒸气与液膜之间会产生摩擦力。若蒸气和液膜流向相同，这种力的作用会使液膜减薄，并使液膜产生波动，导致 h 增大。若逆向流动，蒸气和液膜流向相反，摩擦力的作用会阻碍液膜流动，使液膜增厚，传热削弱。但是，当这种力大于液膜所受重力时，液膜会被蒸气吹离壁面，此时随蒸气流速的增加，h 急剧增大。

（3）不凝性气体

所谓不凝性气体是指在冷凝器冷却条件下，不能被冷凝下来的气体，如空气等。在气液界面上，可凝性蒸气不断冷凝，不凝性气体则被阻留，越接近界面，不凝性气体的分压越高。于是，可凝性蒸气在抵达液膜表面进行冷凝之前，必须以扩散方式穿过聚集在界面附近的不凝性气体层。扩散过程的阻力造成蒸气分压及相应的饱和温度下降，使液膜表面的蒸气温度低于蒸气主体的饱和温度，不凝性气体的热导率 λ 很小，这相当于增加了一层热阻。当蒸气中含有 1% 空气时，冷凝传热系数将降低超过 50%，5% 的不凝性气体存在将使蒸气的冷凝传热速率降低到原来的 20% 左右。因此在冷凝器的设计和操作中，必须设置排放口，以便排除不凝性气体。含有大量不凝气的蒸气冷凝设备称为冷却冷凝器，其计算方法需参考有关资料。

（4）蒸气的过热

对于过热蒸气，传热过程由蒸气冷却和冷凝两个步骤组成。通常把整个"冷却-冷凝"过程仍按饱和蒸气冷凝处理。本节所给出的公式依然适用。至于过热蒸气冷却的影响，只要将过热热量和冷凝潜热一并考虑，即原公式中的 r 以 $r' = r + C_s(t_v - t_s)$ 代之即可。这里，C_s 是过热蒸气的质量热容，t_v 为过热蒸气温度。在其他条件相同的情况下，因为 $r' > r$，所以过热蒸气的冷凝传热系数总大于饱和蒸气冷凝表面传热系数。实验表明，二者数值相差不大。

（5）冷凝表面的形状

通常，冷凝传热的热阻主要集中在液膜中，减小液膜的厚度可以显著提高冷凝传热系数，这可以通过改变冷凝传热表面的几何结构或正确安放冷凝壁面来实现。例如，利用表面张力作用原理在直管壁上开有纵向沟槽，在水平管上加工成翅片形状，以减薄液膜厚度来提高冷凝传热系数。此外，对水平布置的管束，冷凝液从上部各排管子流向下部各排管子，从而导致下部各排管子的液膜厚度增加，热阻增大，冷凝传热系数减小。沿垂直方向上管排数越多，冷凝传热系数减小得就越多。为此，应减少垂直方向的管排数，或将管束由直列改为错列，或把管子的排列旋转一定的角度，使冷凝液沿下一根管子的切向流过，或安装能去除冷凝液的挡板等方式来提高冷凝传热系数。

此外，冷凝表面的光洁情况对 h 的影响也很大，若壁面粗糙不平或有氧化层，使膜层加厚，增加膜层阻力，因而 h 降低。

【例 4-9】 一单根垂直管式降膜蒸发器，管长为 1m，管外径为 100mm，温度为 108℃饱和蒸气在管外冷凝，其冷凝对流传热系数为 $8000\text{W}\cdot\text{m}^{-2}\cdot\text{℃}^{-1}$，冷凝液膜作层流流动。管壁温度为 101℃，如果加热蒸气改为 115℃饱和蒸气在管外冷凝，其他条件保持不变，忽略管壁热阻，求冷凝传热系数。当管由垂直放置改为水平放置，加热蒸气为 108℃饱和蒸气时的冷凝传热系数为多少？

解 垂直管外饱和蒸气冷凝的冷凝传热系数可由式（4-45）求得。

温度为 108℃饱和蒸气，冷凝传热系数 $\quad h = 8000 = 1.13\left[\dfrac{gr\rho^2\lambda^3}{\mu L(t_s - t_w)}\right]^{1/4}$ （a）

温度为 115℃饱和蒸气，冷凝传热系数 $\quad h' = 1.13\left[\dfrac{gr\rho^2\lambda^3}{\mu L(t_s' - t_w)}\right]^{1/4}$ （b）

式（b）与式（a）之比 $\quad \dfrac{h'}{h} = \dfrac{t_s - t_w}{t_s' - t_w} = \left(\dfrac{108 - 101}{115 - 101}\right)^{1/4} = 0.84$

$$h'=0.84h=0.84\times8000=6720\text{W}\cdot\text{m}^{-2}\cdot℃^{-1}$$

当管由垂直放置改为水平放置，冷凝传热系数 $\quad h''=0.725\left[\dfrac{gr\rho^2\lambda^3}{\mu d_o(t_s-t_w)}\right]^{1/4}$ (c)

由式(a)和式(c)可得 $\quad\dfrac{h''}{h}=0.64\left(\dfrac{L}{d_o}\right)^{1/4}=0.64\times\left(\dfrac{1}{0.1}\right)^{1/4}=1.14$

$$h''=1.14\times8000=9120\text{W}\cdot\text{m}^{-2}\cdot℃^{-1}$$

4.5.2 沸腾传热

4.5.2.1 分类

在液体的对流传热过程中，伴有由液相变为气相，即在液相内部产生气泡或气膜的过程称为沸腾传热。对于沸腾传热，可按照沸腾发生的条件和特性来进行分类。图 4-27 给出了沸腾的一般分类。

若按沸腾特性如液体的组分来区分，可分为单组分液体沸腾和多组分（双组分及双组分以上）液体沸腾。后者在某些领域，如化工过程中是经常出现的。试验结果说明，单组分与多组分液体沸腾相比较，后者的传热系数有所增加，而且多组分液体沸腾临界热流密度也有显著提高。就沸腾发生的条件来分析，可分为均质沸腾（homogeneous boiling）和非均质沸腾（heterogeneous boiling）两类，均质沸腾是指在液体内部没有固定的加热壁面，气泡是由能量较集中的液体高能分子团的运动与积聚而产生的。

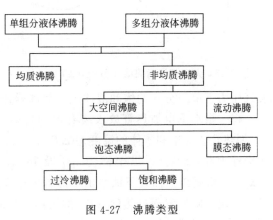

图 4-27　沸腾类型

这种沸腾通常是采用对液体进行辐射加热的办法来实现的，一般需要较大的液体过热度。在非均质沸腾中，按照沸腾液体的流动特性，又可分为大空间（或称为大容器）沸腾（pool boiling）和流动沸腾（flow boiling）两种，前者是指沉浸于原为静止的大容器内的加热面上的液体所发生的沸腾。大容器内所有流体运动是由自然对流和气泡的成长、运动所形成的对流而引起的，如锅炉的锅筒及某些工业蒸发器中工质的蒸发过程可近似视为大空间沸腾，大空间沸腾排除了外来的强迫流动，因此流体的各种流动和传热现象仅与纯沸腾关联在一起，故可利用它对沸腾现象进行集中研究。而流动沸腾则是指在定向运动的液体中发生的沸腾，这种定向运动即可由外力驱动而致，也可由自然对流所形成。流体既有无相变的强迫或自然对流，又存在着由于大量气泡成长和运动所引起的对流，锅炉水冷壁内水的蒸发过程就属于流动沸腾过程，约束流体的管壁就是加热面。在流动沸腾中，存在着气水混合物一边流动一边进行传热，这种混合物又称沸腾两相流体。流动沸腾包含着两相流体的流动与沸腾传热的相互影响，因而它远较大空间沸腾复杂，但在工业应用中更为重要。

无论是大空间沸腾还是流动沸腾，如按照沸腾传热的性质与机理，又可分为泡态沸腾（nucleate boiling）和膜态沸腾（film boiling）。在前一种沸腾工况中，大量气泡在加热面上形成、成长，并脱离到液体主流中运动，于是一方面使液体快速蒸发而带走了潜热，另一方面对液体进行了剧烈的扰动从而增强了加热面与液体间的对流传热。所以，泡态沸腾一般只需要很小的温度差，但却具有很高的传热强度。在泡态沸腾中，由于液体主流温度的不同，又可按其是否高于饱和温度而分为饱和沸腾（saturation boiling）和过冷沸腾（subcooling boiling）两类。

4.5.2.2 饱和液体沸腾传热曲线

就非均质沸腾而言，无论是大空间沸腾还是流动沸腾，热通量 q（$q=Q/A$，单位时间单位面积的传热量）、沸腾传热系数 h_b 与传热温度差（壁面过热度）$\Delta T_w = T_w - T_s$（T_w 为壁温，T_s 为液体饱和温度）之间存在着确定的关系。温差不同，会出现不同的沸腾状态。

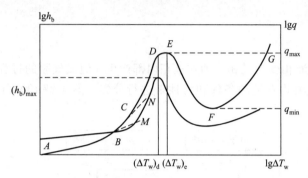

表示这些关系的沸腾曲线就是对沸腾传热规律的宏观描述。人们为探寻这种关系，曾作过许多研究。1756 年 Leidenfrost 和 1888 年 Lang 都用自己的实验证明过：沸腾热流密度 q 随 ΔT_w 的变化有最高值与最低值。1935 年 Nukiyama 在较系统、全面的实验基础上得到了 q-ΔT_w、h_b-ΔT_w 关系曲线，后来又分别为 Farber、Scorah、Mc-Adams 等人的实验所证实。现以

图 4-28 大空间沸腾曲线〔图中 $(\Delta T_w)_e = (\Delta T_w)_{crit}$〕

大气压力下单组分水的饱和液体大空间沸腾传热为例，对沸腾曲线作如下的分析和说明。

将一根水平电加热管放入装有饱和液体（水）的容器中，测量通入电加热管的热通量 q、加热管壁与饱和液体的温度差 ΔT_w，由此计算出沸腾传热系数 $h_b = q/\Delta T_w$。图 4-28 的横坐标为 $\lg(\Delta T_w)$，纵坐标为 $\lg q$ 及 $\lg h_b$，图中实线 $ABCDEFG$ 就是大空间沸腾曲线 q-ΔT_w。沸腾传热曲线下面给出了沸腾传热系数与壁面过热度的关系 h_b-ΔT_w。由图示曲线可以看出，随着壁面过热度 ΔT_w 的增加，热通量 q 和沸腾传热系数 h_b 发生变化，呈现出不同的沸腾工况或阶段。

（1）单相自然对流（AB）阶段

当壁面过热度 ΔT_w 较低时，在加热表面上的液体尚未达到饱和温度，但靠近热壁面的液体温度已高于液体主流温度，从而形成自然对流。此时，从加热表面到液体主流，从液体主流到自由液面，热量传输均以自然对流方式进行，而液体的蒸发主要在自由液面上进行。由图示曲线可知，这一阶段的沸腾传热系数与一般自然对流传热相同，即：

$$q \propto (\Delta T_w)^{5/4} \tag{4-51}$$

并按下列自然对流传热系数关联式进行传热系数的计算：

$$Nu_1 = 0.14(Gr_1 Pr_1)^{1/3} \tag{4-52}$$

式中，Nu_1、Gr_1、Pr_1 分别为液体 Nusselt 数、Grashof 数及 Prandtl 数。

（2）泡态沸腾（BE）阶段

由图的沸腾传热曲线可知，BE 段是由 BC 与 CE 两段组成的。

BC 段是由单相自然对流到完全泡态（核状）沸腾的过渡阶段。当 ΔT_w 达到某确定值（5℃、25℃）时，加热表面上在少数汽化核心处开始形成气泡，由于气泡的生成、脱离和上升，使液体受到剧烈的扰动，因此热通量曲线逐渐变陡，传热系数 h_b 有所增高。气泡产生的速度随 ΔT_w 上升而增加，且不断地离开壁面上升至蒸气空间，但所形成的气泡或就地破灭或跃离到液体中凝结下来。这便是过冷沸腾阶段。

CE 段称为充分发展泡态沸腾阶段。随着 ΔT_w 的增加，加热面上汽化核心密度增多，

气泡频率升高。此时，液体主流温度达到或超过相应压力下的饱和温度，在加热壁面上所形成的气泡不仅不再凝结，而且跃离到液体主流中还要继续成长。大量气泡的形成、长大、跃离和运动，形成了加热壁面与液体之间的强烈对流传热。如对于大气压下水的充分发展泡态沸腾，其传热系数高达 $67628W \cdot m^{-2} \cdot ℃^{-1}$。一般来说，充分发展泡态沸腾热流密度 q 与 ΔT_w 的 n 次方成正比：

$$q \propto (\Delta T_w)^n \quad (n = 2 \sim 5) \tag{4-53}$$

应当指出，如图 4-28 所示，当 $\Delta T_w \geqslant (\Delta T_w)_d$ 时，由于加热面上成核密度和气泡频率的急剧增加，许多气泡来不及向主流跃动而在表面聚集，部分气泡互相合并成为离散的大气泡，从而增加了主流液体向壁面回流的阻力，故使传热系数开始下降，而传热系数的降低必然导致热流密度的下降。但是由于此时尚未在加热表面上形成气膜，而随着气泡数量的急剧增多，仍从表面带走大量汽化潜热并对液体进行了扰动，故仍使热通量有所增高。上述两种效应的综合结果是，后者对热通量的增强贡献大于前者对热通量的削弱影响。也就是说，在这一阶段泡态沸腾的作用是主要的，即热通量随 ΔT_w 的增加仍在升高，但其增长速率较充分发展泡态沸腾为低。对于这一相应的沸腾工况，称之为泡态沸腾偏离点（departure from nucleate boiling，DNB）。

当 ΔT_w 继续升高到达 $(\Delta T_w)_{crit}$ 时，加热面上开始形成气膜，传热情况迅速恶化，而热通量则达到最高值 q_{max}，若 ΔT_w 继续增加，热通量 q 就开始下降，就是说热流曲线出现了转折点。所以，将 q_{max} 称为临界热通量或临界热负荷，也有称之为最高热通量。对于沸腾热流曲线上这个由泡态沸腾转为膜态沸腾的 E 点，称为沸腾临界点、沸腾危机（boiling crisis）或烧毁点（burn-out）。

值得注意的是，沸腾过程是否沿如图 4-28 所示的 $BCDE$ 曲线进行还取决于其他各种因素，特别是与液体中不凝气的含量及加热表面的润湿特性有关。如对除净不凝气的液体进行低压沸腾实验，则 q-ΔT_w 曲线将沿图 4-28 中的 CN 进行，即将延长单相自然对流传热阶段，也就是说，在加热表面上形成气泡需要较高的壁面过热度，如果沸腾液体对加热表面不润湿，则 q-ΔT_w 曲线将沿图 4-28 中的 BM 进行，诚然，上述两种情形都不是绝对化的，实际上，当热通量由低向高对壁面加热进行沸腾传热时，根据液体中不凝气的含量，液固表面非润湿效应的强弱，有可能出现所谓沸腾滞后现象。

(3) 膜态沸腾（EG 或 EFG）阶段

当 ΔT_w 再增大（$\Delta T_w > 25℃$）时，加热面上产生的气泡也大大增多，且气泡产生的速度大于脱离表面的速度。气泡在脱离表面前连接起来，形成一层不稳定的蒸气膜，使液体不能和加热表面直接接触，这就是膜态沸腾阶段。随着加热或控制方式的不同，在越过沸腾临界点进入膜态沸腾阶段时，沸腾曲线可沿图 4-28 中的实线 EFG 或虚线 EG 进行，如采用蒸气或高温液体加热时，壁温成为控制因素，沸腾则沿 EFG 进行。而如采用电加热，控制热通量恒定时，则沸腾曲线将沿虚线从 E 点直接达到 G 点。这是由于为了使热阻很大的气膜所传递的热通量不变，则传热温度差必然跃增，对于非低沸点液体，到达 G 点时壁面温度可能跃升至壁面材料的熔点以上，以视为沸腾危机及烧毁点的原因所在。

下面主要分析沿实线 EFG 进行的沸腾过程。由图 4-28 可知，EFG 分为两段，一段为 EF，另一段为 FG。

部分膜态沸腾（partial film boiling）或过渡沸腾阶段（EF）：在这一阶段内，加热表面上的气膜是不稳定的或不完全的。一方面，一部分地区被气膜所覆盖，而另一部分地区仍存在着大小各异的气泡的形成、成长和运动过程；另一方面，加热表面轮番地被气膜和液体所占据，也就是说，加热表面在时间上与液体保持着间断的接触，而在空间上总与液体保持着局部的接触，总之，在过渡沸腾中，膜态、泡态沸腾既同时存在又交替转换，随着壁面温度的升高，气膜覆盖的百分比增加，到达 F 点时，加热表面上形成稳定的气膜，因而热阻最大，热流密度达到最小值 q_{min}，到目前为止，对过渡沸腾的研究还很少。

稳定膜态沸腾（steady film boiling）或充分发展膜态沸腾（FG）：加热表面上形成稳定的蒸气膜后，气膜周期性地释放出蒸气，形成按一定规律排列的气泡逸出气膜，由于液体主流与加热壁面之间被气膜隔开，所以对流传热强度大大削弱，但随着壁温 T_w 的迅速升高，辐射传热量增加，所以沸腾曲线恢复为上升形式，即热通量随 ΔT_w 的升高而增加，但曲线斜率较泡态沸腾阶段为低，即热通量增长率较缓慢。与泡态沸腾比较，膜态沸腾传热较易于分析与计算。

这里还要说明，如拟将沸腾工况由膜态返回泡态，则必须使热通量降至 q_{min}，即沿图 4-28 的 GE 方向进行才可实现。

上述沸腾曲线及各沸腾工况都是就大空间沸腾而言的，流动沸腾曲线与大空间沸腾曲线类似，但由于流动沸腾外加流动的贡献，使流动沸腾液体的湍流强度增高，从而使单相对流段传热系数有显著提高。

其他液体在一定压强下的沸腾曲线与水的有类似的形状，仅临界点的数值不同而已。

由于泡状沸腾传热系数较膜状沸腾的大，工业生产中一般总是设法控制在泡状沸腾下操作，因此确定不同液体在临界点下的有关参数具有实际意义。

4.5.2.3 饱和液体沸腾传热系数

由于沸腾传热机理复杂，虽然人们提出各种理论，并由此导出相应的沸腾传热系数计算公式，但结果往往差别较大。这里仅介绍莫斯廷凯（Mostinki）公式，即

$$h = 1.163 Z (\Delta T)^{2.33} \tag{4-54}$$

式中，温度差 $\Delta T = \Delta T_w = T_w - T_s$，为壁面过热度；$Z$ 为与操作压强及临界压强有关的参数，$W \cdot m^{-2} \cdot \text{℃}^{-0.33}$，$Z$ 可用下式计算

$$Z = \left[0.10 \left(\frac{p_c}{9.81 \times 10^4} \right)^{0.69} (1.8 R^{0.17} + 4 R^{0.14} + 10 R^{10}) \right]^{33.3} \tag{4-55}$$

$R = \dfrac{p}{p_c}$ 为对比压强，无量纲；p 为操作压强，Pa；p_c 为临界压强，Pa。

4.5.2.4 影响沸腾传热的因素

(1) 液体的性质

液体的热导率、密度、黏度和表面张力等均对沸腾传热有重要的影响。一般情况下，h 随 λ、ρ 增加而增大，而随 μ、σ 增加而减小。

(2) 温度差 ΔT

前面已提及，温度差 $(T_w - T_s)$ 是控制沸腾传热过程的重要参数。在特定实验条件（沸腾压强、壁面形状等）下，有人对多种液体进行饱和沸腾时传热系数的测定，获得下面经验式

$$h = a (\Delta T)^n \tag{4-56}$$

式中，a 和 n 为随液体种类和沸腾条件而异的常数，由实验测定。

(3) 操作压强

提高沸腾压强相当于提高液体的饱和温度，使液体的表面张力和黏度均降低，有利于气泡的生成和脱离，强化了沸腾传热。

（4）加热壁面

加热壁面的材料和粗糙度对沸腾传热有重要影响。一般新的或清洁的加热面，h 较高。当壁面被油脂沾污后，会使 h 急剧下降。壁面愈粗糙，气泡核心愈多，有利于沸腾传热。此外，加热面的布置情况对沸腾传热也有明显影响。

需要指出的是，对于不同类型的换热器及不同的传热情况，已有许多求算 h 的关联式。在进行传热的设计计算时，可查阅传热专著或手册选择有关的关联式。但在选用时一定注意关联式的应用条件和适用范围，否则会造成较大的计算误差。

4.6　辐射传热

4.6.1　基本概念和定律

物体以电磁波形式传递能量的过程称为辐射，被传递的能量称为辐射能。物体可由不同的原因产生电磁波，其中因热的原因引起的电磁波辐射，即为热辐射。在热辐射过程中，物体的热能转化为辐射能，只要物体的温度不变，则发射的辐射能也不变。物体在向外辐射能量的同时，也可能不断地吸收周围其他物体发射来的辐射能。所谓辐射传热就是不同物体间相互辐射和吸收能量的综合过程。显然，辐射传热的净结果是高温物体向低温物体传递了能量。

热辐射和光辐射的本质完全相同，不同的仅仅是波长 λ 的范围。理论上热辐射的电磁波波长从零到无穷大。但是具有实际意义产生热流的波长 λ 范围为 $0.5 \sim 50\mu m$，而其中可见光的波长 λ 范围为 $0.38 \sim 0.78\mu m$，红外线的波长 λ 范围为 $0.8 \sim 20\mu m$。目前红外理疗及保健内衣所用的材料大都可以发射红外线，其波长与人体发射的波长基本相同，从而使之在人体内产生共振，对人体进行理疗和起到保健作用。可见光和红外线统称热射线。不过红外线的热射线对热辐射起决定作用，而只有在很高的温度下，才能觉察到可见光的热效应。辐射体的温度越高，由该辐射体发射的热辐射的波长 λ 越短。

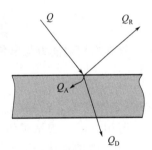

图 4-29　热辐射的吸收、
反射和透射

热辐射具有一般电磁波的吸收、反射、穿透等特性。如图4-29所示，假设投射在某一物体上的总辐射能量为 Q，则其中有一部分能量 Q_A 被吸收，一部分能量 Q_R 被反射，余下的能量 Q_D 透过物体。根据能量守恒定律，可得：

$$Q_A + Q_R + Q_D = Q \tag{4-57}$$

即

$$\frac{Q_A}{Q} + \frac{Q_R}{Q} + \frac{Q_D}{Q} = 1 \tag{4-58}$$

或

$$A + R + D = 1 \tag{4-59}$$

式中，$A = Q_A/Q$ 为物体的吸收率，无量纲；$R = Q_R/Q$ 为物体的反射率，无量纲；$D = Q_D/Q$ 为物体的透过率，无量纲。实际物体的 A、R、D 均小于 1。

（1）黑体、镜体、透热体和灰体

如果吸收率 $A = 1$，即 $R = D = 0$，也就是落到物体的能量全部被吸收，这种物体称为黑体或绝对黑体。如果 $R = 1$，即 $A = D = 0$，也就是落到物体上的能量全部被反射。如果反射遵循几何光学规律，则物体称为镜体。若反射是漫反射，则物体称为白体。能透过全部辐射

能即透过率 $D=1$ 的物体，称为透热体。一般单原子气体和对称的双原子气体均可视为透热体。

黑体和镜体都是理想物体，实际上自然界中这种物体并不存在。但是，某些物体如无光泽的黑煤，其吸收率约为 0.97，接近于黑体；磨光的金属表面的反射率约等于 0.97，接近于镜体。引入黑体等的概念，只是作为一种实际物体的比较标准，以简化辐射传热的计算。

物体的吸收率 A、反射率 R、透过率 D 的大小决定于物体的性质、表面状况、温度及辐射线的波长。一般来说，固体和液体都是不透热体，即 $D=0$，故 $A+R=1$。气体则不同，其反射率 $R=0$，故 $A+D=1$。某些气体只能部分地吸收一定波长范围的辐射能。

实际物体，如一般的能部分地吸收由零到∞的所有波长范围的辐射能。凡能以相同的吸收率且部分地吸收由零到∞所有波长范围的辐射能的物体，称为灰体。灰体也是理想物体，但是大多数工程材料都可视为灰体，从而使辐射传热的计算大为简化。灰体有两个特点。

① 灰体的吸收率 A 不随辐射线的波长而变。

② 灰体是不透热体，即 $A+R=1$。

（2）物体的辐射能力 E 与普朗克（Plank）定律

物体的辐射能力是指物体在一定温度下，单位表面积、单位时间内所发射的全部波长的总能量，用 E 表示，其单位为 $W \cdot m^{-2}$。辐射能力表征物体发射辐射能的本领，单位时间内物体每单位表面积向半球空间的一切方向发射某一波长辐射的能力，称为单色辐射能力，用 E_λ 表示，若在 $\lambda \sim \lambda + \Delta\lambda$ 的波长范围内的辐射能力为 ΔE，则：

$$\lim_{\lambda \to 0} \frac{\Delta E}{\Delta\lambda} = \frac{dE}{d\lambda} = E_\lambda \tag{4-60}$$

物体的辐射能力与单色辐射能力具有如下关系：

$$E = \int_0^\lambda E_\lambda \, d\lambda \tag{4-61}$$

式中，λ 为波长，m 或 μm；E_λ 为单色辐射能力，$W \cdot m^{-2}$。

若用下标 b 表示黑体，则黑体的辐射能力和单色辐射能力分别用 E_b 和 $E_{b,\lambda}$ 来表示。1901 年，普朗克从量子理论出发揭示了黑体辐射按波长的分布规律。对黑体而言，单色辐射能力和温度、波长之间存在如下的关系：

$$E_{b,\lambda} = \frac{C_1 \lambda^{-5}}{e^{C_2/(\lambda T)} - 1} \tag{4-62}$$

式中，T 为黑体的热力学温度，K；e 为自然对数的底数；C_1 为常数，其值为 $3.743 \times 10^{-16} W \cdot m^{-2}$；$C_2$ 为常数，其值为 $1.4387 \times 10^{-2} m \cdot K$。

式（4-62）称为普朗克定律。若在不同的温度下，黑体的单色辐射能力 $E_{b,\lambda}$ 与波长 λ 进行作图，可得到如图 4-30 所示的黑体单色辐射能力按波长的分布规律曲线。

由图可见，每个温度有一条能量分布曲线；在指定的温度下，黑体辐射各种波长的能量是不同的。但在某一波长时可达到 $E_{b,\lambda}$ 的最大值。在不太高的温度下，辐射能主要集中在波长为 $0.8 \sim 10 \mu$m 的范围内，如图 4-30(b) 中所示。

（3）斯蒂芬-玻耳兹曼（Stefan-Boltzmann）定律

斯蒂芬-玻耳兹曼定律揭示黑体的辐射能力与其表面温度的关系。将式（4-62）代入式（4-61）中，可得：

$$E_b = \int_0^\infty \frac{C_1 \lambda^{-5}}{e^{C_2/(\lambda T)} - 1} d\lambda$$

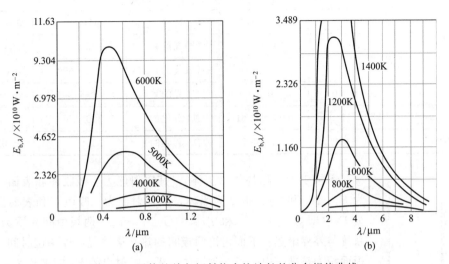

图 4-30　黑体的单色辐射能力按波长的分布规律曲线

积分上式并整理得：

$$E_b = \sigma_{\circ} T^4 = C_{\circ}\left(\frac{T}{100}\right)^4 \tag{4-63}$$

式中，$\sigma_{\circ}$ 为黑体的辐射常数，其值为 $5.67 \times 10^{-8}\,\text{W} \cdot \text{m}^{-2} \cdot \text{K}^{-4}$；$C_{\circ}$ 为黑体的辐射系数，其值为 $5.67\,\text{W} \cdot \text{m}^{-2} \cdot \text{K}^{-4}$。

式(4-63) 即为斯蒂芬-玻耳兹曼定律，通常称为四次方定律。它表明黑体的辐射能力仅与热力学温度的四次方成正比。

应予指出，四次方定律也可推广到灰体，此时，式(4-63) 可表示为：

$$E = C\left(\frac{T}{100}\right)^4 \tag{4-64}$$

式中，C 为灰体的辐射常数，$\text{W} \cdot \text{m}^{-2} \cdot \text{K}^{-4}$。

不同的物体辐射常数 C 值不同，其值与物体的性质、表面状况和温度等有关。C 值恒小于 $C_{\circ}$，在 $0 \sim 5.67$ 范围内变化。

在辐射传热中，黑体通常用来作为参比。通常将黑体辐射能力与同温度下黑体辐射能力之比，定义为物体的发射率（又称黑度），用 ε 表示：

$$\varepsilon = \frac{E}{E_b} = \frac{C}{C_{\circ}} \tag{4-65}$$

或

$$E = \varepsilon E_b = \varepsilon C_{\circ}\left(\frac{T}{100}\right)^4 \tag{4-66}$$

只要知道物体的发射率，便可由上式求得该物体的辐射能力。

发射率 ε 值取决于物体的性质、表面状况（如表面粗糙度和氧化程度），一般由实验测定。其值在 $0 \sim 1$ 范围内变化。常用工业材料的发射率列于表 4-6 中。

(4) 克希霍夫（Kirchhoff）定律

克希霍夫定律是表示物体的辐射能力 E 与吸收率 A 及发射率 ε 之间的关系。克希霍夫定律推导过程如下。

设有两块相距很近的平行平板，一块板上的辐射能可以全部投射到另一块板上，如图 4-31所示。

表 4-6 常用工业材料的发射率（黑度）

材料	温度/℃	发射率(黑度)	材料	温度/℃	发射率(黑度)
红砖	20	0.93	铝(磨光的)	225～575	0.039～0.057
耐火砖	—	0.8～0.9	铜(氧化的)	200～600	0.57～0.87
钢板(氧化钢)	200～600	0.8	铜(磨光的)	—	0.03
钢板(磨光的)	940～1100	0.55～0.61	铸铁(氧化的)	200～600	0.64～0.78
铝(氧化的)	200～600	0.11～0.19	铸铁(磨光的)	330～910	0.607

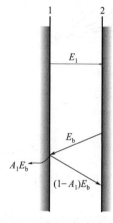

图 4-31 平行平板间辐射传热

若板 1 为实际物体（灰体），其辐射能力、吸收率和表面温度分别为 E_1、A_1 和 T_1；板 2 为黑体，其辐射能力、吸收率和表面温度分别为 E_2（即为 E_b）、A_2 和 T_2。并设 $T_1 > T_2$，两板中间介质为透热体，系统与外界绝热。下面讨论两板间的热平衡情况：以单位时间、单位平板面积为基准，由于板 2 为黑体，板 1 发射出的 E_1 能被板 2 全部吸收。由板 2 发射的 E_b 被板 1 吸收了 $A_1 E_b$，余下的 $(1-A_1)E_b$ 被反射回板 2，并被其全部吸收。故对板 1 来说，辐射传热的结果为：

$$q = E_1 - A_1 E_b$$

式中，q 为两板间辐射传热的热通量，$W \cdot m^{-2}$。

当两板达到热平衡，即 $T_1 = T_2$ 时，$q=0$，故：

$$E_1 = A_1 E_b$$

或

$$\frac{E_1}{A_1} = E_b$$

因板 1 可以用任何板来代替，故上式可写为：

$$\frac{E_1}{A_1} = \frac{E_2}{A_2} = \cdots = \frac{E}{A} = E_b = f(T) \tag{4-67}$$

将式（4-66）代入式（4-67）中，可得：

$$E = A \, C_o \left(\frac{T}{100}\right)^4 \tag{4-68a}$$

故

$$\frac{E}{E_b} = A = \varepsilon \tag{4-68b}$$

式（4-67）为克希霍夫定律的数学表达式。该式表明任何物体的辐射能力和吸收率的比值恒等于同温度下黑体的辐射能力，即仅和物体的热力学温度有关。因为实际物体的吸收率均小于 1，故同温度下黑体的辐射能力最大。此外，由式（4-68b）可知，当物体与其周围的环境温度处于平衡时，物体的吸收率和发射率在数值上是相同，这是克希霍夫定律的另一种表达方式。但应指出，A 和 ε 两者的物理意义则完全不同，前者为吸收率，表示由其他物体发射来的辐射能可能被该物体吸收的分数；后者为发射率，表示物体的辐射能力占黑体辐射能力的分数。由于测定物体的吸收率比较困难，因此工程计算中大都用物体的发射率来代替吸收率。通常，除了黑体和灰体外，若物体与环境不处于热平衡，其吸收率和发射率是不相等的。

4.6.2 两固体间的辐射传热

化学工业中常常遇到两固体间的辐射传热。大多数固体可视为灰体，在两灰体间的辐射中，相互进行着辐射能的多次被吸收和多次被反射的过程，因而比黑体与灰体间的辐射过程要复杂得多。在计算灰体间的辐射传热时，必须考虑它们的吸收率（或发射率）、物体的形状和大小及其相互间的距离与位置的影响。

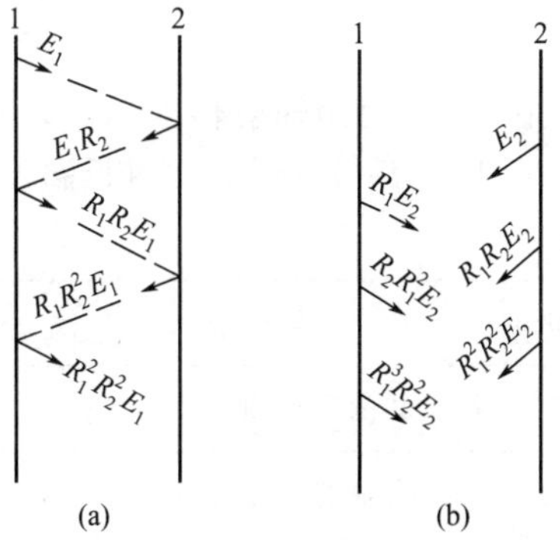

图 4-32　平行灰体平板间的
辐射过程示意图

现以两个面积很大（相对两者距离而言）而相互平行的灰体平板间相互辐射为例，推导灰体间辐射传热的计算式。

如图 4-32 所示，若两板间介质为透热体，且因两板很大，故从一板发射出的辐射能可以认为全部投射在另一板上。由于两平板均是灰体，其 $D=0$，故 $A+R=1$。

假设从板 1 发射出的辐射能 E_1，被板 2 吸收了 $E_1 A_2$，其余部分 $R_2 E_1$［或 $(1-A_2)E_1$］被反射到板 1。这部分辐射能 $R_2 E_1$ 又被板 1 吸收和反射……如此无穷反复进行，直到 E_1 完全被吸收为止。从板 2 发射出的辐射能 E_2，也经历反复吸收和反射的过程，如图 4-32(a) 和 (b) 所示。由于辐射能以光速传播，因此上述的反复进行吸收和反射的过程是在瞬间内完成的。

两平行平板单位时间内、单位表面积上净辐射传热量即为两板间辐射的总能量之差，即：

$$q_{1\text{-}2}=E_1 A_2(1+R_1 R_2+R_1^2 R_2^2+\cdots)-E_2 A_1(1+R_1 R_2+R_1^2 R_2^2+\cdots)$$

式中，$q_{1\text{-}2}$ 为由板 1 向板 2 传递的净辐射热通量，$\text{W}\cdot\text{m}^{-2}$。

上式等号右边中 $(1+R_1 R_2+R_1^2 R_2^2+\cdots)$ 为无穷级数，它等于 $1/(1-R_1 R_2)$，故：

$$q_{1\text{-}2}=\frac{E_1 A_2}{1-R_1 R_2}-\frac{E_2 A_1}{1-R_1 R_2}=\frac{E_1 A_2-E_2 A_1}{1-R_1 R_2}=\frac{E_1 A_2-E_2 A_1}{1-(1-A_1)(1-A_2)}=\frac{E_1 A_2-E_2 A_1}{A_1+A_2-A_1 A_2}$$

$$\tag{4-69}$$

再以 $E_1=\varepsilon C_0(T_1/100)^4$，$E_2=\varepsilon C_0(T_2/100)^4$ 及 $A_1=\varepsilon_1$，$A_2=\varepsilon_2$ 等代入式(4-69)中，并整理得：

$$q_{1\text{-}2}=\frac{C_0}{\dfrac{1}{\varepsilon_1}+\dfrac{1}{\varepsilon_2}-1}\left[\left(\frac{T_1}{100}\right)^4-\left(\frac{T_2}{100}\right)^4\right]\tag{4-70}$$

或

$$q_{1\text{-}2}=C_{1\text{-}2}\left[\left(\frac{T_1}{100}\right)^4-\left(\frac{T_2}{100}\right)^4\right]\tag{4-71}$$

式中，$C_{1\text{-}2}$ 为总辐射系数。

对很大的两平行平板间辐射：

$$C_{1\text{-}2}=\frac{C_0}{\dfrac{1}{\varepsilon_1}+\dfrac{1}{\varepsilon_2}-1}=\frac{1}{\dfrac{1}{C_1}+\dfrac{1}{C_2}-\dfrac{1}{C_0}}\tag{4-72}$$

若平行的平板面积均为 A 时，则辐射的传热速率为：

$$Q_{1\text{-}2}=C_{1\text{-}2}A\left[\left(\frac{T_1}{100}\right)^4-\left(\frac{T_2}{100}\right)^4\right]\tag{4-73}$$

当两壁面的大小与其距离相比不够大时，一个壁面所发射出的辐射能，可能只有一部分能到达另一壁面上。为此，需引入几何因素（角系数）进行校正。于是式(4-73)可以写成更普遍适用的形式：

$$Q_{1\text{-}2} = C_{1\text{-}2}\varphi A\left[\left(\frac{T_1}{100}\right)^4 - \left(\frac{T_2}{100}\right)^4\right] \tag{4-74}$$

式中，$Q_{1\text{-}2}$ 为净辐射传热速率，W；$C_{1\text{-}2}$ 为总辐射系数，$W\cdot m^{-2}\cdot K^{-4}$；$A$ 为辐射面积，m^2；T_1、T_2 分别为高温和低温表面的热力学温度，K；φ 为几何因素（角系数），其值查表 4-7。

表 4-7　φ 值与 $C_{1\text{-}2}$ 的计算式

序号	辐射情况	面积 A	角系数 φ	总辐射系数 $C_{1\text{-}2}/W\cdot m^{-2}\cdot K^{-4}$
1	极大的两平行面	A_1 或 A_2	1	$C_0/[(1/\varepsilon_1 + 1/\varepsilon_2) - 1]$
2	面积有限的两相等的平行面	A_1	$<1^{①}$	$\varepsilon_1\varepsilon_2 C_0$
3	很大的物体 2 包围物体 1	A_1	1	$\varepsilon_1 C_0$
4	物体 2 恰好包住物体 1，$A_1 \approx A_2$	A_1	1	$C_0/[(1/\varepsilon_1) + (1/\varepsilon_2) - 1]$
5	在 3、4 两种情况之间	A_1	1	$C_0/\{(1/\varepsilon_1) + (A_1/A_2)[(1/\varepsilon_2) - 1]\}$

① 此种情况的 φ 值由图 4-34 查得。

应予指出，式(4-73) 和式(4-74) 可用于任何形状的表面之间的相互辐射，但对一个物体被另一个物体所包围下的辐射，则要求被包围物体的表面 1 应为平表面或凸表面，如图 4-33 所示。

角系数 φ 表示从辐射面积 A 所发射出的能量为另一物体表面所截获的分数。它的数值不仅与两物体的几何排列有关，而且还与式中 A 是用板 1 的面积还是板 2 的面积作为辐射面积有关，因此在计算中，角系数 φ 必须和选定的辐射面积 A 相对应。φ 值的选取可查有关手册。几种简单情况下的 φ 值见表 4-7 和如图 4-34 所示。

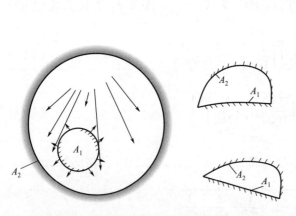

图 4-33　一个物体被另一个物体所包围的情况

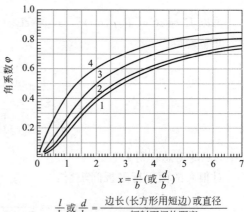

$$\frac{l}{b} \text{ 或 } \frac{d}{b} = \frac{\text{边长（长方形用短边）或直径}}{\text{辐射面间的距离}}$$

图 4-34　平行面间辐射传热的角系数
1—圆盘形；2—正方形；3—长方形
（边长之比为 2:1）；4—长方形（狭长）

【例 4-10】　为了测量沿管内流动的热空气温度，在气流中安装热电偶，其读数为 200℃管内壁的温度为 100℃，由于热电偶接头和管壁之间的辐射传热，热电偶读数有误差，试求空气的真实温度。空气与热电偶接头之间的对流传热系数为 $46.6 W \cdot m^{-2} \cdot K^{-1}$，热电偶接头的黑度为 0.8。

解　热电偶接头处与管壁的传热面积相比是很小的，因此这是闭合空间的辐射传热。因而

$$C_{1\text{-}2} = C_1 = 5.77 \times 0.8 = 4.616 W \cdot m^{-2} \cdot K^{-4}$$

热空气向管壁辐射的热量等于空气向热电偶对流传热量。

即　　$C_1 A \left[\left(\dfrac{473}{100} \right)^4 - \left(\dfrac{373}{100} \right)^4 \right] = hA(T_{空气} - 200)$

$$T_{空气} = \frac{C_1}{h} (4.73^4 - 3.73^4) + 200 = \frac{4.616}{46.6} \times (500.5 - 193.5) + 200 = 230.4 ℃$$

【例 4-11】　两平行的大平板，放置在空气中相距为 5mm，一平板的黑度为 0.1，温度为 350K；另一平板的黑度为 0.05，温度为 300K。若将第一板加涂层，使其黑度变为 0.025，试计算由此引起的传热变化的百分率。假设两板间对流传热可忽略。

解　加涂层前因辐射损失的热量为：

$$Q_{1\text{-}2} = \varphi A C_{1\text{-}2} \left[\left(\frac{T_1}{100} \right)^4 - \left(\frac{T_2}{100} \right)^4 \right]$$

因为本题为平行的大平板

所以　$C_{1\text{-}2} = C_o \left/ \left(\dfrac{1}{\varepsilon_1} - \dfrac{1}{\varepsilon_2} - 1 \right) \right.$

$$= 5.67 / (1/0.1 + 1/0.05 - 1) = 0.1955$$

加涂层后

$$C'_{1\text{-}2} = C_o \left/ \left(\frac{1}{\varepsilon'_1} - \frac{1}{\varepsilon'_2} - 1 \right) \right. = 0.096$$

其余条件没有变化，所以 $\Delta Q / Q_{1\text{-}2} = (0.1955 - 0.096)/0.1955 = 50.9\%$

4.6.3　对流和辐射的联合传热

在化工生产中，许多设备的外壁温度往往高于周围环境（大气）的温度，因此热将由壁面以对流和辐射两种方式散失于周围环境中。许多温度较高的换热器、塔器、反应器及蒸气管道等都必须进行隔热保温，以减少热损失（对于温度低于环境温度的设备也一样，只是传热方向相反）。设备的热损失可根据辐射传热速率方程 $Q_R = C_{1\text{-}2} \varphi A_W [(T_w/100)^4 - (T/100)^4]$ 和对流传热速率方程 $Q_C = hA_W(t_w - t)$ 来计算。A_W 为壁外表面积；$t_w(T_w)$ 为壁面温度；$t(T)$ 为环境温度。

现将辐射传热速率方程改变为与对流传热速率方程相同的形式：

$$Q_R = h_R A_W(t_w - t)$$

式中　　　　　　　　$h_R = \dfrac{C_{1\text{-}2} \left[\left(\dfrac{T_w}{100} \right)^4 - \left(\dfrac{T}{100} \right)^4 \right]}{t_w - t}$

设备向大气辐射传热时的角系数 $\varphi = 1$，h_R 称为辐射传热系数。

总的热损失为：

$$Q = Q_C + Q_R = (h + h_R)A_W(t_w - t) \tag{4-75}$$

或 $$Q = h_T A_W (t_w - t) \tag{4-76}$$

式中，$h_T = h + h_R$，为对流-辐射联合传热系数，$W \cdot m^{-2} \cdot K^{-1}$。

对于有保温层的设备，设备外壁对周围环境的联合传热系数 h_T，可用下列各式进行估算。

① 空气自然对流时　在平壁保温层外，有：

$$h_T = 9.8 + 0.07(t_w - t) \tag{4-77}$$

在管或圆筒壁保温层外，有：

$$h_T = 9.4 + 0.052(t_w - t) \tag{4-78}$$

上两式适用于 $t_w < 150℃$ 的场合。

② 空气沿粗糙壁面强制对流时　空气的流速 $u \leqslant 5 m \cdot s^{-1}$，有：

$$h_T = 6.2 + 4.2u \tag{4-79}$$

空气的流速 $u > 5 m \cdot s^{-1}$，有：

$$h_T = 7.8 u^{0.78} \tag{4-80}$$

4.6.4　保温层外的热损失

(1) 包有保温层的蒸气管外的热损失计算

图 4-35 是包有保温层的蒸气管道，假设蒸气的饱和温度为 T_s，蒸气与管壁的对流-辐射联合传热系数为 h_s，内、外管壁的温度分别为 T_w 和 t_w，管壁的热导率为 λ_1，保温层的热导率为 λ_2，保温层外表面和空气的温度分别为 t_1 和 t_a，蒸气管内、外半径、保温层的半径分别为 r_1、r_2 和 r_3，相对应的直径分别为 D_1、D_2 和 D_3，由传热速率方程得单位管长的热损失为：

$$Q = \frac{\pi(T_s - t_a)}{\dfrac{1}{2h_s r_1} + \dfrac{1}{2\lambda_1}\ln\dfrac{r_2}{r_1} + \dfrac{1}{2\lambda_2}\ln\dfrac{r_3}{r_2} + \dfrac{1}{2h_a r_3}} \tag{4-81}$$

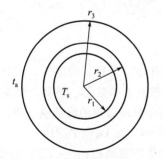
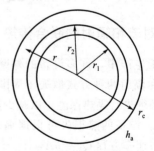

图 4-35　蒸气管道保温层外的热损失　　　　图 4-36　临界半径

(2) 保温层的临界半径

如图 4-36 所示，对单位管长的保温层，总热阻 R 为：

$$R = \frac{1}{2h_s r_1} + \frac{1}{2\lambda_1}\ln\frac{r_2}{r_1} + \frac{1}{2\lambda_2}\ln\frac{r}{r_2} + \frac{1}{2h_a r} \tag{4-82}$$

对于平壁而言，保温层越厚，热损失越小。对于包有保温层的圆形管道，当保温层厚度（r）增加，由式(4-82)可知，保温层的导热热阻 $[1/(2\lambda_2)]\ln(r/r_2)$ 增大，而保温层外表面的对流传热热阻 $1/(2rh_a)$ 减小。故存在一最小热阻，使热损失最大。产生最小热阻的保温层半径可通过式(4-82)总热阻 R 对保温层半径 r 求导得到。当保温层的总的传热热阻最小时,通过保温层的热损失最大。此时,总热阻对保温层半径的导数为零,即:

$$\frac{\mathrm{d}R}{\mathrm{d}r}=\mathrm{d}\left(\frac{1}{2h_\mathrm{s}r_1}+\frac{1}{2\lambda_1}\ln\frac{r_2}{r_1}+\frac{1}{2\lambda_2}\ln\frac{r}{r_2}+\frac{1}{2h_\mathrm{a}r}\right)\Big/\mathrm{d}r=0 \tag{4-83}$$

当热损失最大,保温层半径为:

$$r=r_\mathrm{c} \tag{4-84}$$

式(4-84)中 r_c 为临界半径,其值为:

$$r_\mathrm{c}=\frac{\lambda_2}{h_\mathrm{a}} \tag{4-85}$$

式(4-85)表明,当保温层的半径等于保温材料的热导率与保温层与空气的对流-辐射联合传热系数之比时,蒸气管道的热损失最大。一般对于平壁,保温层厚度增加,热损失减小。而对于圆形管道,当保温层半径 $r<r_\mathrm{c}$ 时,保温层厚度增加,热损失反而增大;当保温层半径 $r>r_\mathrm{c}$ 时,保温层厚度增加,热损失才减少。

【**例 4-12**】 在一直径为 $\phi252.5\mathrm{mm}$ 的蒸汽管道外,包扎一层热导率为 $0.8\mathrm{W\cdot(m\cdot\mathbb{C})^{-1}}$ 的保温层。保温层半径为 $50\mathrm{mm}$。管内饱和蒸汽温度为 $130\mathbb{C}$,大气温度为 $30\mathbb{C}$。试求保温层的临界半径。假设管壁热阻和蒸汽侧对流热阻可以忽略。保温层外壁对大气压的对流辐射传热系数可按下式计算:

$$h_\mathrm{T}=9.4+0.052(t_\mathrm{w}-t)$$

式中,h_T 为对流-辐射传热系数;t_w 为保温层外壁表面温度,$\mathbb{C}$;t 为环境大气温度,$\mathbb{C}$。
并定性讨论管道未保温及不同保温层半径下单位管长热损失的情况。

解　总热阻由两部分组成,一是保温层的热传导热阻 R_1,二是保温层外壁与空气的对流传热热阻 R_2,可得

$$\begin{aligned}
R_1&=b/(\lambda S_\mathrm{m})=(r_2-r_1)/[\lambda\times2\pi L(r_2-r_1)/\ln(r_2/r_1)]\\
&=\ln(r_2/r_1)/(2\lambda\pi L)=\ln(176.25/126.25)/(2\times0.8\times3.14L)\\
&=0.0665/L
\end{aligned} \tag{1}$$

$$\begin{aligned}
R_2&=1/(h_\mathrm{T}S_\mathrm{o})=1/(h_\mathrm{T}2\pi r_2 L)=1/\{[9.4+0.052(t_\mathrm{w}-t)]\times2\pi r_2 L\}\\
&=1/\{[9.4+0.052(t_\mathrm{w}-t)]\times2\times3.14\times0.17625L\}\\
&=\frac{0.901}{[9.4+0.052(t_\mathrm{w}-30)]L}
\end{aligned} \tag{2}$$

总传热速率为

$$Q=(T-t)/(R_1+R_2)=(t_\mathrm{w}-t)/R_2$$

即

$$(130-30)/(R_1+R_2)=(t_\mathrm{w}-30)/R_2 \tag{3}$$

将式(1)、式(2)代入式(3)中,得

$$100\Big/\left\{0.0665/L+\frac{0.901}{[9.4+0.052(t_\mathrm{w}-30)]L}\right\}=(t_\mathrm{w}-30)\Big/\left\{\frac{0.901}{[9.4+0.052(t_\mathrm{w}-30)]L}\right\}$$

求得:

$$t_\mathrm{w}=40.42\mathbb{C}$$

所以,$h_\mathrm{T}=9.4+0.052(t_\mathrm{w}-t)=9.942$

由此可得保温层临界半径为

$$r_c = \lambda/h_T = 0.8/9.942 = 0.08047\text{m} = 80.5\text{mm} > 50\text{mm}$$

此时每米管长的热损失为

$$Q/L = [(t_w - t)/R_2]/L = 325.29\text{W}$$

未加保温层时，即 $r_2 = r_1$

所以每米管长的热损失为：$Q' = (t_w - t)/R'_2$

由于　　　　　　$h'_T = 9.4 + 0.052(t_w - t) = 14.6\text{W} \cdot (\text{m}^2 \cdot \text{℃})^{-1}$

所以　　　　　　$R'_2 = 1/(14.6 \times 2\pi r_2 L) = 0.0864/L$

求得每米管长的热损失为

$$Q' = 120.60\text{W}$$

所以未加保温时的热损失小些，且当保温层厚度小于临界半径时，保温层厚度越大其热损失越大。

4.7　总传热速率和传热过程计算

传热计算主要有两种类型：一类是设计计算，即根据生产要求的热负荷确定换热器的传热面积；另一类是校核计算，即计算给定换热器的传热量、流体流量或温度等。这两类计算均以换热器的热量衡算和传热速率方程为前提。在化工生产中，因固体壁面及流体的温度不高，辐射传热量很小，通常不予考虑。因此，主要是热传导和对流组合传热过程。例如，换热器中冷、热两流体通过间壁的热量传递就是这种组合传热的典型例子。

如图 4-37 所示，冷、热流体通过间壁传热的过程分三步进行：

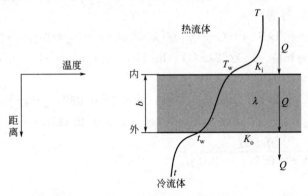

图 4-37　间壁两侧流体传热过程示意图

① 热流体通过对流（包括导热）传热将热量传给固体壁；
② 固体壁内以热传导方式将热量从热侧传到冷侧；
③ 热量通过对流（包括导热）传热从壁面传给冷流体。

4.7.1　热量衡算

根据热量衡算原理，在换热器保温良好、无热损失的情况下，单位时间内热流体放出的热量等于冷流体吸收的热量。

对换热器（图 4-38）冷、热两流体逆流时的热量衡算式为：

$$Q = q_{m,c}(H_{c,2} - H_{c,1}) = q_{m,h}(H_{h,1} - H_{h,2}) \tag{4-86}$$

式中，$q_{m,c}$、$q_{m,h}$ 分别为冷、热流体的质量流量，$kg \cdot s^{-1}$（下标 c 表示冷，下标 h 表示热）；H_c、H_h 分别为单位质量冷、热流体的焓，$J \cdot kg^{-1}$；下标 1 和 2 分别表示各股的进、出口端。

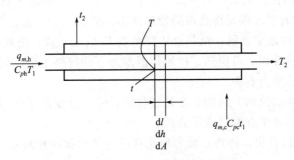

图 4-38　换热器中冷热流体逆流示意

(1) 无相变传热

若换热器内两流体均不发生相变，且流体的定压比热容 C_p 不随温度变化（或取流体平均温度下的定压比热容）时，式(4-86) 表示为：

$$Q = q_{m,h}C_{ph}(T_1 - T_2) = q_{m,c}C_{pc}(t_2 - t_1) \tag{4-87}$$

式中，C_{pc}、C_{ph} 分别为冷、热流体的定压比热容，$J \cdot kg^{-1} \cdot ℃^{-1}$；$T_1$、$T_2$ 分别为热流体的进、出口温度，℃；t_1、t_2 分别为冷流体的进、出口温度，℃。

(2) 有相变传热

① 一侧有相变　例如，热流体为饱和蒸气冷凝为饱和液体，冷流体不发生相变，则式(4-86) 可表示为：

$$Q = q_{m,h}r_h = q_{m,c}C_{pc}(t_2 - t_1) \tag{4-88}$$

式中，r_h 为饱和蒸气的冷凝潜热，$J \cdot kg^{-1}$。

若冷凝液最终温度 T_2 低于饱和温度 T_s，则式(4-88) 为：

$$Q = q_{m,h}[r_h + C_{ph}(T_s - T_2)] = q_{m,c}C_{pc}(t_2 - t_1) \tag{4-89}$$

式中，C_{ph} 为冷凝液的定压比热容，$J \cdot kg^{-1} \cdot ℃^{-1}$；$T_s$ 为饱和蒸气温度，℃；T_2 为冷凝液的最终温度，℃。

② 两侧都发生相变　例如，热流体为饱和蒸气冷凝为饱和液体，冷流体为饱和液体汽化为饱和蒸气，则式(4-86) 可表示为：

$$Q = q_{m,h}r_h = q_{m,c}r_c \tag{4-90}$$

式中，r_h 为热流体（饱和蒸气）的冷凝潜热，$J \cdot kg^{-1}$；r_c 为冷流体（饱和液体）的汽化潜热，$J \cdot kg^{-1}$。

若冷凝液最终温度 T_2 低于饱和温度 T_s，蒸气最终温度 t_2 高于饱和温度 $t_s (t_s = T_s)$，则式(4-90) 为：

$$Q = q_{m,h}[r_h + C_{ph}(T_s - T_2)] = q_{m,c}[r_c + C_{pc}(t_2 - t_s)] \tag{4-91}$$

4.7.2　总传热速率方程

在生产过程，壁温的测量相对比较麻烦和困难，若直接用热传导速率方程或对流传热速率方程求解传热问题较困难，故引出了直接以间壁两侧流体温度差为推动力的总传热速率方程。

通过换热器中任一截面处取微元管段，其内表面积为 dA_i，外表面积为 dA_o。两侧流体的传热速率可仿照对流传热速率方程写出冷、热流体间进行换热的热传递速率方程，即：

$$dQ=K_i(T-t)dA_i=K_o(T-t)dA_o \qquad (4\text{-}92)$$

式中，K 为该截面处的传热系数，$W \cdot m^{-2} \cdot ℃^{-1}$；$T$、$t$ 分别为该截面处的热、冷流体的平均温度，℃；dQ 为通过该微元传热面的传热速率，W。

式(4-92)为总传热速率方程，也是总传热系数 K 的定义式。由此可见，总传热系数 K 在数值上等于单位传热面积、单位热、冷流体温度差下的传热速率，其物理意义反映了传热过程的强度及与传热总阻力有关。

因在换热器中流体沿流动方向的温度是变化的，传热温度差 $T-t$ 和传热系数 K 一般也是变化的，故需将传热速率方程写成微分式。

从式(4-92)还可以看出，传热系数与所选择的传热面积应相对应。即：

$$K_i dA_i=K_o dA_o \qquad (4\text{-}93)$$

式中，K_i、K_o 分别为基于管内表面积 A_i 和基于管外表面积 A_o 的总传热系数，$W \cdot m^{-2} \cdot ℃^{-1}$。

由式(4-93)可得 K_i、K_o 的关系

$$\frac{K_i}{K_o}=\frac{dA_o}{dA_i}=\frac{d_o}{d_i} \qquad (4\text{-}94)$$

式中，d_i、d_o 分别为管内径、外径，m。

4.7.3 总传热系数

在设计过程，总传热系数通常根据壁两侧冷、热流体的对流传热系数和管壁的热导率进行计算，工业生产中列管换热器的总传热系数 K 值大致范围见表4-8。

表 4-8 总传热系数 K 值范围

管内（管程）	管间（壳程）	传热系数 K /$W \cdot m^{-2} \cdot K^{-1}$
水($0.9 \sim 1.5 m \cdot s^{-1}$)	净水($0.3 \sim 0.6 m \cdot s^{-1}$)	$582 \sim 698$
水	水（流速较高时）	$814 \sim 1163$
冷水	轻有机物 $\mu < 0.5 \times 10^{-3} Pa \cdot s$	$464 \sim 814$
冷水	中有机物 $\mu < (0.5 \sim 1) \times 10^{-3} Pa \cdot s$	$290 \sim 698$
冷水	重有机物 $\mu > 1 \times 10^{-3} Pa \cdot s$	$116 \sim 467$
盐水	轻有机物 $\mu < 0.5 \times 10^{-3} Pa \cdot s$	$233 \sim 582$
有机溶剂	有机溶剂($0.3 \sim 0.55 m \cdot s^{-1}$)	$198 \sim 233$
轻有机物 $\mu < 0.5 \times 10^{-3} Pa \cdot s$	轻有机物 $\mu < 0.5 \times 10^{-3} Pa \cdot s$	$233 \sim 465$
中有机物 $\mu < (0.5 \sim 1) \times 10^{-3} Pa \cdot s$	中有机物 $\mu < (0.5 \sim 1) \times 10^{-3} Pa \cdot s$	$116 \sim 349$
重有机物 $\mu > 1 \times 10^{-3} Pa \cdot s$	重有机物 $\mu > 1 \times 10^{-3} Pa \cdot s$	$58 \sim 233$
水($1 m \cdot s^{-1}$)	水蒸气（有压力）冷凝	$2326 \sim 4652$
水($1 m \cdot s^{-1}$)	水蒸气（常压或负压）冷凝	$1745 \sim 3489$
水溶液 $\mu < 2.0 \times 10^{-3} Pa \cdot s$	水蒸气冷凝	$1163 \sim 4071$
水溶液 $\mu > 0.2 \times 10^{-3} Pa \cdot s$	水蒸气冷凝	$582 \sim 2908$

续表

管内(管程)	管间(壳程)	传热系数 K /W·m^{-2}·K^{-1}
有机物 $\mu < 0.5 \times 10^{-3}$ Pa·s	水蒸气冷凝	582~1193
有机物 $\mu = (0.5 \sim 1) \times 10^{-3}$ Pa·s	水蒸气冷凝	291~582
有机物 $\mu > 1.0 \times 10^{-3}$ Pa·s	水蒸气冷凝	116~349
水	有机物蒸气冷凝多或少	582~1163
水	重有机物蒸气(常压)冷凝	116~349
水	重有机物蒸气(负压)冷凝	58~174
水	饱和有机溶剂物蒸气(常压)冷凝	582~1163
水	SO$_2$ 冷凝	814~1163
水	NH$_3$ 冷凝	698~930
水	氟利昂冷凝	756
水	气体	17~280
水沸腾	水蒸气冷凝	2000~4250
轻油沸腾	水蒸气冷凝	455~1020
气体	水蒸气冷凝	30~300
水	轻油	340~910
水	重油	60~280

4.7.3.1　总传热系数 K 值的计算

传热过程中包含热、冷流体在管内外的对流传热及固体壁的热传导过程，则总传热系数 K 必然包含着上述各过程的因素。

现以图 4-38 所示套管换热器为例，假设热流体走管内，冷流体走管外（间），取任一截面，设该截面上热、冷流体的平均温度分别为 T 及 t，内管内、外壁平均温度分别为 T_w 及 t_w，热、冷流体的对流传热系数分别为 h_i 及 h_o，固体壁的热导率为 λ，壁厚为 b。对于 dl 管段长，忽略热损失，由能量守恒定律得：

$$\mathrm{d}Q = h_i(T - T_w)\mathrm{d}A_i = \frac{T - T_w}{\dfrac{1}{h_i \mathrm{d}A_i}} \tag{4-95a}$$

$$\mathrm{d}Q = h_o(t_w - t)\mathrm{d}A_o = \frac{t_w - t}{\dfrac{1}{h_o \mathrm{d}A_o}} \tag{4-95b}$$

$$\mathrm{d}Q = \frac{\mathrm{d}\lambda A_m(T_w - t_w)}{b} = \frac{T_w - t_w}{\dfrac{b}{\lambda \mathrm{d}A_m}} \tag{4-95c}$$

所以
$$\mathrm{d}Q = \frac{T - t}{\dfrac{1}{h_i \mathrm{d}A_i} + \dfrac{b}{\lambda \mathrm{d}A_m} + \dfrac{1}{h_o \mathrm{d}A_o}} \tag{4-95d}$$

又根据传热速率方程：

$$\mathrm{d}Q = K_i \mathrm{d}A_i(T - t) = K_o \mathrm{d}A_o(T - t) = \frac{T - t}{\dfrac{1}{K_i \mathrm{d}A_i}} = \frac{T - t}{\dfrac{1}{K_o \mathrm{d}A_o}} \tag{4-95e}$$

比较以式（4-95d）和式（4-95e）可得：

$$\frac{1}{K_i dA_i} = \frac{1}{h_i dA_i} + \frac{b}{\lambda dA_m} + \frac{1}{h_o dA_o} = \frac{1}{K_o dA_o}$$

所以　　$dA_i = \pi d_i dl$，$dA_o = \pi d_o dl$，$dA_m = \pi d_m dl$

式中
$$d_m = \frac{d_o - d_i}{\ln\left(\dfrac{d_o}{d_i}\right)}$$

则
$$\frac{1}{K_i} = \frac{1}{h_i} + \frac{bd_i}{\lambda d_m} + \frac{d_i}{h_o d_o} \qquad (4\text{-}96a)$$

及
$$\frac{1}{K_o} = \frac{1}{h_o} + \frac{bd_o}{\lambda d_m} + \frac{d_o}{h_i d_i} \qquad (4\text{-}96b)$$

式（4-96a）及式（4-96b）即为以热阻形式表示的总传热系数计算式。该式说明间壁两侧流体间传热的总热阻等于两侧流体的对流传热热阻及管壁热传导热阻之和。

当传热面为平壁或薄圆筒壁，式（4-96a）及式（4-96b）可简化为：

$$\frac{1}{K} = \frac{1}{h_i} + \frac{b}{\lambda} + \frac{1}{h_o} \qquad (4\text{-}97)$$

当 $d_o/d < 2$，式（4-96a）和（4-96b）中的 d_m 可用算术平均值 $[d_m = (d_i + d_o)/2]$ 来代替。

4.7.3.2　污垢热阻

换热器在经一段时间运行后，壁面往往积有污垢，对传热产生附加热阻，使总传热系数降低。在计算总传热系数时，一般污垢热阻不可忽略。由于污垢层厚度及其热导率难以测定，通常根据经验选用污垢热阻值。某些常见流体的污垢热阻经验值见表 4-9。

表 4-9　常见流体的污垢热阻经验值

流体	污垢热阻 /$m^2 \cdot K \cdot kW^{-1}$	流体	污垢热阻 /$m^2 \cdot K \cdot kW^{-1}$
水（$1m \cdot s^{-1}, t > 50℃$)		水蒸气	
蒸馏水	0.09	优质,不含油	0.052
海水	0.09	劣质,不含油	0.09
洁净的河水	0.21	往复机排出	0.176
未处理的凉水塔用水	0.58	液体	
已处理的凉水塔用水	0.26	处理过的盐水	0.264
已处理的锅炉用水	0.26	有机物	0.176
硬水、井水	0.58	燃料油	1.056
气体		焦油	1.76
空气	0.26～0.53	原油（$u = 0.6 \sim 1.2 m \cdot s^{-1}$)	0.35
溶剂蒸气	0.14		

若管壁内、外侧表面上的污垢热阻分别用 R_i 及 R_o 表示，则：

$$\frac{1}{K_o} = \frac{d_o}{h_i d_i} + R_i \frac{d_o}{d_i} + \frac{bd_o}{\lambda d_m} + R_o + \frac{1}{h_o} \qquad (4\text{-}98)$$

污垢热阻不是固定不变的数值，随着换热器运行时间的延长，污垢热阻将增大，导致总传热系数下降，因此，换热器应采取措施减缓结垢，并定期去垢。

4.7.3.3　控制热阻

由式（4-98）可以看出，要提高总传热系数，必须设法减小热阻，而传热过程中各层热阻的值并不相同，其中热阻最大的一层就是传热过程的控制热阻（controlling resistance）。只有设法降低控制热阻，才能较大地提高传热速率。

当管壁很薄且管壁热阻、污垢热阻可忽略不计，式（4-97）可简化为：

$$\frac{1}{K}=\frac{1}{h_i}+\frac{1}{h_o} \tag{4-99}$$

若两个对流传热系数相差很大时，如管外蒸气冷凝对流传热系数 $h_o=10^4 \mathrm{W \cdot m^{-2} \cdot ℃^{-1}}$，管内气体强制对流传热系数 $h_i=30 \mathrm{W \cdot m^{-2} \cdot ℃^{-1}}$，$h_o \gg h_i$，式（4-99）可算得 $K=29.9 \mathrm{W \cdot m^{-2} \cdot ℃^{-1}}$。说明 K 值趋近并小于热阻较大一侧的 h 的值。若要提高 K 值，应提高对流传热系数较小一侧的 h。若两侧对流传热系数值相近，应同时提高两侧的对流传热系数值。当污垢热阻为控制热阻时，只提高两侧流体的 h 对提高 K 值作用甚小，此时应及时对换热器进行除垢。

4.7.3.4　壁温的估算

在计算对流传热系数时，需要知道靠近管壁流体的黏度 μ_w，这与温度有关。此外，在选择换热器类型和管材时，也需要知道壁温，设计时一般只知道管内、外流体的平均温度，这时需要用迭代法确定壁温，下面仅介绍壁温的估算。

由式（4-95a）～式（4-95c），可得：

$$\mathrm{d}Q=\frac{T-T_w}{\dfrac{1}{h_i \mathrm{d}A_i}}=\frac{T_w-t_w}{\dfrac{b}{\lambda \mathrm{d}A_m}}=\frac{t_w-t}{\dfrac{1}{h_o \mathrm{d}A_o}}$$

因此，可得壁温的估算公式为：

$$T_w=T-\frac{\mathrm{d}Q}{h_i \mathrm{d}A_i} \tag{4-100a}$$

$$t_w=T_w-\frac{b \mathrm{d}Q}{\lambda \mathrm{d}A_m} \tag{4-100b}$$

$$T_w=t+\frac{\mathrm{d}Q}{h_o \mathrm{d}A_o} \tag{4-100c}$$

对薄壁管，$A_i \approx A_o$，且热阻很小，可认为壁两侧的温度基本相同，$T_w \approx t_w$，若管内、外流体的平均温度分别为 T 和 t，管壁温度为 T_w，由式（4-100a）和式（4-100c），壁温可用下式进行估算：

$$\frac{T-T_w}{T_w-t}=\frac{\dfrac{1}{h_i}}{\dfrac{1}{h_o}} \tag{4-101}$$

当 $h_i \gg h_o$，由上式可知，$T_w-t \gg T-T_w$，壁温总是接近对流传热系数较大、热阻较小一侧流体的温度。

【**例 4-13**】 一套管换热器，采用内径为 $\phi 25 \mathrm{mm} \times 2.5 \mathrm{mm}$ 的钢管。热空气在管内流动，冷却水在环隙与空气呈逆流流动，已知空气侧与水侧对流传热系数分别为 $60 \mathrm{W \cdot m^{-2} \cdot ℃^{-1}}$ 和 $1500 \mathrm{W \cdot m^{-2} \cdot ℃^{-1}}$，钢的热导率为 $45 \mathrm{W \cdot m^{-1} \cdot ℃^{-1}}$。试求：（1）基于外表面积的总传热系数 K_o。（2）若将管内空气传热系数 h_i 提高一倍，其他条件不变，总传热系数有何变化。（3）若将水侧的 h_o 提高一倍，其他条件不变，总传热系数又有何变化。

解 （1）基于管外表面积的总传热系数 K_o。

$$K_o = \frac{1}{\frac{1}{h_o} + \frac{bd_o}{\lambda d_m} + \frac{d_o}{h_i d_i}} = \frac{1}{\frac{1}{1500} + \frac{0.0025 \times 0.025}{45 \times 0.0225} + \frac{0.025}{60 \times 0.02}} = 46.4 \text{W} \cdot \text{m}^{-2} \cdot \text{℃}^{-1}$$

（2）管内空气对流传热系数 h_i 提高一倍时，总传热系数 K_o 为

$$K_o = \frac{1}{\frac{1}{h_o} + \frac{bd_o}{\lambda d_m} + \frac{d_o}{h_i d_i}} = \frac{1}{\frac{1}{1500} + \frac{0.0025 \times 0.025}{45 \times 0.0225} + \frac{0.025}{120 \times 0.02}} = 89.7 \text{W} \cdot \text{m}^{-2} \cdot \text{℃}^{-1}$$

（3）将水侧的 h_o 提高一倍，总传热系数 K_o

$$K_o = \frac{1}{\frac{1}{h_o} + \frac{bd_o}{\lambda d_m} + \frac{d_o}{h_i d_i}} = \frac{1}{\frac{1}{3000} + \frac{0.0025 \times 0.025}{45 \times 0.0225} + \frac{0.025}{60 \times 0.02}} = 47.1 \text{W} \cdot \text{m}^{-2} \cdot \text{℃}^{-1}$$

上述例子说明，提高较小一侧的对流传热系数可显著增加总传热系数，因为较小一侧的对流传热系数的传热热阻较大，是控制热阻。

【例 4-14】 一套管式换热器内流体的对流传热系数 $h_1 = 200 \text{W} \cdot \text{m}^{-2} \cdot \text{K}^{-1}$，管外流体的对流传热系数 $h_2 = 350 \text{W} \cdot \text{m}^{-2} \cdot \text{K}^{-1}$。已知两种流体均在湍流情况下进行换热。假设管内流体流速增加一倍，其他条件不变，试问总传热系数是原来的多少倍？管壁热阻及污垢热阻可不计。

解 由于 $h_1 = 200 \text{W} \cdot \text{m}^{-2} \cdot \text{K}^{-1}$，$h_2 = 350 \text{W} \cdot \text{m}^{-2} \cdot \text{K}^{-1}$
由此可得

$$K = \frac{h_1 h_2}{h_1 + h_2} = \frac{200 \times 350}{200 + 350} = 127 \text{W} \cdot \text{m}^{-2} \cdot \text{K}^{-1}$$

管内流速增加一倍，即 $u_1' = 2u_1$，由于是湍流情况下的换热，故

$$\frac{h_1'}{h_1} = \left(\frac{u_1'}{u_1}\right)^{0.8} = 2^{0.8} = 1.74$$

$$h_1' = 1.74 h_1 = 1.74 \times 200 = 348 \text{W} \cdot \text{m}^{-2} \cdot \text{K}^{-1}$$

所以

$$K' = \frac{h_1' h_2}{h_1' + h_2} = \frac{348 \times 350}{348 + 350} = 174.5 \text{W} \cdot \text{m}^{-2} \cdot \text{K}^{-1}$$

$$\frac{K'}{K} = \frac{174.5}{127} = 1.37$$

4.7.4 换热器的平均温度差

在以上讨论中，都是以换热器中某个截面上的参量对微小换热面积进行分析的。下面，对整个换热器来分析，并建立其传热速率方程和温度差的计算公式：

$$Q = K_i A_i \Delta t_m = K_o A_o \Delta t_m \tag{4-102}$$

式中，Q 为换热器的热负荷，W；A_i 为换热器换热管内表面积，m^2；A_o 为换热器换热管外表面积，m^2；Δt_m 为换热器热、冷流体的平均传热温度差，℃。

换热器热、冷流体的平均传热温度差计算通常因流体流动方向而异，下面针对不同的工况推导出平均传热温度差的计算公式。

4.7.4.1　恒温传热

以蒸发器为例，一侧为饱和蒸气冷凝，冷凝温度为 T，一侧为饱和液体沸腾，沸腾温度为 t（温度差为 $T-t$），不随换热面的位置不同而变化，于是，$Q=KA(T-t)$，$\Delta t_m=T-t$。

4.7.4.2　逆流或并流变温传热

冷、热两种流体平行而同向流动，称为并流。冷、热两种流体平行而反向流动，称为逆流。现以逆流且两侧流体都没有发生相变的变温传热为例，推导平均传热温度差 Δt_m 的计算式。首先假设：①稳态传热；②热、冷流体的定压比热容 C_{ph}、C_{pc} 均为常量；③总传热系数 K 为常量；④忽略设备的热损失。对任意微元管段 $\mathrm{d}l$ 作分析，其相应的传热面积为 $\mathrm{d}A_i$ 或 $\mathrm{d}A_o$，如图 4-39(a) 所示。热平衡方程为：

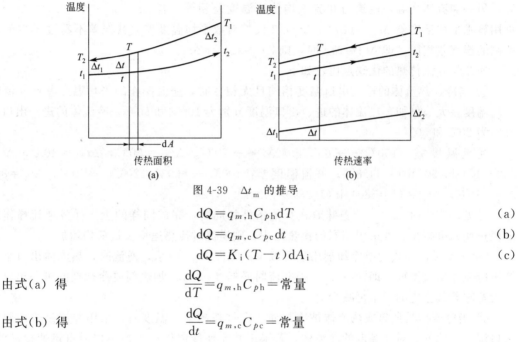

图 4-39　Δt_m 的推导

$$\mathrm{d}Q=q_{m,h}C_{ph}\mathrm{d}T \tag{a}$$

$$\mathrm{d}Q=q_{m,c}C_{pc}\mathrm{d}t \tag{b}$$

$$\mathrm{d}Q=K_i(T-t)\mathrm{d}A_i \tag{c}$$

由式(a) 得

$$\frac{\mathrm{d}Q}{\mathrm{d}T}=q_{m,h}C_{ph}=常量$$

由式(b) 得

$$\frac{\mathrm{d}Q}{\mathrm{d}t}=q_{m,c}C_{pc}=常量$$

则在图 4-39(b) 中，"$T\text{-}Q$""$t\text{-}Q$"皆呈直线关系。即 $T=mQ+k$，$t=m'Q+k'$。所以 $\Delta t=T-t=(m-m')Q+(k-k')=aQ+b$，即 "$\Delta t\text{-}Q$" 亦呈直线关系，如图 4-39(b) 所示。

所以

$$\frac{\mathrm{d}(\Delta t)}{\mathrm{d}Q}=\frac{\Delta t_2-\Delta t_1}{Q} \tag{d}$$

将式(c) 代入式(d)，得：

$$\frac{\mathrm{d}(\Delta t)}{K_i\Delta t\,\mathrm{d}A_i}=\frac{\Delta t_2-\Delta t_1}{Q}$$

所以

$$\frac{1}{K_i}\int_{\Delta t_1}^{\Delta t_2}\frac{\mathrm{d}(\Delta t)}{\Delta t}=\frac{\Delta t_2-\Delta t_1}{Q}\int_0^{A_i}\mathrm{d}A_i$$

即

$$Q=K_iA_i\frac{\Delta t_2-\Delta t_1}{\ln\left(\dfrac{\Delta t_2}{\Delta t_1}\right)} \tag{4-103}$$

同理可得
$$Q = K_o A_o \frac{\Delta t_2 - \Delta t_1}{\ln\left(\dfrac{\Delta t_2}{\Delta t_1}\right)} \tag{4-104}$$

式(4-103)与式(4-104)对比，可得：
$$\Delta t_m = \frac{\Delta t_2 - \Delta t_1}{\ln\left(\dfrac{\Delta t_2}{\Delta t_1}\right)} \tag{4-105}$$

式(4-105)表明换热器的平均传热温度差是换热器两端温度差的对数平均值。

应说明的是，式(4-101)虽由逆流两侧均无相变传热条件导出，但同样适用于并流无相变传热或逆流及并流时两流体中一种流体恒温，另一种流体变温时的传热；当一侧流体恒温，另一侧流体变温，逆流与并流平均传热温度差相等；若 $\Delta t_2/\Delta t_1 < 2$（$\Delta t_2 > \Delta t_1$）时，可用算术平均温度差 $\Delta t_m = (\Delta t_2 + \Delta t_1)/2$ 代替对数平均温度差，其误差不超过 3.96%；若两侧的温度差相同，即 $\Delta t_2 = \Delta t_1$ 时，则 $\Delta t_m = \Delta t_1 = \Delta t_2$。

逆流与并流传热的优缺点比较如下。

① 当冷、热流体的进、出口温度相同且无相变时，逆流操作的平均温度差比并流时的平均温度差大，例如，热流体的进、出口温度分别为 $100℃$ 和 $60℃$，冷流体的进、出口温度分别为 $20℃$ 和 $50℃$。

逆流温度差：$100℃ \longrightarrow 60℃$，$50℃ \longleftarrow 20℃$，$\Delta t_1 = 50℃$，$\Delta t_2 = 40℃$，$\Delta t_m = (50-40)/\ln(50/40) = 44.8℃$；并流温度差：$100℃ \longrightarrow 60℃$，$20℃ \longrightarrow 50℃$，$\Delta t_3 = 80℃$，$\Delta t_4 = 10℃$，$\Delta t_m = (10-80)/\ln(10/80) = 33.7℃$。

可见，逆流时 Δt_m 大，意味着在其他条件相同时，完成同样的生产任务逆流操作所需要换热面积可减少。若采用相同的换热面积，则逆流时传热速率及负荷均增加。

② 逆流时，加热剂或冷却剂用量可减少。如图 4-40 所示，逆流时，热流体出口温度可低于冷流体出口温度，即 $T_2 < t_2$，但并流时必然 $T_2 > t_2$。加热剂或冷却剂的进、出口温度差大意味着其相应的用量可减少。

③ 当冷流体被加热或热流体被冷却而不允许超越某一温度时，采用并流易于控制流体出口温度；此外，对高黏度的冷流体，若采用并流使冷流体进入换热器后可迅速提高温度，降低其黏度，有利于提高传热效果，此时应采用并流操作。

4.7.4.3　错流、折流时平均温度差

冷、热流体交错交叉流动，称为错流。一种流体只沿一个方向流动，而另一种流体反复改变流向，时而逆流，时而并流，称为折流，如图 4-41 所示。

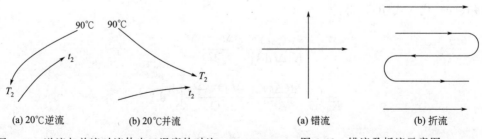

图 4-40　逆流与并流时流体出口温度的对比　　　　图 4-41　错流及折流示意图

对于错流和折流的平均温度差的计算，常用鲍曼（Bowman）提出的算图法。该法是先

按逆流计算对数平均温度差 $\Delta t'_m$，再乘以考虑流动形式的温度差校正系数 $\varphi_{\Delta t}$，即：

$$\Delta t_m = \varphi_{\Delta t} \Delta t'_m \tag{4-106}$$

温度差校正系数 $\varphi_{\Delta t}$ 根据理论推导得出，$\varphi_{\Delta t}$ 值为 P 和 R 两个参量的函数，即：

$$\varphi_{\Delta t} = f(P，R)$$

其中　　　$P = \dfrac{t_2 - t_1}{T_1 - t_1} = \dfrac{冷流体的温升}{两流体最初温度差}，R = \dfrac{T_1 - T_2}{t_2 - t_1} = \dfrac{热流体的温降}{冷流体的温升}$

$\varphi_{\Delta t}$ 的值可根据换热器的型式，由图 4-42 查取。$\varphi_{\Delta t}$ 值总是小于 1，也就是说，相同的对数平均温度差时，逆流操作时的传热推动力及热负荷较大，生产上一般要求 $\varphi_{\Delta t}$ 值在 0.8 以上，当 $\varphi_{\Delta t}$ 值小于 0.8 时，换热器应重新设计，以获得较大的 $\varphi_{\Delta t}$ 或较大传热温度差，否则换热器的传热面积就不能有效地利用。

【例 4-15】 设计一台单壳程、双管程的列管换热器，要求用冷却水将热气体从 120℃ 冷却到 60℃，冷却水进、出口温度分别为 20℃ 和 50℃，试求在此温度调节下的平均温度差。

解　先按逆流计算 $\Delta t'_m$：热气体，120℃ $\longrightarrow$ 60℃，冷却水，50℃ $\longleftarrow$ 20℃；两端温度差，$\Delta t_1 = 70℃$，$\Delta t_2 = 40℃$。

对数平均温度差　$\Delta t'_m = \dfrac{\Delta t_1 - \Delta t_2}{\ln \dfrac{\Delta t_1}{\Delta t_2}} = \dfrac{70 - 40}{\ln \dfrac{70}{40}} = 53.6℃$

参数　$P = \dfrac{t_2 - t_1}{T_1 - t_1} = \dfrac{50 - 20}{120 - 20} = 0.3$，$R = \dfrac{T_1 - T_2}{t_2 - t_1} = \dfrac{120 - 60}{50 - 20} = 2.0$

由图 4-42 查得 $\varphi_{\Delta t} = 0.88$。

则　$\Delta t_m = \varphi_{\Delta t} \Delta t'_m = 0.88 \times 53.6 = 47.2℃$

【例 4-16】 在壳方和管方均为单程的换热器中，某溶液在管内流动并由 20℃ 加热到 50℃。加热介质在壳方流动，其进出口温度分别为 100℃ 和 60℃，试求两流体为逆流流动下的平均温度差。

解　由于是逆流流动，热流体：$T_1 = 100℃ \rightarrow T_2 = 60℃$

冷流体：$t_2 = 50℃ \leftarrow t_1 = 20℃$

由此可得

$$\Delta t_1 = T_1 - t_2 = 50℃$$
$$\Delta t_2 = T_2 - t_1 = 40℃$$

所以

$$\Delta t_m = \dfrac{\Delta t_1 - \Delta t_2}{\ln \left(\dfrac{\Delta t_1}{\Delta t_2} \right)} = 44.8℃$$

4.7.4.4　总传热系数 K 不是常数的传热计算

前面逆流或并流变温传热计算公式推导时假设，K 在整个换热过程中均为常数。实际上流体的对流传热系数与流体物性有关，而传热过程温度是变化的，因此流体的物性也变化，故 K 是随温度变化的。若流体的物性随温度变化不大，则总传热系数 K 可视为常数，此时采用对数平均温度差法，在工程计算中既简便又能满足精度的要求。若换热器中流体的

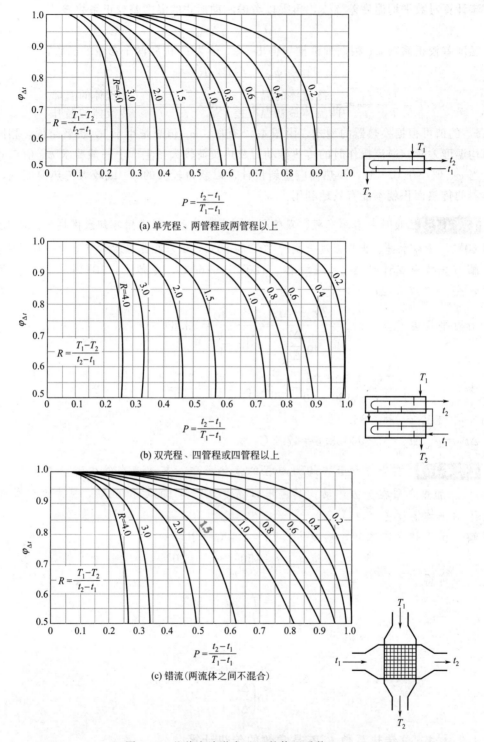

(a) 单壳程、两管程或两管程以上

(b) 双壳程、四管程或四管程以上

(c) 错流(两流体之间不混合)

图 4-42 几种流动形式 Δt_{m} 的修正系数 $\varphi_{\Delta t}$

温度变化较大，而物性又随温度显著变化时，K 就不能视为常量。若 K 与温度差 Δt 呈线性变化，式(4-103) 或式(4-104) 可修正为：

$$Q = A_i \frac{K_{i1}\Delta t_2 - K_{i2}\Delta t_1}{\ln\left(\dfrac{K_{i1}\Delta t_2}{K_{i2}\Delta t_1}\right)} \tag{4-107a}$$

或

$$Q = A_o \frac{K_{o1}\Delta t_2 - K_{o2}\Delta t_1}{\ln\left(\dfrac{K_{o1}\Delta t_2}{K_{o2}\Delta t_1}\right)} \tag{4-107b}$$

式中，K_{i1}（或 K_{o1}）、K_{i2}（或 K_{o2}）分别为换热器两端基于管内表面积 A_i（或基于管外表面积 A_o）的总传热系数，$W \cdot m^{-2} \cdot ℃^{-1}$；$\Delta t_1$、$\Delta t_2$ 分别为换热器两端冷、热流体的温度差，℃。

若 K 不是温度差的线性函数，则需用图解积分法求传热面积。

【**例 4-17**】 一单壳程单管程列管换热器，由长 3m、直径为 $\phi25mm \times 2.5mm$ 的钢管束组成。苯在换热器管内流动，流量为 $1.5kg \cdot s^{-1}$，由 80℃ 冷却到 30℃。冷却水在管外和苯呈逆流流动。水进口温度为 20℃，出口温度为 50℃。已知水侧和苯侧的对流传热系数分别为 $1700W \cdot m^{-2} \cdot ℃^{-1}$ 和 $900W \cdot m^{-2} \cdot ℃^{-1}$，苯的平均定压比热容为 $1.9kJ \cdot kg^{-1} \cdot ℃^{-1}$，钢的热导率为 $45W \cdot m^{-1} \cdot ℃^{-1}$，污垢热阻和换热器的热损失忽略不计。试求该列管换热器换热管子数。

解 热负荷 $Q = q_{m,h}C_{p,h}(T_1 - T_2) = 1.5 \times 1.9 \times (80 - 30) = 142.5kW$

计算对数平均温度差 Δt_m：苯，80℃ $\longrightarrow$ 30℃，冷却水，50℃ $\longleftarrow$ 20℃；两端温度差，$\Delta t_1 = 30℃$，$\Delta t_2 = 10℃$。

对数平均温度差 $\quad \Delta t_m = \dfrac{\Delta t_1 - \Delta t_2}{\ln\dfrac{\Delta t_1}{\Delta t_2}} = \dfrac{30 - 10}{\ln\dfrac{30}{10}} = 18.2℃$

基于外表面积的总传热系数

$$K_o = \cfrac{1}{\cfrac{d_o}{h_i d_i} + \cfrac{1}{h_o} + \cfrac{b d_o}{d_m \lambda}} = \cfrac{1}{\cfrac{0.025}{900 \times 0.02} + \cfrac{1}{1700} + \cfrac{0.025 \times 0.0025}{45 \times 0.0225}} = 490W \cdot m^{-2} \cdot ℃^{-1}$$

传热面积 $\quad A_o = \dfrac{Q}{K_o \Delta t_m} = \dfrac{142.5 \times 10^3}{490 \times 18.2} = 16m^2$

管子数 $\quad n = \dfrac{A_o}{\pi d_o l} = \dfrac{16}{\pi \times 0.025 \times 3} = 68$

【**例 4-18**】 某溶液在套管换热器中逆流进行换热，溶液质量流率为 $1000kg \cdot h^{-1}$，走管外，其定压比热容为 $3.35kJ \cdot kg^{-1} \cdot ℃^{-1}$，从 150℃ 冷却到 80℃。冷却水走管内，从 15℃ 加热到 65℃，水的定压比热容为 $4.187kJ \cdot kg^{-1} \cdot ℃^{-1}$。内管为 $\phi25mm \times 2.5mm$。（1）已知溶液和冷却水的对流传热系数均为 $1000W \cdot m^{-2} \cdot ℃^{-1}$，忽略管壁热阻，求基于管外表面的总传热系数和冷却水用量。（2）该换热器用了一年后，由于水侧生污垢，生产能力下降，若冷却水用量不变，使冷却水的出口温度降为 60℃，求污垢热阻。（3）若希望溶液仍冷却到 80℃，而将水的流率提高一倍，问能否达到要求。设水的流动为强制端流，且忽略热损失。

解 （1）求总传热系数和冷却水用量。

$$K_o = \frac{1}{d_o/(h_i d_i) + 1/h_o} = \frac{1}{0.025/(0.02 \times 1000) + 1/1000} = 444.44 \text{W} \cdot \text{m}^{-2} \cdot ℃^{-1}$$

$$Q = q_{m,h} C_{ph}(T_1 - T_2) = Q = q_{m,c} C_{pc}(t_2 - t_1) = 1000 \times 3.35 \times (150 - 80)$$

$$= q_{m,c} \times 4.187 \times (65 - 15)$$

$$q_{m,c} = 1120 \text{kg} \cdot \text{h}^{-1}$$

（2）由于水侧生污垢，水温降为 60℃，求污垢热阻。

$$q_{m,h} C_{ph}(T_1 - T_2') = q_{m,c} C_{pc}(t_2' - t_1)$$

$$1000 \times 3.35 \times (150 - T_2') = 1120 \times 4.187 \times (60 - 15)$$

$T_2' = 87℃$，溶液出口温度上升。

对数平均温度差 Δt_m：溶液，150℃ $\longrightarrow$ 80℃；水，65℃ $\longleftarrow$ 15℃；$\Delta t_1 = 85℃$，$\Delta t_2 = 65℃$；

对数平均温度差　　$\Delta t_m = \dfrac{\Delta t_1 - \Delta t_2}{\ln\left(\dfrac{\Delta t_1}{\Delta t_2}\right)} = \dfrac{85 - 65}{\ln\left(\dfrac{85}{65}\right)} = 75℃$

长污垢后 $\Delta t_m'$，同理可得 $\Delta t_1 = 90℃$，$\Delta t_2 = 72℃$。

所以

$$\Delta t_m' = \frac{\Delta t_1 - \Delta t_2}{\ln\left(\dfrac{\Delta t_1}{\Delta t_2}\right)} = \frac{90 - 72}{\ln\left(\dfrac{90}{72}\right)} = 81℃$$

$$Q = K_o A_o \Delta t_m = q_{m,h} C_{ph}(T_1 - T_2)$$

$$Q' = K_o' A_o \Delta t_m' = q_{m,h} C_{ph}(T_1 - T_2')$$

$$\frac{K_o'}{K_o} = \frac{(T_1 - T_2')\Delta t_m}{(T_1 - T_2)\Delta t_m'} = \frac{63 \times 75}{70 \times 81}$$

$$K_o' = 370.37 \text{W} \cdot \text{m}^{-2} \cdot ℃^{-1}$$

$$K_o' = \frac{1}{\dfrac{d_o}{h_i d_i} + R_s + \dfrac{1}{h_o}} = \frac{1}{\dfrac{0.025}{1000 \times 0.02} + R_s + \dfrac{1}{1000}} = 370.37 \text{W} \cdot \text{m}^{-2} \cdot ℃^{-1}$$

解得污垢热阻　$R_s = 0.00045 \text{m}^2 \cdot ℃ \cdot \text{W}^{-1}$

（3）当水的流率增加一倍，对强制湍流，水侧的对流传热系数。

$$h_i' = 2^{0.8} h_i = 1.74 \times 1000 = 1740 \text{W} \cdot \text{m}^{-2} \cdot \text{K}^{-1}$$

总传热系数

$$K_o' = \frac{1}{\dfrac{d_o}{h_i' d_i} + R_s + \dfrac{1}{h_o}} = \frac{1}{\dfrac{0.025}{1740 \times 0.02} + 0.00045 + \dfrac{1}{1000}} = 461.25 \text{W} \cdot \text{m}^{-2} \cdot ℃^{-1}$$

$$Q = K_o A_o \Delta t_m = 370.37 A_o \times 81$$

$$Q' = K_o' A_o \Delta t_m' = 461.25 A_o \times 75$$

两式相比　$Q' = 1.15Q$

故冷却水的流率增加一倍后，溶液出口温度不变仍为 80℃，其换热量 $Q' > Q$，能满足要求。

【例 4-19】 某单壳程单管程列管换热器，用 $1.8 \times 10^5 \text{Pa}$ 饱和水蒸气加热空气，水蒸气走壳程，其对流传热系数为 $10^4 \text{W} \cdot \text{m}^{-2} \cdot ℃^{-1}$，空气走管内，进口温度 20℃，要

求出口温度达 110℃，空气在管内流速为 10m·s⁻¹。管子规格为 $\phi25\text{mm}\times2.5\text{mm}$ 的钢管，管数共 269 根。试求换热器的管长。

若将该换热器改为单壳程双管程，总管数减至 254 根。水蒸气温度不变，空气的质量流量及进口温度不变，设各物性数据不变，换热器的管长亦不变，试求空气的出口温度。

解　空气 $\bar{t}=\dfrac{20+110}{2}=65℃$

$$Pr=0.695 \quad \rho=1.045\text{kg}\cdot\text{m}^{-3} \quad C_p=1.017\text{kJ}\cdot(\text{kg}\cdot\text{K})^{-1}$$

$$\lambda=2.93\times10^{-2}\text{W}\cdot(\text{m}\cdot\text{K})^{-1} \quad \mu=2.04\times10^{-5}\text{Pa}\cdot\text{s}$$

$$Re=\frac{u\rho d}{\mu}=\frac{10\times1.045\times0.02}{2.04\times10^{-5}}=1.02\times10^4>10^4 \text{ 为湍流}$$

$$h_i=0.023\frac{\lambda}{d_i}Re^{0.8}Pr^{0.4}=0.023\times\frac{2.93\times10^{-2}}{0.02}\times(1.02\times10^4)^{0.8}\times0.695^{0.4}$$

$$=46.9\text{W}\cdot(\text{m}^2\cdot\text{K})^{-1}$$

因为 $h_i\ll h_o$ 所以 $K=K_i=h=46.9\text{W}\cdot(\text{m}^2\cdot\text{K})^{-1}$

由水蒸气压表知：$T_s=116.6℃$

$$q=K_iA_i\Delta t_m=w_1C_p(t_2-t_1)$$

$$10\times\frac{\pi}{4}\times0.02^2\times269\times1.045\times1.017\times10^3\times(110-20)$$

$$=46.9\times0.02\times269\times\pi\times L\times\frac{110-20}{\ln\dfrac{116.6-20}{116.6-110}}$$

解得 $L=3\text{m}$

当 $n=254$ 双管程时，$u\times269=u'\times\dfrac{254}{2}$ （$u=10$）

$$u'=21.18\text{m}\cdot\text{s}^{-1}$$

$$\frac{h_i'}{h_i}=\left(\frac{21.18}{10}\right)^{0.8}$$

$$h_i'=85.5\text{W}\cdot(\text{m}^2\cdot\text{K})^{-1}$$

$$21.18\times\frac{\pi}{4}\times0.02^2\times\frac{254}{2}\times1.045\times1.017\times10^3(t_2'-20)$$

$$=85.5\times0.02\times254\times\pi\times3\times\frac{t_2'-20}{\ln\dfrac{116.6-20}{116.6-t_2'}}$$

解得：$t_2'=114℃$

4.7.5　传热效率法

上面介绍了换热器的传热速率方程 $Q=\varphi_{\Delta t}K_iA_i\Delta t_m'$ 的推导过程。这种计算 Q 的方法称为对数平均温度差法，此外还有传热效率法。下面对传热效率法作简单介绍。以下讨论只限于冷、热流体均无相变，且作逆流或并流换热的情况。

（1）基本方程组

由于换热器不同部位传热通量的差异，所以应考虑对换热器局部位置建立有关传热的微分方程组进行分析换热器的传热速率问题。现根据逆流条件，对图 4-43 中的 dA 传热面建立基本方程组如下：

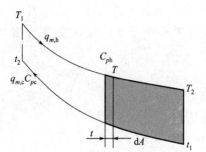

图 4-43　传热效率法示意图

$$dQ = q_{m,h}C_{ph}(-dT) \tag{a}$$

$$dQ = K\,dA(T-t) \tag{b}$$

由图的热量衡算（忽略热损失）：

$$Q = q_{m,h}C_{ph}(T-T_2) = q_{m,c}C_{pc}(t-t_1) \tag{c}$$

由上式可得：

$$t = \frac{q_{m,h}C_{ph}(T-T_2)}{q_{m,c}C_{pc}} + t_1 \tag{d}$$

（2）传热效率法的积分式

把式（a）、式（d）两式代入式（b）并沿整个换热器积分，可得：

$$A = \frac{q_{m,h}C_{ph}}{K}\int_{T_1}^{T_2} \frac{dT}{T - \left(\dfrac{q_{m,h}C_{ph}}{q_{m,c}C_{pc}}T - \dfrac{q_{m,h}C_{ph}}{q_{m,c}C_{pc}}T_2 + t_1\right)}$$

解得

$$\frac{AK}{q_{m,h}C_{ph}} = \frac{1}{1-\dfrac{q_{m,h}C_{ph}}{q_{m,c}C_{pc}}}\ln\frac{1-\dfrac{q_{m,h}C_{ph}}{q_{m,c}C_{pc}}\times\dfrac{T_1-T_2}{T_1-t_1}}{1-\dfrac{T_1-T_2}{T_1-t_1}} \tag{4-108a}$$

式（4-108a）出现三个无量纲数群。现分别给每个无量纲数确定名称及代表符号。令 $AK/(q_{m,h}C_{ph})=(NTU)_1$，NTU 称为传热单元数（the number of heat transfer units），显然，$(NTU)_1=(T_1-T_2)/\Delta t_m$，令 $[q_{m,h}C_{ph}/(q_{m,c}C_{pc})]=R_1$ 或 $R_1=(t_2-t_1)/(T_1-T_2)$，R_1 称为热容量流量比。令 $(T_1-T_2)/(T_1-t_1)=\varepsilon_1$，$\varepsilon_1$ 称为传热效率。

于是，式（4-108a）可写成：

$$(NTU)_1 = \frac{1}{1-R_1}\ln\frac{1-R_1\varepsilon_1}{1-\varepsilon_1} \tag{4-108b}$$

或

$$\varepsilon_1 = \frac{1-\exp[NTU_1(1-R_1)]}{R_1-\exp[NTU_1(1-R_1)]} \tag{4-108c}$$

可见，传热效率法把整个换热器传热有关的参量组合成一个无量纲数群，并以这三个无量纲数群间的函数关系表达各参量间变化规律，即 $f(NTU, R_1, \varepsilon_1)=0$。因此，只要知道三个无量纲数群中任两个的值，就能根据上述公式算得余下的无量纲数群的值。

（3）讨论

① 式（4-108a）中的 AK 可为 A_iK_i 或 A_oK_o。

② 式（4-108a）是以热流体温度 T 为自变量积分求得的，各无量纲数群的下标皆为"1"。如对基本方程组作适当改变，积分时改用冷流体温度 t 为自变量，亦可得到与式（4-108a）类似的关系式，这时出现的无量纲数群，可用带下标"2"的 NTU_2、R_2、ε_2 表示。计算式详见表 4-10。

表 4-10 流体无相变的传热效率法计算式

定义式	$R_1 = q_{m,\mathrm{h}}C_{ph}/(q_{m,\mathrm{c}}C_{pc})$ $(\mathrm{NTU})_1 = KA/(q_{m,\mathrm{h}}C_{ph})$ $\varepsilon_1 = (T_1 - T_2)/(T_1 - t_1)$	$R_2 = q_{m,\mathrm{c}}C_{pc}/(q_{m,\mathrm{h}}C_{ph})$ $(\mathrm{NTU})_2 = KA/(q_{m,\mathrm{c}}C_{pc})$ $\varepsilon_2 = (t_2 - t_1)/(T_1 - t_1)$
逆流	$\varepsilon_1 = \dfrac{1 - \exp[\mathrm{NTU}_1(1 - R_1)]}{R_1 - \exp[\mathrm{NTU}_1(1 - R_1)]}$ $(R_1 \neq 1)$	$\varepsilon_2 = \dfrac{1 - \exp[\mathrm{NTU}_2(1 - R_2)]}{R_2 - \exp[\mathrm{NTU}_2(1 - R_2)]}$ $(R_2 \neq 1)$
并流	$\varepsilon_1 = \dfrac{1 - \exp[-\mathrm{NTU}_1(1 + R_1)]}{1 + R_1}$	$\varepsilon_2 = \dfrac{1 - \exp[-\mathrm{NTU}_2(1 + R_2)]}{1 + R_2}$

③ 逆流时，当 $q_{m,\mathrm{h}}C_{ph} < q_{m,\mathrm{c}}C_{pc}$，则 $T_1 - T_2 > t_2 - t_1$。这时，热流体出口温度下降的极限温度是冷流体的进口温度 t_1。于是，热流体实际的温降程度与最大温降极限之比表示热效率，即 $\varepsilon_1 = (T_1 - T_2)/(T_1 - t_1)$。同样，逆流时若 $q_{m,\mathrm{h}}C_{ph} > q_{m,\mathrm{c}}C_{pc}$，冷流体实际温升与最大温升极限之比表示热效率，即 $\varepsilon_2 = (t_2 - t_1)/(T_1 - t_1)$。这是最初引入热效率概念的基本观点。按照此观点，在传热效率法中 ε_1 和 ε_2 不会同时出现。但目前已把 $\varepsilon_1 = (T_1 - T_2)/(T_1 - t_1)$ 及 $\varepsilon_2 = (t_2 - t_1)/(T_1 - t_1)$ 作为定义式，即使并流时仍适用，仍称 ε 为传热效率。

④ 表示 $\varepsilon = f(\mathrm{NTU}, R)$ 的关系，除解析式外，还可采用图线。对于流体无相变的逆流或并流情况，解析式较简单，查图不易读准，故通常用解析式计算。当把传热效率应用于折流、错流及一侧流体有相变的其他情况时，已分别导出其解析式，并制成图线供查用。图 4-44～图 4-46 即为单程逆流、并流和折流的 $\varepsilon = f(\mathrm{NTU}, R)$ 图。

⑤ 当流体无相变逆流时，若 $q_{m,\mathrm{h}}C_{ph} = q_{m,\mathrm{c}}C_{pc}$，式(4-108a)不能用，这时，$(\mathrm{NTU})_1 = \varepsilon_1/(1 - \varepsilon_1)$ 或 $(\mathrm{NTU})_2 = \varepsilon_2/(1 - \varepsilon_2)$。

通常传热效率法按照以下步骤计算：①根据换热器的操作条件，计算或选取总传热系数 K；②计算 $q_{m,\mathrm{h}}C_{ph}$ 及 $q_{m,\mathrm{c}}C_{pc}$，确定 NTU；③根据换热器中流体流动的形式，由 ε-NTU 关系图查得 ε；④根据冷、热流体的进口温度及 ε，确定传热量及两流体的出口温度。

以上对换热器的传热计算，介绍了对数平均温度差法和传热效率法。一般来说，对于换热器的设计计算，当冷、热流体的进、出口温度都已确定，需算出传热面积时，使用两种方法的繁简程度相近，习惯上使用对数平均温度差法较多。对于换热器的操作型计算，即设备已定，冷、热流体进口温度已定，需计算一定操作条件下两流体的出口温度时，用传热效率法较简单，因不必试算，而用对数平均温度差法需要试算。

4.8 换热器

4.8.1 换热器的类型

换热器又称热交换器，是冷、热流体间进行换热的设备。换热器是化工厂中重要的化工设备之一，它广泛应用于化工、石油、动力、食品、制药、冶金等工业部门。换热器的类型很多，特点不一，可根据生产工艺要求进行选择。根据传热原理和实现热交换的方法，换热器可分为间壁式、混合式及蓄热式三类，其中以间壁式应用最普遍，本书主要介绍间壁式换热器。

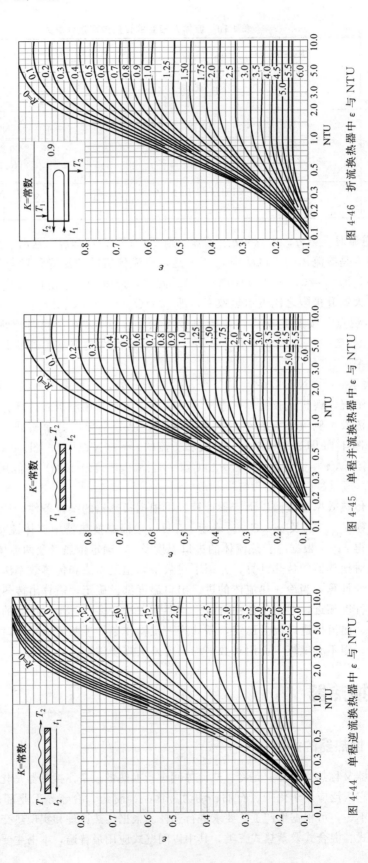

图 4-44　单程逆流换热器中 ε 与 NTU

图 4-45　单程并流换热器中 ε 与 NTU

图 4-46　折流换热器中 ε 与 NTU

4.8.1.1 夹套式换热器

这种换热器的构造简单，如图 4-47 所示。换热器的夹套安装在容器的外部，夹套与夹壁之间形成密闭的空间，为载热体（加热介质）或载冷体（冷却介质）的通道。夹套通常用钢或铸铁制成，可焊在器壁上或者用螺钉固定在容器的法兰或器盖上。

夹套式换热器主要应用于反应过程的加热或冷却。在用蒸汽进行加热时，蒸汽由上部接管进入夹套，冷凝水则由下部接管流出。作为冷却器时，冷却介质（如冷却水）由夹套下部的接管进入，而由上部接管流出。

这种换热器的传热系数较低，传热面又受容器的限制，因此适用于传热量不太大的场合。为了提高其传热性能。可在容器内安装搅拌器，使容器内液体作强制对流，为了弥补传热面的不足，还可在容器内安装蛇管等。

4.8.1.2 蛇管式换热器

蛇管式换热器可分为以下两类。

（1）沉浸式蛇管换热器

蛇管多用金属管子弯制而成，或制成适应容器要求的形状，沉浸在容器中。两种流体分别在蛇管内、外流动而进行热量交换。几种常用的蛇管形状如图 4-48 所示。

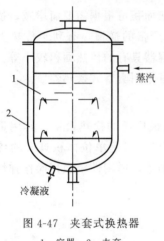

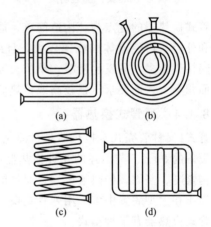

图 4-47 夹套式换热器　　　　　　图 4-48 常用蛇管的形状
1—容器；2—夹套

沉浸式蛇管式换热器的优点是结构简单，价格低廉，便于防腐蚀，能承受高压。主要缺点是由于容器的体积较蛇管的体积大得多，故管外流体的 h 较小，因而总传热系数 K 值也较小。若在容器内增设搅拌器或减小管外空间，则可提高传热系数。

（2）喷淋式换热器

喷淋式换热器如图 4-49 所示。它多用作冷却器。固定在支架上的蛇管排列在同一垂直面上，热流体在管内流动，自下部的管进入，由上部的管流出。冷水由最上面的多孔分布管（淋水管）流下，分布在蛇管上，并沿其两侧下降至下面的管子表面，最后流入水槽而排出。冷水在各管表面上流过时，与管内流体进行热交换。这种设备常放置在室外空气流通处，冷却水在空气中汽化时，可带走部分热量，以提高冷却效果。它和沉浸式蛇管换热器相比，还具有便于检修和清洗、传热效果也较好等优点，其缺点是喷淋不易均匀。

应指出，在夹套式或沉浸式换热器的容器内，流体常处于不流动的状态，因此在某瞬间容器内各处的温度基本相同，而经过一段时间后，流体的温度由初温 t_1 变为终温 t_2，故属于不稳定传热过程。这些换热器仍为一些中小型工厂所广泛采用。

4.8.1.3　套管式换热器

套管式换热器系用管件将两种尺寸不同的标准管连接成同心圆的套管，然后用 180° 的回弯管将多段套管串联而成，如图 4-50 所示。每一段套管称为一程，程数可根据传热要求而增减。每程的有效长度为 4～6m，若管子太长，管中间会向下弯曲，使环形中的流体分布不均匀。

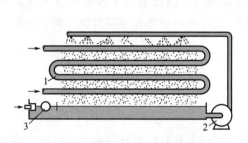
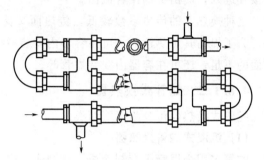

图 4-49　喷淋式换热器 　　　　　　　　　　　图 4-50　套管式换热器
1—弯管；2—循环泵；3—控制阀

套管式换热器的优点为：构造简单，能耐高压，传热面积可根据需要而增减，适当地选择管内和外径，可使流体的流速较大，且两侧的流体作严格的逆流，有利于传热。其缺点为：管间接头较多，易发生泄漏，单位长度或单位体积容器具有的传热面积较小等。故在需要传热面积不太大而要求压强较高或传热效果较好时，宜采用套管式换热器。

4.8.1.4　列管式换热器

列管式（又称管壳式）换热器是目前化工生产中应用最广泛的换热设备，其用量约占全部换热设备的 90%。与前述的几种换热器相比，它的突出优点是单位体积具有的传热面积大，结构紧凑、坚固，传热效率好，而且能用多种材料制造，适用性较强，操作弹性大。在高温、高压和大型装置中多采用列管式换热器。

列管式换热器有多种型式。

(1) 固定管板式换热器

其结构如图 4-51 所示。管子两端与管板的连接方式可用焊接法或胀接法固定。壳体则同管板焊接。从而管束、管板与壳体成为一个不可拆的整体，就构成了固定管板式换热器。固定管板式换热器的折流板主要有圆缺形与盘环形两种形式，其结构如图 4-52 所示。

固定管板式换热器的管束与壳体是刚性连接的，两者连接成一体，因此它具有结构简单和造价低廉的优点。但是壳程不易检修和清洗，因此壳方流体应是较洁净且不易结垢的物料。当管程温度较高的流体与壳程温度较低的流体进行换热时，由于管束的壁温高于壳体的壁温，管束的伸长大于壳体的伸长，壳体限制管束的热膨胀，结果使管束受压，壳体受拉，在管壁截面和壳壁截面上产生了应力。这个应力是由管壁和壳壁温度差所引起的，所以称为温度应力，也称热应力。管壁与壳壁温度差越大，所引起的热应力也越大。在情况严重时，这个热应力可以引起管子弯曲变形，造成管子与管板连接。所以当冷、热流体间温度差超过 50℃ 时应有减少热应力的措施，称"热补偿"。

固定管板式列管换热器常用"膨胀节"（也称补偿圈）结构进行热补偿。如图 4-53 所示

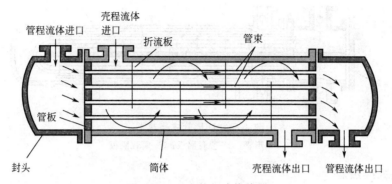

图 4-51　固定管板式换热器

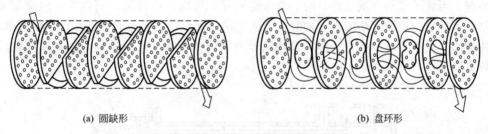

(a) 圆缺形　　　　　　　　　　　　　　　　　　(b) 盘环形

图 4-52　固定管板式换热器的折流板

的为具有膨胀节的固定管板式换热器，即在壳体上焊接一个横断面带圆弧形的钢环。该膨胀节在受到换热器轴向应力时会发生变形，使壳体伸缩，从而减小热应力。这种补偿方式简单，但仍不适用于热、冷流体温度差较大（大于 70℃）和壳方流体压强过高的场合，且因膨胀节是承压薄弱处，壳程流体压强不宜超过 600kPa。

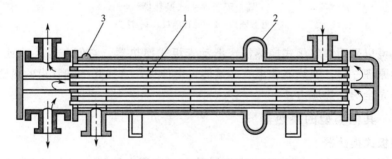

图 4-53　具有膨胀节的固定管板式换热器
1—挡板；2—膨胀节；3—放气阀

　　为更好地解决热应力问题，在固定管板式的基础上，又发展了 U 形管式及浮头式列管换热器。

（2）U 形管式换热器

　　如图 4-54 所示，U 形管式换热器每根管子都弯成 U 形，管子的进、出口均安装在同一管板上。封头内用隔板分成两室。这样，管子可以自由伸缩，与壳体无关。这种换热器结构适用于高温和高压场合。这种形式换热器的结构也较简单，质量轻。其不足之处是管内清洗不易，制造困难，因此管内流体必须洁净；且因管子需一定的弯曲半径，故管板的利用率较差。

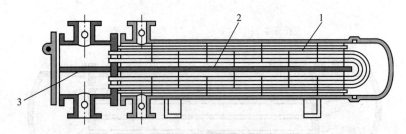

图 4-54　U 形管式换热器

1—U 形管；2—壳程隔板；3—管程隔板

（3）浮头式换热器

其结构如图 4-55 所示。其特点是一端管板不与外壳相连，该端称为浮头，可以沿轴向自由伸缩。当管子受热（或受冷）时，管束连同浮头可以自由伸缩，而与外壳的膨胀无关。这种结构不但完全消除了热应力，而且由于固定端的管板用法兰与壳体连接，整个管束可以从壳体抽出，便于清洗和检修。浮头式换热器应用较为普遍，但结构复杂，金属耗量较多，造价较高。

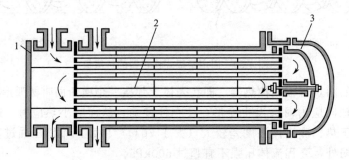

图 4-55　浮头式换热器

1—管程隔板；2—壳程隔板；3—浮头

此外，还可以采用填料函式换热器、滑动管板式换热器，它们与浮头式或 U 形管式换热器的热补偿原理一样，换热器管束有一端能自由伸缩，这样壳体和管束的热膨胀便互不牵连，这种方法完全消除热应力。

4.8.1.5　其他类型的换热器

（1）螺旋板式换热器

其结构如图 4-56 所示。螺旋板式换热器是由两块薄金属板分别焊接在一块隔板的两端并卷成螺旋体而构成的。两块薄金属板在换热器内形成两条螺旋形通道，螺旋体两侧面均焊死或用封头密封。冷、热流体分别进入两条通道，在换热器内作纯逆流流动，并通过薄板进行换热。螺旋板式换热器的直径一般在 1.6m 以内，板宽 200～1200mm，板厚 2～4mm。两板间距离由预先焊在板上的定距杆控制，相邻板间的距离为 5～25mm。常用材料为碳钢和不锈钢。

螺旋板式换热器的优点如下。

① 传热系数高　螺旋流道中的流体由于离心惯性力的作用，在较低雷诺数下即可达到湍流（一般在 $Re = 1400 \sim 1800$ 时即为湍流，有时低至 500），并且允许采用较高流速（液体 $2\text{m} \cdot \text{s}^{-1}$，气体 $20\text{m} \cdot \text{s}^{-1}$），所以传热系数较大。如水与水之间的换热，其传热系数可达 $2000 \sim 3000\text{W} \cdot \text{m}^{-2} \cdot ℃^{-1}$，而列管式换热器一般为 $1000 \sim 2000\text{W} \cdot \text{m}^{-2} \cdot ℃^{-1}$。

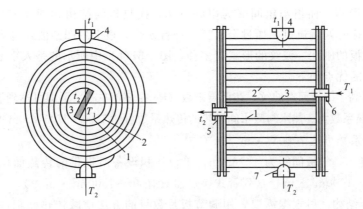

图 4-56 螺旋板式换热器

1,2—金属片；3—隔板；4,5—冷流体连接管；6,7—热流体连接管

② 不易结垢和堵塞　由于每种流体流动都是单通道，流体的速度较高，又有离心惯性力的作用，湍流程度较高，流体中悬浮的颗粒不易沉积，即使有沉积也容易被流体冲刷，故螺旋板式换热器不易结垢和堵塞，宜处理悬浮液及黏度较大的流体。

③ 能充分利用低温热源和精密控制温度　由于流体流动的流道长和两流体可完全逆流，故可在较小的温度差下操作，充分回收低温热源。据资料介绍，热流体出口端热、冷流体温度差可小至 3℃。

④ 结构紧凑　单位体积的传热面积约为列管式换热器的 3 倍。

螺旋板式换热器的主要缺点如下。

① 操作压强和温度不宜太高目前操作压强不超过 2000kPa，温度在 400℃ 以下。

② 不易检修　因常用的螺旋板式换热器为卷制而成，被焊成一体，一旦损坏，修理很困难。

（2）平板式换热器

平板式换热器（通常称为板式换热器）主要由一组冲压出一定凹凸波纹的长方形薄金属板平行排列，以密封及夹套装置组装于支架上构成。两相邻板片的边缘衬有垫片，压紧后可以达到对外密封的目的。操作时要求板间通道冷、热流体相间流动，即一个通道走热流体，其两侧紧邻的流道走冷流体。为此，每块板的四个角上各开一个圆孔。通过圆孔外设置或不设置圆形垫片可使每个板间通道只同两个孔相连。板式换热器的组装流程如图 4-57（a）所示。由图可见，引入的流体可并

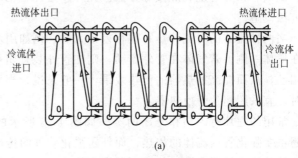

(a)

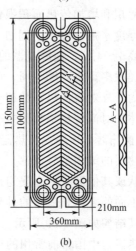

(b)

图 4-57　板式换热器

联流入一组板间通道，而组与组间又为串联机构。换热板的结构如图 4-57（b）所示。冷、热流体交替地在板片两侧流过，通过金属板片进行换热。板上的凹凸波纹可增大流体的湍流程度，亦可增加板的刚性。波纹的形式有多种，图 4-57（b）中所示的是人字形波纹板。

板式换热器的优点如下。

① 传热系数高　因板面有波纹，在低雷诺数（Re 在 200 左右）下即可达到湍流，而且板片厚度又小，故传热系数大。热水与冷水间换热的传热系数可达 1500～4700W·m^{-2}·℃$^{-1}$，对低黏度液体的传热系数可达 7000W·m^{-2}·℃$^{-1}$。

② 结构紧凑　一般板间距为 4～6mm，单位体积设备所提供的传热面积大，可提供的传热面积为 250～1000m^2·m^{-3}（列管式换热器只有 40～1500m^2·m^{-3}）。

③ 具有可拆结构　可根据需要，用调节板片数目的方法增减传热面积，故检修、清洗都比较方便。

板式换热器的主要缺点如下。

① 操作压强和温度不太高　压强过高容易泄漏，操作压强不宜超过 2000kPa。操作温度受垫片材料耐热性能限制，温度不能过高，一般对合成橡胶垫圈不超过 130℃，对压缩石棉垫圈不超过 250℃。

② 处理量小　因板间距离仅几毫米，流速又不大，故处理量较小。

(3) 翅片式换热器

① 翅片管换热器　翅片管换热器的构造特点是在管的表面上装有径向或轴向翅片。翅片与管表面的连接紧密，否则连接处的接触热阻很大，影响传热效果。常用的连接方法有热套、镶嵌、张力缠绕和焊接等方法。此外，翅片管也可采用整体轧制、整体铸造或机械加工等方法制造。

当两种流体的对流传热系数相差很大时，例如用水蒸气加热空气，此传热过程的热阻主要在气体一侧。若气体在管外流动，则在管外装置翅片，既可扩大传热面积，又可提高流体的湍动，从而提高换热器的传热效果。一般来说，当两种流体的对流传热系数为 3∶1 或更大时，宜采用翅片管换热器。

常用的翅片有内翅和外翅两类，如图 4-58 所示的是工业上应用广泛的几种翅片形式。内翅主要强化管内流体的传热，而外翅强化管外的传热。翅片管对单相流体而言，是通过破坏流体传热边界层和增加传热面积强化传热。对冷凝相变过程，是通过表面张力的作用，减薄冷凝液膜的厚度来强化传热。例如，在空调装置的冷凝器中用翅片管代替光滑管，冷凝表面传热系数提高 2～4 倍，使冷凝器的体积减小约 30%。

翅片的种类很多，按高度不同，可分为高翅片和低翅片两种，低翅片一般为螺纹管。高翅片适用于管内、外对流传热系数相差较大的场合，现已广泛地应用在空气冷却器上。低翅片适用于两流体的对流传热系数相差不太大的场合，如对黏度较大液体的加热或冷却等。

② 板翅式换热器　板翅式换热器是一种更为高效、紧凑、轻巧的换热器，应用甚广。

板翅式换热器的结构型式很多，但其基本结构元件相同，即在两块平行的薄金属板之间，夹入波纹状或其他形状的金属翅片，并将两侧面封死，即构成一个换热基本单元。将各基本元件进行不同的叠积和适当的排列，并用钎焊固定，即可制成并流、逆流或错流的板束（或称芯部）。其结构如图 4-59 所示。将带有流体进、出口接管的集流箱焊在板束上，就可称为板翅式换热器。中国目前常用的翅片形式有光直翅片、锯齿翅片和多孔翅片三种，如图 4-60 所示。

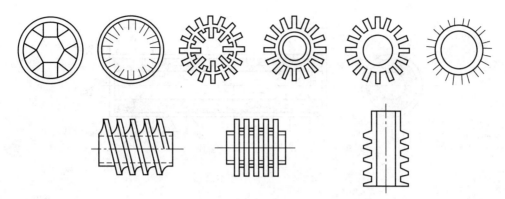

图 4-58　常见的翅片式换热器的几种翅片形式

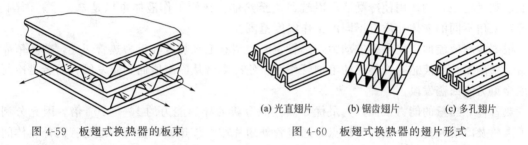

图 4-59　板翅式换热器的板束

(a) 光直翅片　　(b) 锯齿翅片　　(c) 多孔翅片

图 4-60　板翅式换热器的翅片形式

板翅式换热器的优点如下。

① 传热系数高、传热效果好　因翅片在不同程度上促进了湍流并破坏了传热边界层的发展，故传热系数高。空气强制对流传热系数为 $35\sim350W\cdot m^{-2}\cdot ℃^{-1}$，油类强制对流时传热系数为 $115\sim1750W\cdot m^{-2}\cdot ℃^{-1}$。冷、热流体间换热不仅以隔板为传热面，而且大部分通过翅片传热（二次传热面），因此提高了传热效果。

② 结构紧凑　单位体积设备提供的传热面积一般达到 $2500\sim4300m^2\cdot m^{-3}$，列管式换热器一般仅有 $160m^2\cdot m^{-3}$。

③ 轻巧牢固　通常用铝合金制造，板重量轻。在相同的传热面积下，其重量约为列管式换热器的 1/10。波形翅片不但是传热面，亦是两板间的支撑，故其强度很高。

④ 适应性强，操作范围广　因铝合金的热导率高，且在 0℃ 以下操作时，其延伸性和抗拉强度都较高，适用于低温及超低温的场合，故操作范围广，可在绝对零度至 200℃ 的范围内使用。此外，既可用于两种流体的交换，也可用于蒸发或冷凝。操作方式可以是逆流、并流、错流或错、逆流同时并进。还可用于多种不同介质在同一设备内的换热，故适应性强。

板翅式换热器的缺点如下。

① 设备流道很小，易堵塞，且清洗和检修困难，所以，物料应洁净或预先净制。

② 因隔板和翅片都由薄铝片制成，耐腐蚀性不高，故要求介质对铝不腐蚀。

（4）热管

以热管为传热单元的热管换热器是一种高效换热器，它由壳体、热管束和隔板构成，中间隔板将冷、热流体隔开。图 4-61 示出一典型的管式热管的结构。热管是一种真空容器，其基本部件为壳体、吸液芯和工作液。外面是一个密封的壳体，沿管壁的内侧铺设一定厚度的毛细材料，称为管芯。管芯充满工质液体，在管中心的空间里充满着工质的饱和蒸气。工质液体因在热端吸收热量而沸腾汽化，产生的蒸气流至冷端放出潜热。冷凝液回至热端，再次沸腾汽化。如此反复循环，热量不断从热端传至冷端。冷凝液的回流可以通过不同的方法

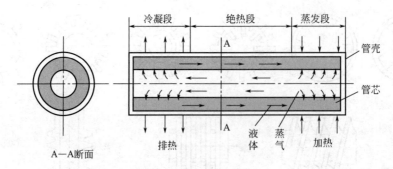

图 4-61　热管结构示意图

（如毛细管作用、重力等）来实现。目前常用的方法是将具有毛细结构的吸液芯装在管的内壁上，利用毛细管的作用使冷凝液由冷端回流至热端。热管工作液体可以是氨、水、丙酮、汞等。采用不同的液体介质有不同的工作温度范围。

根据冷凝液流回蒸发段的推动力，热管主要类型有毛细热管和重力热管两类，前者依靠紧贴管壁的多孔吸液芯对冷凝管的毛细管作用，使冷凝液从冷凝段回到蒸发段；后者是冷凝液依靠重力流回蒸发段。

热管传导热量的能力很强，为最优导热性能金属的导热能力的 $10^3 \sim 10^4$ 倍。因充分利用了沸腾及冷凝时传热系数大的特点，通过管外翅片增大传热面，且巧妙地把管内外流体间的传热转变为两侧管外的传热，对流传热系数大，流动损失较小，使热管成为高效而结构简单、投资少的传热设备。目前，热管换热器已被广泛应用于烟道气废热的回收过程，并取得很好的节能效果。

热管换热器结构简单、使用寿命长、工作可靠、应用范围广，适用于气-气、气-液及液-液间的换热。

（5）旋转式热管换热器

旋转式热管换热器是一种高效热交换器。静止热管换热器与普通换热器相比，在热能回收中具有较高的传热性能与效率。而旋转式热管换热器由于热管管束的旋转，传热效率比静止热管换热器高 2～3 倍，容易处理气流中的粉尘，并对含尘废气进行连续稳定操作。

旋转式热管换热器按用途可分为两种类型：①气-气型：用冷空气回收废气中的热量，获得热空气。②气-蒸气型：在热管一端喷淋水或低沸点有机溶剂，制成蒸气，作为热源或透平发电机的动力。

旋转换热器中热管以环状形式配置在圆形管板上，管板连接驱动转轴，使换热器旋转，废热侧和回收侧的流体借管板分隔在各自的筒内形成流路，不致混合。热的废气和冷的空气各自流入热管管束的中心，向管束周围流出，此种设计，气流压降较小，如果反之，流体从管束四周流向中心，压降增加，一般均采用并流换热。热管的中心轴与旋转轴相互垂直，近旋转轴的一端为凝缩段，另一端为蒸发段。当旋转时，热管的轴向发生离心力，使热管内凝缩的工作介质回流到蒸发段。

此类换热器的优点是旋转的热管能增加最大热通量，即使是平滑管壁热管也能随着旋转速度的增加而提高，沟槽管壁的热管尤为显著，给设计带来一定的灵活性。

4.8.2　强化传热技术及新型的传热设备

提高传热性能就是对传热的强化，根据传热速率方程 $Q = KA\Delta t_\text{m}$ 可知，要提高传热速率或强化传热，可以采取的途径有：提高总传热系数 K、传热面积 A 或提高传热温度差。

从增大平均温差的方面可以提高传热速率。但平均温差的大小主要取决于流体的温度条件和流动形式。一般来说，流体的温度为生产工艺条件所规定，因此可变动的范围是有限的。当换热器中两侧流体均变温时，采用逆流操作或增加壳程数时可得较大的平均温度差。

若两流体分别是加热介质或冷却介质，则它们的温度因所选的介质不同会有很大差异。例如化工厂中常用的饱和水蒸气作为加热介质，若提高蒸汽压强就可以提高温度差。但提高介质温度必须综合考虑经济上的合理性和技术上的可行性。

增大传热面积也可以提高传热速率。但应指出，增大传热面积要从设备的结构来考虑，即提高单位体积内的传热面积。工业上可通过改进传热面的结构来实现。

增大总传热系数是强化传热中应予重点考虑的方面。换热器中欲提高总传热系数，就须减小管壁两侧的对流传热热阻、污垢热阻和管壁热阻。一般而言，污垢热阻可能成为主要热阻之一。对流传热热阻经常也是传热过程的主要控制因素，应设法提高对流传热系数，以减小对流传热热阻。例如提高流体流速、增强流体扰动、采用短管换热器、防止污垢形成等。

具体可采用的强化传热技术通常分为主动式与被动式两大类。主动式强化传热以消耗外部能量为代价，如采用电场、磁场、声场、光照射、搅拌、喷射、表面振动、流体振动、虹吸、高温热源等手段来提高 K 或 Δt_m 强化传热。被动式强化传热一般无须消耗外部能量或仅消耗极少量的能量可换取高的传热速率或显著提高传热系数 K，如采用加热表面处理、扩展表面、粗糙表面、多孔表面、管内插入物和流体置换型的强化元件、表面张力设备、旋转流场设备及各种添加物等。此外，有时还可以将主动与被动式强化方法耦合产生比单独一种方法更大的"复合强化"，因为不同的强化方法都有各自的优缺点。这些强化方法的效率主要取决于传热的模式，从单相到相变传热，或从自然对流到强制对流传热等模式。不同的模式应采取不同的强化方法。

4.8.2.1 主动强化技术

目前主要采用的主动强化技术如下。

① 机械方法　靠机械方法搅拌流体流动或传热面旋转或表面刮动，表面刮动广泛用于化工工业过程的黏稠性液体传热强化。

② 表面振动　用低或高频率来振动表面，这种方法可用于单相流动、沸腾或冷凝的传热强化。

③ 流体振动　是最实用的一种振动强化形式。在换热器中占有较大的比例。振动范围从 1Hz 脉动到超声速。可用于单相或相变过程的强化传热。

④ 电磁场（直流或交流）　采用不同方法对电介质施加作用，使换热表面附近产生较大的流体主体混合，通过电磁泵、电场和磁场可联合产生强制对流。

⑤ 引射　引射是通过换热表面的小孔将气体引入流动的液体中或引射相同的流体到换热区的上游。

⑥ 虹吸　在核态或膜态沸腾是通过换热器表面的小孔将蒸气吸走，或在单相流中通过换热表面的小孔将流体引出。

主动强化技术由于强化设备投资与操作费用较大，并伴随振动与噪声，工业或商业应用价值不大。

4.8.2.2 被动强化措施

(1) 扩展表面

扩展表面是紧凑式换热器的管壳式换热器最常用的强化措施，无论是对液体还是对气体

(a) 平滑圆形翅　　(b) 开缝翅　　(c) 冲孔且弯曲的三角形凸出物　(d) 分离扇形翅　(e) 钢丝圈扩展表面

图 4-62　强化翅片的表面几何形状

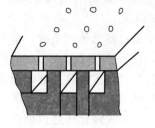

图 4-63　T 管结构示意图

均有效。扩展表面包括外扩展与内扩展表面。常见的各种外扩展表面翅片结构如图 4-62 所示，翅片形状有平滑圆形翅、开缝翅、冲孔且弯曲的三角形凸出物、分离扇形翅和钢丝圈扩展表面等。此外，还有其他类型如图 4-58 所示的三角肋三角槽、梯形肋梯形槽、三角肋梯形槽，锯齿形槽（Thermoexcel C）等。它们可在铜、青铜、钢、不锈钢、铝等管材表面制作出不同形状的翅片，主要用于两种流体热阻相差很大时，热阻大那一侧的传热强化。对管内沸腾强化，典型的管内扩展表面有商品化的 T（Thermofin）管，如图 4-63 所示。扩展表面的强化传热机理可以根据 $K_i = 1/\{(1/h_i) + [A_i/(A_o h_o)]\}$ 来说明，若 $h_o \ll h_i$，总传热系数 K_i 接近 h_o 且较小，采用外翅片使 A_o 远大于 A_i，热阻 $A_i/(A_o h_o)$ 减小，从而使 K_i 增加；此外，翅片会增加流体的湍动，从而进一步提高 h_o 使热阻降低。

（2）粗糙表面

粗糙表面指管子或通道的表面形成具有一定规律性的重复肋一样的粗糙凸出微元体。粗糙表面的作用通常选择可增强湍流度而不是增大换热面积。粗糙表面既可适用于任何常规换热表面，也可适用于各种扩展表面。图 4-64 给出了几种典型的粗糙表面管。包括横纹肋管、横纹槽管、螺旋肋管、螺旋槽管和内插螺旋线圈管。这类表面尤以强化单相流体湍流传热而著称。其原理是针对流体传热热阻主要集中在壁面附近，因此，通过对近壁区的流体进行扰动，使流体产生二次流（螺旋流与边界层分离流），破坏边界层发展和减薄层流底层，降低近壁区的热阻。

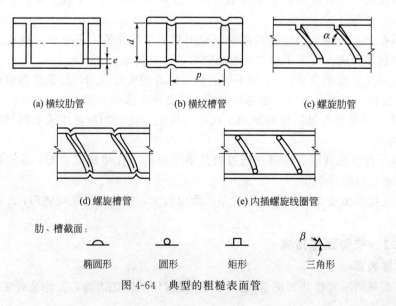

(a) 横纹肋管　　　　　(b) 横纹槽管　　　　　(c) 螺旋肋管

(d) 螺旋槽管　　　　　(e) 内插螺旋线圈管

肋、槽截面：

椭圆形　　　圆形　　　矩形　　　三角形

图 4-64　典型的粗糙表面管

（3）表面处理

表面处理按其加工形式分为高温烧结型、火焰喷涂型、电镀型、化学腐蚀型、激光型和机械加工型。图 4-65 中给出机械加工型表面多孔管（E 管）。主要用于管外沸腾强化，强化机理是：表面具有多孔结构，在孔的下面与环形通道相连。管子受热时，在隧道内形成的蒸气由阻力小的孔（活化孔）排出。气泡的生长和脱离引起了隧道内气核的膨胀和收缩。液体在这种"泵"的作用下，通过非活化孔补充到隧道内，液体在隧道内迅速被加热并形成薄膜蒸发。由于这层薄液膜热阻很小，且在隧道内强烈蒸发，强化了壁与液膜的传热，形成高热流。表面处理还包括

图 4-65　E 管结构示意图

表面粗糙度细小度的改变及连续的或非连续的表面涂层，例如疏水涂层和多孔涂层。这样的表面对相变传热的强化效果非常有效，而对单相对流传热效果不明显，因为其表面粗糙的高度不足以影响单相换热。此外，将圆形截面管加工成椭圆形截面管也可强化传热，当该类管用于管外喷淋降膜蒸发传热强化比圆形截面管更优越。

（4）管内插入物和流体置换型的强化元件

目前应用较多的管内插入物有：在流动方向上产生螺旋流的元件如螺旋条和纽带；在管壁有良好热接触的扩展表面插入物，同时增加了有效传热面积；可产生流体置换的插入元件使整个流动产生周期性混合；贴附管壁的插入元件，在管壁附近产生流体混合。应用较多的流体置换强化元件有流线型和碟形静态混合器、网状或刷子状及线圈形插入元件。它们用于强化传热的机理如下。

① 破坏流体边界层的发展，增强流体的湍流度。

② 流体产生旋流和二次流。

③ 若插入物与管壁接触良好，可增大有效传热面积。

（5）旋转流场设备

旋转流场设备包括一些几何布置或者管内插入物，其强化传热机理是强迫管内流体产生旋转流或二次流，增加流体通道的长度及增加翅片效率。这类设备如下。

① 纽带插入物，它可使流体在流动过程中产生旋转，从而破坏近壁的边界层而强化传热。

② 轧槽表面如螺旋波纹槽管，当用于冷凝设备时，轧槽管可使一层薄的冷凝液停留在轧槽顶面，大多数液体由于表面张力和重力作用流入槽与槽之间的渠道，从而减薄槽峰液膜厚度，更多的表面裸露与蒸气接触，减小冷凝传热热阻，从而提高冷凝传热系数。

③ 管中扰流器主要用于强化锅炉燃烧管气体一侧的传热。

（6）添加剂

添加剂加入主要针对流体传热热阻主要集中在近壁区的传热边界层场合，破坏边界层的形成，减薄边界层的厚度可强化传热。液体添加剂是在沸腾过程中加入，如在水中加入某些不互溶低沸物，包括 0.05%～0.1%（质量分数）R-11、R-113 或 R-112 可显著提高传热系数，其强化机理是低沸点物沸腾时产生的潜热输送和气泡的存在使近壁面附近形成湍流状态。又如在沸腾液中加入气泡促进泡核的形成；单相流中加入固体颗粒等。

（7）管间支撑物

管间支撑物主要用于强化列管式换热器管外流体传热及支撑管子。如前所述的弓形、圆缺形等隔板结构，但它们的不足之处是隔板占去较多传热面积，且流体在壳体容易出现死

角。近年开发出碟式支撑的壳体结构，用折流杆来代替常用的折流板的新型结构，杆件做成栅状的折流圈，杆的截面尺寸接近于两个相邻管子的间隙（即管间距与管外径之差），使杆件恰能插入两管之间螺旋折流板以及空心环支撑等。

4.8.2.3 双面强化表面

如果需要对管内、管外的流体都进行强化传热，则称为管子双面强化。这种强化措施一般用于蒸发器管与冷凝器管。双面强化管的典型形式如下。

① 管内螺纹粗糙肋面，管外整体翅片。

② 管内表面整体翅片，管外多孔附着表面。

③ 管内扭曲类的插入物，管外整体翅片。

④ 管内外轧槽粗糙表面。

⑤ 轧槽管、螺旋波纹管。

4.8.3 列管式换热器的型号与标准

(1) 列管式换热器的基本参数和型号

列管式换热器的基本参数如下：①公称换热面积 S_n；②公称直径 D_n；③公称压力 p_n；④换热器列管长度 L；⑤换热管规格；⑥管程数 N_p。

列管式换热器的型号由五部分组成

$$\underset{1}{\underline{\times}} \quad \underset{2}{\underline{\times\times\times}} \quad \underset{3}{\underline{\times}} \quad \underset{4}{\underline{-\times\times}} \quad \underset{5}{\underline{-\times\times\times}}$$

其中 1——换热器代号；

2——公称直径 D_n，mm；

3——管程数，Ⅰ、Ⅱ、Ⅳ、Ⅵ；

4——公称压强 p_n，MPa；

5——公称换热面积 S_n，m^2。

如，代号为 G800Ⅱ-1.6-120 的列管式换热器，代表 D_n 800mm、p_n 1.6MPa 的两管程、换热面积为 120m^2 的固定管板式换热器。

(2) 列管式换热器的系列标准

为便于列管式换热器的选型，固定管板式换热器及浮头式换热器的系列标准列于本书附录中，供参考选用。其他形式的列管式换热器的系列标准可查有关手册。

4.8.4 列管式换热器设计时应考虑的问题

(1) 流程的选择

哪一种流体流经换热器的管程，哪一种流体流经壳程，下列各点可供选择时参考。

① 不洁净和易结垢的流体宜走管内，因为管内清洗比较方便。

② 腐蚀性的流体宜走管内，以免壳体和管子同时受腐蚀，而且管子也便于清洗和检修。仅仅管子、管板和封头用耐腐蚀材料制造，而壳体可用普通材料制造。

③ 压强高的流体宜走管内，以免壳体受压，可节省壳程金属消耗量。

④ 饱和蒸气宜走管间，以便于及时排除冷凝液，且蒸气较洁净，对流传热系数又与流速无关。

⑤ 有毒流体宜走管内，使泄漏机会较少。

⑥ 被冷却的流体宜走管间，可利用外壳向外的散热作用，以增强冷却效果。

⑦ 黏度大的液体或流量较小的流体，宜走管间，因流体在有折流挡板的壳程流动时，由于流速和流向的不断改变，在低 Re 值（$Re > 100$）下即可达到湍流，以提高对流传热系数。

⑧ 对于刚性结构的换热器，若两流体的温度差较大，对流传热系数较大者宜走管间，因壁面温度与对流传热系数大的流体温度相近，可以减少热应力。

⑨ 需要提高流速以增大其对流传热系数的流体宜走管内，因为管内截面积通常比管间小，而且管束易于采用多管程以增大流速。

在选择流程时，上述各点通常不能同时兼顾，应视具体情况抓住主要矛盾。例如，首先考虑流体的压强、防腐蚀和清洗等的要求，然后再校核对流传热系数和压强降，以便作出较恰当的选择。

（2）流速的选择

增加流体在换热器中的流速，将增大对流传热系数，减少污垢在管子表面上沉积的可能性，即降低了污垢热阻，使总传热系数增大，从而可减小换热器的传热面积。但是流速增加，又使流体阻力增大，动力消耗就增多。所以适宜的流速要通过经济衡算才能确定。

此外，在选择流速时，还需考虑结构上的要求。例如，选择高的流速，使管子的数目减少，对一定的传热面积，不得不采用较长的管子或增加管程数。管子太长不易清洗，且一般管长都有一定的标准，单程变为多程使平均温度差下降。这些也是选择流速时应考虑的问题。

表 4-11～表 4-13 列出了常用的流速范围，可供设计时参考。所选择的流速，应尽可能避免在层流下流动。

表 4-11　列管式换热器中常用的流速范围

流体的种类		一般流体	易结垢液体	气体
流速/m·s⁻¹	管程	0.5～3	>1	5～30
	壳程	0.2～1.5	>0.5	9～15

表 4-12　列管式换热器中易燃、易爆液体的安全允许速度

液体名称	乙醚、二硫化碳、苯	甲醇、乙醇、汽油	丙酮
安全允许速度/m·s⁻¹	<1	<2～3	<10

表 4-13　列管式换热器中不同黏度液体的常用流速

液体黏度/mPa·s	>1500	1500～500	500～100	100～35	35～1	<1
最大流速/m·s⁻¹	0.6	0.75	1.1	1.5	1.8	2.4

（3）流体进、出口温度的确定

在换热器中冷、热流体的温度一般由工艺条件所规定，不存在确定两端温度的问题。但是若其中一种流体仅已知进口温度，则出口温度由设计者来确定。例如，用冷水冷却某热流体，冷水的进口温度可以根据当地的气温条件作出估计，而从换热器出口的冷水温度，便需

要根据经济衡算来决定。为了节省水量，可让水的出口温度提高些，但传热面积就需要加大；反之，为了减小传热面积，则要增加水量。两者是相互矛盾的。一般来说，设计时冷却水两端温度差可取为 5～10℃。缺水地区选用较大的温度差，水源丰富地区选用较小的温度差。

（4）管子的规格排列方法

选择管径时，应尽可能使流速高些，但一般不应超过前面介绍的流速范围。易结垢、黏度较大的液体宜采用较大的管径，以便清洗或避免堵塞。对洁净的流体，管子直径可取小些，这样单位体积设备的传热面积能大些。中国目前使用的列管式换热器系列标准中仅为 $\phi25\text{mm}\times2.5\text{mm}$ 及 $\phi19\text{mm}\times25\text{mm}$ 两种规格的管子。

管长的选择是以清洗方便及合理使用管材为原则。长管不便于清洗，且易弯曲。一般出厂的标准管长为 6m，则合理的换热器管长应为 1.5m、2m、3m 和 6m。系列标准中也采用这四种管长。此外管长 L 和壳径 D 应相适应，一般取 L/D 为 4～6（对直径小的换热器可取大些）。

管子在管板上的排列方法有等边三角形排列、正方形直列排列和正方形错列排列等，如图 4-66 所示。等边三角形排列的优点是：管板的强度高；流体走短路的机会少，且管外流体扰动较大，因而对流传热系数较高；相同壳程内可排列更多的管子，应用最广。正方形直列排列的优点是便于清洗列管的外壁，适用于壳程流体易产生污垢的场合；但其对流传热系数较正三角形排列时为低。正方形错列（转角正方形）排列则介于上述两者之间，与正方形直列排列相比，对流传热系数可适当地提高。

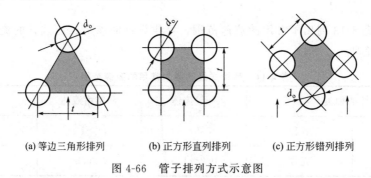

(a) 等边三角形排列　　(b) 正方形直列排列　　(c) 正方形错列排列

图 4-66　管子排列方式示意图

管子在管板上排列的间距 t（指相邻两根管子的中心距），随管子与管板的连接方法不同而异。通常，胀管法取 $t=(1.3-1.5)d_o$（管子外径），且相邻两管外壁间距不应小于 6mm，即 $t\geqslant(d_o+6)\text{mm}$；焊接法取 $t=1.25d_o$。

（5）管程和壳程数的确定

当流体的流量较小或传热面积较大而需管数很多时，有时会使管内流速较低，因而对流传热系数较小。为了提高管内流速，可采用多管程。但是管程数过多，导致管程流体阻力加大，增加动力费用；同时多程会使平均温度差下降；此外多程隔板使管板上可利用的面积减少，设计时应考虑这些问题。列管式换热器的系列标准中管程数有 1 程、2 程、4 程和 6 程等四种。采用多程时，通常应使每程的管子数大致相等。

管程数 m 可按下式计算，即：

$$m=\frac{u}{u'} \tag{4-109}$$

式中，u 为管程内流体的适宜速度，m·s^{-1}；u' 为管程内流体的实际速度，m·s^{-1}。

当温度差校正系数低于 0.8 时，可以采用壳方多程。如壳体内安装一块与管束平行的隔板，流体在壳体内流经两次，称为两壳程。但由于壳程隔板在制造、安装和检修等方面都有困难，故一般不采用壳方多程的换热器，而是将几个换热器串联使用，以代替壳方多程。例如，当需壳方两程时，即将总管数等分为两部分，分别安装在两个内径相同而直径较小的外壳中，然后把这两个换热器串联使用，如图 4-67 所示。

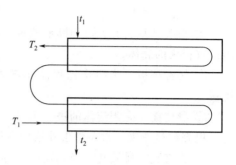

图 4-67 串联列管式换热器示意图

(6) 折流挡板

安装折流挡板的目的，是为了加大壳程流体的速度，使流体横扫管流，提高管间湍动程度，以提高壳程对流传热系数，同时也对细长的管子起支撑与加固作用。

图 4-52 已示出各种折流挡板的形式。最常用的为圆缺形折流挡板，切去的弓形高度约为外壳内径的 10%～40%，一般取 20%～25%，过高或过低都不利于传热。

两相邻挡板的距离（板间距）H 为外壳内径 D 的 0.2～1 倍。系列标准中采用的 H 值为：固定管板式的有 150mm、300mm 和 600mm 三种；浮头式的有 150mm、200mm、300mm、480mm 和 600mm 五种。板间距过小，不便于制造和检修，阻力较大。板间距过大，流体就难以垂直地流过管束，使对流传热系数下降。

(7) 外壳直径的确定

换热器壳体的内径应等于或稍大于（对浮头式换热器而言）管板的直径。根据计算出的实际管数、管径、管中心距及管子的排列方法等，可用作图法确定壳体的内径。但是，当管束较多又要反复计算时，用作图法就太麻烦。一般在初步计算中，可先分别选定两流体的流速，然后计算所需的管程和壳程的流通截面积，于系列标准中查外壳的直径。待全部设计完成后，仍沿用作图法画出管子排列图。为了使管子排列均匀，防止流体走"短流"，可以适当增减一些管子。

另外，初步设计中也可用下式计算壳体的内径，即：

$$D = t(n_e - 1) + 2b' \tag{4-110}$$

式中，D 为壳体内径，m；t 为管中心距，m；n_e 为横过管束中心线的管数；b' 为管束中心线上最外层管的中心至壳体内壁的距离，一般取 $b' = (1～1.5)d_o$，m。

n_e 值可由下面公式估算，即：

管子按正三角形排列 $n_e = 1.1\sqrt{n}$ (4-111)

管子按正方形排列 $n_e = 1.19\sqrt{n}$ (4-112)

式中，n 为换热器的总管数。

按上述方法计算得到的壳体内径应圆整，壳体标准尺寸见表 4-14。

表 4-14 壳体标准尺寸

壳体外径/mm	325	400,500,600,700	800,900,1000	1100,1200
最小壁厚/mm	8	10	12	14

(8) 主要附件

① 封头　封头有方形和圆形两种，方形用于直径小（一般小于 400mm）的壳体，圆形用于直径大的壳体。

② 缓冲挡板　为防止壳程流体进入换热器时对管束的冲击，可在进料管口装设缓冲挡板。

③ 导流筒　壳程流体的进、出口和管板间必存在有一段流体不能流动的空间（死角），为了提高传热效果，常在管束外增设导流筒，使流体进、出壳程时必然经过这个空间。

④ 放气孔、排液孔　换热器的壳体上常安有放气孔和排液孔，以排除不凝气体和冷凝液等。

⑤ 管箱　其作用是使管程流体均匀分批与集中，在多管程换热器中，管箱还起分隔管程，改变流向的作用。目前使用的管箱主要分为固定端管箱、浮头管箱、浮动管箱三类。

⑥ 拦液板　当蒸气在壳程冷凝时，竖管外的冷凝膜在下降过程中随管长而增厚。为减薄管壁上的液膜而提高其换热系数，可装设拦液板。拦液板同折流板一样，是横截在管束上的薄圆板，板上的管孔尺寸同折流板，没有弓形切口，而其外圆直径比壳体直径小一圈，形成一个环形通道，使冷凝液与蒸气通过。

⑦ 纵向隔板　当壳程流体的流量较小，而流体温度变化较大时，要求采用多壳程结构，如双壳程结构，在平行于管轴方向设置纵向隔板，壳程流体从换热器的左端进入壳体后，在隔板的上侧，沿轴向折流到换热器的右端，从隔板右端的回流口进入隔板下侧，再返回换热器的左端，由下部出口管引出。

⑧ 接管　换热器中流体进、出口的接管直径按下式计算，即：

$$D = \sqrt{\frac{4V_s}{\pi u}}$$

式中，V_s 为流体的体积流量，$m^3 \cdot s^{-1}$；u 为流体在接管中的流速，$m \cdot s^{-1}$。

流速 u 的经验值可取为：对液体，$u = 1.5 \sim 2 m \cdot s^{-1}$；对蒸气，$u = 20 \sim 50 m \cdot s^{-1}$；对气体，$u = (0.15 \sim 0.2)p/\rho$（$p$ 为压强，kPa；ρ 为气体密度，$kg \cdot m^{-3}$）。

(9) 材料的选用

列管式换热器的材料应根据操作压强、温度及流体的腐蚀度等来选用。在高温下一般材料的力学性能及耐腐蚀性能会下降。同时具有耐热性、高强度及耐腐蚀性的材料是很少有的。目前常用的金属材料有碳钢、不锈钢、低合金钢、铜和铝等；非金属材料有石墨、聚四氟乙烯和玻璃等。不锈钢和有色金属虽然耐腐蚀性好，但价格高且较稀缺，应尽量少用。

列管式换热器各部件的常用材料可参考表 4-15。

(10) 流体流动阻力（压强降）的计算

① 管程流动阻力　管程流动阻力可按一般摩擦阻力公式求得。对于多程换热器，其总阻力为 $\sum \Delta p_i$ 等于各段直管阻力、回弯管阻力及进、出口阻力之和。一般进、出口阻力可忽略不计，故管程总阻力的计算式为：

$$\sum \Delta p_i = (\Delta p_1 + \Delta p_2)F_s N_s N_p \tag{4-113}$$

式中，Δp_1、Δp_2 分别为直管和回弯管中因摩擦阻力引起的压强降，Pa；F_s 为结垢校正系数，无量纲，对 $\phi 25mm \times 2.5mm$ 的管子，取为 1.4，对 $\phi 19mm \times 2mm$ 的管子，取为 1.5；N_p 为管程数；N_s 为串联的壳程数。

表 4-15 列管式换热器各部件的常用材料

部件或零件名称	材料牌号	
	碳素钢	不锈钢
壳体、法兰	Q235A·F、Q235A·R、16MnR	16Mn+1Cr18Ni9Ti
法兰、法兰盖	16Mn、Q235A(法兰盖)	Cr18Ni9Ti
管板	Q235A	1Cr18Ni9Ti
膨胀节	Q235A·R、16MnR	1Cr18Ni9Ti
挡板和支承板	Q235A·F	1Cr18Ni9Ti
螺栓	16Mn、40Mn、40MnB	1Cr18Ni9Ti
换热器	10	1Cr18Ni9Ti
螺母	Q235A、40Mn	
垫片	石棉橡胶板	
支座	Q235A·F	

上式中直管压强降 Δp_1 可按第 1 章中介绍的公式计算；回弯管的压强降 Δp_2 由下面的经验公式计算估算，即：

$$\Delta p_2 = 3\left(\frac{\rho u^2}{2}\right) \tag{4-114}$$

② 壳程流体阻力　用来计算壳程流体阻力的计算公式虽然较多，但是由于流体的流动状况比较复杂，因此使计算得到的结果相差很大。下面介绍埃索法计算壳程压强降 Δp_o 的公式。

$$\sum \Delta p_o = (\Delta p_1' + \Delta p_2')F_s N_s \tag{4-115}$$

式中，$\Delta p_1'$ 为流体横过管束的压强降，Pa；$\Delta p_2'$ 为流体通过折流板缺口的压强降，Pa；F_s 为壳程压强降的校正系数，无量纲，对液体可取为 1.15，对气体可取为 1.0。

$$\Delta p_1' = F f_o n_e (N_B + 1)\frac{\rho u_o}{2} \tag{4-116}$$

$$\Delta p_2' = N_B\left(3.5 - \frac{2H}{D}\right)\frac{\rho u_o}{2} \tag{4-117}$$

式中，F 为管子排列方法对压强降的校正系数，对正三角形排列为 0.5，对正方形斜转 45°排列为 0.4，对正方形排列为 0.3；f_o 为壳程流体的摩擦系数，当 $Re_o > 500$ 时，$f_o = 5.0Re_o^{-0.228}$；n_e 为横过管束中心线的管数，可按式(4-111)或式(4-112)计算；N_B 为折流挡板数；H 为折流挡板间距，m；u_o 为按壳程流体截面积 A_o 计算的流速，m·s^{-1}，而 $A_o = H(D - n_e d_o)$。

一般来说，液体流经换热器的压强降为 10~100Pa，气体为 1~10Pa。设计时换热器的工艺尺寸应在压强降与传热面积之间予以平衡，使既能满足工艺要求，又经济合理。

4.8.5 列管式换热器的选用和设计步骤

(1) 初算并初选换热设备规格
① 根据生产要求的传热任务计算换热器的热负荷 Q。
② 确定冷、热流体在换热器中的流动途径。
③ 确定冷、热流体在换热器两端的温度，初选换热器的型式，计算流体的定性温度，

并确定定性温度下流体的物性参数。

④ 初算平均传热温度差，先按逆流计算，根据初步选定换热器的流动方式，计算温度校正系数并不应小于 0.8 的原则，确定壳程数；若小于 0.8，需改变流动方式重新计算。

⑤ 根据总传热系数的经验值范围（见表 4-8 或查相关手册），或按生产实际情况，选定总传热系数 $K_{选}$ 值。

⑥ 由总传热速率方程 $Q = KA\Delta t_m$，初步计算出传热面积 A，选用系列产品的换热器型号或进行换热器的尺寸设计，包括管径、管长、管子数、管程数、管子在管板上的排列、壳程折流挡板间距、壳径等。

（2）核算管程、壳程压强降

根据初定的设备规格计算管程、壳程流体的流速和压强降。检查计算结果是否合理或满足工艺要求。若压强降不符合要求，则要调整流速，再重新确定管程数或折流挡板间距，或选择另一规格的换热器，重新计算压强降直至满足要求为止。

（3）核算总传热系数和传热面积

① 计算管程与壳程两侧的对流传热系数 h_i 和 h_o，选定污垢热阻 R_{si} 和 R_{so}，再求出总传热系数 $K_{计}$。比较 $K_{选}$ 和 $K_{计}$，如果 $K_{计}/K_{选} = 1.15 \sim 1.25$，则初选的换热器合适。如果两者相差较多，则需重新进行初算。

② 根据计算的总传热系数和平均温度差求所需的传热面积，并与选定换热设备传热面积比较，要求有 $10\% \sim 25\%$ 的裕度，应视实际生产过程而定。

以上换热器的选用和设计步骤为一般原则，实际进行选用与设计时应根据具体的生产过程灵活运用，使最后选用的方案，既可行，又经济。

【例 4-20】 某炼油厂用 175℃ 的柴油将原油从 70℃ 预热到 110℃。已知柴油的处理量为 34t·h⁻¹，柴油的密度为 715kg·m⁻³，定压比热容为 2.48kJ·kg⁻¹·K⁻¹，热导率为 0.133W·m⁻¹·K⁻¹，黏度为 6.4×10^{-4} Pa·s。原油处理量为 44t·h⁻¹，密度为 815kg·m⁻³，定压比热容为 2.2kJ·kg⁻¹·K⁻¹，热导率为 0.128W·m⁻¹·K⁻¹，黏度为 6.65×10^{-3} Pa·s。传热管两侧污垢热阻均可取为 0.000172m²·K·W⁻¹。流体两侧的压强降都不应超过 2.943×10^4 Pa。试设计或选用合适型号的列管式换热器。

解 （1）计算传热量及对数平均温度差 按原油加热所需热量再加上 5% 的热损失来计算传热量。

$$Q = 1.05 q_{m2} C_{p2}(t_2 - t_1) = 1.05 \times 44000 \times 2.2 \times (110 - 70)$$
$$= 4.066 \times 10^6 \text{kJ·h}^{-1} = 1.13 \times 10^6 \text{W}$$

由热量衡算式 $\quad Q = q_{m1} C_{p1}(T_1 - T_2) = q_{m2} C_{p2}(t_2 - t_1)$

得 $\quad T_2 = T_1 - \dfrac{Q}{q_{m1} C_{p1}} = 175 - \dfrac{4.066 \times 10^6}{34000 \times 2.48} = 175 - 48.2 = 126.8℃$

计算逆流平均温度差 $\Delta t_m'$：柴油，175℃→126.8℃，原油，110℃←70℃；温度差，65℃，56.8℃。

对数平均温度差 $\quad \Delta t_m' = \dfrac{65 + 56.8}{2} = 60.9℃$

由于壳程中装有折流板，按逆流计算得平均温度差 $\Delta t_m'$ 应乘以校正系数 $\varphi_{\Delta t}$。

先求出参数 $\quad P = \dfrac{t_2 - t_1}{T_1 - t_1} = \dfrac{110 - 70}{175 - 70} = 0.38$

$$R = \frac{T_1 - T_2}{t_2 - t_1} = \frac{175 - 126.8}{110 - 70} = 1.2$$

由 P 和 R 从图 4-23 查得 $\varphi_{\Delta t} = 0.9$。

平均传热温度差 $\Delta t_m = 60.9 \times 0.9 = 54.8℃$

为求得传热面积 A，需先求出总传热系数 K，而 K 值又和对流传热系数、污垢热阻等有关。在换热器的直径、流速等参数均未确定时，对流传热系数也无法计算，所以只能进行试算。由 K 的经验参考值可知，有机溶剂和轻油间进行换热时的 K 值大致为 $120 \sim 400W \cdot m^{-2} \cdot K^{-1}$，先取 K 值为 $250W \cdot m^{-2} \cdot K^{-1}$。

由传热速率方程 $Q = KA\Delta t_m$，得传热面积 $A = \dfrac{Q}{K\Delta t_m} = \dfrac{1.13 \times 10^6}{250 \times 54.8} = 82.5m^2$

(2) 初步选定换热器的型号 由于两流体的温度差较大，同时为了便于清洗壳程污垢，采用 F_B 系列的浮头式换热器为宜。柴油温度高，走管程可以减少热损失，而原油黏度较大，当装有折流板时，走壳程可在较低的 Re 数下即能达到湍流，有利于提高壳程一侧的对流传热系数。

在决定管数和管长时，首先要选定管内流速，增大流速有利于提高管内的对流传热系数 h_i 值，但压强降也会显著增加。按表 4-13，流体的黏度 $< 1 \times 10^{-3}Pa \cdot s$，在管内流动时其最大流速可达 $2.4m \cdot s^{-1}$，取 $u_i = 1m \cdot s^{-1}$。设所需单程管数为 n，$\phi 25mm \times 2.5mm$ 管内径为 $0.02m$。

$$n \times \frac{\pi}{4} \times (0.02)^2 \times 1 \times 3600 = \frac{34000}{715}$$

解之得 $n = 42$ 根。

传热面积 $A = n\pi d_0 L = 82.5m^2$，求得单程管长 $L = \dfrac{82.5}{42 \times \pi \times 0.025} = 25m$

若选用 6m 长的管子，四个管程，则一台换热器的总管数为 $4 \times 42 = 168$ 根。查附录得合适的浮头式换热器型号为 F_B-600-95-16-4（F_B 表示管径为 $\phi 25mm \times 2.5mm$ 正方形排列的浮头式换热器，其后的数字分别表示其直径为 600mm，传热面积 $95m^2$，能承受的流体压力为 1.6MPa，管程数为 4），总管数为 192 根，每程管数为 48 根。

(3) 传热系数 K 的校核 已选定的换热器型号是否适用，还要核算 K 值和传热面积 A，才能确定。

① 管内柴油的对流传热系数 h_i 管内柴油的流速

$$u_i = \frac{\dfrac{34000}{715 \times 3600}}{48 \times 0.785 \times 0.02^2} = 0.876m \cdot s^{-1}$$

$$Re_i = \frac{d_i \rho u_i}{\mu} = \frac{0.02 \times 715 \times 0.876}{0.64 \times 10^{-3}} = 19573$$

$$Pr_i = \frac{C_p \mu}{\lambda} = \frac{2.48 \times 0.64 \times 10^{-3}}{0.133 \times 10^{-3}} = 11.93$$

$$h_i = 0.023 \times \frac{0.133}{0.02} \times 19600^{0.8} \times 11.96^{0.3} = 873W \cdot m^{-2} \cdot K^{-1}$$

② 管外(壳程)原油的对流传热系数 h_0 h_0 可由图 4-23 查得 $NuPr^{-1/3}(\mu/\mu_w)^{-0.14}$ 后

求得。

管子为正方形排列时的当量直径　$d_e = \dfrac{4\left(t^2 - \dfrac{\pi}{4}d_o^2\right)}{\pi d_o} = 0.027\text{m}$

其中 $d_o = 0.025\text{m}$，管中心距 $t = 0.032\text{m}$。

壳程的流通面积　$S_o = Dh\left(1 - \dfrac{d_o}{t}\right) = 0.6 \times 0.3 \times \left(1 - \dfrac{25}{32}\right) = 0.0394\text{m}$

壳程中原油流速　$u_o = \dfrac{\dfrac{44000}{815 \times 3600}}{0.0394} = 0.381\text{m} \cdot \text{s}^{-1}$

得　$Re_o = \dfrac{d_o u_o \rho}{\mu} = \dfrac{0.027 \times 0.381 \times 815}{6.65 \times 10^{-3}} = 1261$

当 $Re_o = 1260$ 时，由图 4-23 查得 $NuPr^{-1/3}(\mu/\mu_w)^{-0.14} = 18$。

又　$Pr_o = \dfrac{C_p \mu}{\lambda} = \dfrac{2.2 \times 6.65 \times 10^{-3}}{0.128 \times 10^{-3}} = 114$

取 $(\mu/\mu_w)^{-0.14} \approx 1$，得　$h_o = 18\dfrac{\lambda}{d_o}Pr^{1/3} = 18 \times \dfrac{0.128}{0.027} \times 114^{1/3} = 414\text{W} \cdot \text{m}^{-2} \cdot \text{K}^{-1}$

③ 总传热系数 K_o（以管外表面为基准）

$$K_o = \cfrac{1}{\dfrac{1}{h_i} \times \dfrac{d_o}{d_1} + R_{si} \times \dfrac{d_o}{d_1} + R_{so} + \dfrac{1}{h_o}}$$

$$= \cfrac{1}{\dfrac{1}{874} \times \dfrac{25}{20} + 0.000172 \times \dfrac{25}{20} + 0.000172 + \dfrac{1}{414}}$$

$$= 236\text{W} \cdot \text{m}^{-2} \cdot \text{K}^{-1}$$

（4）计算传热面积 A_o　按核算所得的 K_o 值，再求所需传热面积

$$A_o = \frac{Q}{K_o \Delta t'_m \varepsilon_{\Delta t}} = \frac{1.13 \times 10^6}{236 \times 60.9 \times 0.9} = 87.4\text{m}^2$$

核算结果表明，换热器的传热面积 $A_o > 82.5\text{m}^2$，且有 9% 的裕度，基本适用。

（5）计算压力降

① 管程压力降　$\Delta p_t = (\Delta p_i + \Delta p_r)N_s N_p$

$$\Delta p_i = \lambda \frac{l}{d} \times \frac{u^2 \rho}{2}（当 Re_i = 19600 \text{ 时}，\lambda = 0.03\text{W} \cdot \text{m}^{-1} \cdot \text{K}^{-1}）$$

$$= 0.03 \times \frac{6}{0.02} \times \frac{0.876^2 \times 715}{2} = 2469\text{N} \cdot \text{m}^{-2}$$

$$\Delta p_r = 3 \times \frac{u^2 \rho}{2} = 3 \times \frac{0.876^2 \times 715}{2} = 823\text{N} \cdot \text{m}^{-2}$$

因 $N_s = 1$，$N_p = 4$

故　　　　　$\Delta p_t = (2470 + 820) \times 1 \times 4 = 13160\text{N} \cdot \text{m}^{-2}$

② 壳程压力降　$\Delta p_s = \lambda_s \dfrac{D(N_B + 1)}{d_e} \times \dfrac{\rho u^2}{2}$

其中 $\lambda_s = 1.72Re_o^{-0.9} = 1.72 \times 1260^{-0.9} = 0.443$

$$\Delta p_s = 0.443 \times \frac{0.6 \times (17+1)}{0.027} \times \frac{815 \times (0.381)^2}{2} = 10482 \mathrm{N \cdot m^{-2}}$$

流经管程和壳程流体的压力降均未超过 $29430\mathrm{N \cdot m^{-2}}$。以上核算结果表明，选用 F_B-600-95-16-4 换热器能符合工艺要求。

习 题

4-1 用平板法测定材料的热导率，主要部件为被测材料构成的平板，其一侧用电加热器加热，另一侧用冷水将热量移走，同时板的两侧用热电偶测量表面温度。设平板的热传导面积为 $0.03\mathrm{m^2}$，厚度为 $0.01\mathrm{m}$。测量数据如下表：

电加热器		材料表面温度/℃	
电流/A	电压/V	高温面	低温面
2.8	140	300	100
2.3	115	200	50

试求：(1) 该材料的热导率。(2) 该材料热导率与温度的关系为线性：$\lambda = \lambda_o(1+at)$，则 λ_o 和 a 值为多少？

$[(1)\lambda = 0.62\mathrm{W \cdot m^{-1} \cdot K^{-1}}; (2) \lambda_o = 0.49\mathrm{W \cdot m^{-1} \cdot K^{-1}}, a = 1.63 \times 10^{-3}]$

4-2 平壁炉的炉壁由三种材料组成，其厚度和热导率如下表：

序号	材料	厚度 b/mm	热导率 λ /W·m⁻¹·℃⁻¹
1(内层)	耐火砖	200	1.07
2	绝缘砖	100	0.14
3	钢	6	45

若耐火砖内层表面的温度 t_1 为 1150℃，钢板外表面温度 t_2 为 30℃，又测得通过炉壁的热损失为 $300\mathrm{W \cdot m^{-2}}$，试计算热传导的热通量。若计算结果与实测的热损失不符，试分析原因并计算附加热阻。 $[Q/A = 1242\mathrm{W \cdot m^{-2}}, R = 2.83\mathrm{m^2 \cdot K \cdot W^{-1}}]$

4-3 某平壁燃烧炉是由一层耐火砖与一层普通砖砌成，两层的厚度均为100mm，其热导率分别为 $0.9\mathrm{W \cdot m^{-1} \cdot ℃^{-1}}$ 及 $0.7\mathrm{W \cdot m^{-1} \cdot ℃^{-1}}$。待操作稳定后，测得炉膛的内表面温度为700℃，外表面温度为130℃。为了减少燃烧炉的热损失，在普通砖外表面增加一层厚度为40mm、热导率为 $0.06\mathrm{W \cdot m^{-1} \cdot ℃^{-1}}$ 的保温材料。操作稳定后，又测得炉内表面温度为740℃，外表面温度为90℃。设两层砖的热导率不变，试计算加保温层后炉壁的热损失比原来的减少百分之几？ $[68.5\%]$

4-4 某工厂用 $\phi170\mathrm{mm} \times 5\mathrm{mm}$ 的无缝钢管输送水蒸气。为了减少沿途的热损失，在管外包两层绝热材料：第一层为厚30mm的矿渣棉，其热导率为 $0.065\mathrm{W \cdot m^{-1} \cdot K^{-1}}$；第二层为厚30mm的石棉灰，其热导率为 $0.21\mathrm{W \cdot m^{-1} \cdot K^{-1}}$。管内壁温度为300℃，保温层外表面温度为40℃。管道长50m。试求该管道的散热量。无缝钢管热导率为45W·

$m^{-1} \cdot K^{-1}$。 $[Q=14.2\text{kW}]$

4-5 外径为50mm的管子，其外包有一层厚度为40mm、热导率为0.13W $\cdot$ m^{-1} $\cdot$ ℃$^{-1}$ 的绝热材料。管子外表面的平均温度 t_1 为800℃。现拟在绝热材料外再包一层热导率为 0.09W $\cdot$ m^{-1} $\cdot$ ℃$^{-1}$ 的氧化镁绝热层，使该层的外表面温度 t_3 为87℃，设管子的外表面温度仍为800℃。外界环境温度 t_a 为20℃。试求氧化镁绝热层的厚度。假设各层间接触良好。

$[x=18\text{mm}]$

4-6 冷却水在 ϕ19mm×1mm，长为2.0m的钢管中以1m $\cdot$ s^{-1} 的流速通过。水温由 288K升至298K。求管壁对水的对流传热系数。 $[h=4260\text{W} \cdot \text{m}^{-2} \cdot \text{K}^{-1}]$

4-7 苯流过一套管式换热器的环隙，自20℃升至80℃，该换热器的内管规格为 ϕ19mm×2.5mm，外管规格为 ϕ38mm×3mm。苯的流量为1800kg $\cdot$ h^{-1}。试求苯对内管壁的对流传热系数。

$[h_i=5605\text{W} \cdot \text{m}^{-2} \cdot \text{℃}^{-1}]$

4-8 空气以4m $\cdot$ s^{-1} 的流速通过一 ϕ75.5mm×3.75mm的钢管，管长20m。空气入口温度为32℃，出口温度为68℃。试计算空气与管壁间的对流传热系数。如空气流速增加一倍。其他条件不变。对流传热系数又为多少？

$[h=18.3\text{W} \cdot \text{m}^{-2} \cdot \text{K}^{-1};\ h=31.7\text{W} \cdot \text{m}^{-2} \cdot \text{K}^{-1}]$

4-9 在套管换热器中用温度为116℃的饱和蒸汽将进口温度为20℃的空气加热到80℃，空气在管内作强制湍流流动，若将空气的流量提高20%，空气进出口温度和饱和蒸汽温度不变，可以采用：(1) 管径不变，改变管长方式实现，则新旧管长比为多少？(2) 管长不变，改变管径实现，则新旧管径比又为多少。忽略管壁和蒸汽侧热阻。

$[(1)\ L'/L=1.037;\ (2)\ d'/d=0.955]$

4-10 有一双管程列管式换热器，由96根 ϕ25mm×2.5mm的钢管组成。苯在管内流动，由20℃被加热到80℃，苯的流量为9.5kg $\cdot$ s^{-1}，壳程中通入水蒸气进行加热。试求：(1) 壁对苯的对流传热系数。(2) 苯的流率增加一倍，其他条件不变，此时的对流传热系数。(3) 管径降为原来1/2，其他条件与 (1) 相同，此时对流传热系数又为多少？

$[(1)\ h_i=1174\text{W} \cdot \text{m}^{-2} \cdot \text{℃}^{-1};\ (2)\ h_i=2044\text{W} \cdot \text{m}^{-2} \cdot \text{℃}^{-1};\ (3)\ h_i=4088\text{W} \cdot \text{m}^{-2} \cdot \text{℃}^{-1}]$

4-11 有一套管式换热器，外管尺寸为 ϕ38mm×2.5mm，内管为 ϕ25mm×2.5mm的钢管，冷水在管内以0.3m $\cdot$ s^{-1} 的流速流动。水进口温度为20℃，出口温度为40℃。试求管壁对水的对流传热系数。 $[1640\text{W} \cdot \text{m}^{-2} \cdot \text{K}^{-1}]$

4-12 在下列的各种列管式换热器中，每小时将29400kg的某种溶液从20℃加热到50℃。溶液在列管内流动。加热介质的进口温度为100℃，出口温度为60℃，试求下面情况下的平均温度差：(1) 壳方和管方流体均为单程的换热器，假设两流体呈逆流流动。(2) 壳方和管方流体分别为单程和四程的换热器。(3) 壳方和管方流体分别为二程和四程的换热器。

$[(1)\ \Delta t_m=45\text{℃};\ (2)\ \Delta t_m=42.1\text{℃};\ (3)\ \Delta t_m=43.5\text{℃}]$

4-13 现测定套管式换热器的总传热系数，数据如下：甲苯在内管中流动，质量流量为 5000kg $\cdot$ h^{-1}，进口温度为80℃，出口温度为50℃；水在环隙中流动，进口温度为15℃，出口温度为30℃。逆流流动。冷却面积为2.5m^2。问所测总传热系数为多少？

$[737\text{W} \cdot \text{m}^{-2} \cdot \text{K}^{-1}]$

4-14 在一套管式换热器，内管为 ϕ180mm×10mm的钢管，用水冷却原油，采用逆流操作，水在内管中流动，冷却水的进口温度为15℃，出口温度为55℃，原油在环隙中流动，流量为500kg $\cdot$ h^{-1}，其平均定压比热容为3.35kJ $\cdot$ kg^{-1} $\cdot$ ℃$^{-1}$，要求从90℃冷却至40℃，已知水侧的对流传热系数为 1000W・m^{-2}・℃$^{-1}$，油侧的对流传热系数为 299W・m^{-2}・℃$^{-1}$（管壁热阻和污垢热阻忽略不计）。试求：（1）所需冷却水用量（水的比热容取 4.18kJ・kg^{-1}・℃$^{-1}$，忽略热损失）；（2）总传热系数；（3）套管式换热器的有效传热长度；（4）若冷却水进口温度变为 20℃，试问此时会出现什么情况？

　　[（1）$q_m = 500$kg・h^{-1}；（2）$K_o = 224$W・m^{-2}・℃$^{-1}$；（3）$L = 6.17$m；（4）若水量不变，出水温度 60℃，导致结垢；出水温度不变，需增加水的流量到 572kg・h^{-1}，原换热器面积不够，需换一台]

　　4-15　在并流的换热器中，用水冷却油。水的进、出口温度分别为 15℃ 和 40℃，油的进、出口温度分别为 150℃ 和 100℃。现因生产任务要求油的出口温度降至 80℃，设油和水的流量、进口温度及物性均不变，若原换热器的管长为 1m，试求将此换热器的管长增至多少米后才能满足要求？设换热器的热损失可以忽略。　　　　　　　　　　[$L = 1.85$m]

　　4-16　有一台运转中的单程逆流列管式换热器，热空气在管程由 120℃ 降至 80℃，其对流传热系数 $h_1 = 50$W・m^{-2}・K^{-1}。壳程的冷却水从 15℃ 升至 90℃，其对流传热系数 $h_2 = 2000$W・m^{-2}・K^{-1}，管壁热阻及污垢热阻皆可不计。当冷却水量增加一倍时，试求：（1）水和空气的出口温度 t_2' 和 T_2'（忽略流体物性参数随温度的变化）；（2）传热速率比原来增加了多少？　　　　　[（1）$t_2' = 61.9$℃，$T_2' = 69.9$℃；（2）传热速率增加了 25%]

　　4-17　总管数为 26 根光滑管组成的单管程单壳程列管式换热器，管子尺寸 ϕ22mm×1mm，单管长 2m。温度为 120℃ 饱和蒸汽在管外冷凝为饱和水。进口温度为 25℃、完全湍流的冷流体走管内，流量为 18600kg・h^{-1}，比热容为 $C_p = 1.76$kJ・kg^{-1}・℃$^{-1}$。饱和蒸汽的传热膜系数为 $1.1×10^4$W・m^{-2}・℃$^{-1}$，冷流体的热阻是饱和蒸汽热阻的 6 倍。假设忽略热损失和管壁及污垢热阻，计算：（1）基于管内表面的总传热系数 K_i；（2）冷流体出口温度；（3）为了强化传热，可以采取何种措施。

　　[（1）$K_i = 1592$W・m^{-2}・℃$^{-1}$；（2）$t_2 = 66.4$℃；（3）降低冷流体一侧的热阻，如提高冷流体一侧的流速，采用多程管；冷流体一侧采用强化传热管代替光滑管，破坏其传热边界层]

　　4-18　90℃ 的正丁醇在逆流换热器中被冷却到 50℃。换热器的传热面积为 6m^2，总传热系数为 230W・m^{-2}・℃$^{-1}$。若正丁醇的流量为 1930kg・h^{-1}，冷却介质为 18℃ 的水，试求：（1）冷却水的出口温度；（2）冷却水的消耗量，以 m^3・h^{-1} 表示。

　　　　　　　　　　　　　　　　[（1）$t_2 = 37$℃；（2）$q_V = 2.721$m^3・h^{-1}]

　　4-19　在逆流换热器中，用初温为 20℃ 的水将 1.25kg・s^{-1} 的液体（定压比热容为 1.69kJ・kg^{-1}・℃$^{-1}$，密度为 850kg・m^{-3}）由 80℃ 冷却到 30℃。换热器的列管规格为 ϕ25mm×2.5mm，水走管内。水侧和液体侧的对流传热系数分别为 0.85kW・m^{-2}・℃$^{-1}$ 和 1.70kW・m^{-2}・℃$^{-1}$，污垢热阻可忽略。若水的出口温度不能高于 50℃，试求换热器的传热面积。　　　　　　　　　　　　　　[$A_o = 15.5$m^2]

　　4-20　在列管式换热器中用冷水冷却油。水在直径为 ϕ19mm×2mm 的列管内流动。已知管内水侧对流传热系数 h_i 为 3490W・m^{-2}・℃$^{-1}$，管外油侧的对流传热系数 h_o 为 258W・m^{-2}・℃$^{-1}$。换热器在使用一段时间后，管壁两侧都有污垢形成，水侧污垢热阻 R_{si} 为 0.00026m^2・℃$^{-1}$・W^{-1}，油侧污垢热阻 R_{so} 为 0.000176m^2・℃$^{-1}$・W^{-1}。管壁热导率 λ 为 45W・m^{-1}・℃$^{-1}$。试求：（1）基于管外表面积的总传热系数 K_o；（2）产生污垢后热阻增加的百分数。

　　[（1）未结垢 $K_o = 233.2$W・m^{-2}・℃$^{-1}$，结垢 $K_o' = 211.6$W・m^{-2}・℃$^{-1}$；（2）10%]

4-21 在逆流换热器中，用冷油冷却热油，油的定压比热容均为 $1.68\,kJ\cdot kg^{-1}\cdot ℃^{-1}$，热油的流量为 $3000\,kg\cdot h^{-1}$。热油从 $100℃$ 冷却到 $25℃$，冷油从 $20℃$ 加热到 $40℃$。已知总传热系数 K_o 随热油的温度 T 变化如下表：

热油温度 $T/℃$	100	80	60	40	30	25
总传热系数 $K_o/W\cdot m^{-2}\cdot ℃^{-1}$	355	350	340	310	230	160

试求换热器的传热面积。 　　　　　　　　　　　　　　　　$[A_o=14\,m^2]$

4-22 在一套管式换热器中，内管为 $\phi180\,mm\times10\,mm$ 的钢管，内管中热水被冷却，热水流量为 $3000\,kg\cdot h^{-1}$，进口温度为 $90℃$，出口温度为 $60℃$。环隙中冷却水进口温度为 $20℃$，出口温度为 $50℃$，总传热系数 $K=2000\,W\cdot m^{-2}\cdot K^{-1}$。试求：（1）冷却水用量；（2）并流流动时的平均温度差及所需的管子长度；（3）逆流流动时的平均温度差及所需的管子长度。 　　　$[(1)\ 3000\,kg\cdot h^{-1}$；（2）$30.6℃$，$3.4\,m$；（3）$40℃$，$2.6\,m]$

4-23 饱和温度 t_s 为 $100℃$ 的水蒸气在长为 $2\,m$、外径为 $0.04\,m$ 的单根直立圆管表面上冷凝。管外壁面温度 t_w 为 $94℃$。试求每小时的冷凝蒸汽量。若将管子水平放置，冷凝的蒸汽量又为多少？ 　　　　　　　　　　　$[q_m=14.73\,kg\cdot h^{-1}$，$q_m=30\,kg\cdot h^{-1}]$

4-24 温度为 $120℃$ 的饱和水蒸气在套管换热器外管冷凝成饱和液体，用以加热套管内管的空气，使空气由 $30℃$ 加热到 $80℃$，已知空气和蒸汽侧的对流传热系数分别为 $50\,W\cdot m^{-2}\cdot K^{-1}$ 和 $10000\,W\cdot m^{-2}\cdot K^{-1}$，空气为完全发展了的湍流。假设操作过程管壁热阻、热损失忽略不计，空气的物性保持不变，为了强化传热，提出以下两种措施：（1）空气侧采用强化管，但传热面积不变，因此，空气侧的传热系数翻倍，若空气的进口温度、流量和加热蒸汽温度不变，则计算空气的出口温度和加热蒸汽质量流量比 m'/m（m' 为采用强化管的蒸汽流量；m 为原来换热器蒸汽流量）；（2）采用原来换热器，使空气流量翻倍，但传热面积不变，计算空气的出口温度和加热蒸汽质量流量比 m'/m（m' 为空气流量翻倍时的蒸汽流量；m 为原来换热器蒸汽流量）。

$$[(1)\ t_2=102.4℃，\ m'/m=1.45；（2）\ t_2=75.4℃，\ m'/m=1.82]$$

4-25 实验测定列管式换热器的总传热系数时，水在换热器的列管内作湍流流动，管外为饱和蒸汽冷凝。列管由规格为 $\phi25\,mm\times2.5\,mm$ 的钢管组成。当水的速度为 $1\,m\cdot s^{-1}$ 时，测得基于管外表面积的总传热系数 K_o 为 $2115\,W\cdot m^{-2}\cdot ℃^{-1}$，当其他条件不变，而水的速度变为 $1.5\,m\cdot s^{-1}$ 时，测得 K_o 为 $2660\,W\cdot m^{-2}\cdot ℃^{-1}$。试求蒸汽冷凝的传热系数。污垢热阻可忽略。 　　　　　　　　　　　　　$[h_o=8122\,W\cdot m^{-2}\cdot ℃^{-1}]$

4-26 室内水平放置表面温度相同，长度相等的两根圆管，管内通有饱和水蒸气。两管均被空气的自然对流所冷却，假设两管间无相互影响。已知一管直径为另一管的五倍，且两管的 $(GrPr)$ 值在 $10^4\sim10^9$ 之间，试求两管热损失的比值。 　　　$[3.34]$

4-27 用热电偶测量管内空气温度，测得热电偶温度为 $420℃$，热电偶黑度为 0.6，空气对热电偶的热导率为 $35\,W\cdot m^{-1}\cdot ℃^{-1}$，管内壁温为 $300℃$，试求空气温度。

$$[T=523℃]$$

4-28 两平行的大平板，在空气中相距 $5\,mm$，一平板的黑度为 0.1，温度为 $350\,K$，另一平板的黑度为 0.05，温度为 $300\,K$。若将第一板加涂层，使其黑度变为 0.025，试计算由此引起传热量的改变的百分数。假设两板间的对流传热可忽略。

$$[总传热量2.5\%，辐射50.8\%]$$

4-29　热空气在 $\phi426mm\times9mm$ 的钢管内流动，在管道中安装有热电偶以测量空气的温度。为了减小读数误差，用遮热管掩蔽热电偶。遮热管的黑度为 0.3，面积为热电偶接点面积的 90 倍。现测得管壁温度为 110℃，热电偶读数为 220℃。假设空气对遮热管的对流传热系数为 $10W\cdot m^{-2}\cdot ℃^{-1}$，空气对热电偶接头的对流传热系数为 $12W\cdot m^{-2}\cdot ℃^{-1}$。热电偶接头的黑度为 0.8。试求：(1) 空气的真实温度；(2) 遮热管的温度；(3) 热电偶的读数误差。　　　　　　　　　　　　　　　　　　　　[(1) 505.5K；(2) 464K；(3) 5.38%]

4-30　某列管式换热器，用饱和水蒸气加热某溶液，溶液在管内呈湍流。已知蒸汽冷凝传热系数为 $10^4 W\cdot m^{-2}\cdot ℃^{-1}$，单管程溶液对流传热系数为 $400W\cdot m^{-2}\cdot ℃^{-1}$，管壁热传导及污垢热阻忽略不计，试求总传热系数。若把单管程改为双管程，其他条件不变，此时总传热系数又为多少？　　　　　　[$384.6W\cdot m^{-2}\cdot ℃^{-1}$，$627W\cdot m^{-2}\cdot ℃^{-1}$]

4-31　有一台新的套管式换热器，用水冷却油，水走内管，油与水逆流，内管为 $\phi19mm\times3mm$ 的钢管，外管为 $\phi32mm\times3mm$ 的钢管。水与油的流速分别为 $1.5m\cdot s^{-1}$ 及 $0.8m\cdot s^{-1}$，油的密度、定压比热容、热导率及黏度分别为 $860kg\cdot m^{-3}$、$1.90\times10^3 J\cdot kg^{-1}\cdot ℃^{-1}$、$0.15W\cdot m^{-1}\cdot ℃^{-1}$ 及 $1.8\times10^{-3}Pa\cdot s$。水的进、出口温度为 10℃ 和 30℃，油的进口温度为 100℃，热损失忽略不计，试计算所需要的管长。若管长增加 20%，其他条件不变，则油的出口温度为多少？设油的物性数据不变。若该换热器长期使用后，水侧及油侧的污垢热阻分别为 $3.5\times10^{-4}m^2\cdot ℃^{-1}\cdot W^{-1}$ 和 $1.52\times10^{-3}m^2\cdot ℃\cdot W^{-1}$，其他条件不变，则油的出口温度又为多少？　　　　[$L=14.5m$，$T_2'=43℃$，$T_2'=63℃$]

4-32　流量为 $720kg\cdot h^{-1}$ 的常压饱和水蒸气在直立的列管换热器的列管外冷凝。换热器内列管直径为 $\phi25mm\times2.5mm$，长为 2m。列管外壁面温度为 94℃。试按冷凝要求估算换热器的管数（设管内侧传热可满足要求）。换热器热损失可忽略。　　　　　　[$n=28$]

4-33　一套管式换热器内流体的对流传热系数 $h_1=200W\cdot m^{-2}\cdot K^{-1}$，管外流体的对流传热系数 $h_2=350W\cdot m^{-2}\cdot K^{-1}$。已知两种流体均在湍流情况下进行换热。试回答下列问题：(1) 假设管内流体流动增加 1 倍；(2) 假设管外流体流速增加 2 倍。

其他条件不变，试问总传热系数是原来的多少倍？管壁热阻及污垢热阻可不计。

　　　　　　　　　　　　　　　　　　　　　　　　　　　　[(1) 1.37 倍；(2) 1.27 倍]

4-34　有一套管式换热器，内管为 $\phi54mm\times2mm$，外管为 $\phi116mm\times4mm$ 的钢管。内管中苯被加热，苯进口温度为 50℃，出口为 80℃。流量为 $4000kg\cdot h^{-1}$。套管中为 $p=196.1kPa$ 的饱和水蒸气冷凝，冷凝的对流传热系数为 $10000W\cdot m^{-2}\cdot K^{-1}$。已知管内壁的垢阻为 $0.0004m^2\cdot K\cdot W^{-1}$，管壁及管外侧热阻均可不计。苯的密度为 $880kg\cdot m^{-3}$。试求：(1) 加热水蒸气用量；(2) 管壁对苯的对流传热系数；(3) 完成上述处理所需套管的有效长度。　　　　[(1) $100kg\cdot h^{-1}$；(2) $985W\cdot m^{-2}\cdot K^{-1}$；(3) 10.6m]

4-35　油以 $1m\cdot s^{-1}$ 的流速通过一管壳式换热器的管内，由 300K 加热到 344K。377K 的蒸汽在管外冷凝。管外直径和管内直径分别为 48mm 和 41mm，但由于污垢，内径现减为 38mm，基于此内径的管壁加上垢层热阻为 $0.0009m^2\cdot K\cdot W^{-1}$。在同样条件下（油进出口温度和蒸汽温度不变）测得油的流速为 $1m\cdot s^{-1}$ 时，基于 38mm 内径的油侧对流传热系数 h_i 随油温的变化如下：

油温/K	300	311	322	333	344
油侧 h_i/$W\cdot m^{-2}\cdot K^{-1}$	74	80	97	114	120

油的比定压热容和密度分别取为 $1.9kJ \cdot kg^{-1} \cdot K^{-1}$ 和 $900kg \cdot m^{-3}$，蒸汽和管壁的热阻可忽略。求：(1) 所需的管长；(2) 根据所得的结果（如管子太长或太短），应采取什么措施使工业应用可行。

[(1) 154m；(2) 由于管内对流传热系数较小，管很长，因此工业过程应采用多程换热器或多级换热器。较好的办法是减少每程的管数以增加管程流体的速度，但要考虑压降的限度，此外，也可考虑采用较小管径的管。]

4-36　流量为 $30kg \cdot s^{-1}$ 的某油品在列管式换热器的管间流过，将 $38kg \cdot s^{-1}$ 的原油从 $25℃$ 加热到 $60℃$。油品的温度则由 $150℃$ 冷却到 $110℃$。现有一列管式换热器的规格为：壳体内径为 $0.6m$；壳方单程，管方双程，共有 324 根规格为 $\phi19mm \times 2mm$、长 $3m$ 的管，按管心距为 $25.4mm$ 作正方形排列；壳方有 25% 的弓形挡板，挡板间距为 $230mm$。核算此换热器是否能满足上述的传热要求。已知定性温度下两流体的物性如下：

流体的名称	定压比热容 C_p /kJ·kg^{-1}·℃$^{-1}$	黏度 μ /Pa·s	热导率 λ /W·m^{-1}·℃$^{-1}$
原油	1.986	0.0029	0.136
油品	2.2	0.0052	0.119

[不合用]

思 考 题

4-1　单层圆筒的内、外半径分别为 r_1 和 r_2，壁表面温度分别为 t_1 和 t_2，若 $t_1 > t_2$，试写出圆筒稳态热传导时任意半径处 r 温度表达式。

4-2　试说明膜状与滴状冷凝的特点，何者的传热系数大？为什么？

4-3　如何测定空气-饱和蒸气冷凝时的总传热系数和空气侧的对流传热系数。

4-4　试说明相变传热系数大于无相变传热系数的原因。

4-5　大容器（池）沸腾过程分为哪 4 个阶段？当处于第 3 个阶段，加热壁面和饱和液体之间温差增加，沸腾传热系数将如何变化？

4-6　一球形容器，内、外壁半径分别为 r_1 和 r_2，内、外壁温度分别为 t_1 和 t_2，壁材料热导率为 λ，假设为稳态一维沿径向热传导，试写出总传热速率表达式。

4-7　内径为 r_i，温度为 t_i，外半径为 r_o，温度为 t_o，且 $t_i > t_o$。球壁的热导率为 λ。试推导通过空心球壁的导热热阻的表达式。

4-8　如何理解辐射传热中黑体、灰体和白体的概念。

4-9　为了减少辐射散热，在炉门前设置隔热挡板，挡板材料的黑度应选择高的还是低的好？为什么？

4-10　在传热实验中，很难用普通的玻璃温度计测得管壁温度，请提出一个可行的测定方法，并说明其测定原理。

4-11　试说明逆流和并流传热的特点和适用场合。

4-12　试比较主动强化传热与被动强化传热的优缺点，并说明不同被动式强化传热途径及适用场合。

4-13　在设计列管式换热器时，在壳程和管程设置折流挡板和隔板的目的是什么？两者之间有何共同之处？

4-14　在设计保温瓶时，为了提高保温性能，使用夹层镀水银和抽真空的方法，从传热的角度说明其理由。

4-15　管内对流传热，流体温度梯度最大是位于管内何处？为什么？

4-16　简单叙述换热器传热过程可行的强化途径有哪些。

4-17　试用简明的语言说明热边界层的概念。

4-18　什么是遮热板？试根据自己的切身经历举出几个应用遮热板的例子。

4-19　用铝制的水壶烧开水时，尽管炉火很旺，但水壶仍然安然无恙。而一旦壶内的水烧干后，水壶很快就烧坏。试从传热学的观点分析这一现象。

第 5 章

蒸 发

使含有不挥发溶质的溶液沸腾、汽化并移出蒸汽，从而使溶液中溶质浓度提高的单元操作称为蒸发，所采用的设备称为蒸发器。蒸发操作广泛应用于化工、食品、制药、原子能等工业领域。蒸发过程中的溶剂可以是水，也可以是其他溶剂，绝大部分是水，本章所讨论的溶剂也是水。

蒸发的典型例子是糖水溶液、氯化钠、牛奶和果汁等水溶液的浓缩。多数情况下蒸发过程的产品是浓缩液，少数情况是汽化出来的物质作为产品，如将海水汽化获得饮用水。

如果溶液只进行一次沸腾汽化操作，称为单效蒸发；如果一次蒸发得到的浓缩液再进行一次蒸发，而且加热介质是上一效汽化的蒸汽称双效蒸发。蒸发操作产生的蒸汽称为二次蒸汽。蒸发过程第一效的加热蒸汽称为生蒸汽。

蒸发操作可以在加压、常压和减压条件下进行，采用何种操作压强需根据具体情况而定。

工业上的蒸发通常在减压下进行，这种操作称为真空蒸发，特点包括：①减压下溶液沸点下降，有利于处理热敏性物料，且可利用低压的蒸汽作为热源；②对于一定压强的加热蒸汽而言，当溶液处于减压时可以提高传热总温差；与此同时也会提高溶液黏度，使总传热系数下降；③装置处于减压状态会使系统的投资费和操作费提高。

蒸发属于热量传递过程，但又别于一般传热，其具有如下特点：①传热壁面一侧为加热蒸汽冷凝，另一侧为溶液沸腾，故蒸发属于壁面两侧流体均有相变化的恒温传热过程；②有些溶液在蒸发过程中有晶体析出、易结垢或产生泡沫、高温下易分解或聚合；溶液的黏度在蒸发过程中逐渐增大、腐蚀性逐渐加强；③含有不挥发溶质的溶液，其蒸气压较同温度下溶剂（即纯水）的为低，换言之，在相同压强下溶液的沸点高于纯水的沸点，故当加热蒸汽一定时，蒸发溶液的传热温差小于蒸发纯水的温差；④蒸发操作中消耗大量的加热蒸汽，同时又生成大量二次蒸汽与冷凝水。节约加热蒸汽用量与利用二次蒸汽、冷凝水的热量是蒸发操作应考虑的节能问题。

5.1 蒸发设备

在蒸发过程中，一般是通过间壁加热的方式使水蒸气在金属壁面的一边冷凝，冷凝放出的热量由金属壁传到另一侧，并加热溶液使溶剂蒸发。蒸发器的类型主要取决于传热表面的结构和液体搅拌及循环的方式。除少数特殊情况，多数蒸发器的热源是用管内蒸汽冷凝的方式加热。当加热蒸汽的压力较低时，如绝对压强在 3atm 以下，此时液体的沸腾应在中等真空度下进行，沸腾液体的绝对压强低到约 0.05atm。降低液体的沸腾温度，可以增加蒸汽和沸腾液体之间的传热温差，因此增加蒸发过程的传热速率。

最简单的蒸发器是夹套加热的敞口式蒸发器，但是这种蒸发器在工业上应用较少。工业上常用的蒸汽加热式蒸发器大致可分为：①自然循环式蒸发器，包括标准式（图 5-1）、悬筐式（图 5-2）；②外加热式和强制循环式蒸发器；③膜式蒸发器，包括上流式（升膜式）、下流式（降膜式）和升-降膜式；④直接加热蒸发器。

5.1.1　自然循环式蒸发器

自然循环式蒸发器是一种老式的蒸发器，管长 1.22～2.44m。蒸汽在管外冷凝，管束中有一大的中央循环管。由于液体的沸腾和密度的下降，管束部分由于加热强度大，液体的密度相对小，因而液体通过自然循环的方式上升，而中心管因传热面积小，这部分液体受热强度低，因而这部分液体密度较高，液体向下运动，使得液体在管束和中央循环管之间形成自然循环。这种自然循环可以提高蒸发器的传热系数，但是这种蒸发器不能用于高黏度溶液的蒸发。中央循环管占总截面面积的 25%～40%。

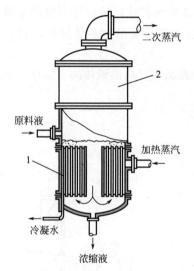

图 5-1　自然循环式蒸发器（标准式）
1—加热室；2—分离室

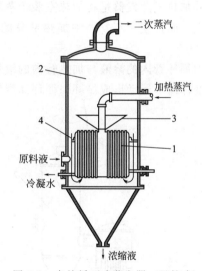

图 5-2　自然循环式蒸发器（悬筐式）
1—加热室；2—分离空间；3—除沫器；4—循环通道

（1）标准式蒸发器

加热室由垂直的管束组成，管束中央有一根直径较粗的管子。由于细管多，传热面积大，因此在细管外流体获得的热量与大管相比更多，因而汽化量也大，结果在它们之间因密度差而造成循环。

为了促使溶液有良好的循环，中央循环管截面积一般为加热管束总截面积的 40%～100%。管束高度为 1～2m，加热管直径在 25～75mm 之间。长径之比为 20～40。分离室的作用是使上升二次蒸汽中夹带的液沫沉降下来。

标准式蒸发器是从水平加热室、蛇管加热室等蒸发器发展而来的。相对于这些老式蒸发器，标准式蒸发器具有溶液循环好、传热效率高等优点。溶液循环速度与中央循环管和加热管内溶液间的密度差、加热管长度等密切相关。密度差越大、加热管越长，循环速度越快。循环速度一般在 $0.4～0.5m \cdot s^{-1}$。标准式蒸发器的特点是结构紧凑、制造方便、操作可靠。缺点是溶液黏度大、沸点高，且加热室不易清洗。

标准式蒸发器适用于处理结垢不严重、腐蚀性较小的溶液。

（2）悬筐式蒸发器

悬筐式蒸发器由标准式改进，如图 5-2 所示。加热室悬挂在蒸发器内，可由蒸发器的顶部取出，便于清洗和更换。悬筐式蒸发器由中央循环管通入加热蒸汽，加热管束与蒸发器外壳之间留有环隙。操作时溶液形成沿环隙通道下降而沿加热管上升的不断循环运动、一般环形截面与加热管束总截面积之比大于标准式，环隙截面积约为沸腾管束总截面积的 $100\%\sim150\%$，因此悬筐式蒸发器循环速度 $1\sim1.5\text{m}\cdot\text{s}^{-1}$。这样可提高传热速率，改善结垢情况。

悬筐式蒸发器适用于蒸发有晶体析出的溶液，缺点是设备耗材量大、占地面大、加热管内溶液滞流量大。

5.1.2　外加热式和强制循环式蒸发器

（1）外加热式蒸发器

外加热式蒸发器是将加热室装于蒸发室外，如图 5-3 所示。这样的设计不仅降低蒸发器的高度，而且便于蒸发器中加热部分的清洗和更换。这种蒸发器的加热管较长，长径比为 $50\sim100$。

因循环管内的溶液与加热管内的液体密度不同，因而循环管内的液体向下运动，加热管内的液体向上运动形成循环。循环速度约 $1.5\text{m}\cdot\text{s}^{-1}$。

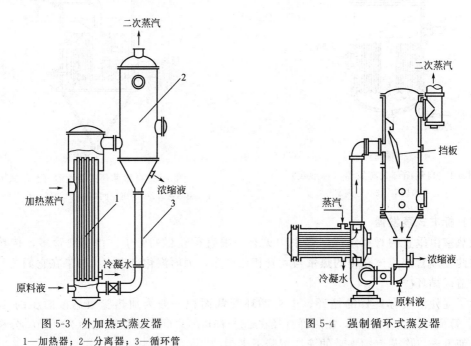

图 5-3　外加热式蒸发器　　　　　　　图 5-4　强制循环式蒸发器
1—加热器；2—分离器；3—循环管

（2）强制循环式蒸发器

在蒸发器内，由于溶液各部分温度的不同造成密度不同，从而产生的循环属于自然循环式蒸发器，上述的蒸发器均属于自然循环式蒸发器。此类型的蒸发器缺点是：传热效果较差，易结垢、结晶。为了克服自然循环式蒸发器的这一缺点，在处理黏度大、易结垢或易结晶的溶液时，在蒸发器单元中使用流体机械强迫溶液循环（图 5-4），使用离心泵使液体产生循环，这种强制循环式蒸发器中液体的循环速度为 $2\sim5\text{m}\cdot\text{s}^{-1}$。这种蒸发器的缺点是动力消耗大，传热通量通常为 $0.4\sim0.8kW\cdot m^{-2}$，因此使用这种蒸发器时加热面积受到一定限制。

5.1.3　膜式蒸发器

上述循环式蒸发器中，物料停留时间较长，故不适宜于处理热敏性物料。膜式蒸发器属于长管蒸发器，被蒸发的溶液在蒸发器加热管内形成膜状流动，故称为膜式蒸发器。物料在膜式蒸发器中的停留时间较短，一般在若干秒至十几秒之间。因此，此类蒸发器适用于处理热敏性物料。

（1）升膜式蒸发器

加热室由单根或多根垂直管组成，如图 5-5 所示。常用的加热管直径为 $25\sim50mm$，管长和管径之比约为 $100\sim150$。原料被加热到沸点或接近沸点后进入加热室底部，进入加热管后迅速沸腾汽化，生成的蒸汽高速上升，液体由二次蒸汽提升并在加热管内形成膜状流动，同时蒸发出溶剂，汽液由顶部分离器分离，完成液由分离室底部排出。为了有效地成膜，上升蒸汽的速度应维持在一定值以上。二次蒸汽速度大于 $10m\cdot s^{-1}$，一般为 $20\sim50m\cdot s^{-1}$，减压下可高达 $100\sim160m\cdot s^{-1}$。

若将溶液常温下直接引入加热室，在加热室底部必有一部分受热面用来加热溶液使其达到沸点才汽化，显然溶液在这部分壁面不能呈膜状流动。在各种流动状态中，又以膜状流动传热效果最好，故溶液在引入蒸发器前应先预热到沸点或接近沸点。升膜式蒸发器适用于处理蒸发量较大的稀溶液以及热敏性或易生泡溶液，不适合于较浓溶液的蒸发，也不适合于黏度很大易结晶、结垢的物料的蒸发浓缩。

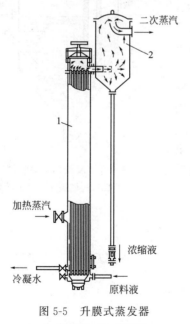

图 5-5　升膜式蒸发器
1—加热室；2—分离室

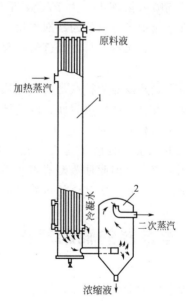

图 5-6　降膜式蒸发器
1—加热室；2—分离室

（2）降膜式蒸发器

降膜式蒸发器与升膜式蒸发器的区别在于，物料从蒸发器的顶部进入，如图 5-6 所示。降膜式蒸发器的管长和管径之比约为 $100\sim250$。根据经验和理论分析，长管对管内液体的热传递有利，而短管则对管外蒸汽的放热有利。由于溶液不循环，液体在蒸发器中停留的时间短，因此特别适用于蒸发热敏性物料。若蒸发浓度或黏度较大的溶液，可用降膜式蒸发器。原料液由加热室的顶部进入，通过分布器均匀地流入加热管并在重力的作用下形成下降的膜，同时蒸发出溶剂。为了使溶液能均匀布膜，且防止二次蒸汽由加热管顶端直接蹿出，加热管顶部必须设置加工良好的液体分布器。

降膜式蒸发器不适用于处理易结晶、易结垢或黏度特大的溶液。

（3）升-降膜式蒸发器

升-降膜式蒸发器由升膜管束和降膜管束组成。蒸发器的底部封头内有一隔板，将加热管束均分为二。原料液在预热器中加热达到或接近沸点后，引入升膜加热管束的底部，汽、液混合物经管束由顶部流入降膜加热管束，然后转入分离器，完成液由分离器底部取出。溶液在升膜和降膜管束内的布膜及操作情况分别与前述的升膜及降膜蒸发器内的情况完全相同。

升-降膜式蒸发器一般用于浓缩过程中黏度变化大的溶液；或厂房高度有一定限制的场合。若蒸发过程中溶液的黏度变化较大，往往采用常压操作。

5.1.4 直接加热式蒸发器

前述的蒸发器都属于间接蒸汽加热的蒸发器，它们的加热效率都较低。图 5-7 为直接加热的无传热表面的浸没燃烧蒸发器。将燃料和空气按一定比例混合后使之燃烧，产生约 1200～1800℃ 的高温烟道气直接经燃烧室下部的喷嘴喷入溶液内，由于气液两相间的温差极大，烟道气在溶液中产生强烈的鼓泡作用，使溶液迅速达到沸点而汽化，二次蒸汽与废烟道气一起由蒸发器顶部出口排出。

浸没燃烧蒸发器的特点是高温载热体与被蒸发溶液直接接触，没有间壁传热表面，因而结构简单，可以用陶瓷等非金属材料制造，适用于强腐蚀性和易于结晶、结垢溶液的浓缩。且由于是直接接触传热，传热效果好，热利用率高。但此种蒸发器不适用于不能被烟道气污染的溶液，而且二次蒸汽的热能也难以利用。

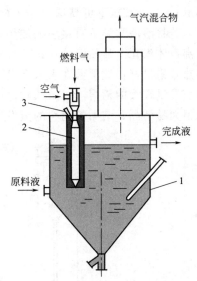

图 5-7 浸没燃烧蒸发器
1—外壳；2—燃烧室；3—点火管

5.2 蒸发器的辅助装置

蒸发器的辅助装置主要包括冷凝器、真空泵和除沫器。

5.2.1 冷凝器

在多效蒸发中，离开最后一效的蒸汽通常是在真空状态下，操作压力小于大气压。最后一效的二次蒸汽必须冷凝成液体并在大气压状态下排除。在冷凝器中用冷却水将二次蒸汽冷凝。冷凝器可以是表面冷凝器，即冷却水与二次蒸汽由金属壁面分隔开。蒸汽在金属表面冷凝成液体；也可以使用直接接触式冷凝器，即二次蒸汽与冷却水直接混合冷凝成液体。

5.2.1.1　表面冷凝器

表面冷凝器已在传热一章介绍，在蒸发中表面冷凝器通常是在二次蒸汽不能与冷却水直接混合的情况下使用。若使用表面冷凝器，则蒸汽走壳程而冷却水走管程。冷凝器需设有排不凝气体的排出口，以排除操作过程产生的不凝气体。如果二次蒸汽是在真空状态下冷凝，则不凝气体需用真空泵除去，冷凝液要用泵移走。表面冷凝器费用贵，而且要消耗更多的冷却水，因此只有在不能使用直接接触式冷凝器的情况下才使用它。

5.2.1.2　直接接触式冷凝器

在直接接触式冷凝器中，冷却水直接与蒸汽接触并将其冷凝成液体。最常用的直接接触式冷凝器如图 5-8 所示。蒸汽进入冷凝器并与喷洒下来的冷水滴逆流接触，蒸汽随即被冷凝成液体。冷凝器放置于大气腿的顶部。大气腿的长度由冷凝器内的压力和大气压之间的差值决定，大气腿要有足够的长度以便冷凝的液体能顺利地从大气腿下端的密封池排出，又能防止环境中的气体漏入破坏冷凝器内的真空度。

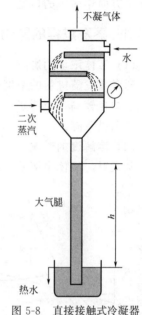

图 5-8　直接接触式冷凝器

从经济的观点出发，用直接接触式冷凝器要比表面式冷凝器耗费要低。因此，若没有特别的需要建议使用直接接触式冷凝器。

如果蒸汽的质量流率为 V，温度为 T_s，冷凝潜热为 r；冷却水的质量流率为 W，比热容为 C_p，进、出口温度分别为 t_1 和 t_2，根据热衡算可以计算直接接触式冷凝器的冷却水的耗费量。

$$Vr + VC_{ph}(T_s - t_2) = WC_{pc}(t_2 - t_1) \tag{5-1}$$

重排式(5-1) 得：

$$W = \frac{Vr + VC_{ph}(T_s - t_2)}{C_{pc}(t_2 - t_1)} \tag{5-2}$$

大气腿长度 h 的计算可以根据第 1 章中流体静力学应用一节的计算方法进行计算。

5.2.2　真空泵

当蒸发操作采用减压时，无论用哪一种冷凝器，均需在其后安装真空泵，不断抽出冷凝液中由原料带入的不凝性气体，以维持蒸发操作所需的真空度。常用的真空泵有喷射泵、往复式真空泵及水环式真空泵等，这些真空泵已在第 2 章中介绍。

5.2.3　除沫器

蒸发操作时由溶液中汽化出的二次蒸汽中夹带着大量液沫和泡沫，尤其蒸发易起泡沫溶液时，这种夹带现象更严重，虽然在蒸发器的分离室中进行了雾沫和泡沫的沉降分离，但为了防止损失有价值的产品或污染冷凝器，必须进一步除沫，故常在分离室内部悬挂除沫器，或在二次蒸汽至冷凝器的管路上设置除沫器。

5.3 蒸发过程的影响因素和沸点校正

浓缩液和二次蒸汽的物理化学性质与蒸发器操作过程的压力和温度有密切的关系。下面从几个方面作简单的讨论。

5.3.1 蒸发过程的影响因素

（1）液体浓度的影响

通常蒸发器进料的浓度较低，因此液体黏度也较低，这时液体黏度与水相近，蒸发时的传热系数也较高。当蒸发不断进行时，液体浓度不断升高，同时液体黏度随之上升，使得传热系数明显下降。

（2）溶解度的影响

蒸发时，液体中溶质浓度的上升除了影响液体的传热系数外，也影响溶液的溶解性。当溶液中溶质的浓度达到极限值时，就会有结晶析出。这是蒸发过程所能得到的最大浓度。图 5-9 表示一些典型盐的水溶液的溶解性随温度的变化关系。多数情况下，系统的温度上升，溶质在水溶液中的溶解性升高。这意味着，饱和溶液在蒸发器中冷却时，会有结晶析出。

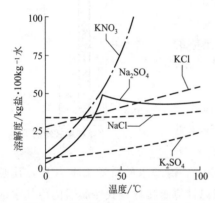

图 5-9　一些物质在水中的溶解度

（3）温敏材料的蒸发

许多蒸发产品特别是食品和生物材料，通常是热敏性材料或遇到高温会降解。这些材料包括药物、食品，如牛奶、果汁以及蔬菜的萃取物和精细有机化学品。分解的多少与蒸发时温度的高低和加热时间的长短有密切关系。

（4）发泡

在蒸发中，有些物料容易起泡，如脱脂牛奶以及某些脂肪酸类溶液的蒸发，在沸腾时容易产生泡沫。这些泡沫会夹带在蒸汽中，并被排出蒸发器，从而造成损失。

（5）污垢

有些溶液容易在加热表面沉积污垢，污垢的形成可能是由于产物的分解也可能是因为物质的溶解度下降引起的。污垢的形成会导致蒸发器的总传热系数降低，污垢到达一定的程度时必须清洗蒸发器以便恢复其传热的能力。

（6）操作压力和温度

溶液的沸点与系统的操作压力有关，蒸发器的操作压力越高沸点温度越高。此外，随着溶液的浓度上升，溶液的沸点也升高。溶液在蒸发器中的沸点与纯液体的浅液层蒸发不同。浅液层纯液体的沸点与压力成一一对应的关系，但是溶液在蒸发器内的沸点既与溶液中溶质的浓度有关又与溶液在蒸发器内深度有关。蒸发器中溶液的沸点，总是比相同压力下水的沸点高，即比二次蒸汽的饱和温度高。这部分高出的温度称为溶液的沸点升高。因此，在蒸发器的计算中，必须进行溶液的沸点校正。溶液的沸点与二次蒸汽的压力有关、与溶质的浓度有关、与溶液的液柱高度也有关。

5.3.2 溶质引起的沸点改变

沸点是液体饱和蒸气压等于外压时的温度。在大多数情况下，溶液不属于稀溶液，因而被蒸发溶液的热力学性质与纯水有很大的区别。若液体中的溶质不挥发，则溶液的蒸气压要小于纯溶剂的蒸气压。在纯溶剂的沸点下，纯溶剂的蒸气压等于外压；而含溶质的溶液在这个温度下其蒸气压小于外压，故溶液不沸腾。要使溶液在同一外压下沸腾，必须将温度提高。这种现象称为沸点升高。由于溶液沸点升高而导致的传热温度差下降称为温度差损失。显然，沸点升高值等于温度差损失值。由于溶质变化引起的沸点升高值用符号 Δ 表示。实验表明，含有不挥发性溶质的理想稀溶液的沸点升高值与溶液中所含溶质的数量成正比，其计算方法在物理化学中有介绍。但实际溶液的沸点升高与理想稀溶液有差别，下面介绍两种计算方法。

（1）经验公式计算

溶质引起的沸点改变值 Δ 主要与溶液的种类、溶液中溶质的浓度和蒸发室压力有关。设操作压力下溶液的沸点为 t_A，二次蒸汽温度为 T'，则：

$$\Delta = t_A - T' = f\Delta a \tag{5-3}$$

式中，f 为校正系数，无量纲数；Δa 可从手册中查取；Δa 是常压下溶液的沸点与纯水的沸点的差值。

校正系数 f 的计算：f 是由实际压力下二次蒸汽的热力学温度 T' 和二次蒸汽的汽化潜热 r' 确定的，则：

$$f = 0.0162 \frac{T'^2}{r'} \tag{5-4}$$

（2）杜林规则计算

溶解于液体中的溶质强烈地影响溶液的性质时，溶质的存在对沸点升高的影响不能用理论预测。除可使用上述经验公式计算溶液的沸点外，还可以用经验定律——杜林规则计算溶液沸点。按照杜林规则，在同一压力下纯水的沸点与给定浓度溶液的沸点呈线性关系，如图 5-10 所示是氢氧化钠水溶液的杜林规则线。根据该规则，只需要已知一定浓度的溶液在两个压力下的沸点就可以确定直线。

设在两个不同压力下溶液的沸点分别为 t_A 和 t_A°，而标准液体的沸点分别为 t_w 和 t_w°，则：

$$\frac{t_A - t_A^\circ}{t_w - t_w^\circ} = k \tag{5-5}$$

标准液体一般选择水，因为水的沸点容易得到。若能获得一定浓度的溶液在两个压力下的沸点，则可以由式（5-5）求 k。式（5-5）是一直线关系，k 已知，即可以通过任意压力下水的沸点求取相应压力下该浓度溶液的沸点。

注意，溶液的沸点与浓度有关，不同浓度下溶液的 k 值不同，因此直线也不同，不同浓

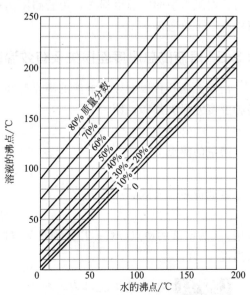

图 5-10　NaOH 水溶液的沸点

度下的溶液构成一系列不同斜率的直线（图 5-10）。也可以用相同压强下水蒸气的温度直接查图求得不同浓度下溶液的沸点。

【例 5-1】 使用杜林规则图计算沸点升高。设蒸发器的操作压力为 25.6kPa，NaOH 水溶液的浓度为 30％。确定 NaOH 水溶液的沸点温度和沸点升高的值（与相同压力下的纯水比较）。

解 由水蒸气表查得：压力为 25.6kPa 时纯水的沸点为 65.6℃。由图 5-10 可以查到 65.6℃，浓度为 30％的 NaOH 水溶液的沸点为 82℃。沸点升高为 $82-65.6=16.4$℃。

5.3.3 液柱静压头引起的沸点变化

在第 4 章传热的计算中，均不考虑液柱深度对液体沸点的影响。但在长管式蒸发器中，换热器的管子很长，因此液层很高。液体内部所受的压力与液面所受的压力相差比较大，因此在计算沸点时应考虑液体高度影响。由于液柱静压头而引起的沸点升高值用 Δ'' 表示。

当蒸发器中液面受压一定时，随着液柱高度的变化，液体内部的压力随液柱高度呈线性变化关系。通常取液柱中点的压力计算溶液的沸点。如果二次蒸汽的压力为 p（即液面处的压力），液柱高度为 h，溶液的密度为 ρ，则液柱中点的压力 p_m 为：

$$p_m = p + \frac{h\rho g}{2} \tag{5-6}$$

溶液中溶质引起的沸点升高和液柱高度引起的沸点升高可以叠加。因此蒸发器中液体的沸点升高是这两种效应的总和。

5.3.4 摩擦阻力引起的温度变化

蒸发过程产生的二次蒸汽，当被送到下一效蒸发器或送到冷凝器时，需要用一定长度的管路输送，管路和管件的阻力将使蒸气压下降，从而引起二次蒸汽温度的下降。在蒸发中，称为管路阻力引起的温度损失。由管路阻力引起的温度变化值用 Δ''' 表示。此值很小，在计算中有时可以忽略。

5.3.5 溶液的总温度差损失及有效温度差

由于上述几种因素导致溶液的沸点升高，传热的总温度差下降。溶液的总温度差损失为各种温度差损失加和，即

$$\sum \Delta = \Delta + \Delta'' + \Delta''' \tag{5-7}$$

溶液的沸点为

$$t = T' + \Delta + \Delta'' \tag{5-8}$$

因此传热的有效温度差为

$$\Delta t = T - t$$

式中，t 为溶液的沸点，℃；T 为加热蒸汽的温度，℃；T' 为二次蒸汽的温度，℃；Δt 为有效温度差，℃。

【例 5-2】 在单效蒸发器内，将 10％的 NaOH 水溶液浓缩到 25％，分离室绝对压强为 15kPa，求溶液的沸点和溶质引起的沸点升高值。

解　由附录查得，15kPa 的饱和蒸汽温度为 53.5℃，汽化热为 2370kJ·kg⁻¹。

（1）查附录　常压下 25% 的 NaOH 水溶液的沸点为 113℃。

所以

$$\Delta a = 113 - 100 = 13℃$$

$$f = 0.0162\frac{T'^2}{r'} = 0.0162 \times \frac{(53.5+273)^2}{2370} = 0.729$$

沸点升高值　$\Delta = f\Delta a = 0.729 \times 13 = 9.5℃$

操作条件下的沸点　$t = 9.5 + 53.5 = 63℃$

（2）用杜林直线求解　蒸发室压力为 15kPa 时，纯水的饱和温度为 53.5℃，由该值和浓度 25% 查图 5-10，此条件下溶液的沸点为 65℃。因此，用杜林直线计算溶液沸点升高值

$$\Delta = 63 - 53.5 = 9.5℃$$

【例 5-3】　例 5-2 中，若 NaOH 水溶液的液层高度为 2m，操作条件下溶液的密度为 1230kg·m⁻³。计算因液柱引起的溶液沸点变化。

解　液面下的平均压力　$p_m = p + \dfrac{h\rho g}{2} = 15 \times 10^3 + \dfrac{1.6 \times 1230 \times 9.81}{2} = 24.65$kPa

查 $p_m = 24.65$kPa 时，水的饱和蒸汽温度为 63℃。所以液柱高度使沸点增加值为

$$\Delta'' = 63 - 53.5 = 9.5℃$$

所以，由于浓度变化和液柱高度变化使得溶液的沸点提高，即

$$\sum\Delta = 9.5 + 9.5 = 19℃$$

因此，操作条件下溶液的沸点　$t = 53.5 + 19 = 72.5℃$

5.4　单效蒸发

在单效蒸发计算中，一般首先规定如下生产任务：①将流量为 F（kg·h⁻¹）、温度为 t_0 的溶液从浓度 x_0 浓缩至 x_1；②加热蒸汽的压强 p 或温度 T_0；③冷凝器达到的压强 p_k 或温度 T_k，此项有时由设计者选定。

图 5-11 所示为单效蒸发的生产流程。单效蒸发是一次性地将蒸汽从沸腾液体中取出，冷凝之后排掉。尽管单效蒸发流程简单，设备投资少，但是不能有效地利用二次蒸汽，因此能源的综合利用效率低。在工业生产中很少使用单效蒸发。但是单效蒸发操作涉及的变量少，计算较简单，因此本章首先介绍单效蒸发过程。

假设忽略热损失，如果被蒸发液体的浓度很低或者像水一样，那么对于单效蒸发操作，当进料温度与蒸发器内液体的沸点温度相近时，则每蒸发 1kg 的水分约需要 1kg 的加热蒸汽；事实上，由于溶质的存在和热损失不可避免，所以每蒸发 1kg 的水分约需要 1~1.3kg 的加热蒸汽。

对于单效蒸发过程，在确定操作条件和给定生产任务后，计算内容有：蒸发水量、加热蒸汽消耗量、蒸发器的传热面积。所有计算均以物料衡算、热量衡算及传热速率三个方程式为依据。

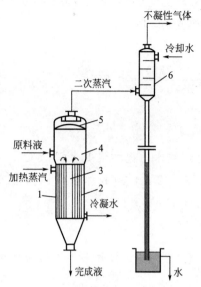

图 5-11　单效蒸发的生产流程

1—加热室；2—加热管；3—中央循环管；
4—分离室；5—除沫器；6—接触式冷凝器

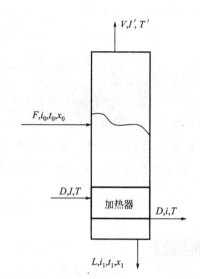

图 5-12　蒸发器的物料衡算和热量衡算

5.4.1　物料衡算

在蒸发过程中，只有溶剂蒸发而溶质保留于溶液中。图 5-12 中进料质量速率为 $F(\text{kg}\cdot\text{h}^{-1})$，质量浓度为 x_0，浓缩液的质量流率和质量浓度分别为 $L(\text{kg}\cdot\text{h}^{-1})$ 和 x_1，则对于稳态操作过程，蒸发出水蒸气的质量速率 $V(\text{kg}\cdot\text{h}^{-1})$ 与上述变量的关系可由物料衡算求得。

$$Fx_0 = Lx_1 = (F-V)x_1 \tag{5-9}$$

重排式 (5-9) 可求得蒸发水量：

$$V = F\left(1 - \frac{x_0}{x_1}\right) \tag{5-10}$$

5.4.2　热量衡算

为了计算蒸发过程所需要的新鲜蒸汽（也叫生蒸汽）的质量速率 $D(\text{kg}\cdot\text{h}^{-1})$，必须对进出蒸发器物流进行热量衡算。进出蒸发器物流的各物理量由图 5-12 标出，I 为水蒸气的焓，$\text{kJ}\cdot\text{kg}^{-1}$；$I'$ 为二次蒸汽的焓，$\text{kJ}\cdot\text{kg}^{-1}$；$i$ 为饱和冷凝水的焓，$\text{kJ}\cdot\text{kg}^{-1}$；$i_0$ 和 i_1 分别为进出蒸发器溶液的焓，$\text{kJ}\cdot\text{kg}^{-1}$。令热损失为 Q_1，$\text{kJ}\cdot\text{h}^{-1}$，对进出蒸发器的流体进行热量衡算。

$$DI + Fi_0 = VI' + Li_1 + Di + Q_1 \tag{5-11}$$

重排式 (5-11) 得：

$$D(I-i) = V(I'-i_1) + F(i_1-i_0) + Q_1$$

加热蒸汽在饱和温度下冷凝，则 $I-i=r$ 为加热蒸汽的潜热，因此上式可简化为：

$$D = \frac{V(I'-i_1) + F(i_1-i_0) + Q_1}{r} \tag{5-12}$$

式中，$I'-i_1=r'$ 为二次蒸汽的潜热。如果忽略混合热和温度对比热容的影响，则溶液的比热容、温度和焓之间的关系为：$i_1-i_0=C_p(t_1-t_0)$，将各值代入式（5-12）中并移项整理，加热蒸汽量即可以用下式计算：

$$D=\frac{FC_p(t_1-t_0)+Vr'+Q_1}{r} \tag{5-13}$$

式中，t_0、t_1 分别为进料和蒸发器内溶液沸点温度，℃；C_p 为溶液的平均比热容，$kJ \cdot kg^{-1} \cdot ℃^{-1}$；$r$、$r'$ 分别为生蒸汽和二次蒸汽的汽化潜热，$kJ \cdot kg^{-1}$。

若蒸发过程为沸点进料，则 $t_0=t_1$，同时忽略热损失，则：

$$D=\frac{r'V}{r} \tag{5-14}$$

或

$$\frac{D}{V}=\frac{r'}{r}$$

蒸汽的潜热随压力的变化不大，所以在压力变化不太大时二次蒸汽的汽化潜热 r' 和加热蒸汽的汽化潜热 r 相差不大。由式（5-14）可见，对于单效蒸发操作，D/V 约等于 1。换句话说，蒸发器蒸发 1kg 的水，约需要消耗 1kg 的加热蒸汽。但是由于实际蒸发操作过程存在热损失和溶液的混合过程存在混合热等原因，所以每蒸发 1kg 的水分约需要 1~1.3kg 的加热蒸汽。

上式是蒸发器的单位蒸汽消耗量，其值与蒸发过程的能量消耗密切相关，故定义为：

$$e=\frac{D}{V}=\frac{r'}{r} \tag{5-15}$$

式中，e 是每蒸发 1kg 水分时，加热蒸汽的消耗量，称为单位蒸汽消耗量，$kg \cdot kg^{-1}$。

由此可见，蒸发操作是一种耗能很大的单元操作。为了减少蒸发过程的能量消耗，因而通常采用多效蒸发。

5.4.3 蒸发器传热面积

根据传热方程，蒸发器的传热面积 S 可由下式计算：

$$S=\frac{Q}{K\Delta t_m} \tag{5-16}$$

式中，Q 为传热量，W；K 为传热系数，$W \cdot m^{-2} \cdot ℃^{-1}$；$\Delta t_m$ 为传热平均温差，℃。

对单效蒸发器，加热蒸汽量为 D，因此传热量 Q 为：

$$Q=Dr \tag{5-17}$$

因为蒸发器的换热器壁面两侧均为相变过程，所以传热温差为加热蒸汽的饱和温度 T 和蒸发器内溶液的沸点 t_1 的差，即：

$$\Delta t_m=T-t_1 \tag{5-18}$$

将式（5-17）和式（5-18）代入式（5-16）得：

$$S=\frac{Q}{K\Delta t_m}=\frac{rD}{K(T-t_1)} \tag{5-19}$$

传热系数 K 可按传热一章的计算方法进行计算，管外侧的冷凝传热系数可按膜状冷凝传热系数的计算式计算。因为受多种因素影响，管内侧溶液沸腾传热系数很难精确计算，影响因素包括溶液的性质、蒸发器的类型、沸腾传热的形式以及操作条件等。设计时，蒸发器的传热系数一般可参考实验数据或经验数据，选择条件相近的数值，使选的 K 值尽量合理。表 5-1 列出不同类型蒸发器的传热系数 K 值范围供参考。

表 5-1　蒸发器的传热系数 K 值

蒸发器类型	传热系数 K /W·m^{-2}·℃$^{-1}$	蒸发器类型	传热系数 K /W·m^{-2}·℃$^{-1}$
水平沉浸加热式	600～2300	外加热式（强制循环）	1200～7000
标准式（自然循环）	600～3000	升膜式	1200～6000
标准式（强制循环）	1200～6000	降膜式	1200～3500
悬筐式	600～3000	蛇管式	350～2300
外加热式（自然循环）	1200～6000		

【例 5-4】 需要浓缩 20% 的 NaOH 水溶液的温度为 60℃，质量速率为 5400kg·h^{-1}，用单效蒸发将其浓缩到 50%。生蒸汽和二次蒸汽压力分别为 400kPa 和 50kPa（绝对压强）。操作条件下溶液的沸点为 126℃，传热系数为 1560W·m^{-2}·℃$^{-1}$。忽略热损失和稀释热（原料液的比热容为 3.4kJ·kg^{-1}·℃$^{-1}$）。求：（1）加热蒸汽用量、单位蒸汽消耗量及传热面积。（2）若改为沸点进料时单位蒸汽消耗量为多少？

解　（1）从附录的水蒸气表查得 400kPa 和 50kPa 饱和水蒸气的汽化热分别为 2138.5kJ·kg^{-1}、2304.5kJ·kg^{-1}；400kPa 时饱和水蒸气的温度为 143.4℃。

蒸发水量由式（5-10）求取

$$V = F\left(1 - \frac{x_0}{x_1}\right) = 5400 \times \left(1 - \frac{20}{50}\right)$$
$$= 3240 \text{kg·h}^{-1}$$

由式（5-13）计算加热蒸汽消耗量

$$D = \frac{FC_p(t_1 - t_0) + Vr' + Q_1}{r} = \frac{5400 \times 3.4(126 - 60) + 3240 \times 2304.5}{2138.5}$$
$$= 4058 \text{kg·h}^{-1}$$

单位蒸汽消耗量　$e = \dfrac{4058}{3240} = 1.25$

（2）若改为沸点进料

$$D = \frac{5400 \times 3.4 \times (126 - 126) + 3240 \times 2304.5}{2138.5}$$
$$= 3491.5 \text{kg·h}^{-1}$$

单位蒸汽消耗量　$e = \dfrac{3491.5}{3240} = 1.08$

传热面积

$$S = \frac{Q}{K\Delta t} = \frac{Dr}{K\Delta t}$$
$$= \frac{3491.5 \times 2138.5}{1.560 \times (143.4 - 126) \times 3600}$$
$$= 76.4 \text{m}^2$$

当稀释热不可以忽略时，需要用式（5-12）计算。式中溶液的焓由焓浓图查取。图 5-13 是 NaOH 水溶液的焓浓图。

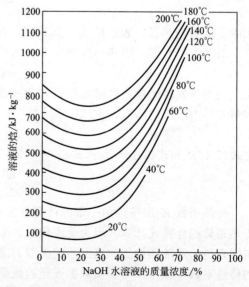

图 5-13　NaOH 水溶液的质量浓度和焓的关系

【例 5-5】　继续例 5-4 中如果浓缩液不能忽略，计算加热蒸汽消耗量及单位蒸汽消耗量；计算传热面积。

解　由图 5-13 查得 60℃ 时 20% 的 NaOH 水溶液的焓 $i_0 = 210 \text{kJ} \cdot \text{kg}^{-1}$；126℃ 时 50% 的 NaOH 水溶液的焓 $i_1 = 620 \text{kJ} \cdot \text{kg}^{-1}$。附录的水蒸气表查得 50kPa 饱和水蒸气的焓为 2644.3kJ · kg^{-1}。

由式(5-12) 求加热蒸汽消耗量

$$D = \frac{V(I' - i_1) + F(i_1 - i_0) + Q_1}{r} = \frac{3240 \times (2644.3 - 620) + 5400 \times (620 - 210)}{2138.5} = 4102 \text{kg} \cdot \text{h}^{-1}$$

单位蒸汽消耗量　$e = \dfrac{D}{V} = \dfrac{4102}{3240} = 1.27$

传热面积　$S = \dfrac{Q}{K\Delta t} = \dfrac{Dr}{K\Delta t} = \dfrac{4102 \times 2138.5}{1.560 \times (143.4 - 126) \times 3600} = 89.8 \text{m}^2$

【例 5-6】　计算单效蒸发器的传热面积。一个连续单效蒸发器将质量速率为 9072 kg · h^{-1}、浓度为 1.0% 的盐溶液浓缩到 1.5%，进料温度为 311.0K。蒸发器蒸汽空间的压力为 101.3kPa（绝对压强），加热蒸汽的压力为 143.3kPa。传热系数 $K = 1704 \text{W} \cdot \text{m}^{-2} \cdot \text{K}^{-1}$。计算二次蒸汽的质量速率 W、浓缩液的质量速率 L 和传热面积。设溶液为稀溶液，其沸点与水相同。

解　由质量衡算式(5-10) 计算二次蒸汽的质量速率

$$V = F\left(1 - \frac{x_0}{x_1}\right) = 9072 \times \left(1 - \frac{0.01}{0.015}\right) = 3024 \text{kg} \cdot \text{h}^{-1}$$

总物料衡算　$9072 = L + V$

浓缩液的质量速率　$L = 6048 \text{kg} \cdot \text{h}^{-1}$

假设进料的比热容为 $C_p = 4.14 \text{kJ} \cdot \text{kg}^{-1} \cdot \text{K}^{-1}$（通常进料是无机盐的水溶液，其 C_p 可以近似假设与水的比热容相同）。为了进行热衡算，可以方便地假设溶液的沸点与压力为 101.32kPa 的纯水相同，即 $t_1 = 373.2 \text{K}(100℃)$。根据水蒸气表可以查取 373.2K 溶液的汽化潜热为 2257kJ · kg^{-1}。143.3kPa 饱和水蒸气的汽化潜热为（饱和温度为 383.2K）2230kJ · kg^{-1}。

由热量衡算式(5-13) 得

$$D = \frac{FC_p(t_1 - t_0) + Vr' + Q_1}{r} = \frac{9072 \times 4.14 \times (373.2 - 311.0) + 3024 \times 2257}{2230} = 4108.2 \text{kg} \cdot \text{h}^{-1}$$

通过加热表面 S 传递的传热速率　$Q = 4108.2 \times 2230 \times \dfrac{1000}{3600} = 2545 \text{kW}$

由传热速率方程　$Q = 2545 = KS\Delta t_m = \dfrac{1704}{1000} S \times (383.2 - 373.2)$

解得　$S = 149.4 \text{m}^2$

5.4.4　过程的变量对蒸发操作的影响

(1) 进料温度的影响

进料温度对蒸发操作有很大的影响。从例 5-4 可见原料温度越高，蒸发 1kg 水分消耗的加热蒸汽越少。在例 5-6 中，进料温度为 311.0K，而蒸发器中液体的沸腾温度为 373.2K。这时大约需要 1/4 的加热蒸汽相变热才能将进料升温到沸点。因此，仅有 3/4 的加热量用于蒸发物料中的溶剂。若进料温度高于蒸发器内溶液的沸点温度，则因为闪蒸而使进料获得额外的蒸发。因此，预热进料可以减少蒸发器的尺寸。

（2）压力的影响

在例 5-6 中，操作压力是 101.3kPa（绝对压强），这样使得蒸发器内溶液的沸点温度固定为 373.2K（不考虑溶质对沸点的影响），加热蒸汽的温度为 383.2K，因此，传热温差为 10K。在许多情况下，希望有较大的传热温差，这样可以减少蒸发器的传热面积和降低蒸发器的费用。为了将蒸发器操作压力降低到 101.3kPa 以下，即在真空下操作，也必须使用冷凝器和真空泵。比如，压力降低到 41.4kPa，水的沸点为 349.9K，此时，温差为 383.2－349.9＝33.3K。传热面积大大下降。

（3）加热蒸汽的蒸气压的影响

加热蒸汽的压力高，温度也高，使得传热温差加大，从而减少传热面积和降低蒸发器的费用。然而，这样也会提高原蒸汽的价格。原蒸汽的压力越高价格越高。因此，在设计时应从整个经济角度出发全面地平衡各设计参数以确定最佳的蒸气压。

（4）总传热系数的影响

提高总传热系数 K 是减小传热表面积的有效途径。一般而言，蒸汽冷凝传热系数 h_o 大于沸腾传热系数 h_i；故 h_o 不是影响总传热系数的主要因素，但也应及时将系统中的不凝性气体排出，否则也将极大降低冷凝传热系数。此外，蒸汽冷凝侧的污垢热阻和管壁热阻都比较小，一般也可以忽略。由此可知控制 K 的主要因素为沸腾侧的污垢热阻和沸腾传热系数 h_i。蒸发易结垢和有晶体析出的溶液时，应定期清洗设备，除去垢层，或加入阻垢剂阻止垢层形成，并在蒸发器选型时考虑便于清洗和溶液循环速度较大的蒸发器。蒸发器中的溶液是在加热管束内沸腾，较前章介绍的管外大容器内沸腾要复杂得多。为了提高沸腾传热系数 h_i 值，应造成良好的流体力学条件，使沸腾区尽可能扩大，预热区和饱和区尽可能小，即原料液应预热到或接近沸点后再送入蒸发器。

尽管管内沸腾传热系数 h_i 的经验公式很多，但设计时一般取用由经验总结的总传热系数值，有关数值可参考相关文献论著，选用时应选与设计情况相似或类似的数据。

5.5 多效蒸发

蒸发是一种消耗能量很大的单元操作。在单效蒸发的计算中已得知，蒸发 1kg 水需要 1kg 以上的加热水蒸气。在单效蒸发中，主要的费用是加热蒸汽的耗费。就加热蒸汽的消耗而言，单效蒸发是浪费的，因为离开蒸发器的二次蒸汽未能进行再利用。在工业蒸发中，从物料到产品，浓度跨度很大。采用连续的单效蒸发会产生两个问题：①浓度跨度太大难以操作；②二次蒸汽不能重复利用，导致蒸发过程能耗大。为了减少费用，使用多效蒸发可以回收二次蒸汽的潜热。由于多效蒸发后效的操作压强和溶液的沸点均较前效的低，因此可引入前效的二次蒸汽作为后效的加热介质，即后效的加热室成为前效二次蒸汽的冷凝器，仅第一效需要消耗生蒸汽，这就是多效蒸发的操作原理。由于各效的二次蒸汽都作为下一效蒸发器的加热蒸汽，故提高了生蒸汽的利用率。如当原料液在沸点下进入蒸发器并忽略热损失、各种温度差损失以及不同压强下汽化热的差别时，则理论上单效的 $D/W \approx 1$，双效的 $D/W \approx$

1/2，三效的 $D/W \approx 1/3 \cdots \cdots$ 若考虑实际上存在的温度差损失和蒸发器的热损失等，则多效蒸发时达不到上述的经济性。实际单效蒸发的最小（D/W）值为 1.1，双效的为 0.57，三效的为 0.4。

三效并流蒸发操作如图 5-14 所示，在这个系统中每一效的作用就像一个单效蒸发器。生蒸汽作为加热介质由第一效加入，第一效溶液的沸腾温度和压力分别为 T_1、p_1。第一效的二次蒸汽作为第二效的加热介质，加热第二效的溶液汽化，第二效的二次蒸汽温度和压力分别为 T_2、p_2。为了第二效的传热能够进行，第一效的二次蒸汽温度 T_1 必须高于第二效的沸腾温度 T_2，因此，第二效的操作压力 p_2 必须低于第一效的操作压力 p_1。相似地，第二效的二次蒸汽温度必须高于第三效的溶液沸腾温度，因此，p_3 必须小于 p_2。如果第一效蒸发是在 1atm 绝对压强下操作，则第二效和第三效是在真空下操作。

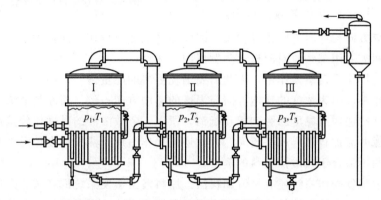

图 5-14　三效并流蒸发操作

当多效蒸发是在稳态下进行时，则每一效的流动速率和蒸发速率均为常数。压力、温度和内部流动速率在稳态操作条件下会自动地保持常数。如果要改变最后一效产品的浓度，那么，必须改变第一效的进料速率，必须满足整个系统以及每个蒸发器的物料平衡。如果最后一效产品的浓度提高，则必须提高进料的速率，反之亦然。

5.5.1 多效蒸发的流程

在多效蒸发过程中，使用前一效的二次蒸汽作为下一效的加热介质。物料的增浓方向与二次蒸汽的流向相同或者不同时，多效蒸发过程具有不同的特点。因此，多效蒸发操作可采用不同的流程。

（1）并流操作

并流操作是物料的增浓方向与二次蒸汽的流动方向一致。即需要蒸发提浓的物料由第一效 I 进入，经第 I 效提浓的物料进入第 II 效继续蒸发；生蒸汽由第 I 效加入，加热第 I 效蒸发器内的溶液使溶剂汽化，产生二次蒸汽。而第 I 效的二次蒸汽（压力和温度分别为 p_1、T_1）则作为加热蒸汽送入第 II 效，加热第 II 效的溶液使其溶剂汽化，产生二次蒸汽（压力和温度分别为 p_2、T_2）。第三效、第四效等进行同样的操作直到物料的浓度达到要求为止（图 5-14）。

在并流多效蒸发操作中，后一效的压强总是比前一效的低。并流操作有如下特点。

① 各效间的压差能够自动地将溶液从上一效输送入下一效，不需外加泵。

② 由于并流操作中压差的逐效递减，因而后一效溶液的沸点较前一效低，所以当前一效溶液进入后一效时，溶液发生闪蒸。因此后一效产生的二次蒸汽较之前一效要多一些。

③ 由于后一效的溶液较前一效沸点低，溶液浓度则逐效递增，因此溶液的黏度依次增大。这样后一效蒸发器的传热系数通常较前一效为小。

（2）逆流操作

逆流操作是物料的增浓方向与二次蒸汽的流动方向相反（图 5-15）。

逆流操作中，若将原料液从蒸发系统的最后一效加入，则生蒸汽由第一效加入。为了保证每一效在蒸发操作时有一定的传热温差，从第一效开始各效的压力逐

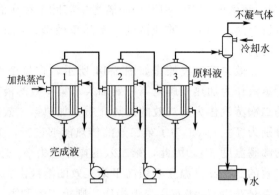

图 5-15　逆流操作蒸发系统

效递减，其递减方向与加料方向正好相反，因此与并流蒸发操作不同，为了克服压差在逆流操作的各效之间需要用泵将原料液送入蒸发器内。

另外，逆流操作无自蒸发作用，因此需要消耗更多的能量。

在逆流操作中，因为浓度的递增方向与温度的递增方向一致，而原料液浓度的递增对黏度的影响与温度的递增对黏度的影响相互抵消，所以，各效溶液的黏度比较接近，从而各效的传热系数不像并流加料那样相差较大。因此逆流操作适用于蒸发黏度随温度和浓度变化比较大的溶液，而不适合于热敏性物料的蒸发。

此外，多效蒸发操作系统还有平流加料法。原料液由蒸发系统的各效分别加入，完成液也分别从各效排出，各效溶液的流向相互平行。平流加料法适合于容易析出结晶的溶液的浓缩过程。

5.5.2　多效蒸发的计算

在多效蒸发系统的计算中，需要计算的量通常为每一效的加热面积、加热蒸汽的用量和每一效的蒸发量，特别是最后一效的蒸发量。和单效蒸发相似，在多效蒸发中，已知量如下：①进入第一效的加热蒸汽压力；②离开最后一效的蒸汽压力；③进入第一效的进料条件；④离开最后一效的完成液浓度；⑤液体和蒸汽的物理性质，如溶液和蒸汽的焓、比热容等；⑥每一效的传热系数。通常每一效的传热面积假设为相等。各效蒸发器的传热系数可引用生产实际数据或实验测得的数据，也可用经验公式估算。

在多效蒸发器的计算中，计算的基本依据是质量衡算和热量衡算。由于效数较多，未知量的个数也多，计算时需要进行必要的简化和转换。采用的方法通常是试差法或数值法。

（1）物料衡算

以并流蒸发操作为例，考察通过蒸发器各物流的物理量变化以及它们之间的关系，通过物料衡算和热量衡算建立各物理量之间的数学关系。

① 总蒸发水质量流率 V　若各效的蒸发水质量流率分别为 V_1，V_2，$\cdots$，V_n（图 5-16），则总蒸发水质量流率 V 可由下式计算：

$$V = V_1 + V_2 + \cdots + V_n$$

对整个蒸发系统的溶质作物料衡算，与式(5-9) 相似，则：

$$F x_0 = (F - V) x_n$$

重排上式：

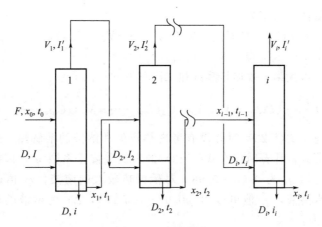

图 5-16　多效蒸发

$$V=F\left(1-\frac{x_0}{x_n}\right) \tag{5-20}$$

② 各效浓度 x_i 的计算　进出各效蒸发器的各物理量的表示如图 5-16 所示，从第一效到任何一效 i，对溶质作物料衡算：

$$Fx_0=(F-V_1-V_2-\cdots-V_i)x_i$$

重排上式，第 i 效蒸发器浓缩液的浓度为：

$$x_i=\frac{Fx_0}{F-V_1-V_2-\cdots-V_i} \tag{5-21}$$

溶液的浓度除进料和末效为已知外，其余均为未知量，所以，以上关系只能求取多效蒸发器的总水分蒸发量和各效的平均水分蒸发量。要计算各效的水分蒸发量，必须利用质量衡算和热量衡算联立求解。

(2) 热量衡算

蒸发计算中，准确的热量衡算方法是焓衡算。但是为了简化计算，像单效蒸发一样，对于多效蒸发采用近似的计算方法，忽略稀释热、温差对比热容的影响及热损失。使用近似计算法对多效蒸发器进行热量衡算。

① 第一效　当加热蒸汽以质量速率 D_1 在饱和温度下冷凝时，其冷凝潜热为 r_1，则冷凝时放出的冷凝热为 $Q_1=D_1r_1$。如果忽略混合热、温差对比热容的影响及热损失时，蒸汽冷凝放出的热量部分用于预热物料，部分用于汽化物料中的水分，即：

$$Q_1=D_1r_1=FC_{p0}(t_1-t_0)+V_1r_1' \tag{5-22}$$

式中，F 为进料质量流率，$kg \cdot h^{-1}$；C_{p0} 为原料液的比热容，$kJ \cdot kg^{-1} \cdot ℃^{-1}$；$t_0$、$t_1$ 分别为进料和第一效温度，℃；V_1 为第一效蒸发水量，$kg \cdot h^{-1}$；r_1、r_1' 分别为第一效加热蒸汽和第一效二次蒸汽的汽化潜热，$kJ \cdot kg^{-1}$。

② 第二效　并流操作中，第二效蒸发的加热蒸汽是第一效的二次蒸汽，第二效的进料是第一效的浓缩液，因此热量衡算关系为：

$$Q_2=D_2r_2=(FC_{p0}-V_1C_{pw})(t_2-t_1)+V_2r_2'$$

由于是并流蒸发操作，式中，$D_2=V_1$，$r_2=r_1'$，$Q_2=V_1r_1'$。

整理第二效的热衡算关联式为：

$$Q_2=V_1r_1'=(FC_{p0}-V_1C_{pw})(t_2-t_1)+V_2r_2'$$

③ 第 i 效　第 i 效蒸发的加热蒸汽是第 $i-1$ 效的二次蒸汽，第 i 效的进料是第 $i-1$ 效

的浓缩液，因此热量衡算关系为：

$$Q_i = D_i r_i = (FC_{p0} - V_1 C_{pw} - V_2 C_{pw} - \cdots - V_{i-1} C_{pw})(t_i - t_{i-1}) + V_i r_i'$$

式中，$D_i = V_{i-1}$，$r_i = r_{i-1}'$，$Q_i = V_{i-1} r_{i-1}'$。

代入并整理上式得到第 i 效加热蒸汽和二次蒸汽的量的关系：

$$V_i = D_i \frac{r_i}{r_i'} + (FC_{p0} - V_1 C_{pw} - V_2 C_{pw} - \cdots - V_{i-1} C_{pw}) \frac{(t_i - t_{i-1})}{r_i'} \tag{5-23}$$

通过热量衡算建立式(5-23) 时并没有考虑热损失和溶液的溶解热，所以为了使计算的值与实际值符合得更好，计算时应在式(5-23) 的右侧乘修正系数 η_i，以校正因理想化假设带来的误差。一般可取 η_i 为 0.96～0.98。对稀释热较大的溶液，η_i 值还与溶液的浓度有关，对于氢氧化钠水溶液，η_i 值可取为 $(0.98 - 0.7\Delta x)$，Δx 为溶液的质量浓度变化。因此，式(5-23) 改写为：

$$V_i = \left[D_i \frac{r_i}{r_i'} + (FC_{p0} - V_1 C_{pw} - V_2 C_{pw} - \cdots - V_{i-1} C_{pw}) \frac{(t_i - t_{i-1})}{r_i'} \right] \eta_i \tag{5-23a}$$

(3) 蒸发传热面积

多效蒸发器设计计算的核心问题是要确定蒸发器中换热器的面积。要确定传热面积必须知道各效的传热量、传热的温差以及传热系数等。由于蒸发过程既涉及相变过程，而且当溶液通过各效蒸发器时，溶液的浓度不断改变，各效溶液的沸点也在改变，因此其设计计算过程要比纯流体换热过程的设计计算复杂。

根据传热速率方程，有：

$$Q = KS\Delta t_m \tag{5-24}$$

在蒸发过程中，由于加热介质是饱和蒸汽，其冷凝过程是在饱和状态下冷凝，蒸发器内的溶液则是在沸点下蒸发。所以传热温差为：

$$\Delta t_m = \Delta t = T - t \tag{5-25}$$

式中，T、t 分别为加热蒸汽和二次蒸汽的温度，℃。

传热速率方程可以改写成：

$$Q = KS\Delta t \tag{5-26}$$

若已知各效的加热量和传热系数，多效蒸发器各效的传热面积即可由上式计算。一般地，各效的传热量由各效加热蒸汽量求得。设各效的传热量为 $Q_1, Q_2, Q_3, \cdots, Q_n$ 等，则各效的传热面积 $S_1, S_2, S_3, \cdots, S_n$ 可用下列各式计算：

$$S_1 = \frac{Q_1}{K_1 \Delta t_1}, \quad S_2 = \frac{Q_1}{K_1 \Delta t_2}, \quad S_3 = \frac{Q_1}{K_3 \Delta t_3}, \quad \cdots, \quad S_n = \frac{Q_n}{K_n \Delta t_n} \tag{5-27}$$

蒸发器传热面积的计算基本原理与传热一样。对纯物质的蒸发过程，如果不考虑液柱对沸点的影响，则很容易计算出各效的传热面积。但蒸发器传热面积的计算有特殊性。

① 各效操作压强为未知，只给出生蒸汽和末效二次蒸汽的压强。

② 因为溶液中溶质的存在，使得其沸点不等于相应效的二次蒸汽温度。

③ 长管式蒸发器中液柱较高，二次蒸汽压力不等于液体内部压力。

④ 多效蒸发器设计，一般要求各效尺寸相同，这意味着设计时各效传热面积要相等。

蒸发器传热面积计算的关键是：确定各效加热蒸汽和相应效溶液在蒸发过程中的温差 Δt。计算步骤如下。

① 压力分配　生蒸汽的压力和末效二次蒸汽压力是根据被处理物料的特性和综合考虑经济因素确定的，一旦确定了这两个参数，即使用各效压差平均分配法，由第一效开始推算

各效的操作压力。计算如下：

$$\Delta p = \frac{p_1 - p_k}{n} \tag{5-28}$$

式中，p_1 为生蒸汽压强，Pa；p_k 为冷凝器内压强，Pa。

任意 i 效的二次蒸汽的压强为：

$$p_i = p_1 - i\Delta p \tag{5-29}$$

② 二次蒸汽温度　根据式(5-29)可以计算任意 i 效的操作压强 p_i，根据该压力由饱和水蒸气表查取各对应效的二次蒸汽温度 T_i'。如果不考虑溶质浓度和液位高度对沸点的影响，此温度即为各效蒸发器操作时溶液的沸点。实际上，溶液的浓度和液柱高度的影响是不能忽略的，因此求各效沸点时必须考虑这些影响因素。

③ 溶液的沸点　p_i 只是各效蒸发器液面的压强，不代表液体内部的压强，当蒸发器内液深为 h 时，则各效内部压强为：

$$\bar{p}_i = p_i + \frac{h\rho g}{2} \tag{5-30}$$

用该值查取标准溶液的沸点，再用该沸点和该效溶液的浓度通过使用杜林规则求取相应效溶液的沸点。

④ 各效传热温差　求出各效二次蒸汽温度和蒸发器中溶液的沸点温度之后，由生蒸汽的温度（或上一效的二次蒸汽的温度）和该效蒸发器中溶液的沸点温度就可以求出传热温差 Δt。

⑤ 传热面积　由式(5-27)可见，若已知各效的传热温差 Δt，当选定传热系数 K 后，可用该式计算各效传热面积。这样计算出来的各效蒸发器的传热面积可能大小不一，工业上为了加工和安装等方便，蒸发器传热面积按等面积设计。

若按等面积分配设计，则等面积分配时的传热温差 $\Delta t'$ 不等于原温差 Δt。等面积分配的传热速率方程为：

$$Q_1 = K_1 S \Delta t_1', \quad Q_2 = K_2 S \Delta t_2', \quad Q_3 = K_3 S \Delta t_3', \quad \cdots, \quad Q_i = K_i S \Delta t_i' \tag{5-31}$$

由各效传热方程式(5-27)和等面积分配设计传热方程式(5-31)联立求解等面积设计的温差分配，即：

$$\Delta t_1' = \frac{S_1 \Delta t_1}{S}, \quad \Delta t_2' = \frac{S_2 \Delta t_2}{S}, \quad \cdots, \quad \Delta t_i' = \frac{S_i \Delta t_i}{S} \tag{5-32}$$

将式(5-32)的左右分别相加得：

$$\sum \Delta t = \Delta t_1' + \Delta t_2' + \Delta t_3' + \cdots + \Delta t_i' + \cdots = \frac{S_1 \Delta t_1 + S_2 \Delta t_2 + S_3 \Delta t_3 + \cdots + S_i \Delta t_i + \cdots}{S}$$

因此

$$S = \frac{S_1 \Delta t_1 + S_2 \Delta t_2 + S_3 \Delta t_3 + \cdots + S_i \Delta t_i + \cdots S_n \Delta t_n}{\sum \Delta t} \tag{5-33}$$

从式(5-33)可见等面积分配 S 其实是取前面计算各效面积的平均值。等面积分配后，重新计算各物理量，最后计算的传热面积，如果相等或相近，即为所求。

【例 5-7】 10%的 NaOH 水溶液 10t·h^{-1} 使用双效并流蒸发浓缩到 50%，10%的 NaOH 水溶液的比热容为 3.77kJ·kg^{-1}·℃$^{-1}$。沸点进料。生蒸汽和末效二次蒸汽绝对压强分别为 500kPa 和 15kPa。各效传热系数分别为 $K_1 = 1170$W·m^{-2}·℃$^{-1}$，$K_2 = 700$W·m^{-2}·℃$^{-1}$，各效蒸发器内液体的密度分别为 $\rho_1 = 1120$kg·m^{-3}，$\rho_2 = 1460$kg·m^{-3}。各效加

热蒸汽在饱和温度排出。设加热管的液面高度为 1.2m。试求：（1）总蒸发量和各效蒸发量；（2）生蒸汽量；（3）传热面积（各效传热面积相等）。

解 （1）总蒸发水的质量速率 V　总蒸发水的质量速率可由式(5-20)计算。

$$V = F\left(1 - \frac{x_0}{x_n}\right) = 10000 \times \left(1 - \frac{0.1}{0.5}\right) = 8000\text{kg} \cdot \text{h}^{-1}$$

（2）初估各效蒸发器溶液的浓度　多效蒸发器设计计算中，一般只知道原料浓度和最终浓缩液的浓度。要计算各效浓度时，必须知道各效的蒸发量，但是在开始计算时由于数据不足，无法计算各效的蒸发量。计算时，一般是按生产实践数据进行估算。若没有实际数据，各效蒸发量数据也可以按各效蒸发器的蒸发量相等并且等于总蒸发量的平均值进行估算。

即
$$V_i = \frac{V}{n}$$

蒸发系统使用并流操作，可以按下式进行估算。

两效操作　$V_1 : V_2 = 1 : 1.1$

三效操作　$V_1 : V_2 : V_3 = 1 : 1.1 : 1.2$

通过以上各式计算出来的各效的蒸发量只是用作试差计算的初值，要通过热量衡算重新计算各效蒸发器的蒸发量。

对于双效并流蒸发　$V_1 : V_2 = 1 : 1.1$

因此
$$V = V_1 + V_2 = 2.1V_1 = 8000\text{kg} \cdot \text{h}^{-1}$$

解得
$$V_1 = \frac{8000}{2.1} = 3810\text{kg} \cdot \text{h}^{-1}, \ V_2 = 8000 - 3810 = 4190\text{kg} \cdot \text{h}^{-1}$$

由式(5-21)得
$$x_1 = \frac{Fx_0}{F - V_1} = \frac{10000 \times 0.1}{10000 - 3810} = 0.162$$

由题意 $x_2 = 50\%$。

（3）估算各效的沸点　如果忽略蒸发系统中各效浓度、液柱变化和管路摩擦损失引起的沸点改变，要计算各效溶液的沸点是非常简单的，此时仅需要知道各效的操作压力就可以进行计算。但是，在大多数情况下，溶液的浓度和蒸发器中液柱高度对沸点的影响是不能忽略的，尽管流体通过管路的阻力损失可以忽略不计。假定通过各效的压降相等，由式(5-28)可以平均分配到各效的压差 Δp。

即
$$\Delta p = \frac{p_1 - p_k}{n}$$

对于双效蒸发系统，第一效的生蒸汽压力 p_1 和末效的操作压力 p_k 为已知。分配到各效的压差　$\Delta p = \frac{p_1 - p_k}{n} = \frac{500 - 15}{2} \approx 243\text{kPa}$

第一效的操作压强　$p_1' = 500 - 243 = 257\text{kPa}$

借助于饱和水蒸气表，由该压力可以查到与之相对应的第一效的二次蒸汽温度
$$T_1' = 127.2℃$$

冷凝器的操作压强为　$p_k' = 15\text{kPa}$

由饱和水蒸气表，查到与之相对应的二次蒸汽温度　$T_2' = 53.5℃$

如果不考虑溶质和蒸发室液柱高度对沸点的影响以及流体在管路中的流动损失，以

上两个温度即分别为各效蒸发室液体的沸点温度，此时即可以确定各效的传热温差。但是，实际上溶质和液柱高度对溶液的沸点影响很大，因此必须对以上两个温度进行修正才能得到蒸发室中溶液的真实沸点。

校正第一效溶液的沸点：蒸发室中液体内部的压力可以用式(5-6) 计算

$$p_m = p + \frac{h\rho g}{2}$$

因此，第一效蒸发室中液体内部的压力

$$p_{m1} = p_1 + \frac{h\rho g}{2} = 257 + \frac{1.2 \times 1120 \times 9.81}{2 \times 1000} = 264 \text{kPa}$$

借助于饱和水蒸气表，由此压力查得对应的饱和水蒸气温度 $T = 128.1℃$

可见，液柱高度使得沸点升高 $128.1 - 127.2 = 0.9℃$

用该温度 $(128.1℃)$ 和第一效溶液浓度 $x_1 = 0.162$ 查图 5-10，查得溶液浓度为 16.2% 时蒸发室内原料液的沸点温度 $t_1 = 136.5℃$

当第一效蒸汽压强为 500kPa 时，由饱和水蒸气表查得对应的饱和蒸汽温度为 151.7℃。初步估算第一效的传热温差

$$\Delta t_1 = 151.7 - 136.5 = 15.2℃$$

校正第二效溶液的沸点：第二效蒸发室内液体内部的压力

$$p_{m2} = p_2 + \frac{h\rho g}{2} = 15 + \frac{1.2 \times 1460 \times 9.81}{2 \times 1000} = 23.6 \text{kPa}$$

由此压力查得第二效对应的二次水蒸气温度 $T = 62.4℃$

可见，液柱高度使得沸点升高 $62.4 - 53.5 = 8.9℃$

用温度 62.4℃ 和二效溶液浓度 $x_2 = 0.5$ 查图 5-10，可以查得溶液浓度为 50% 的蒸发室内原料液的沸点温度 $t_2 = 100℃$

第二效加热蒸汽是来自第一效的二次蒸汽，而第一效的二次蒸汽温度为 127.2℃。初步估算第二效的传热温差 (忽略管道的阻力损失)

$$\Delta t_2 = 127.2 - 100 = 27.2℃$$

为了便于比较，将各效加热蒸汽和二次蒸汽的温度及其相应的汽化热、蒸发室中溶液的沸点、传热温差列于表 5-2。

表 5-2　第一次估算的各效蒸发器的参数

各效序号		1	2
加热蒸汽	压强/kPa	500	
	温度/℃	151.7	127.2
	汽化热/kJ·kg⁻¹	2113.2	2188.4
二次蒸汽	压强/kPa	257	15
	温度/℃	127.2	53.5
	汽化热/kJ·kg⁻¹	2185.4	2367.6
溶液的沸点/℃		136.5	100
传热温差/℃		151.7−136.5=15.2	127.2−100=27.2

（4）通过热量衡算重新计算蒸发质量速率和生蒸汽质量速率，用式（5-23a）可以计算任意效的蒸发量。

第一效蒸发器蒸发的质量速率：

$$V_1 = \left[D_1 \frac{r_1}{r_1'} + FC_{p0} \frac{t_0 - t_1}{r_i'} \right] \eta_1$$

若为沸点进料，则 $t_0 = t_1$，上式简化 $V_1 = D_1 \dfrac{r_1}{r_1'} \eta_1$

其中 $\eta_1 = 0.98 - 0.7\Delta x = 0.98 - 0.7 \times (0.162 - 0.1) = 0.937$

所以

$$V_1 = D_1 \frac{r_1}{r_1'} \eta_1 = \frac{2113.2 \times 0.937}{2185.4} D_1 = 0.906 D_1 \tag{a}$$

第二效蒸发器蒸发的质量速率：

蒸发量 $\quad V_2 = V - V_1 = \left[V_1 \dfrac{r_2}{r_2'} + (FC_{p0} - V_1 C_{pw}) \dfrac{t_1 - t_2}{r_2'} \right] \eta_2$

其中 $\eta_2 = 0.98 - 0.7\Delta x = 0.98 - 0.7 \times (0.5 - 0.162) = 0.743$

将已知数代入得

$$8000 - V_1 = \left[V_1 \times \frac{2188.4}{2367.6} + (10000 \times 3.77 - 4.187 V_1) \times \frac{136.5 - 100}{2367.6} \right] \times 0.743 \tag{b}$$

联立式（a）和式（b）解得各效蒸发质量速率

$$V_1 = 4620 \text{kg} \cdot \text{h}^{-1}, \quad V_2 = 8000 - 4620 = 3380 \text{kg} \cdot \text{h}^{-1}$$

生蒸汽量 $\quad D = 5100 \text{kg} \cdot \text{h}^{-1}$

（5）蒸发器传热面积计算 由式（5-27） $S_i = \dfrac{Q_i}{K_i \Delta t_i}$

第一效的传热面积 $\quad S_1 = \dfrac{Q_1}{K_1 \Delta t_1} = \dfrac{Dr}{K_1 \Delta t_1} = \dfrac{\dfrac{5100}{3600} \times 1000 \times 2113.2}{1170 \times 15.2} = 168.4 \text{m}^2$

第二效的传热面积 $\quad S_2 = \dfrac{Q_2}{K_2 \Delta t_2} = \dfrac{D_2 r_2}{K_2 \Delta t_2} = \dfrac{V_1 r_2}{K_2 \Delta t_2} = \dfrac{\dfrac{4620}{3600} \times 1000 \times 2188.4}{700 \times 27.2} = 147.5 \text{m}^2$

计算得到的两效蒸发器传热面积相差较大。为了使各效传热面积相等，必须调整传热温差，调整后重复上述计算。

（6）重新分配各效温差 对于双效蒸发，根据上述计算结果，可按式（5-33）计算平均传热面积 S。

$$S = \frac{S_1 \Delta t_1 + S_2 \Delta t_2}{\sum \Delta t} = \frac{168.4 \times 15.2 + 147.5 \times 27.2}{15.2 + 27.2} = 155 \text{m}^2$$

根据第一次计算得到的温差、传热面积和平均传热面积，用式（5-32）算得等面积设计时的各效的温差。

$$\Delta t_1' = \frac{S_1 \Delta t_1}{S} = \frac{168.4 \times 15.2}{155} = 16.5 \text{℃}, \quad \Delta t_2' = \frac{S_2 \Delta t_2}{S} = \frac{147.5 \times 27.2}{155} = 25.9 \text{℃}$$

（7）重新计算各效沸点和传热面积

① 计算各效完成液浓度　根据前面计算的各效蒸发质量速率，可求得各效完成液浓度。

$$x_1 = \frac{Fx_0}{F-V_1} = \frac{10000 \times 0.1}{10000-4620} = 0.186, \quad x_2 = 0.5$$

② 计算各效沸点　第二效蒸发器内溶液的沸点：

由于冷凝器压强不改变，第二效完成液浓度为规定值。因此，第二效的溶液沸点与上次计算结果相同。即 $t_2 = 100℃$。

当温差重新分配后，第二效加热蒸汽的温度应等于第二效溶液沸点温度加上第二效重新分配的传热温差。

$$T_2 = t_2 + \Delta t'_2 = 100 + 25.9 = 125.9℃$$

第一效蒸发器内溶液的沸点：

第二效的加热蒸汽为已知，若不考虑第一效到第二效的管路损失，则第二效加热蒸汽温度即为第一效二次蒸汽温度。

$$T'_1 = T_2 = 125.9℃$$

上面已计算出液柱高度使得沸点升高值为 0.9℃，等面积设计的温差重新分配后，液柱高度的影响不变，故此值不需要重新计算。

温差重新分配后，第一效的溶液浓度改变了，因此需要重新计算其影响。由 $x_1 = 0.186$ 和 $T'_1 = 125.9℃$ 查图 5-10，可以查得溶液浓度为 18.6% 的沸点温度为 134.8℃。此值没包括液柱高度对沸点的影响。

因此第一效的蒸发室内溶液的沸点　$t_1 = 134.8℃ + 0.9℃ = 135.7℃$

按照等面积设计，温差重新分配后，计算的各效溶液温度及各种参数列于表 5-3。

表 5-3　第二次估算的各效蒸发器的参数

效序号		1	2
加热蒸汽	压强/kPa	500	
	温度/℃	151.7	125.1
	汽化热/kJ·kg^{-1}	2113.2	2191.8
二次蒸汽	压强/kPa		
	温度/℃	125.9	53.5
	汽化热/kJ·kg^{-1}	2189	2367.6
溶液的沸点/℃		135.7	100
传热温差/℃		151.7-135.7=16	25.1

(8) 重新计算各效蒸发的质量速率　用式(5-23a)可以计算任意效蒸发的质量速率。

第一效蒸发的质量速率：

$$V_1 = D_1 \frac{r_1}{r'_1} \eta_1$$

其中 $\eta_1 = 0.98 - 0.7\Delta x = 0.98 - 0.7 \times (0.186 - 0.1) = 0.92$

所以

$$V_1 = D_1 \frac{r_1}{r'_1} \eta_1 = \frac{2113.2 \times 0.92}{2189} D_1 = 0.89 D_1 \tag{c}$$

第二效蒸发的质量速率：

$$V_2 = V - V_1 = \left[V_1 \frac{r_2}{r_2'} + (FC_{p0} - V_1 C_{pw}) \frac{t_1 - t_2}{r_2'} \right] \eta_2$$

其中 $\eta_2 = 0.98 - 0.7\Delta x = 0.98 - 0.7 \times (0.5 - 0.186) = 0.76$

将已知数代入得

$$8000 - V_1 = \left[V_1 \times \frac{2191.8}{2367.6} + (10000 \times 3.77 - 4.187V_1) \times \frac{135.7 - 100}{2367.6} \right] \times 0.76 \qquad (d)$$

联立式(c)和式(d)解得各效蒸发器蒸发的质量速率

$$V_1 = 4570 \text{kg} \cdot \text{h}^{-1}, \quad V_2 = 8000 - 4570 = 3430 \text{kg} \cdot \text{h}^{-1}$$

生蒸汽量 $D = 5150 \text{kg} \cdot \text{h}^{-1}$

（9）重新核算各效蒸发器的传热面积 由式(5-27) $S_i = \dfrac{Q_i}{K_i \Delta t_i}$

第一效的传热面积 $S_1 = \dfrac{Q_1}{K_1 \Delta t_1} = \dfrac{Dr}{K_1 \Delta t_1} = \dfrac{\dfrac{5150}{3600} \times 1000 \times 2113.2}{1170 \times 16} = 161.5 \text{m}^2$

第二效的传热面积 $S_2 = \dfrac{Q_2}{K_2 \Delta t_2} = \dfrac{D_2 r_2}{K_2 \Delta t_2} = \dfrac{V_1 r_2}{K_2 \Delta t_2} = \dfrac{\dfrac{4570}{3600} \times 1000 \times 2191.8}{700 \times 25.1}$

$\qquad\qquad = 158.4 \text{m}^2$

计算两效的传热面积很接近，不需要再重算。取平均传热面积为 160m^2。

（10）计算结果

各效蒸发量 $V = 8000 \text{kg} \cdot \text{h}^{-1}$，$V_1 = 4570 \text{kg} \cdot \text{h}^{-1}$，$V_2 = 3430 \text{kg} \cdot \text{h}^{-1}$

生蒸汽量 $D = 5150 \text{kg} \cdot \text{h}^{-1}$

传热面积 $S = 160\text{m}^2$

5.6 多效蒸发的综合分析

蒸发过程是一个能耗比较大的单元操作，所以能耗是蒸发过程的主要操作指标。在单效蒸发器中，蒸发产生的二次蒸汽不再利用，通常将其冷凝变成液体后排掉。二次蒸汽的潜热很大，这样会造成很大的能量浪费。由于多效蒸发的前一效压力比后一效压力高，所以前一效的二次蒸汽温度大于后一效溶液的沸点温度，因而可以用前一效的二次蒸汽作为后一效的加热介质，这样提高了加热蒸汽的利用率。对于蒸发等量水分，采用多效蒸发需要加热蒸汽较单效蒸发少。此外还可以采用以下方法提高能量的利用率。

5.6.1 节约生蒸汽用量

采用多效蒸发操作是节约生蒸汽的有效措施。此外，设备外应包扎良好的绝热材料，防止热量损失于周围环境中；冷凝水排出口应装有阻汽器（冷凝水排除器）以防蒸汽随冷凝水逸出。这些都可以节约蒸汽用量。

5.6.2 抽取额外蒸汽

使部分二次蒸汽用于其他加热过程的热源称为额外蒸汽。潜热是能量品位高的能，利用二次蒸汽的冷凝潜热能大大提高能量的利用率。在满足工艺要求，即保证产品浓度并确定新鲜蒸汽用量和冷凝器操作参数的前提下，应最大限度地抽取额外蒸汽。一般糖的蒸发过程多引出额外蒸汽。

二次蒸汽压强较低，如果其他加热过程需要加热蒸汽温度较高，则需要使用热泵技术，以提高额外蒸汽的饱和温度。

5.6.3　冷凝水的利用

为了减少加热蒸汽消耗量，可充分利用冷凝水的余热。多采用等压排水和串级自蒸发的凝结水排放方式。

若将前一效的温度较高的冷凝水，减压到下一效加热室的压力，冷凝水发生自蒸发，产生的少量蒸汽可作下一效的加热蒸汽。蒸汽的产生率约为 2.5%。

5.6.4　二次蒸汽的压缩

蒸发过程的二次蒸汽含有很高的潜热，但是由于压力低，不能合理地利用。单效蒸发器中可以使用二次蒸汽再压缩的方法提高二次蒸汽的压力（即饱和温度）。二次蒸汽经压缩提高其饱和温度之后，将大大地提高其利用价值，此时可以将其回送到蒸发器的加热室作为加热蒸汽使用。二次蒸汽的压缩方法可分为：蒸汽机械式压缩法和蒸汽喷射式压缩法。

（1）机械式蒸汽再压缩蒸发器

在如图 5-17 所示的机械式蒸汽再压缩蒸发器中，由单效蒸发器顶部排出的二次蒸汽并不送往冷凝器，而是送到离心式或正位移式压缩机。二次蒸汽被压缩后送回蒸发器的热交换器。此时被压缩后的二次蒸汽温度高于蒸发器中溶液的沸点温度，因而可以作为加热蒸汽使用。它加热蒸发器中的溶液，溶液中的溶剂在汽化经压缩后又可以循环使用。有时，要在二次蒸汽压缩之前补充一些生蒸汽进去。蒸汽机械式压缩法是利用离心式、罗茨式和活塞式等压缩机。机械式压缩法的蒸发，当电价低于蒸汽价格（如水力发电）时，这种技术得到广泛的应用。

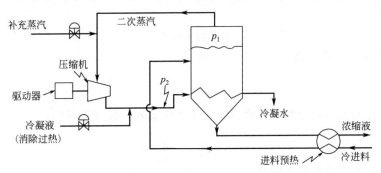

图 5-17　机械式蒸汽再压缩蒸发器

二次蒸汽再压缩单元通常的操作温差在 5～10℃ 之间。因此，与多效蒸发系统比较需要较大的传热面积。因此，这种单元设备的设备费用一般较高，还要加上压缩机和驱动装置的耗费。

蒸汽机械式压缩法的优点是节能效率高，每压缩 1kg 二次蒸汽，若温差为 22℃，仅需压缩机的轴功率为 54.12W·h，以机械能的形式表示为 194.8kJ。因此使用蒸汽机械式压缩法来提高二次蒸汽的饱和温度有较高的经济价值。

这种二次蒸汽再压缩蒸发过程在海水蒸发制取蒸馏水、造纸工业的黑液蒸发以及热敏感材料如果汁的蒸发中使用。

降膜式蒸发器由于其操作温差较低因而适用于这种二次蒸汽再压缩循环过程，同时降膜式蒸发器也很少夹带液体，因而避免对压缩机造成损害。

（2）蒸汽喷射式压缩法

蒸汽喷射式压缩法采用的是蒸汽喷射泵，又称为热压泵。其方法是在二次蒸汽出口处加装一个文丘里式的蒸汽喷射增压泵，即蒸汽喷射泵。以高压蒸汽为动力压缩低压的二次蒸汽，提高混合蒸汽的热力参数。蒸汽喷射泵的特点是结构简单，无活动部件，易保养，不需定期维修，操作稳定。每千克高压蒸汽可吸入 $0.5 \sim 1.5 \text{kg}$ 的二次蒸汽。吸入量与选用新鲜蒸汽的压强有关，蒸汽压强越高，蒸汽消耗量越少。但若蒸汽压强过高，其经济性就不太明显了，经济的新鲜蒸汽压强常为 $5 \sim 14 \text{atm}$。

5.7 多效蒸发中的最佳效数

工业生产中，若蒸发大量的水分，宜采用多效蒸发。效数的多少取决于蒸发过程的经济性和生产强度。

5.7.1 溶液的温度差损失与多效蒸发效数的限制

若多效和单效蒸发的操作条件相同，多效蒸发的温度差因经过多次的损失，其总损失较单效蒸发时为大。效数越多，温差损失也越大，且对某些溶液当效数多到某值时，可能发生总温度差损失等于或大于 $(T_1 - T_k)$，此时蒸发操作无法进行，所以从操作角度考虑多效蒸发的效数是有一定限制的。效数的多少取决于蒸发过程的经济性和生产强度。

5.7.2 多效蒸发的生产能力和强度

（1）生产能力和生产强度

① 生产能力 是单位时间内蒸发的水量，即蒸发量。可以认为蒸发量正比于蒸发器的传热速率，即：

$$V \propto Q = KS\Delta t \tag{5-34}$$

② 生产强度 是单位面积的蒸发量，即：

$$\frac{V}{S} \propto K\Delta t \tag{5-35}$$

由蒸发系统的传热关系，比较蒸发强度。对于单效蒸发，蒸发强度为：

$$\frac{V}{S} \propto K\Delta t$$

对于三效蒸发，蒸发强度则为：

$$\frac{V}{S} \propto K_1\Delta t_1 + K_2\Delta t_2 + K_3\Delta t_3 \approx K(\Delta t_1 + \Delta t_2 + \Delta t_3) \tag{5-36}$$

由上式可见，如果不存在溶质浓度和液柱高度对沸点的影响，单效蒸发和三效蒸发强度基本相同。

由于液柱高度和溶液中溶质对沸点的影响，若使用相同压强的生蒸汽和冷凝器，三效蒸发的传热温差的总和小于单效蒸发的传热温差，即：

$$\Delta t_1 + \Delta t_2 + \Delta t_3 < \Delta t \tag{5-37}$$

可见，效数越多，相差越大。因此，多效蒸发可提高蒸汽的利用率，但是由于温差损失的加大使得蒸发器的生产强度下降。

（2）最佳效数

采用多效蒸发是降低能耗的最有效方法。采用多效蒸发的目的是为了充分利用热能，即通过蒸发过程二次蒸汽的再利用，减少生蒸汽的消耗量，从而提高蒸发装置的经济性。多效蒸发中，随着效数的增加，单位蒸汽的消耗量减少，使操作费用降低；另一方面，效数增加装置的投资费用也增大（表 5-4）。

表 5-4　效数与 D/V 的关系

效数	单效	双效	三效	四效	五效
D/V	1.1	0.57	0.4	0.3	0.27

从表 5-4 看出，随着效数的增加，虽然 D/V 不断减小，但所节约的蒸汽消耗量也越来越少。同时，随着效数的增加，生产能力和生产强度也在不断降低，一般以经济分析法确定最佳效数。因此，最佳效数要综合权衡，单位生产能力的总费用为最低时的效数即为最佳效数。

多效蒸发过程，运行费用主要指蒸汽消耗量，根据经验数据拟合的效数与一次蒸汽消耗量的关系如下：

$$D \approx \left(\frac{2.28}{e^n} + 0.26 \right) V \tag{5-38}$$

式中，n 为效数；V 为过程总蒸发水量，$kg \cdot h^{-1}$；D 为生蒸汽消耗量，$kg \cdot h^{-1}$。

另外，随着蒸发系统效数的增加设备费用增加，而且管路、仪表及其他辅助设备的费用，设备运输安装等费用都相应地增加。因此最佳的蒸发效数应使得设备费用和操作费用二者之和为最小。

典型工业蒸发操作系统的效数一般是：电解质溶液，2～3 效；非电解质溶液，4～6 效；海水淡化，可高达 20～30 效。

5.8　蒸发器的选型与工艺设计

5.8.1　蒸发器的选型

设计蒸发器之前，必须根据任务对蒸发器的形式进行适当的选择。一般选型时要考虑以下因素。

① 溶液的黏度　蒸发过程中溶液黏度变化的范围，是选型首要考虑的因素。

② 溶液的热稳定性　对长时间受热易分解、易聚合以及易结垢的溶液蒸发时，应采用滞料量少、停留时间短的蒸发器。

③ 有晶体析出的溶液　对蒸发时有晶体析出的溶液应采用外热式蒸发器或强制循环式蒸发器。

④ 易发泡的溶液　易发泡的溶液在蒸发时会生产大量不易破碎的泡沫，充满了整个分离室后随二次蒸汽排出，不但损失物料，而且污染冷凝器。此时宜采用外热式蒸发器、强制循环式蒸发器或升膜式蒸发器。若将中央循环管式蒸发器和悬筐式蒸发器的分离室设计大一

些，也可用于这种溶液的蒸发。

⑤ 有腐蚀性的溶液　蒸发腐蚀性溶液时，加热管应采用特殊材质制成，或内壁衬以耐腐蚀材料。若溶液不怕污染，也可采用直接加热蒸发器。

⑥ 易结垢的溶液　蒸发器长期使用后，传热表面总有污垢生成，因此对于易结垢的溶液，应考虑选择便于清洗和溶液循环速度大的蒸发器。

⑦ 溶液的处理量　溶液的处理量较大时，传热表面积也相应提高。当传热表面大于 $10m^2$ 时，不宜选用刮板搅拌薄膜式蒸发器；要求传热表面大于 $20m^2$ 时，宜采用多效蒸发操作。

蒸发器的选用要根据具体情况，首先保证产品质量和生产任务，然后考虑上述各种因素选择适宜的蒸发器。

5.8.2　蒸发器的工艺设计

在设计蒸发器时，往往提供的工艺是溶液的处理量、性质、要求达到的完成液浓度及可提供的加热蒸汽压强等。此时应先根据溶液性质选定蒸发器型式、冷凝器压强、加料方式及最佳效数（由设备投资费、折旧费与操作费的经济衡算确定），再根据经验数据选出或算出总传热系数后，先计算传热面积，最后再确定蒸发器的主要工艺尺寸，分别是：加热管尺寸及管数、循环管尺寸、加热室外壳直径、分离室尺寸及附属设备的计算或选用。

下面以自然循环型蒸发器的主要工艺尺寸为例作简单介绍。

（1）加热室

得到传热面积后，可按设计列管换热器的方法进行设计。一般取管径为 $25\sim75mm$、管长为 $2\sim4m$、管心距为 $(1.25\sim1.35)d_o$（d_o 为加热管外径），加热管的排列方式采用正三角形或同心圆排列。管数可由作图法或计算法求得，但应扣除中央循环管所占面积的响应管数。

（2）循环管

① 中央循环管式蒸发器　循环管截面积取为加热管总截面积的 $40\%\sim100\%$。对加热面积较小的蒸发器应取较大的百分数。

② 悬筐式蒸发器　取循环环隙流道截面为加热管总截面积的 $100\%\sim150\%$。

③ 外热式自然循环蒸发器　循环管的大小可参考中央循环管式蒸发器来决定。

（3）分离室

① 分离室的高度 H　一般根据经验决定分离室的高度，常采用高径比 $H/D=1\sim2$。对中央循环管式和悬筐式蒸发器，分离室的高度不应小于 $1.8m$，才能保证液沫不被蒸汽带出。

② 分离室直径 D　可按分离室的蒸发体积强度法计算。分离室的蒸发体积强度是指单位时间从单位体积分离室中排出的二次蒸汽体积。一般允许的分离室的蒸发体积强度 V'_s 为 $1.1\sim1.5m^3 \cdot m^{-3} \cdot s^{-1}$；因此由选定的允许分离室的蒸发体积强度值和每秒钟发出的二次蒸汽体积即可求得分离室的体积。再根据分离室的高度或高径比，可求出分离室的直径。

下面举例作具体介绍。

【例 5-8】 试设计一蒸发 NaOH 水溶液的单效蒸发器。已知原料液流量为 15000

$kg \cdot h^{-1}$、温度为 80℃、浓度为 0.3（质量分数），要求完成液浓缩至 0.45（质量分数）。蒸发器中溶液的沸点为 102.8℃，加热蒸汽的绝对压强为 450kPa，蒸发室的绝对压强为 20kPa。蒸发器的平均总传热系数为 $1300W \cdot m^{-2} \cdot ℃^{-1}$，热损失可以忽略。

解 （1）蒸发量、加热蒸汽消耗量及传热面积的计算 因 NaOH 水溶液浓度较大，可选用外热式自然循环蒸发器。

由物料衡算，列出蒸发量的计算式

$$W = F\left(1 - \frac{x_0}{x_1}\right) = 15000 \times \left(1 - \frac{0.3}{0.45}\right) = 5000 kg \cdot h^{-1}$$

NaOH 水溶液的浓缩热不能忽略，应用溶液的焓衡算求加热蒸汽的消耗量，即

$$DH + Fh_0 = WH' + (F - W)h_1 + Dh_w$$

查附录得压强为 450kPa 时饱和蒸汽的温度为 $T = 147.7℃$，蒸汽焓为 $H = 2747.8$ $kJ \cdot kg^{-1}$，液体焓为 $h_w = 622.42 kJ \cdot kg^{-1}$；压强为 20kPa 时饱和蒸汽的温度为 $T' = 60.1℃$，蒸汽焓为 $H' = 2606.4 kJ \cdot kg^{-1}$。

查 NaOH 水溶液的焓浓图可得原料液的焓 $h_0 \approx 305 kJ \cdot kg^{-1}$，完成液的焓 $h_1 \approx 570 kJ \cdot kg^{-1}$。将已知值代入焓衡算式

$$D \times 2747.8 + 15000 \times 305 = 5000 \times 2606.4 + (15000 - 5000) \times 570 + D \times 622.42$$

解得加热蒸汽消耗量为

$$D = 6660 kg/h$$

所以

$$Q = D(H - h_w) = 6660 \times (2747.8 - 622.42)/3600 = 1.416 \times 10^7 W$$

根据总传热基本方程可计算蒸发器的传热面积

有效温度差 $\quad \Delta t = 147.7 - 102.8 = 44.9℃$

所以

$$S = \frac{Q}{K \Delta t} = \frac{1.416 \times 10^7}{1300 \times 44.9} = 242.6 m^2$$

为了安全，取 $S = 1.2 \times 242.6 = 291.1 m^2$

（2）蒸发器主要工艺尺寸的计算 加热室选用 $\phi 38mm \times 3mm$、长为 3m 的无缝钢管为加热管

管数 $\quad n = \frac{S}{\pi d_o L} = \frac{291.1}{\pi \times 0.038 \times 3} = 813$ 根

用前章方法求正三角形排列的管束中心线上的管数 n_e，即

$$n_e = 1.1\sqrt{n} = 1.1 \times \sqrt{813} \approx 29$$

加热室内径 D 为

$$D = t(n_e - 1) + 2b'$$

式中 $\quad t$——相邻两管中心的距离，简称管中心距，m；

b'——管束中心线上最外层管子中心沿管束中心线至壳体内壁的距离，m。

管中心距 t 随管子与管板的连接法而异，胀管法取 $t = (1.3 \sim 1.5)d_o$，焊接法取 $t = 1.25 d_o$。推荐取 $b' = (1 \sim 1.5)d_o$。

采用胀管法，取 $t = 1.5 d_o = 1.5 \times 38 = 57mm$。同样 $b' = 1.5 d_o = 1.5 \times 38 = 57mm$。

由此可得加热室的直径为

$$D = 57 \times (29-1) + 2 \times 57 = 1710 \text{mm}$$

圆整至整数，取加热室直径 D 为 1800mm。

根据经验值，取循环管的截面积为加热管总截面积的 75%，故循环管的截面积为

$$0.75 \times \frac{\pi}{4} d_i^2 n = 0.75 \times \frac{\pi}{4} \times (0.032)^2 \times 813 = 0.4901 \text{m}^2$$

所以循环管内径为

$$d_i' = \sqrt{\frac{0.4901}{\frac{\pi}{4}}} = 0.7901 \text{m}$$

取分离室高度 H 为 2.5m。

查得 20kPa 压强蒸汽的密度为 $0.1307 \text{kg} \cdot \text{m}^{-3}$，所以二次蒸汽的体积流量为

$$V_s = \frac{5000}{0.1307 \times 3600} = 10.626 \text{m}^3 \cdot \text{s}^{-1}$$

取允许的分离室蒸发体积强度 V_s' 为 $1.5 \text{m}^3 \cdot \text{m}^{-3} \cdot \text{s}^{-1}$。

因为 $\dfrac{V_s}{V_s'} = \dfrac{\pi}{4} D_i'^2 H$，故分离室直径为

$$D_i' = \sqrt{\frac{V_s}{\frac{\pi}{4} H V_s'}} = \sqrt{\frac{10.626}{\frac{\pi}{4} \times 2.5 \times 1.5}} = 1.8999 \approx 1.9 \text{m}$$

由于

$$\frac{H}{D_i'} = \frac{2.5}{1.9} = 1.32$$

高、径之比在 1～2 范围之内。

习 题

5-1 试计算 30%（质量分数）的 NaOH 水溶液在 60kPa 压强（绝压）下的沸点。

$$[t_A = 85.6 + 47.1 = 132.7℃]$$

5-2 在单效蒸发器中用 6atm 的饱和水蒸气将质量浓度 68% 的溶液浓缩到 90%，进料流量为 $10^4 \text{kg} \cdot \text{h}^{-1}$。溶液的沸点为 100℃，二次蒸汽的压力为 0.2atm。蒸发器传热系数为 $1200 \text{W} \cdot \text{m}^{-2} \cdot ℃^{-1}$。沸点进料，忽略热损失，试求加热蒸汽量和传热面积。

$$[D = 2748 \text{kg} \cdot \text{h}^{-1}; \ S = 22.5 \text{m}^2]$$

5-3 已知单效常压蒸发器每小时处理 2000kg NaOH 水溶液，溶液浓度由 15%（质量分数）浓缩到 25%（质量分数）。加热蒸汽压力为 392kPa（绝压），冷凝温度下排出。分别按 20℃ 加料和沸点加料（溶液的沸点为 113℃）。求此两种情况下的加热蒸汽消耗量和单位蒸汽消耗量。假设蒸发器的热损失可以忽略不计。

$$[(1) \ 1160 \text{kg} \cdot \text{h}^{-1}, 1.45; (2) \ 850.9 \text{kg} \cdot \text{h}^{-1}, 1.06]$$

5-4 在一中央循环管式蒸发器内将浓度为 10%（质量分数，下同）的 NaOH 水溶液浓缩到 40%，二次蒸汽的压强为 40kPa，二次蒸汽的饱和温度为 75℃。已知在操作压力下蒸发纯水时，其沸点为 80℃。试求溶液的沸点和由于溶液的静压强引起的温度升高的值。

10％及40％的 NaOH 水溶液杜林线的斜率及截距如下:

浓度	斜率	截距
10％	1.02	4.5
40％	1.11	3.4

$$[t_1 = 122.8℃,\ \Delta'' = 5℃]$$

5-5　在单效真空蒸发器中,将流率为 $10000 kg \cdot h^{-1}$ 的某水溶液从 10％连续浓缩至 50％。原料液温度为 31℃。估计溶液沸点升高为 7℃。蒸发室的绝对压强为 $0.2 kgf \cdot cm^{-2}$。加热蒸汽压强为 $2 kgf \cdot cm^{-2}$ (绝压),其冷凝水出口温度为 79℃。假设传热系数为 1000 $W \cdot m^{-2} \cdot K^{-1}$,热损失可忽略。试求加热蒸汽消耗量和蒸发器的传热面积。当地大气压为 $1 kgf \cdot cm^{-2}$。
$$[S = 106 m^2;\ D = 8500 kg \cdot h^{-1}]$$

5-6　传热面积为 $52 m^2$ 的蒸发器,在常压下每小时蒸发 2500kg 浓度为 7％(质量分数)的某种水溶液。原料液的温度为 95℃,常压下的沸点为 103℃。完成液的浓度为 45％(质量分数)。加热蒸汽表压力为 196kPa。热损失为 110000W。试估算蒸发器的总传热系数。
$$[936 W \cdot m^{-2} \cdot K^{-1}]$$

5-7　在并流加料的双效蒸发器中蒸发某种水溶液。第一效中完成液浓度为 16％,流率为 $500 kg \cdot h^{-1}$,溶液的沸点为 108℃(压强为大气压)。第二效中溶液的沸点为 90℃,完成液浓度为 28％,当其离开蒸发器后即送往逆流换热器中以预热原料液。试求:(1)原料液的浓度;(2)若离开预热器的浓溶液的温度为 32℃,比热容为 $3.55 kJ \cdot kg^{-1} \cdot K^{-1}$,原料液温度可升高多少度?假设热损失和温差损失可以忽略。
$$[(1)\ x_0 = 11.4％;\ (2)\ \Delta t = 21.3℃]$$

5-8　用单效蒸发器浓缩 $CaCl_2$ 水溶液,操作压力为 $101.3 kN \cdot m^{-2}$,已知蒸发器中 $CaCl_2$ 溶液的浓度为 40.83％(质量分数),其密度为 $1340 kg \cdot m^{-3}$。若蒸发时的液面高度为 1m。试求此时溶液的沸点。
$$[122℃]$$

5-9　用双效蒸发器,浓缩浓度为 5％(质量分数)的水溶液,沸点进料,进料量为 $2000 kg \cdot h^{-1}$,经第一效浓缩到 10％(质量分数)。第一、二效的溶液沸点分别为 95℃和 75℃。蒸发器消耗生蒸汽量为 $800 kg \cdot h^{-1}$。各温度下水蒸气的汽化潜热均可取为 $2280 kJ \cdot kg^{-1}$。忽略热损失,试求蒸发水量。
$$[V = 1640 kg \cdot h^{-1}]$$

5-10　在单效蒸发器中,每小时将 5000kg 的 NaOH 水溶液从 10％(质量分数)浓缩到 30％(质量分数),原料液温度 50℃。蒸发室的真空度为 500mmHg,加热蒸汽的表压为 39.23kPa。蒸发器的传热系数为 $2000 W \cdot m^{-2} \cdot K^{-1}$。热损失为加热蒸汽放热量的 5％。不计液柱静压力引起的温度差损失。试求蒸发器的传热面积及加热蒸汽消耗量。当地大气压为 101.3kPa。
$$[71.25 m^2,\ 3960 kg \cdot h^{-1}]$$

5-11　用单效蒸发器处理 $NaNO_3$ 溶液。溶液浓度为由 5％(质量分数)浓缩到 25％(质量分数)。蒸发室压力为 300mmHg(绝压),加热蒸汽为 39.2kPa(表压)。总传热系数为 $2170 W \cdot m^{-2} \cdot K^{-1}$,加料温度为 40℃,原料液比热容为 $3.77 kJ \cdot kg^{-1} \cdot K^{-1}$,热损失为蒸发器传热量的 5％。不计液柱静压力影响,求每小时得浓溶液 2t 所需蒸发器的传热面积及加热蒸汽消耗量。
$$[88.0 m^2,\ 9445 kg \cdot h^{-1}]$$

思 考 题

5-1 蒸发操作中在计算溶液的沸点时，应考虑哪一些影响因素？

5-2 在多效蒸发中，用前一效沸腾时产生的蒸汽来加热前一效浓缩过的溶液，是否违反热力学原理？理由是什么？

5-3 多效蒸发操作系统，使用逆流操作和并流操作，各有什么优点和缺点？

5-4 多效并流蒸发操作中，一般各效的传热系数逐效减小，但是蒸发量则逐效略有增加，分析其原因。

5-5 试分析多效蒸发系统中，采用蒸发器效数的多少对蒸发系统能量利用率的影响和生产强度的影响。

5-6 在蒸发器选型时，需要考虑的因素有哪些？

5-7 多效蒸发与单效蒸发相比，其优点有哪些？

5-8 多效蒸发为什么有效数限制？

5-9 简述蒸发操作节能的措施有哪些？

5-10 蒸发操作不同于一般换热过程的主要区别有哪些？

5-11 简单描述提高蒸发器生产强度的途径有哪些？

5-12 溶液的哪些性质对确定多效蒸发的效数有影响，为什么？

5-13 何为多效蒸发的最佳效数，应如何确定多效蒸发的最佳效数？

附　录

（扩展附录见后，可扫码下载使用）

附录1　常用物理量的单位与量纲（国际单位制）

物理量名称	中文单位	单位符号	量纲
长度	米	m	L
时间	秒	s	T
质量	千克	kg	M
温度	度	K, ℃	θ
力,重量	牛顿	N	MLT^{-2}
线速度	米·秒$^{-1}$	m·s^{-1}	LT^{-1}
角速度	转·秒$^{-1}$	rad·s^{-1}	T^{-1}
加速度	米·秒$^{-2}$	m·s^{-2}	LT^{-2}
密度	千克·米$^{-3}$	kg·m^{-3}	ML^{-3}
压力(压强)	牛顿·米$^{-2}$(帕斯卡)	N·m^{-2}(Pa)	$ML^{-1}T^{-2}$
功,能,热	焦耳	J	ML^2T^{-2}
功率	瓦特	W	ML^2T^{-3}
黏度	帕斯卡·秒	Pa·s	$ML^{-1}T^{-1}$
表面张力	牛顿·米$^{-1}$	N·m^{-1}	MT^{-2}
热导率	瓦特·米$^{-1}$·度$^{-1}$	W·m^{-1}·K^{-1}	$MLT^{-3}\theta^{-1}$
扩散系数	米^2·秒$^{-1}$	m^2·s^{-1}	L^2T^{-1}
比热容	焦耳·千克$^{-1}$·度$^{-1}$	J·kg·K^{-1}	$L^2T^{-2}\theta^{-1}$

附录2　常用单位的倍数词头

词头符号	词头名称	所表示的因数	词头符号	词头名称	所表示的因数
E(exa)	艾	10^{18}	d(deci)	分	10^{-1}
P(peta)	拍它	10^{15}	c(centi)	厘	10^{-2}
T(tera)	太[拉](万亿)	10^{12}	m(milli)	毫	10^{-3}
G(giga)	吉[咖](十亿)	10^{9}	μ(micro)	微	10^{-6}
M(mega)	兆(百万)	10^{6}	n(nano)	纳[诺]	10^{-9}
k(kilo)	千	10^{3}	p(pico)	皮[可](万亿分之一)	10^{-12}
h(hecto)	百	10^{2}	f(femto)	飞[母托]	10^{-15}
da(deca)	十	10^{1}	a(atto)	阿[托]	10^{-18}

附录3　常用单位的换算及常用物理常数

1. 质量单位换算

kg	t(吨)	lb(磅)
1	0.001	2.20462
1000	1	2204.62
0.4536	4.536×10^{-4}	1

2. 长度单位换算

m	in(英寸)	ft(英尺)	yd(码)
1	39.3701	3.2803	1.09361
0.02540	1	0.083333	0.02778
0.30480	12	1	0.33333
0.9144	36	3	1

3. 体积单位换算

m^3	cm^3	L(liter)	gal(U. S.)	ft^3
1	10^6	10^3	264.17	35.316
10^{-6}	1	10^{-3}	2.6417×10^{-4}	3.5316×10^{-5}
10^{-3}	10^3	1	2.6417×10^{-1}	3.5316×10^{-2}
3.7854×10^{-3}	3.7854×10^3	3.7854	1	0.1337
0.028317	28317	28.317	7.481	1

4. 力单位换算

N	kgf	lbf	dyn
1	0.102	0.2248	1×10^5
9.80665	1	2.2046	9.80665×10^5
4.448	0.4536	1	4.448×10^5
1×10^{-5}	1.02×10^{-6}	2.248×10^{-6}	1

5. 压强单位换算

Pa	bar	$kgf \cdot cm^{-2}$	atm	mmH_2O	mmHg	$lbf \cdot in^{-2}$
1	1×10^{-5}	1.02×10^{-5}	0.99×10^{-5}	0.102	0.0075	14.5×10^{-5}
1×10^5	1	1.02	0.9869	10197	750.1	14.5
98.07×10^3	0.9807	1	0.9678	1×10^4	735.56	14.2
1.01325×10^5	1.013	1.0332	1	1.0332×10^4	760	14.697
9.807	98.07	0.0001	0.9678×10^{-4}	1	0.0736	1.423×10^{-3}
133.32	1.333×10^{-3}	0.136×10^{-2}	0.00132	13.6	1	0.01934
6894.8	0.06895	0.0703	0.068	703	51.71	1

6. 动力黏度单位换算

Pa·s	P	cP	lb·ft^{-1}·s^{-1}	kgf·s·m^{-2}
1	10	1×10^3	0.672	0.102
1×10^{-1}	1	1×10^2	0.06720	0.0102
1×10^{-3}	0.01	1	6.720×10^{-4}	0.102×10^{-3}
1.4881	14.881	1488.1	1	0.1519
9.81	98.1	9810	6.59	1

注：1cP＝0.01P＝0.01dyn·s·cm^{-2}＝0.001Pa·s＝1mPa·s。

7. 运动黏度单位换算

m^2·s^{-1}	cm^2·s^{-1}	ft^2·s^{-1}
1	1×10^4	10.76
1×10^{-4}	1	1.076×10^{-3}
92.9×10^{-3}	929	1

注：cm^2·s^{-1}又称斯托克斯，简称斯，以St表示，斯的百分之一为厘斯，以cSt表示。

8. 功、能和热单位换算

J(N·m)	kgf·m	kW·h	hp(马力)	kcal	Btu(英热单位)	ft·lbf
1	0.102	2.778×10^{-7}	3.725×10^{-7}	2.39×10^{-4}	9.486×10^{-4}	0.7377
9.8067	1	2.724×10^{-6}	3.653×10^{-6}	2.342×10^{-3}	9.296×10^{-3}	7.233
3.6×10^6	3.671×10^5	1	1.3410	860.0	3413	2655×10^3
2.685×10^6	273.8×10^3	0.7457	1	641.62	2544.5	1.980×10^6
4187	426.9	1.1622×10^{-3}	1.5576×10^{-3}	1	3.963	3087
1.055×10^3	107.58	2.930×10^{-4}	3.930×10^{-4}	0.25216	1	778.1
1.3558	0.1383	0.3766×10^{-6}	0.5051×10^{-6}	3.239×10^{-4}	1.285×10^{-3}	1

注：1erg＝1dyn·cm＝10^{-7}J＝10^{-7}N·m。

9. 功率单位换算

W	kgf·m·s^{-1}	ft·lbf·s^{-1}	hp	kcal·s^{-1}	Btu·s^{-1}
1	0.10197	0.7376	1.341×10^{-3}	0.2389×10^{-3}	0.9468×10^{-3}
9.8067	1	7.23314	0.01315	0.2342×10^{-2}	0.9293×10^{-2}
1.3558	0.13825	1	0.0018182	0.3238×10^{-3}	0.12581×10^{-2}
745.69	76.0375	550	1	0.17803	0.70675
4186.8	426.85	3087.44	5.6135	1	3.9683
1055	107.58	778.168	1.4148	0.251996	1

注：1kW＝1000W＝1000J·s^{-1}＝1000erg＝1dyn·cm＝10^{-7}J＝10^{-7}N·m·s^{-1}。

10. 比热容单位换算

kJ·kg^{-1}·℃$^{-1}$	kcal·kg^{-1}·℃$^{-1}$	Btu·ft^{-1}·℉$^{-1}$
1	0.2389	0.2389
4.1888	1	1

11. 热导率单位换算

$W \cdot m^{-1} \cdot \degree C^{-1}$	$J \cdot cm^{-1} \cdot s^{-1} \cdot \degree C^{-1}$	$cal \cdot cm^{-1} \cdot s^{-1} \cdot \degree C^{-1}$	$kcal \cdot m^{-1} \cdot h^{-1} \cdot \degree C^{-1}$	$Btu \cdot ft^{-1} \cdot h^{-1} \cdot \degree F^{-1}$
1	1×10^{-2}	2.389×10^{-3}	0.8598	0.578
1×10^2	1	0.2389	86.0	57.79
418.6	4.186	1	360	241.9
1.163	0.0116	0.2778×10^{-2}	1	0.6720
1.73	0.01730	0.4134×10^{-2}	1.488	1

12. 传热系数单位换算

$W \cdot m^{-2} \cdot \degree C^{-1}$	$kcal \cdot m^{-2} \cdot h^{-1} \cdot \degree C^{-1}$	$cal \cdot cm^{-2} \cdot s^{-1} \cdot \degree C^{-1}$	$Btu \cdot ft^{-2} \cdot h^{-1} \cdot \degree F^{-1}$
1	0.86	2.389×10^{-5}	0.176
1.163	1	2.778×10^{-5}	0.2048
4.186×10^4	3.6×10^4	1	7374
5.678	4.882	1.356×10^{-4}	1

13. 扩散系数单位换算

$m^2 \cdot s^{-1}$	$cm^2 \cdot s^{-1}$	$m^2 \cdot h^{-1}$	$ft^2 \cdot h^{-1}$	$in^2 \cdot s^{-1}$
1	10^4	3600	3.875×10^4	1550
10^{-4}	1	0.360	3.875	0.1550
2.778×10^{-4}	2.778	1	10.764	0.4306
0.2581×10^{-4}	0.2581	0.09290	1	0.040
6.452×10^{-4}	6.452	2.323	25.0	1

14. 温度单位换算

$$\degree C = \frac{5}{9} \times (\degree F - 32), \quad \degree R = 460 + \degree F$$

$$\degree F = \frac{9}{5} \times \degree C + 32, \quad K = \frac{5}{9} \times \degree R$$

$$K = 273.3 + \degree C$$

15. 温度差单位换算

$$1\degree C = \frac{9}{5} \times \degree F, \quad 1K = \frac{9}{5} \times \degree R$$

16. 常用物理常数

理想气体定律常数 $R = 8.3143 kJ \cdot kmol^{-1} \cdot K^{-1} = 1.9872 cal \cdot mol^{-1} \cdot K^{-1} = 0.082057$ $atm \cdot m^3 \cdot kmol^{-1} \cdot K^{-1} = 0.7302 atm \cdot ft^3 \cdot lb \cdot mol^{-1} \cdot \degree R^{-1} = 82.057 atm \cdot cm^3 \cdot mol^{-1} \cdot K^{-1} =$ $1.9872 Btu \cdot lb \cdot mol^{-1} \cdot \degree R^{-1} = 8.3143 kPa \cdot m^3 \cdot kmol^{-1} \cdot K^{-1} = 10.731 lbf \cdot in^{-2} \cdot ft \cdot lb \cdot mol^{-1} \cdot$ $\degree R^{-1} = 1.5453 \times 10^3 ft \cdot lbf \cdot lb \cdot mol^{-1} \cdot \degree R^{-1}$

阿伏伽德罗常数（Avogadro's constant）$N_{av} = 6.0221438 \times 10^{23} mol \cdot mol^{-1}$

玻耳兹曼常数（Boltzmann's constant）$k_B = R/N = 1.380 \times 10^{-23} J \cdot mol^{-1} \cdot K^{-1}$

重力加速度 $g = 9.80665 m \cdot s^{-2} = 32.1740 ft \cdot s^{-2}$

焦耳常数（Joule's constant）$J_c = 4.184 \times 10^7 erg \cdot cal^{-1} = 778.16 ft \cdot lbf \cdot Btu^{-1}$

普朗克常数（Planck's constant）$h = 6.625 \times 10^{-34} J \cdot s \cdot mol^{-1}$

光在真空中的速度 $c = 2.998 \times 10^8 m \cdot s^{-1}$

斯蒂芬-玻耳兹曼常数（Stefan-Boltzmann's constant）$\sigma = 5.669 \times 10^{-8} W \cdot m^{-2} \cdot K^{-4} =$ $0.1724 \times 10^{-8} Btu \cdot h^{-1} \cdot ft^{-2} \cdot \degree R^{-4}$

附录 4　某些气体的重要物理性质

名称	分子式	密度 (0℃,101.3kPa) /kg·m^{-3}	比热容 (20℃,101.3kPa) /kJ·kg^{-1}·K^{-1} C_p	比热容 C_v	$k=\dfrac{C_p}{C_v}$	黏度 (0℃,101.3kPa) /Pa·s	沸点 (101.3kPa) /℃	蒸发热 (101.3kPa) /kJ·kg^{-1}	临界点 温度/℃	临界点 压强/MPa	热导率 (0℃,101.3kPa) /W·m^{-1}·K^{-1}
氮	N₂	1.2507	1.047	0.745	1.40	17.0	-195.78	199.2	-147.13	3.39	0.0228
氨	NH₃	0.771	2.22	1.67	1.29	9.18	-33.4	137.3	132.4	11.29	0.0215
氩	Ar	1.7820	0.532	0.322	1.66	20.9	-185.87	162.9	-122.44	4.86	0.0173
乙炔	C₂H₂	1.171	1.683	1.352	1.24	9.35	-83.66(升华)	829	35.7	6.24	0.0184
苯	C₆H₆		1.252	1.139	1.1	7.2	80.2	394	288.5	4.83	0.0088
正丁烷	C₄H₁₀	2.673	1.918	1.733	1.108	8.10	-0.5	386	152	3.80	0.0135
空气		1.293	1.009	0.720	1.40	17.3	-195	197	-140.7	3.77	0.024
氢	H₂	0.08985	14.27	10.13	1.407	8.42	-252.754	454	-239.9	1.30	0.163
氦	He	0.1785	5.275	3.182	1.66	18.8	-268.85	19.5	-267.96	0.229	0.144
二氧化氮	NO₂	2.020	0.804	0.615	1.31		21.2	711.8	158.2	10.13	0.0400
二氧化硫	SO₂	2.867	0.632	0.502	1.25	11.7	-10.8	394	157.5	7.88	0.0077
二氧化碳	CO₂	1.96	0.837	0.653	1.30	13.7	-78.2(升华)	574	31.1	7.38	0.0137
氧	O₂	1.42895	0.913	0.653	1.40	20.3	-182.98	213.2	-118.82	5.04	0.0240
甲烷	CH₄	0.717	2.223	1.700	1.31	10.3	-161.58	511	-82.15	4.62	0.0300
一氧化碳	CO	1.250	1.047	0.754	1.40	16.6	-101.48	211	-140.2	3.50	0.0226
正戊烷	C₅H₁₂	3.217	1.72	1.574	1.09	8.74	36.08	360	197.1	3.34	0.0128
丙烷	C₃H₈	2.020	1.863	1.650	1.13	7.95(18℃)	-42.1	427	95.6	4.36	0.0148
丙烯	C₃H₆	1.914	1.633	1.436	1.17	8.35(20℃)	-47.7	440	91.4	4.60	
硫化氢	H₂S	1.589	1.059	0.804	1.30	11.66	-60.2	548	100.4	19.14	0.0131
氯	Cl₂	3.217	0.481	0.355	1.36	12.9(16℃)	-33.8	305.4	144.0	7.71	0.0072
氯甲烷	CH₃Cl	2.308	0.741	0.582	1.28	9.89	-24.1	405.7	148	6.69	0.0085
乙烷	C₂H₆	1.357	1.729	1.444	1.20	9.89	-88.50	405.7	32.1	4.95	0.0180
乙烯	C₂H₄	1.261	1.528	1.222	1.25	9.85	-103.7	481	9.7	5.14	0.0164

（注：分子量自上而下依次为：28.02、17.03、39.94、26.04、78.11、58.12、28.95、2.016、4.00、46.01、64.07、44.01、32、16.04、28.01、72.15、44.1、42.08、34.08、70.91、50.49、30.07、28.05）

附录 5　某些液体的重要物理性质

名称	分子式	分子量	密度(20℃)/(kg·m^{-3})	沸点(101.3kPa)/℃	汽化潜热(101.3kPa)/(kJ·kg^{-1})	定压比热容(20℃)/(kJ·kg^{-1}·K^{-1})	黏度(20℃)/(mPa·s)	热导率(20℃)/(W·m^{-1}·K^{-1})	体积膨胀系数(20℃)/($\times10^{-3}$℃$^{-1}$)	表面张力(20℃)/(mN·m^{-1})
水	H_2O	18.02	998	100	2258	4.183	1.005	0.599	0.182	72.8
盐水(25%NaCl)			1186(25℃)	107		3.39	2.3	0.57(30℃)	0.44	
盐水(25%$CaCl_2$)			1228	107		2.89	2.5	0.57	0.34	
硫酸	H_2SO_4	98.08	1831	340(分解)		1.47(98%)	23	0.38	0.57	
硝酸	HNO_3	63.02	1513	86	481.1		1.17(10℃)	0.42		
盐酸(30%)	HCl	36.47	1149			2.55	2(31.5%)	0.16		
二硫化碳	CS_2	76.13	1262	46.3	352	1.00	0.38	0.113	1.21	32
戊烷	C_5H_{12}	72.15	626	36.07	357.5	2.25(15.6℃)	0.229	0.119	1.59	16.2
己烷	C_6H_{14}	86.17	659	68.74	335.1	2.31(15.6℃)	0.313	0.123		18.2
庚烷	C_7H_{16}	100.20	684	98.43	316.5	2.21(15.6℃)	0.411	0.131		20.1
辛烷	C_8H_{18}	114.22	703	125.67	306.4	2.19(15.6℃)	0.540	0.138(30℃)		
三氯甲烷	$CHCl_3$	119.38	1489	61.2	254	0.992	0.58	0.12	1.26	28.5(10℃)
四氯化碳	CCl_4	153.82	1594	76.8	195	0.85	1.0	0.14(30℃)		26.8
1,2-二氯乙烷	$C_2H_4Cl_2$	98.96	1253	83.6	324	1.26	0.83	0.148		30.8
苯	C_6H_6	78.11	879	80.10	394	1.70	0.737	0.138	1.24	28.6
甲苯	C_7H_8	92.13	867	110.63	363	1.70	0.675	0.142	1.09	27.9
邻二甲苯	C_8H_{10}	106.16	880	144.42	347	1.74	0.811	0.167		30.2
间二甲苯	C_8H_{10}	106.1	864	139.10	343	1.70	0.611	0.129		29.0
对二甲苯	C_8H_{10}	106.1	861	138.35	340	1.70	0.643		1.01	28.0
苯乙烯	C_8H_8	104.1	911(15.6℃)	145.2	352	1.733	0.72	0.14(30℃)		32
氯苯	C_6H_5Cl	112.56	1106	131.8	325	1.298	0.85	0.15		
硝基苯	$C_6H_5NO_2$	123.17	1203	210.9	396	1.465	2.1	0.174	0.85	41
苯胺	$C_6H_5NH_2$	93.13	1022	184.4	448	2.068	4.3			42.9
苯酚	C_6H_5OH	94.1	1050(50℃)	181.8(熔点40.9℃)	511		3.4(50℃)			
萘	$C_{10}H_8$	128.17	1145(固体)	217.9(熔点80.2℃)	314	1.805(100℃)	0.59(100℃)			
甲醇	CH_3OH	32.04	791	64.7	1101	2.495	0.6	0.212	1.22	22.6
乙醇	C_2H_5OH	46.07	789	78.3	846	2.395	1.15	0.172	1.16	22.8
乙醇(95%)			804	78.2			1.4			
乙二醇	$C_2H_4(OH)_2$	62.05	1113	197.6	800	2.349	23		0.53	47.7
甘油	$C_3H_5(OH)_3$	92.09	1261	290(分解)			1499			63
乙醚	$(C_2H_5)_2O$	74.12	714	34.6	360	2.336	0.24	0.14	1.63	18
乙醛	CH_3CHO	44.05	783(18℃)	20.2	574	1.88	1.3(18℃)			21.2
糠醛	$C_5H_4O_2$	96.09	1160	161.7	452	1.59	1.15(50℃)			43.5
丙酮	CH_3COCH_3	58.08	792	56.2	523	2.349	0.32	0.174		23.7
甲酸	$HCOOH$	46.03	1220	100.7	494	2.169	1.9	0.256		
醋酸	CH_3COOH	60.03	1049	118.1	406	1.997	1.3	0.174	1.07	27.8
醋酸乙酯	$CH_3COOC_2H_5$	88.11	901	77.1	368	1.992	0.48	0.14(10℃)		23.9
煤油			780~820				3	0.15	1.00	
汽油			680~800				0.7~0.8	0.13(30℃)	1.25	

附录6　干空气的物理性质（101.33kPa）

温度 /℃	密度 /kg·m^{-3}	比热容 /kJ·kg^{-1}·℃$^{-1}$	热导率 /×10^{-2}W·m^{-1}·℃$^{-1}$	黏度 /×10^{-5}Pa·s	普朗特数 Pr
−50	1.584	1.013	2.04	1.46	0.728
−40	1.515	1.013	2.12	1.52	0.728
−30	1.453	1.013	2.20	1.57	0.723
−20	1.396	1.009	2.28	1.62	0.716
−10	1.342	1.009	2.36	1.67	0.712
0	1.293	1.005	2.44	1.72	0.707
10	1.247	1.005	2.51	1.77	0.705
20	1.205	1.005	2.59	1.81	0.703
30	1.165	1.005	2.67	1.86	0.701
40	1.128	1.005	2.76	1.91	0.699
50	1.093	1.005	2.83	1.96	0.698
60	1.060	1.005	2.90	2.01	0.696
70	1.029	1.009	2.97	2.06	0.694
80	1.0000	1.009	3.05	2.11	0.692
90	0.972	1.009	3.13	2.15	0.690
100	0.946	1.009	3.21	2.19	0.688
120	0.898	1.009	3.34	2.29	0.686
140	0.854	1.013	3.49	2.37	0.684
160	0.815	1.017	3.64	2.45	0.682
180	0.779	1.022	3.78	2.53	0.681
200	0.746	1.026	3.93	2.60	0.680
250	0.674	1.038	4.29	2.74	0.677
300	0.615	1.048	4.61	2.97	0.674
350	0.566	1.059	4.91	3.14	0.676
400	0.524	1.068	5.21	3.30	0.678
500	0.458	1.093	5.75	3.62	0.687
600	0.404	1.114	6.22	3.91	0.699
700	0.362	1.135	6.71	4.18	0.706
800	0.329	1.156	7.18	4.43	0.713
900	0.301	1.172	7.63	4.67	0.717
1000	0.277	1.185	8.04	4.90	0.719
1100	0.257	1.197	8.50	5.12	0.722
1200	0.239	1.206	9.15	5.34	0.724

附录7 水的物理性质

温度 /℃	饱和蒸气压 /kPa	密度 /kg·m⁻³	焓 /kJ·kg⁻¹	比热容 /kJ·kg⁻¹·℃⁻¹	热导率 /×10⁻²W·m⁻¹·℃⁻¹	黏度 /mPa·s	体积膨胀系数 /×10⁻⁴℃⁻¹	表面张力 /×10⁻³N·m⁻¹	普朗特数 Pr
0	0.6032	999.9	0	4.212	55.13	1.7921	−0.63	75.6	13.66
10	1.2262	999.7	42.04	4.191	57.45	1.3077	0.70	74.1	9.52
20	2.3346	998.2	89.90	4.183	59.89	1.0050	1.82	72.6	7.01
30	4.2474	995.7	125.69	4.174	61.76	0.8007	3.21	71.2	5.42
40	7.3766	992.2	167.51	4.174	63.38	0.6560	3.87	69.6	4.32
50	12.340	988.1	209.30	4.174	64.78	0.5494	4.49	67.7	3.54
60	19.293	983.2	251.12	4.178	65.94	0.4688	5.11	66.2	2.98
70	31.164	977.8	292.99	4.178	66.76	0.4061	5.70	64.3	2.54
80	47.379	971.8	334.94	4.195	67.45	0.3565	6.32	62.6	2.22
90	70.136	965.3	376.98	4.208	68.04	0.3165	6.95	60.7	1.96
100	101.33	958.4	419.10	4.220	68.27	0.2838	7.52	58.8	1.76
110	143.31	951.0	461.34	4.238	68.50	0.2589	8.08	56.9	1.61
120	198.64	943.1	503.67	4.250	68.62	0.2373	8.64	54.8	1.47
130	270.25	934.8	546.38	4.266	68.62	0.2177	9.17	52.8	1.36
140	361.47	926.1	589.08	4.287	68.50	0.2010	9.72	50.7	1.26
150	476.24	917.0	632.20	4.312	68.38	0.1863	10.3	48.6	1.18
160	618.28	907.4	675.33	4.346	68.27	0.1736	10.7	46.6	1.11
170	792.59	897.3	719.29	4.379	67.92	0.1628	11.3	45.3	1.05
180	1003.50	886.9	763.25	4.417	67.45	0.1530	11.9	42.3	1.00
190	1255.60	876.0	807.63	4.460	66.99	0.1442	12.6	40.0	0.96
200	1554.77	863.0	852.43	4.505	66.29	0.1363	13.3	37.7	0.93
210	1907.72	852.8	897.65	4.555	65.48	0.1304	14.1	35.4	0.91
220	2320.88	840.3	943.70	4.614	64.55	0.1246	14.8	33.1	0.89
230	2798.59	827.3	990.18	4.681	63.73	0.1197	15.9	31.0	0.88
240	3347.91	813.6	1037.49	4.756	62.80	0.1147	16.8	28.5	0.87
250	3977.67	799.0	1085.64	4.844	61.76	0.1098	18.1	26.2	0.86
260	4693.75	784.0	1135.04	4.949	60.48	0.1059	19.7	23.8	0.87
270	5503.99	767.9	1185.28	5.070	59.96	0.1020	21.6	21.5	0.88
280	6417.24	750.7	1236.28	5.229	57.45	0.0981	23.7	19.1	0.89
290	7443.29	732.3	1289.95	5.485	55.82	0.0942	26.2	16.9	0.93
300	8592.94	712.5	1344.80	5.736	53.96	0.0912	29.2	14.4	0.97
310	9877.96	691.1	1402.16	6.071	52.34	0.0883	32.9	12.1	1.02
320	11300.3	667.1	1462.03	6.573	50.59	0.0853	38.2	9.81	1.11
330	12879.6	640.2	1526.19	7.243	48.73	0.0814	43.3	7.67	1.22
340	14615.8	610.1	1594.75	8.164	45.17	0.0775	58.4	5.67	1.38
350	16538.5	574.4	1672.37	9.504	43.03	0.0726	66.8	3.81	1.60
360	18667.1	528.0	1761.39	13.984	39.54	0.0667	109	2.02	2.36
370	21040.9	450.5	1892.43	40.319	33.73	0.0569	264	0.471	6.80

附录 8　管 子 规 格

1. 水煤气输送钢管（摘自 GB/T 3091—2015）

公称直径 DN/mm(in)	外径/mm	普通管壁厚/mm	加厚管壁厚/mm
6	10.2	2.0	2.5
8 $\left(\frac{1}{4}\right)$	13.5	2.5	2.8
10 $\left(\frac{3}{8}\right)$	17.2	2.5	2.8
15 $\left(\frac{1}{2}\right)$	21.3	2.8	3.5
20 $\left(\frac{3}{4}\right)$	26.9	2.8	3.5
25(1)	33.7	3.2	4.0
32 $\left(1\frac{1}{4}\right)$	42.4	3.5	4.0
40 $\left(1\frac{1}{2}\right)$	48.3	3.5	4.5
50(2)	60.3	3.8	4.5
65 $\left(2\frac{1}{2}\right)$	76.1	4.0	4.5
80(3)	88.9	4.0	5.0
100(4)	114.3	4.0	5.0
125(5)	139.7	4.0	5.5
150(6)	165.1	4.5	6.0
200(8)	219.1	6.0	7.0

2. 无缝钢管规格

普通无缝钢管（摘自 GB/T 17395—2008）

外径/mm	壁厚/mm 从	壁厚/mm 到	外径/mm	壁厚/mm 从	壁厚/mm 到	外径/mm	壁厚/mm 从	壁厚/mm 到	外径/mm	壁厚/mm 从	壁厚/mm 到
6	0.25	2.0	51	1.0	12	152	3.0	40	450	9.0	100
7	0.25	2.5	54	1.0	14	159	3.5	45	457	9.0	100
8	0.25	2.5	57	1.0	14	168	3.5	45	473	9.0	100
9	0.25	2.8	60	1.0	16	180	3.5	50	480	9.0	100
10	0.25	3.5	63	1.0	16	194	3.5	50	500	9.0	110
11	0.25	3.5	65	1.0	16	203	3.5	55	508	9.0	110
12	0.25	4.0	68	1.0	16	219	6.0	55	530	9.0	120
14	0.25	4.0	70	1.0	17	232	6.0	65	560	9.0	120
16	0.25	5.0	73	1.0	19	245	6.0	65	610	9.0	120
18	0.25	5.0	76	1.0	20	267	6.0	65	630	9.0	120
19	0.25	6.0	77	1.4	20	273	6.5	85	660	9.0	120
20	0.25	6.0	80	1.4	20	299	7.5	100	699	12	120
22	0.40	6.0	83	1.4	22	302	7.5	100	711	12	120
25	0.40	7.0	85	1.4	22	318.5	7.5	100	720	12	120
27	0.40	7.0	89	1.4	24	325	7.5	100	762	20	120
28	0.40	7.0	95	1.4	24	340	8.0	100	788.5	20	120
30	0.40	8.0	102	1.4	28	351	8.0	100	813	20	120
32	0.40	8.0	108	1.4	30	356	9.0	100	864	20	120
34	0.40	8.0	114	1.5	30	368	9.0	100	914	25	120
35	0.40	9.0	121	1.5	32	377	9.0	100	965	25	120
38	0.40	10.0	127	1.8	32	402	9.0	100	1016	25	120
40	0.40	10.0	133	2.5	36	406	9.0	100			
45	1.0	12	140	3.0	36	419	9.0	100			
48	1.0	12	142	3.0	36	426	9.0	100			

注：壁厚/mm：0.25，0.30，0.40，0.50，0.60，0.80，1.0，1.2，1.4，1.5，1.6，1.8，2.0，2.2，2.5，2.8，3.0，3.2，3.5，4.0，4.5，5.0，5.5，6.0，6.5，7.0，7.5，8.0，8.5，9，9.5，10，11，12，13，14，15，16，17，18，19，20，22，24，25，26，28，30，32，34，36，38，40，42，45，48，50，55，60，65，70，75，80，85，90，95，100，110，120。

3. 热交换器用拉制黄铜管（摘自 GB/T 16866—2006）

外径/mm	壁厚/mm														
	0.5	0.75	1.0	1.5	2.0	2.5	3.0	3.5	4.0	4.5	5.0	6.0	7.0	8.0	10.0
3,4,5,6,7	○	○	○												
8,9,10,11,12,14,15	○	○	○	○	○	○	○								
16,17,18,19,20	○	○	○	○	○	○	○	○	○	○					
21,22,23,24,25,26,27,28,29,30	○	○	○	○	○	○	○	○	○	○	○				
31,32,33,34,35,36,37,38,39,40	○	○	○	○	○	○	○	○	○	○					
42,44,45,46,48,49,50		○	○	○	○	○	○	○	○	○	○	○			
52,54,55,56,58,60		○	○	○	○	○	○	○	○	○	○	○	○		
62,64,65,66,68,70			○	○	○	○	○	○	○	○	○	○	○	○	○
72,74,75,76,78,80				○	○	○	○	○	○	○	○	○	○	○	○
82,84,85,86,88,90,92,94,96,100					○	○	○	○	○	○	○	○	○	○	○
105,110,115,120,125,130,135,140,145,150						○	○	○	○	○	○	○	○	○	○
155,160,165,170,175,180,185,190,195,200								○	○	○	○	○	○	○	○
210,220,230,240,250							○	○	○	○	○	○	○	○	○
260,270,280,290,300,310,320,330,340,350,360									○	○	○				

注：表中"○"表示有产品。

4. 承插式铸铁管规格

内径/mm	壁厚/mm	有效长度/mm	内径/mm	壁厚/mm	有效长度/mm
75	9	3000	450	13.4	6000
100	9	3000	500	14	6000
150	9.5	4000	600	15.4	6000
200	10	4000	700	16.5	6000
250	10.8	4000	800	18	6000
300	11.4	4000	900	19.5	4000
350	12	6000	1000	20.5	4000
400	12.8	6000			

5. 管法兰

突面板式平焊钢制管法兰（GB/T 9119—2010） 单位：mm

公称直径 DN	管子外径 A	连接尺寸						密封面		法兰厚度 C	法兰内径 B
		法兰外径 D	螺栓孔中心圆直径 K	螺栓孔直径 L	螺栓			d	f		
					数量 n/个	螺纹规格					
10	17.2	75	50	11	4	M10		35	2	12	18.0
15	21.3	80	55	11	4	M10		40	2	12	22.0
20	26.9	90	65	11	4	M10		50	2	14	27.5
25	33.7	100	75	11	4	M10		60	2	14	34.5
32	42.4	120	90	14	4	M12		70	2	16	43.5
40	48.3	130	100	14	4	M12		80	3	16	49.5
50	60.3	140	110	14	4	M12		90	3	16	61.5
65	76.1	160	130	14	4	M12		110	3	16	77.5
80	88.9	190	150	18	4	M16		128	3	18	90.5
100	114.3	210	170	18	4	M16		148	3	18	116.0
125	139.7	240	200	18	8	M16		178	3	20	141.5
150	168.3	265	225	18	8	M16		202	3	20	170.5
200	219.1	320	280	18	8	M16		258	3	22	221.5
250	273.0	375	335	18	12	M16		312	3	24	276.5
300	323.9	440	395	22	12	M20		365	4	24	327.5
350	355.6	490	445	22	12	M20		415	4	26	359.5
400	406.4	540	495	22	16	M20		465	4	28	411.0
450	457.0	595	550	22	16	M20		520	4	30	462.0
500	508.0	645	600	22	20	M24		570	4	30	513.5
600	610.0	755	705	26	20	M24		670	5	32	616.5
700	711.0	860	810	26	24	M27		775	5	40	715
800	813.0	975	920	30	24	M27		880	5	44	817
900	914.0	1075	1020	30	24	M27		980	5	48	918
1000	1016.0	1175	1120	30	28	M27		1080	5	52	1020
1200	1219.0	1375	1320	30	32	M27		1280	5	60	1223
1400	1422.0	1575	1520	30	36	M27		1480	5	65	1426
1600	1626.0	1790	1730	30	40	M27		1690	5	72	1630
1800	1829.0	1990	1930	30	44	M27		1890	5	79	1833
2000	2032.0	2190	2130	30	48	M27		2090	5	86	2036

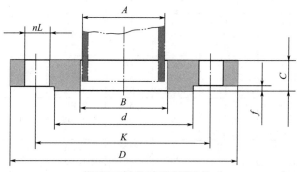

突面(RF)板式平焊钢制管法兰

附录9 离 心 泵

1. IS型单级单吸离心泵性能

型号	转速/r·min⁻¹	流量		扬程/m	效率/%	功率/kW		允许汽蚀余量/m	质量（泵/底座）/kg
		m³·h⁻¹	L·s⁻¹			轴功率	电机功率		
IS50-32-125	2900	7.5	2.08	22	47	0.96		2.0	
		12.5	3.47	20	60	1.13	2.2	2.0	32/46
		15	4.17	18.5	60	1.26		2.5	
	1450	3.75	1.04	5.4	43	0.13		2.0	
		6.3	1.74	5	54	0.16	0.55	2.0	32/38
		7.5	2.08	4.6	55	0.17		2.5	
IS50-32-160	2900	7.5	2.08	34.3	44	1.59		2.0	
		12.5	3.47	32	54	2.02	3	2.0	50/46
		15	4.17	29.6	56	2.16		2.5	
	1450	3.75	1.04	8.5	35	0.25		2.0	
		6.3	1.74	8	48	0.29	0.55	2.0	50/38
		7.5	2.08	7.5	49	0.31		2.5	
IS50-32-200	2900	7.5	2.08	52.5	38	2.82		2.0	
		12.5	3.47	50	48	3.54	5.5	2.0	52/66
		15	4.17	48	51	3.95		2.5	
	1450	3.75	1.04	13.1	33	0.41		2.0	
		6.3	1.74	12.5	42	0.51	0.75	2.0	52/38
		7.5	2.08	12	44	0.56		2.5	
IS50-32-250	2900	7.5	2.08	82	23.5	5.87		2.0	
		12.5	3.47	80	38	7.16	11	2.0	88/110
		15	4.17	78.5	41	7.83		2.5	
	1450	3.75	1.04	20.5	23	0.91		2.0	
		6.3	1.74	20	32	1.07	1.5	2.0	88/64
		7.5	2.08	19.5	35	1.14		3.0	
IS65-50-125	2900	15	4.17	21.8	58	1.54		2.0	
		25	6.94	20	69	1.97	3	2.5	50/41
		30	8.33	18.5	68	2.22		3.0	
	1450	7.5	2.08	5.35	53	0.21		2.0	
		12.5	3.47	5	64	0.27	0.55	2.0	50/38
		15	4.17	4.7	65	0.30		2.5	
IS65-50-160	2900	15	1.17	35	54	2.65		2.0	
		25	6.94	32	65	3.35	5.5	2.0	51/66
		30	8.33	30	66	3.71		2.5	
	1450	7.5	2.08	8.8	50	0.36		2.0	
		12.5	3.47	8.0	60	0.45	0.75	2.0	51/38
		15	4.17	7.2	60	0.49		2.5	
IS60-40-200	2900	15	4.17	53	49	4.42		2.0	
		25	6.94	60	60	5.67	7.5	2.0	62/66
		30	8.33	47	61	6.29		2.5	
	1450	7.5	2.08	13.2	43	0.63		2.0	
		12.5	3.47	12.5	55	0.77	1.1	2.0	62/46
		15	4.17	11.8	57	0.85		2.5	
IS65-40-250	2900	15	4.17	82	37	9.05		2.0	
		25	6.94	80	50	10.89	15	2.0	82/110
		30	8.33	78	53	12.02		2.5	
	1450	7.5	2.08	21	35	1.23		2.0	
		12.5	3.47	20	46	1.48	2.2	2.0	82/67
		15	4.17	19.4	48	1.65		2.5	

型号	转速/r·min^{-1}	流量		扬程/m	效率/%	功率/kW		允许汽蚀余量/m	质量(泵/底座)/kg
		m^3·h^{-1}	L·s^{-1}			轴功率	电机功率		
IS65-40-315	2900	15	4.17	127	28	18.5	30	2.5	152/110
		25	6.94	125	40	21.3		2.5	
		30	8.33	123	44	22.8		3.0	
	1450	7.5	2.08	32.0	25	6.63	4	2.5	152/67
		12.5	3.47	32.0	37	2.94		2.5	
		15	4.17	31.7	41	3.16		3.0	
IS80-65-125	2900	30	8.33	22.5	64	2.87	5.5	3.0	44/46
		50	13.9	20	75	3.63		3.0	
		60	16.7	18	74	3.98		3.5	
	1450	15	4.17	5.6	55	0.42	0.75	2.5	44/38
		25	6.94	5	71	0.48		2.5	
		30	8.33	4.5	72	0.51		3.0	
IS80-65-160	2900	30	8.33	36	61	4.82	7.5	2.5	48/66
		50	13.9	32	73	5.97		2.5	
		60	16.7	29	72	6.59		3.0	
	1450	15	4.17	9	55	0.67	1.5	2.5	48/46
		25	6.94	8	69	0.79		2.5	
		30	8.33	7.2	68	0.86		3.0	
IS80-50-200	2900	30	8.33	53	55	7.87	15	2.5	64/124
		50	13.9	50	69	9.87		2.5	
		60	16.7	47	71	10.8		3.0	
	1450	15	4.17	13.2	51	1.06	2.2	2.5	64/46
		25	6.94	12.5	65	1.31		2.5	
		30	8.33	11.8	67	1.44		3.0	
IS80-50-250	2900	30	8.33	84	52	13.2	22	2.5	90/110
		50	13.9	80	63	17.3		2.5	
		60	16.7	75	64	19.2		3.0	
	1450	15	4.17	21	49	1.75	3	2.5	90/64
		25	6.94	20	60	2.27		2.5	
		30	8.33	18.8	61	2.52		3.0	
IS80-50-315	2900	30	8.33	128	41	25.5	37	2.5	125/160
		50	13.9	125	54	31.5		2.5	
		60	16.7	123	57	35.3		3.0	
	1450	15	4.17	32.5	39	3.4	5.5	2.5	125/66
		25	6.94	32	52	4.19		2.5	
		30	8.33	31.5	56	4.6		3.0	
IS100-80-125	2900	60	16.7	24	67	5.86	11	4.0	49/64
		100	27.8	20	78	7.00		4.5	
		120	33.3	16.5	74	7.28		5.0	
	1450	30	8.33	6	64	0.77	1	2.5	49/46
		50	13.9	5	75	0.91		2.5	
		60	16.7	4	71	0.92		3.0	
IS100-80-160	2900	60	16.7	36	70	8.42	15	3.5	69/110
		100	27.8	32	78	11.2		4.0	
		120	33.3	28	75	12.2		5.0	
	1450	30	8.33	9.2	67	1.12	2.2	2.0	69/64
		50	13.9	8.0	75	1.45		2.5	
		60	16.7	6.8	71	1.57		3.5	
IS100-65-200	2900	60	16.7	54	65	13.6	22	3.0	81/110
		100	27.8	50	76	17.9		3.6	
		120	33.3	47	77	19.9		4.8	
	1450	30	8.33	13.5	60	1.84	4	2.0	81/64
		50	13.9	12.5	73	2.33		2.0	
		60	16.7	11.8	74	2.61		2.5	

续表

型号	转速 /r·min⁻¹	流量		扬程/m	效率/%	功率/kW		允许汽蚀余量/m	质量（泵/底座）/kg
		m³·h⁻¹	L·s⁻¹			轴功率	电机功率		
IS100-65-250	2900	60	16.7	87	61	23.4	37	3.5	90/160
		100	27.8	80	72	30.0		3.8	
		120	33.3	74.5	73	33.3		4.8	
	1450	30	8.33	21.3	55	3.16	5.5	2.0	90/66
		50	13.9	20	68	4.00		2.0	
		60	16.7	19	70	4.44		2.5	
IS100-65-315	2900	60	16.7	133	55	39.6	75	3.0	180/295
		100	27.8	125	66	51.6		3.6	
		120	33.3	118	67	57.5		4.2	
	1450	30	8.33	34	51	5.44	11	2.0	180/112
		50	13.9	32	63	6.92		2.0	
		60	16.7	30	64	7.67		2.5	
IS125-100-200	2900	120	33.3	57.5	67	28.0	45	4.5	108/160
		200	55.6	50	81	33.6		4.5	
		240	66.7	44.5	80	36.4		5.0	
	1450	60	16.7	14.5	62	3.83	7.5	2.5	108/66
		100	27.8	12.5	76	4.48		2.5	
		120	33.3	11.0	75	4.79		3.0	
IS125-100-250	2900	120	33.3	87	66	43.0	75	3.8	166/295
		200	55.6	80	78	55.9		4.2	
		240	66.7	72	75	62.8		5.0	
	1450	60	16.7	21.5	63	5.59	11	2.5	166/112
		100	27.8	20	76	7.17		2.5	
		120	33.3	18.5	77	7.84		3.0	
IS125-100-315	2900	120	33.3	132.5	60	72.1	110	4.0	189/330
		200	55.6	125	75	90.8		4.5	
		240	66.7	120	77	101.9		5.0	
	1450	60	16.7	33.5	58	9.4	15	2.5	189/160
		100	27.8	32	73	11.9		2.5	
		120	33.3	30.5	74	13.5		3.0	
IS125-100-400	1450	60	16.7	52	53	16.1	30	2.5	205/233
		100	27.8	50	65	21.0		2.5	
		120	33.3	48.5	67	23.6		3.0	
IS150-125-250	1450	120	33.3	22.5	71	10.4	18.5	3.0	758/158
		200	55.6	20	81	13.5		3.0	
		240	66.7	17.5	78	14.7		3.5	
IS150-125-315	1450	120	33.3	34	70	15.9	30	2.5	192/233
		200	55.6	32	79	22.1		2.5	
		240	66.7	29	80	23.7		3.0	
IS150-125-400	1450	120	33.3	53	62	27.9	45	2.0	223/233
		200	55.6	50	75	36.3		2.8	
		240	66.7	46	74	40.6		3.5	
IS200-150-250	1450	240	66.7	20	82	26.6	37		203/233
		400	111.1						
		460	127.8						
IS200-150-315	1450	240	66.7	37	70	34.6	55	3.0	262/295
		400	111.1	32	82	42.5		3.5	
		460	127.8	28.5	80	44.6		4.0	
IS200-150-400	1450	240	66.7	55	74	48.6	90	3.0	295/298
		400	111.1	50	81	67.2		3.8	
		460	127.8	48	76	74.2		4.5	

2. Y型离心泵规格

型号	流量 /m³·h⁻¹	扬程 /m	转速 /r·min⁻¹	功率/kW 功率轴	功率/kW 电机功率	效率/%	汽蚀余量 /m	泵壳许用 应力/Pa	结构型式
50Y-60	12.5	60	2950	5.95	11	35	2.3	1570/2550	单级悬臂
50Y-60A	11.2	49	2950	4.27	8			1570/2550	单级悬臂
50Y-60B	9.9	38	2950	2.39	5.5	35		1570/2550	单级悬臂
50Y-60×2	12.5	120	2950	11.7	15	35	2.3	2158/3138	两级悬臂
50Y-60×2A	11.7	105	2950	9.55	15			2158/3138	两级悬臂
50Y-60×2B	10.8	90	2950	7.65	11			2158/3138	两级悬臂
50Y-60×2C	9.9	75	2950	5.9	8			2158/3138	两级悬臂
65Y-60	25	60	2950	7.5	11	55	2.6	1570/2550	单级悬臂
65Y-60A	22.5	49	2950	5.5	8			1570/2550	单级悬臂
65Y-60B	19.8	38	2950	3.75	5.5			1570/2550	单级悬臂
65Y-100	25	100	2950	17.0	32	40	2.6	1570/2550	单级悬臂
65Y-100A	23	85	2950	13.3	20			1570/2550	单级悬臂
65Y-100B	21	70	2950	10.0	15			1570/2550	单级悬臂
65Y-100×2	25	200	2950	34.0	55	40	2.6	2942/3923	两级悬臂
65Y-100×2A	23.3	175	2950	27.8	40			2942/3923	两级悬臂
65Y-100×2B	21.6	150	2950	22.0	32			2942/3923	两级悬臂
65Y-100×2C	19.8	125	2950	16.8	20			2942/3923	两级悬臂
80Y-60	50	60	2950	12.8	15	64	3.0	1570/2550	单级悬臂
80Y-60A	45	49	2950	9.4	11			1570/2550	单级悬臂
80Y-60B	39.5	38	2950	6.5	8			1570/2550	单级悬臂
80Y-100	50	100	2950	22.7	32	60	3.0	1961/2942	单级悬臂
80Y-100A	45	85	2950	18.0	25			1961/2942	单级悬臂
80Y-100B	39.5	70	2950	12.6	20			1961/2942	单级悬臂
80Y-100×2	50	200	2950	45.4	75	60	3.0	2942/3923	单级悬臂
80Y-100×2A	46.6	175	2950	37.0	55	60	3.0	2942/3924	两级悬臂
80Y-100×2B	43.2	150	2950	29.5	40				两级悬臂
80Y-100×2C	39.6	125	2950	22.7	32				两级悬臂

注：泵壳许用应力内的分子表示第Ⅰ类材料相应的许用应力，分母表示第Ⅱ、Ⅲ类材料相应的许用应力。

附录10 离心风机

机号	转速 /r·min⁻¹	全压系数	全压 /mmH₂O	流量系数	流量 /m·h⁻¹	效率 /%	所需功率 /kW
6C	2240	0.411	248	0.220	15800	91	14.1
	2000	0.411	198	0.220	14100	91	10.0
	1800	0.411	160	0.220	12700	91	7.3
	1250	0.411	77	0.220	8800	91	2.53
	1000	0.411	49	0.220	7030	91	1.39
	800	0.411	30	0.220	5610	91	0.73
8C	1800	0.411	285	0.220	29900	91	30.8
	1250	0.411	137	0.220	20800	91	10.3
	1000	0.411	88	0.220	16600	91	5.52
	630	0.411	35	0.220	10480	91	1.51
10C	1250	0.434	227	0.2218	41300	94.3	32.7
	1000	0.434	145	0.2218	32700	94.3	16.5
	800	0.434	93	0.2218	26130	94.3	8.5
	500	0.434	36	0.2218	16390	94.3	2.3
6D	1450	0.411	104	0.220	10200	91	4
	960	0.411	45	0.220	6720	91	1.32
8D	1450	0.44	200	0.184	20130	89.5	14.2
	730	0.44	50	0.184	10150	89.5	2.06
16B	900	0.434	300	0.2218	12100	94.3	127
20B	710	0.434	290	0.2218	18600	94.3	190

附录 11　热交换器

1. 管壳式换热器系列标准（摘自 JB/T 4714—92，JB/T 4715—92）

（1）管板式固定

① 换热管为 φ19mm 的换热器基本参数（管心距 25mm）

公称直径/mm	公称压力/MPa	管程数	管子根数	中心管排数	管程流通面积/m²	计算换热面积/m²					
						换热管长度 1500mm	换热管长度 2000mm	换热管长度 3000mm	换热管长度 4500mm	换热管长度 6000mm	换热管长度 9000mm
159		1	15	5	0.0027	1.3	1.7	2.6	—	—	—
219			33	7	0.0058	2.8	3.7	5.7	—	—	—
273	1.60 2.50 4.00 6.40	1	65	9	0.0115	5.4	7.4	11.3	17.1	22.9	—
		2	56	8	0.0049	4.7	6.4	9.7	14.7	19.7	—
325		1	99	11	0.0175	8.3	11.2	17.1	26.0	34.9	—
		2	88	10	0.0078	7.4	10.0	15.2	23.1	31.0	—
		4	68	11	0.0030	5.7	7.7	11.8	17.9	23.9	—
400		1	174	14	0.0307	14.5	19.7	30.1	45.7	61.3	—
		2	164	15	0.0145	13.7	18.6	28.4	43.1	57.8	—
		4	146	14	0.0065	12.2	16.6	25.3	38.3	51.4	—
450		1	237	17	0.0419	19.8	26.9	41.0	62.6	83.5	—
		2	220	16	0.0194	18.4	25.0	38.1	57.8	77.5	—
		4	200	16	0.0088	16.7	22.7	34.6	52.5	70.4	—
500	0.60 1.00 1.60 2.50 4.00	1	275	19	0.0486	—	31.2	47.6	72.2	96.8	—
		2	256	18	0.0226	—	29.0	44.3	67.2	90.2	—
		4	222	18	0.0098	—	25.2	38.4	58.3	78.2	—
600		1	430	22	0.0760	—	48.8	74.4	112.9	151.4	—
		2	416	23	0.0368	—	47.2	72.0	109.3	146.5	—
		4	370	22	0.0163	—	42.0	64.0	97.2	130.3	—
		6	360	20	0.0106	—	40.8	62.3	94.5	126.8	—
700		1	607	27	0.1073	—	—	105.1	159.4	213.8	—
		2	574	27	0.0507	—	—	99.4	150.8	202.1	—
		4	542	27	0.0239	—	—	93.8	142.3	190.9	—
		6	518	24	0.0153	—	—	89.7	136.0	182.4	—
800	0.60 1.00 1.60 2.50 4.00	1	797	31	0.1408	—	—	138.0	209.3	280.7	—
		2	776	31	0.0686	—	—	134.3	203.8	273.3	—
		4	722	31	0.0319	—	—	125.0	189.8	254.3	—
		6	710	30	0.0209			122.9	186.5	250	—
900		1	1009	35	0.1783	—	—	174.7	265.0	355.3	536
		2	988	35	0.0873	—	—	171.0	259.5	347.9	524.9
		4	938	35	0.0414	—	—	162.4	246.4	330.3	498.3
		6	914	34	0.0269			158.2	240.0	321.9	485.3
1000	0.60 1.00 1.60 2.50 4.00	1	1267	39	0.2239			219.3	332.8	446.2	673.1
		2	1234	39	0.1090			213.6	324.1	434.6	655.6
		4	1186	39	0.0524	—	—	205.3	311.5	417.7	630.1
		6	1148	38	0.0338	—	—	198.7	301.5	404.3	609.9
(1100)		1	1501	43	0.2652	—	—	—	394.2	528.6	797.4
		2	1470	43	0.1299	—	—	—	386.1	517.7	780.9
		4	1450	43	0.0641	—	—	—	380.8	510.6	770.3
		6	1380	42	0.0406				362.4	486.0	733.1

注：表中的管程流通面积为各程平均值，括号内公称直径不推荐使用。管子为正三角形排列。

② 换热管为 φ25mm 的换热器基本参数（管心距 32mm）

公称直径/mm	公称压力/MPa	管程数	管子根数	中心管排数	管程流通面积/m²		计算换热面积/m²					
					φ25mm×2mm	φ25mm×2.5mm	换热管长度1500mm	换热管长度2000mm	换热管长度3000mm	换热管长度4500mm	换热管长度6000mm	换热管长度9000mm
159		1	11	3	0.0038	0.0035	1.2	1.6	2.5	—	—	—
219			25	5	0.0087	0.0079	2.7	3.7	5.7	—	—	—
273	1.60 2.50 4.00 6.40	1	38	6	0.0132	0.0119	4.2	5.7	8.7	13.1	17.6	—
273		2	32	7	0.0055	0.0050	3.5	4.8	7.3	11.1	14.8	—
325		1	57	9	0.0197	0.0179	6.3	8.5	13.0	19.7	26.4	—
325		2	56	9	0.0097	0.0088	6.2	8.4	12.7	19.3	25.9	—
325		4	40	9	0.0035	0.0031	4.4	6.0	9.1	13.8	18.5	—
400		1	98	12	0.0339	0.0308	10.8	14.6	22.3	33.8	45.4	—
400		2	94	11	0.0163	0.0148	10.3	14.0	21.4	32.5	43.5	—
400		4	76	11	0.0066	0.0060	8.4	11.3	17.3	26.3	35.2	—
450	0.60 1.00	1	135	13	0.0468	0.0424	14.8	20.1	30.7	46.6	62.5	—
450		2	126	12	0.0218	0.0198	13.9	18.8	28.7	43.5	58.4	—
450		4	106	13	0.0092	0.0083	11.7	15.8	24.1	36.6	49.1	—
500	1.60 2.50 4.00	1	174	14	0.0603	0.0546	—	26.0	39.6	60.1	80.6	—
500		2	164	15	0.0284	0.0257	—	24.5	37.3	56.6	76.0	—
500		4	144	15	0.0125	0.0113	—	21.4	32.8	49.7	66.7	—
600		1	245	17	0.0849	0.0769	—	36.5	55.8	84.6	113.5	—
600		2	232	16	0.0402	0.0364	—	34.6	52.8	80.1	107.5	—
600		4	222	17	0.0192	0.0174	—	33.1	50.5	76.7	102.8	—
600		6	216	16	0.0125	0.0113	—	32.2	49.2	74.6	1100	—
700	0.60 1.00 1.60 2.50 4.00	1	355	21	0.1230	0.1115	—	—	80.0	122.6	164.4	—
700		2	342	21	0.0592	0.0537	—	—	77.9	118.1	158.4	—
700		4	322	21	0.0279	0.0253	—	—	73.3	111.2	149.1	—
700		6	304	20	0.0175	0.0159	—	—	69.2	105.0	140.8	—
800		1	467	23	0.1618	0.1466	—	—	106.3	161.3	216.3	—
800		2	450	23	0.0779	0.0707	—	—	102.4	155.4	208.5	—
800		4	442	23	0.0383	0.0347	—	—	100.6	152.7	204.7	—
800		6	430	24	0.0248	0.0225	—	—	97.9	148.5	119.2	—
900	0.60 1.60 2.50 4.00	1	605	27	0.2095	0.1900	—	—	137.8	209.0	280.2	422.7
900		2	588	27	0.1018	0.0923	—	—	133.9	203.1	272.3	410.8
900		4	554	27	0.0480	0.0435	—	—	126.1	191.4	256.6	387.1
900		6	538	26	0.0311	0.0282	—	—	122.5	185.8	249.2	375.9
1000		1	749	30	0.2594	0.2352	—	—	170.5	258.7	346.9	523.3
1000		2	742	29	0.1285	0.1165	—	—	168.9	256.3	343.7	518.4
1000		4	710	29	0.0615	0.0557	—	—	161.6	245.2	328.8	496.0
1000		6	698	30	0.0403	0.0365	—	—	158.6	241.1	323.3	487.7
(1100)		1	931	33	0.03225	0.2923	—	—	—	321.6	431.2	650.4
(1100)		2	894	33	0.1548	0.1404	—	—	—	308.8	414.1	624.6
(1100)		4	848	33	0.0734	0.0666	—	—	—	292.9	392.8	592.5
(1100)		6	830	32	0.0479	0.0434	—	—	—	286.7	384.4	579.9

注：表中的管程流通面积为各程平均值，括号内公称直径不推荐使用。管子为正三角形排列。

（2）浮头式（内导流）换热器的主要参数

公称直径/mm	管程数	管子根数[1] 19mm	管子根数[1] 25mm	中心管排数 19mm	中心管排数 25mm	管程流通面积/m² 19mm×2mm	管程流通面积/m² 25mm×2mm	管程流通面积/m² 25mm×2.5mm	计算换热面积[2]/m² 换热管长度3m 19	计算换热面积[2]/m² 换热管长度3m 25	计算换热面积[2]/m² 换热管长度4.5m 19	计算换热面积[2]/m² 换热管长度4.5m 25
325	2	60	32	7	5	0.0053	0.0055	0.0050	10.5	7.4	15.8	11.1
325	4	52	28	6	4	0.0023	0.0024	0.0022	9.1	6.4	13.7	9.7
426 400	2	120	74	8	7	0.0106	0.0126	0.0116	20.9	16.9	31.6	25.6
426 400	4	108	68	9	6	0.0048	0.0059	0.0053	18.8	15.6	28.4	23.6
500	2	206	124	11	8	0.0182	0.0215	0.0194	35.7	28.3	54.1	42.8
500	4	192	116	10	9	0.0085	0.0100	0.0091	33.2	26.4	50.4	40.1
600	2	324	198	14	11	0.0286	0.0343	0.0311	55.8	44.9	84.8	68.2
600	4	308	188	14	10	0.0136	0.0163	0.0148	53.1	42.6	80.7	64.8
600	6	284	158	14	10	0.0083	0.0091	0.0083	48.9	35.8	74.4	54.4
700	2	468	268	16	13	0.0414	0.0464	0.0421	80.4	60.6	122.2	92.1
700	4	448	256	17	12	0.0198	0.0222	0.0201	76.9	57.8	117.0	87.9
700	6	382	224	15	10	0.0112	0.0129	0.0116	65.6	50.6	99.8	76.9
800	2	610	366	19	15	0.0539	0.0643	0.0575	—	—	158.9	125.4
800	4	588	352	18	14	0.0260	0.0305	0.0276	—	—	153.2	120.6
800	6	518	316	16	14	0.0152	0.0182	0.0165	—	—	134.9	108.3
900	2	800	472	22	17	0.0707	0.0817	0.0741	—	—	207.6	161.2
900	4	776	456	21	16	0.0343	0.0395	0.0353	—	—	201.4	155.7
900	6	720	426	21	16	0.0212	0.0246	0.0223	—	—	186.9	145.5
1000	2	1006	606	24	19	0.0890	0.105	0.0952	—	—	260.6	206.6
1000	4	980	588	23	18	0.0433	0.0509	0.0462	—	—	253.9	200.4
1000	6	892	564	21	18	0.0262	0.0326	0.0295	—	—	231.1	192.2
1100	2	1240	736	27	21	0.1100	0.1270	0.1160	—	—	320.3	250.2
1100	4	1212	716	26	20	0.0536	0.0620	0.0562	—	—	313.1	243.4
1100	6	1120	692	24	20	0.0329	0.0399	0.0362	—	—	289.3	235.2
1200	2	1452	880	28	22	0.1290	0.1520	0.1380	—	—	374.4	298.6
1200	4	1424	860	28	22	0.0629	0.0745	0.0675	—	—	367.2	291.8
1200	6	1348	828	27	21	0.0396	0.0478	0.0434	—	—	347.6	280.9
1300	4	1700	1024	31	24	0.0751	0.0887	0.0804	—	—	—	—
1300	6	1616	972	29	24	0.0476	0.0560	0.0509	—	—	—	—

[1] 管排数按正方形旋转45°排列计算。

[2] 计算换热面积按光管及公称压力2.5MPa的管板厚度确定。

（3）U 形管式

① 换热管为 ϕ19mm×2mm，按正三角形排列（管心距 25mm）主要工艺参数

壳径/mm	管程数	管排数[②]		流通面积[①]/m²		换热面积[③]/m²	
		总数	中心管排数	管程	壳程隔板间距 200mm	换热管长度 3m	换热管长度 6m
325	2	38	11	0.0067	0.02250	13.4	27.0
	4	30	5	0.0027	0.04462	10.6	21.3
400	2	77	15	0.0136	0.02231	26.9	54.5
	4	68	8	0.0060	0.04811	23.8	48.2
500	2	128	19	0.0227	0.02697	44.6	90.5
	4	114	10	0.0101	0.06014	39.7	80.5
600	2	199	23	0.0352	0.03162	69.1	140.3
	4	184	12	0.0163	0.07217	63.9	129.7
700	2	276	27	0.0492	0.03628		194.1
	4	258	12	0.0228	0.09157		181.4
800	2	367	31	0.0650	0.04093		257.7
	4	346	16	0.0306	0.09622		242.8
900	2	480	35	0.0850	0.04512		336.2
	4	454	16	0.0402	0.11443		317.8
1000	2	603	39	0.1067	0.04973		421.5
	4	576	20	0.0510	0.11904		402.4
1100	2	738	43	0.1306	0.05434		514.6
	4	706	20	0.0625	0.13824		492.2
1200	2	885	47	0.1566	0.05894		615.8
	4	852	24	0.0754	0.14285		592.6

① 壳程流通面积=（壳径－中心管排数×管外径）×（板间距－板厚）；当壳径≤700mm 时，板厚 6mm；当壳径 800～900mm 时，板厚 8mm；当壳径 1000～1500mm 时，板厚 10mm；当壳径 1600～1800mm 时，板厚 12mm。

② 管排数是指 U 形管的数量，ϕ19mm×2mm 换热管按正三角形排列，ϕ25mm×2.5mm 换热管按正三角形旋转 45°排列。

③ 换热面积按光管及管壳程公称压力 4.0MPa 的管板厚度确定。

② 换热管为 $\phi 25mm \times 2.5mm$，按正三角形排列（管心距 32mm）主要工艺参数

壳径/mm	管程数	管排数②		流通面积①/m²		换热面积③/m²	
		总数	中心管排数	管程	壳程隔板间距 200mm	换热管长度 3m	换热管长度 6m
325	2	13	6	0.0041	0.03395	6.0	12.1
	4	12	5	0.0019	0.0388	5.6	11.2
400	2	32	8	0.0100	0.0388	14.7	29.8
	4	28	7	0.0044	0.04365	12.9	26.1
500	2	57	10	0.0179	0.0485	26.1	53.0
	4	56	9	0.0088	0.05335	25.7	52.1
600	2	94	13	0.0295	0.05335	42.9	87.2
	4	90	11	0.0141	0.06305	41.1	83.5
700	2	129	15	0.0411	0.06305		119.4
	4	128	13	0.0201	0.07275		118.4
800	2	182	17	0.0571	0.07275		168.0
	4	176	15	0.0276	0.08245		162.5
900	2	231	19	0.0725	0.0816		212.8
	4	226	17	0.0355	0.0912		208.2
1000	2	298	21	0.0936	0.0912		273.9
	4	292	19	0.0458	0.1008		268.4
1100	2	363	24	0.1140	0.096		332.9
	4	356	21	0.0559	0.1104		326.5
1200	2	436	26	0.1369	0.1056		399.0
	4	428	21	0.0672	0.1296		391.7

① 壳程流通面积＝（壳程－中心管排数×管外径）×（板间距－板厚）；当壳径≤700mm 时，板厚 6mm；当壳径 800～900mm 时，板厚 8mm；当壳径 1000～1500mm 时，板厚 10mm；当壳径 1600～1800mm 时，板厚 12mm。

② 管排数是指 U 形管的数量，$\phi 19mm \times 2mm$ 换热管按正三角形排列，$\phi 25mm \times 2.5mm$ 换热管按正三角形旋转 45°排列。

③ 换热面积按光管及管壳程公称压力 4.0MPa 的管板厚度确定。

2. 管壳式换热器型号的表示方法

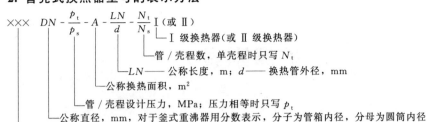

$$\times\times\times \quad DN - \frac{p_t}{p_s} - A - \frac{LN}{d} - \frac{N_t}{N_s} \; \text{I}（或 \text{II}）$$

Ⅰ级换热器（或Ⅱ级换热器）

管／壳程数，单壳程时只写 N_t

LN——公称长度，m；d——换热管外径，mm

公称换热面积，m^2

管／壳程设计压力，MPa；压力相等时只写 p_t

公称直径，mm，对于釜式重沸器用分数表示，分子为管箱内径，分母为圆筒内径

第一个字母代表前端管箱型式，第二个字母代表壳体型式，第三个字母代表后端结构型式

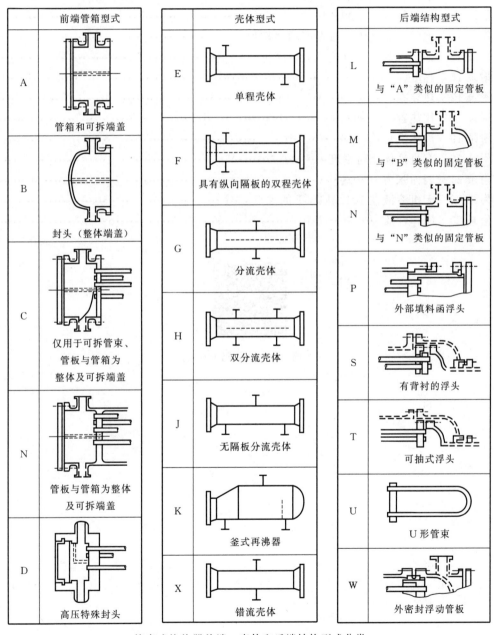

前端管箱型式		壳体型式		后端结构型式	
A	管箱和可拆端盖	E	单程壳体	L	与"A"类似的固定管板
B	封头（整体端盖）	F	具有纵向隔板的双程壳体	M	与"B"类似的固定管板
C	仅用于可拆管束、管板与管箱为整体及可拆端盖	G	分流壳体	N	与"N"类似的固定管板
		H	双分流壳体	P	外部填料函浮头
N	管板与管箱为整体及可拆端盖	J	无隔板分流壳体	S	有背衬的浮头
				T	可抽式浮头
		K	釜式再沸器	U	U形管束
D	高压特殊封头	X	错流壳体	W	外密封浮动管板

管壳式换热器前端、壳体和后端结构型式分类

扩展附录

扩展附录内容，扫码下载使用

参 考 文 献

[1] 杨祖荣，刘丽英，刘伟. 化工原理. 4 版. 北京：化学工业出版社，2020.

[2] 邹华生，钟理，伍钦. 流体力学与传热. 广州：华南理工大学出版社，2004.

[3] 黄少烈，邹华生. 化工原理. 北京：高等教育出版社，2002.

[4] 陈敏恒，丛德滋，方图南，等. 化工原理：上册. 5 版. 北京：化学工业出版社，2020.

[5] 柴诚敬，张国亮. 化工原理：上册. 3 版. 北京：化学工业出版社，2020.

[6] 陈涛，张国亮. 化工传递过程基础. 3 版. 北京：化学工业出版社，2009.

[7] 吕树申，祁存谦，莫冬传. 化工原理. 3 版. 北京：化学工业出版社，2015.

[8] 姚玉英，黄凤廉，陈常贵，等. 化工原理：上册. 天津：天津科学技术出版社，2006.

[9] 袁渭康，王静康，费维扬，等. 化学工程手册：1～5 卷. 3 版. 北京：化学工业出版社，2019.

[10] Warren L McCabe，Julian C Smith，Peter Harriott. Unit Operations of Chemical Engineering. Sixth Edition. New York：McGraw-Hill，2001.

[11] Christie J Geankoplis. Transport Processes and Unit Operations. Third Edition. Englewood Cliffs，New Jersey：Prentice-Hall，1993.

[12] Robert S Brodkey，Harry C Hershey. Transport Phenomena A Unified Approach. New York：McGraw-Hill，1988.

[13] Donald Q Kern. Process Heat Transfer. New York：McGraw-Hill，1990.

[14] Simth H K. Transport Phenomena. Oxford：Clarendon Pr，1989.

[15] 邓颂九，李启恩. 传递过程原理. 广州：华南理工大学出版社，1988.

[16] 林瑞泰. 沸腾换热. 北京：科学出版社，1988.

[17] 巴克霍斯特 J R，哈克 J H. 化学工程（卷Ⅳ）习题解答汇编. 北京：化学工业出版社，1980.

[18] 柯尔森，等. 化学工程（卷Ⅱ）单元操作. 3 版. 丁绪淮，等译. 北京：化学工业出版社，1997.

[19] 姚玉英，等. 化工原理例题与习题. 3 版. 北京：化学工业出版社，2004.

[20] 余国琮，等. 化工机械工程手册：中卷. 北京：化学工业出版社，2003.

[21] 钱颂文，朱东生，李庆领，等. 管式换热器强化传热技术. 北京：化学工业出版社，2003.

[22] Peter R H. Chemical Engineering Handbook. Sixth Edition. New York：McGraw-Hill Inc.，2001.

[23] Peters M S，Timmerhaus K D. Chemical Engineers' Handbook. Seventh Edition. New York：McGraw-Hill，1997.

[24] Perry R H，Green D W. Perry's Chemical Engineers' Handbook. Seventh Edition. New York：McGraw-Hill，1997.

[25] Berd R B，Stewart W E，Lightfoot E N. Transport Phenomena. New York：Wiley，1960.

[26] Streeter V L，Wylie E B. Fluid Mechanics. Eighth Edition. New York：McGraw-Hill，1985.

[27] 冯霄，王彧斐. 化工节能原理与技术. 4 版. 北京：化学工业出版社，2015.

[28] Kuppan T. 换热器设计手册. 钱颂文，廖景娱，邓先和，等译. 北京：中国石化出版社，2004.

[29] 蒋维钧，余立新. 化工原理：流体流动与传热. 北京：清华大学出版社，2005.

[30] 王运东. 传递过程原理. 北京：清华大学出版社，2002.

[31] 戴干策，陈敏恒. 化工流体力学. 2 版. 北京：化学工业出版社，2005.

[32] 何潮洪，冯霄. 化工原理. 北京：科学出版社，2001.

[33] 王瑶，贺高红. 化工原理：上册. 北京：化学工业出版社，2018.

[34] 黄婕. 化工原理学习指导与习题精解. 北京：化学工业出版社，2015.